Proceedings

Ein stetig steigender Fundus an Informationen ist heute notwendig, um die immer komplexer werdende Technik heutiger Kraftfahrzeuge zu verstehen. Funktionen, Arbeitsweise, Komponenten und Systeme entwickeln sich rasant. In immer schnelleren Zyklen verbreitet sich aktuelles Wissen gerade aus Konferenzen, Tagungen und Symposien in die Fachwelt. Den raschen Zugriff auf diese Informationen bietet diese Reihe Proceedings, die sich zur Aufgabe gestellt hat, das zum Verständnis topaktueller Technik rund um das Automobil erforderliche spezielle Wissen in der Systematik aus Konferenzen und Tagungen zusammen zu stellen und als Buch in Springer.com wie auch elektronisch in SpringerLink und Springer Professional bereit zu stellen.

Die Reihe wendet sich an Fahrzeug- und Motoreningenieure sowie Studierende, die aktuelles Fachwissen im Zusammenhang mit Fragestellungen ihres Arbeitsfeldes suchen. Professoren und Dozenten an Universitäten und Hochschulen mit Schwerpunkt Kraftfahrzeug- und Motorentechnik finden hier die Zusammenstellung von Veranstaltungen, die sie selber nicht besuchen konnten. Gutachtern, Forschern und Entwicklungsingenieuren in der Automobil- und Zulieferindustrie sowie Dienstleistern können die Proceedings wertvolle Antworten auf topaktuelle Fragen geben.

Today, a steadily growing store of information is called for in order to understand the increasingly complex technologies used in modern automobiles. Functions, modes of operation, components and systems are rapidly evolving, while at the same time the latest expertise is disseminated directly from conferences, congresses and symposia to the professional world in ever-faster cycles. This series of proceedings offers rapid access to this information, gathering the specific knowledge needed to keep up with cutting-edge advances in automotive technologies, employing the same systematic approach used at conferences and congresses and presenting it in print (available at Springer.com) and electronic (at SpringerLink and Springer Professional) formats.

The series addresses the needs of automotive engineers, motor design engineers and students looking for the latest expertise in connection with key questions in their field, while professors and instructors working in the areas of automotive and motor design engineering will also find summaries of industry events they weren't able to attend. The proceedings also offer valuable answers to the topical questions that concern assessors, researchers and developmental engineers in the automotive and supplier industry, as well as service providers.

Weitere Bände in der Reihe http://www.springer.com/series/13360

Johannes Liebl · Christian Beidl
(Hrsg.)

VPC – Simulation und Test 2015

Methoden der Antriebsentwicklung im Dialog
17. MTZ-Fachtagung

Springer Vieweg

Herausgeber
Johannes Liebl
Moosburg, Deutschland

Christian Beidl
Technische Universität Darmstadt
Darmstadt, Deutschland

ISSN 2198-7432 ISSN 2198-7440 (electronic)
Proceedings
ISBN 978-3-658-20735-9 ISBN 978-3-658-20736-6 (eBook)
https://doi.org/10.1007/978-3-658-20736-6

Die Deutsche Nationalbibliothek verzeichnet diese Publikation in der Deutschen Nationalbibliografie; detaillierte bibliografische Daten sind im Internet über http://dnb.d-nb.de abrufbar.

Springer Vieweg

Verantwortlich im Verlag: Markus Braun

Gedruckt auf säurefreiem und chlorfrei gebleichtem Papier

Springer Vieweg ist Teil von Springer Nature
Die eingetragene Gesellschaft ist Springer Fachmedien Wiesbaden GmbH
Die Anschrift der Gesellschaft ist: Abraham-Lincoln-Str. 46, 65189 Wiesbaden, Germany

Vorwort

Die Neuausrichtung der VPC greift

Die im letzten Jahr mit einem zusätzlichen Themenkomplex „Testen" neu aufgestellte VPC-Konferenz zeigte, dass das interdisziplinäre Zusammenwachsen von Simulation und Test noch nicht abgeschlossen ist. Wir werden deshalb auch in diesem Jahr die Fachtagung intensiv nutzen, den Einsatz von Simulation und Test im gesamten Produktentwicklungsprozess zu beleuchten und zu bewerten. Sie können sich dazu an den Beispielen Struktur- und Strömungsmechanik, Testumgebung, Längsdynamik, Thermomanagement, Tribologie sowie Modellbildung und Applikation ein eigenes Bild machen.

Neben der Weiterentwicklung von Simulationswerkzeugen und Prüfständen bietet deren Vernetzung zusätzliche Chancen, die komplexer werdenden Herausforderungen der Antriebsentwicklungen zu beherrschen. Die Fachtagung wird dazu den aktuellen Stand und mögliche Potenziale aufzeigen. Da die Fahrzeugvarianten ständig zunehmen, stellt die Integration des Powertrains in verschiedene Fahrzeugmodelle einen weiteren Arbeitsschwerpunkt dar.

Im Namen des Wissenschaftlichen Beirats laden wir Sie herzlich zur 17. MTZ-Fachtagung „VPC – Simulation und Test" ein. Profitieren Sie von dieser etablierten Experten-Plattform, die erfolgreiche Anwendungen, neue Prozesse und Zukunftstrends rund um Simulation und Test in der Powertrain-Entwicklung aufzeigt. Diskutieren Sie mit Referenten und Kollegen über den wirtschaftlichen und zielorientierten Einsatz von Simulations- und Testwerkzeugen im Produktentwicklungsprozess. Nutzen Sie die Gelegenheit, Ihr Netzwerk zu erweitern und wertvolle Branchenkontakte zu knüpfen. Wir freuen uns auf Ihr Kommen!

Für den Wissenschaftlichen Beirat
Dr. Gotthard Rainer
Dr. Johannes Liebl

Inhaltsverzeichnis

Autorenverzeichnis

Johannes Guggenmos BMW Group, München, Deutschland

Dr. J. Rückert BMW Group, München, Deutschland

Dr. S. Thalmair BMW Group, München, Deutschland

M. Wagner BMW Group, München, Deutschland

Andrej Poredos AVL-AST d.o.o., Maribor, Slowenien

Cristiano Pecollo Fiat Chrysler Automotive, Turin, Italien

Peter Tibaut AVL-AST d.o.o., Maribor, Slowenien

Simon Urbas AVL-AST d.o.o., Maribor, Slowenien

Stephan Föller Opel Automobile GmbH, Rüsselsheim, Deutschland

Dr. Ingo Hermann Opel Automobile GmbH, Rüsselsheim, Deutschland

Gerwin Tittes Opel Automobile GmbH, Rüsselsheim, Deutschland

Vural Yanik Opel Automobile GmbH, Rüsselsheim, Deutschland

Dr. Stefan Reichl BMW Motoren GmbH, Steyr, Österreich

Thomas Wabro BMW Motoren GmbH, Steyr, Österreich

Günther Pramhas BMW Motoren GmbH, Steyr, Österreich

Günther Pessl BMW Motoren GmbH, Steyr, Österreich

Johannes Dworschak BMW Motoren GmbH, Steyr, Österreich

Prof. Dr. Dr. Albert Albers Karlsruher Institut für Technologie (KIT), Karlsruhe, Deutschland

Fabian Schille Karlsruher Institut für Technologie (KIT), Karlsruhe, Deutschland

Rolf Hettel Karlsruher Institut für Technologie (KIT), Karlsruhe, Deutschland

Dr. Matthias Behrendt Karlsruher Institut für Technologie (KIT), Karlsruhe, Deutschland

Georgina Llopart Vázquez AVL List GmbH, Graz, Österreich

T. R. Weck AVL List GmbH, Graz, Österreich

A. Kolar AVL List GmbH, Graz, Österreich

Dr. S. Jones AVL List GmbH, Graz, Österreich

Salim Chaker ITI GmbH, Dresden, Deutschland

Michael Folie IPG Automotive GmbH, Karlsruhe, Deutschland

Christian Kehrer ITI GmbH, Dresden, Deutschland

Frank Huber IPG Automotive GmbH, Karlsruhe, Deutschland

Christian Doppler Das virtuelle Fahrzeug Forschungsgesellschaft mbH, Graz, Österreich

Bernhard Fischbacher Das virtuelle Fahrzeug Forschungsgesellschaft mbH, Graz, Österreich

Gernot Hirschl AVL List GmbH, Graz, Österreich

Gerhard Zsiga MAHLE Behr GmbH & Co. KG, Stuttgart, Deutschland

Dr. Christian Donn IPG Automotive GmbH, Karlsruhe, Deutschland

Niko Papadopoulos Gamma Technologies GmbH, Stuttgart, Deutschland

Peter Stopp Gamma Technologies GmbH, Stuttgart, Deutschland

Jürgen Knauf FEV Europe GmbH, Aachen, Deutschland

Rüdiger Beykirch FEV Europe GmbH, Aachen, Deutschland

Jörg Lehmann FEV Europe GmbH, Aachen, Deutschland

Christian Lensch-Franzen APL Automobil-Prüftechnik Landau GmbH, Landau, Deutschland

Morten Kronstedt APL Automobil-Prüftechnik Landau GmbH, Landau, Deutschland

Michael Wittemann APL Automobil-Prüftechnik Landau GmbH, Landau, Deutschland

Prof. Dr. Jens Hadler APL Automobil-Prüftechnik Landau GmbH, Landau, Deutschland

Daniel Henaux RWTH Aachen University, Aachen, Deutschland

Dr. K. Orlowsky FEV GmbH, Aachen, Deutschland

Dr. M. Plettenberg FEV GmbH, Aachen, Deutschland

Dr. Jochen Lang IST Ingenieurgesellschaft für Strukturanalyse und Tribologie mbH, Aachen, Deutschland

Prof. Dr. Gunter Knoll IST Ingenieurgesellschaft für Strukturanalyse und Tribologie mbH, Aachen, Deutschland

Dr. Richard Schönen IST Ingenieurgesellschaft für Strukturanalyse und Tribologie mbH, Aachen, Deutschland

Dirk Jaitner Universität Kassel, Kassel, Deutschland

Dr. Hans-Josef Schiffgens Delphi Automotive Systems Luxembourg S.A., Luxembourg, Luxemburg

Stephan Schlüter Delphi Automotive Systems Luxembourg S.A., Luxembourg, Luxemburg

Tiziana Fortuna AVL List GmbH, Graz, Österreich

Dr. Hans-Michael Koegeler AVL List GmbH, Graz, Österreich

Dr. Michael Kordon AVL List GmbH, Graz, Österreich

Gianluca Vitale AVL List GmbH, Graz, Österreich

Stefan Frommater BMW Group, München, Deutschland

Dr. Jens Neumann BMW Group, München, Deutschland

Prof. Dr. Christian Hasse TU Bergakademie Freiberg, Freiberg, Deutschland

Dr. Hubert Schultheiß IAV GmbH, Stollberg, Deutschland

Reiner Großmann IAV GmbH, Stollberg, Deutschland

Jens Päckert IAV GmbH, Stollberg, Deutschland

Carsten Schneider TU München, München, Deutschland

Dr. Peter A. Klumpp AUDI AG, Ingolstadt, Deutschland

Michael Martin MAGNA Steyr Engineering AG & Co KG, Graz, Österreich

Robert Premstaller MAGNA Steyr Engineering AG & Co KG, Graz, Österreich

Dr. Arno Eichberger TU Graz, TU Graz, Österreich

Dr. Michael Grill Forschungsinstitut für Kraftfahrwesen und Fahrzeugmotoren Stuttgart (FKFS), Stuttgart, Deutschland

B. Kaal Forschungsinstitut für Kraftfahrwesen und Fahrzeugmotoren Stuttgart (FKFS), Stuttgart, Deutschland

Dr. D. Rether Forschungsinstitut für Kraftfahrwesen und Fahrzeugmotoren Stuttgart (FKFS), Stuttgart, Deutschland

M. T. Keskin Universität Stuttgart, Stuttgart, Deutschland

Adam Kouba Czech Technical University in Prague, Prag, Tschechien

Dr. Jiri Navratil Ricardo Prague s.r.o., Prag, Tschechien

Dr. Bohumil Hnilička Ricardo Prague s.r.o., Prag, Tschechien

Dr. Jakob Mauss Qtronic GmbH, Berlin, Deutschland

Das Prüffeld der Antriebsentwicklung im Wandel

Johannes Guggenmos, Dr. J. Rückert, Dr. S. Thalmair, M. Wagner,
BMW Group

1

J. Liebl und C. Beidl (Hrsg.), *VPC – Simulation und Test 2015*,
Proceedings, https://doi.org/10.1007/978-3-658-20736-6_1

1 Einleitung

Die Variantenanzahl im Automobilbau steigt weiter, unterschiedliche Technologien existieren parallel zueinander und die anstehenden Verbrauchs- und Emissionsgesetzgebungen bedingen immer aufwendigere und längere Applikations- und Zulassungsprozesse. Dies führt zu einem stark ansteigenden Testumfang in der Entwicklung. Demgegenüber wird immer mehr Produktreife durch virtuelle Ergebniserzeugung eingebracht und es stellt sich die Frage, ob auch langfristig Bedarf an Prüf- und Testequipment besteht, bzw. in welche Art von Einrichtungen investiert werden soll. Ist ähnlich wie bei PEAK OIL, ein PEAK TESTING Effekt zu erwarten?

Zur Beantwortung dieser Frage befasst sich dieser Beitrag mit ähnlichen Fragestellungen aus der Vergangenheit, mit methodischen Ansätzen, die in der Praxis bereits gute Erfolge erbringen und mit Anforderungen an das Prüffeld der Zukunft.

2 Prüffeld der Antriebsentwicklung

Das Prüffeld der Antriebsentwicklung beinhaltet alle Prüfeinrichtungen, Test- und Werkstattleistungen für die Hardwareversuche der Applikations-, Entwicklungsthemen und Absicherung im Antrieb. Dadurch ergibt sich ein sehr großes Spektrum an Prüfeinrichtungen für Komponenten (z.B. Labortestplatz) über Motor- und Antriebsprüfstände bis zum gesamten Antriebsstrang im Fahrzeug (inkl. Fahrversuch). Jede dieser Prüfeinrichtungen ist ein komplexes mechatronisches System bestehend aus einer Vielzahl an Sensoren, Aktuatoren und Steuerungseinrichtungen (z.B. Belastungseinheit, Messtechnik und Automatisierungssystem). Für viele Versuchsinhalte bzw. -ziele ist es zusätzlich vorteilhaft, Simulationsmodelle zu integrieren. Dies betrifft in unterschiedlichem Abstraktionsgrad alle im Fahrzeugzeug vorhandenen Systeme (inkl. Fahrer und Umgebung). Es können einfache Fahrzeugmodelle der Längsdynamik bis hin zu kompletten Steuergeräte-HILs (Hardware-in-the-Loop) sein. Auch das Integrationskonzept ist dabei sehr heterogen. Mögliche Systeme sind das Automatisierungssystem, Echtzeitrechner der Bremsenregelung und zusätzliche Rapid Prototyping Systeme unterschiedlichster Leistungsfähigkeit. Dadurch hat über alle Prüfstandstypen die Komplexität der Softwaresysteme und „Signal“-Kommunikation deutlich zugenommen. Außerdem hat eine starke Vernetzung und Zusammenarbeit zwischen „reiner Berechnung“ und Hardware-Versuch stattgefunden. Auch hier werden immer mehr Tools bzw. Methoden für eine durchgängige Arbeitsweise etabliert.

2.1 Prüffeldentwicklung der letzten 20 Jahre

Erst im Rückblick auf die Entwicklung unseres Prüffeldes in den letzten 20 Jahren wird der große Wandel der Strukturen erkennbar. Noch vor zwanzig Jahren war die Entwicklungsarbeit an einer Handvoll Derivate von einem starken Fokus auf den Verbrennungsmotor und einer überschaubaren Anzahl von Prüfständen an einem Standort geprägt. Heute sehen wir eine verteilte und vielfältige Prüffeldlandschaft, die insbesondere durch die Internationalisierung, die Verkürzung der Entwicklungsprozesse und den Übergang auf vernetzte Antriebsstrangtechnologien nötig wurde. Diese Entwicklung wird durch die steigende Anzahl an Technologien und vielfältigen, weltweiten Anforderungen unserer Kunden und Gesetzgeber weiter befeuert.

Ab Mitte der 90er Jahre nahm der Anteil der Steuergerätesoftware an der Funktion beim Verbrennungsmotor und den Automatikgetrieben rapide zu (Abb.1). Ab Anfang 2000 war die Funktions-Software ein integraler Bestandteil des Gesamtantriebs. Funktionen, wie variable Steuerzeiten und Ventilhub, waren ohne neue SW-Funktionen nicht denkbar. In dieser Zeit wurden auch immer mehr Modelle (z.B. Moment, Luftführung, Abgastemperatur) in der Motorsteuerung hinterlegt. Dies führte auch zu einem starken Anstieg der dafür notwendigen Prüfstandarbeit und damit der Anzahl an Prüfständen. Einige der Messaufgaben konnten nur noch mit aufwendigen automatisierten Versuchen durchgeführt werden. Damit verbunden stieg die Komplexität der Motoren- und Antriebsprüfstände – speziell bei Automatisierungssystem und Messtechnik. Damals konnte man schon mal den Eindruck bekommen, man stehe vor einem „Testing-Peak“.

Durch die Hybridisierung bzw. Elektrifizierung der Antriebe um 2010 wurde dieser „Peak“ noch übertroffen (Abb.1). In deutlich kürzerer Zeit nahm durch weitere Steuergeräte deren Funktionen (z.B. Betriebsstrategie und Momentenkoordination) der Versuchsumfang im Prüffeld deutlich zu. Auch die Abbildung von Fahrzeugeigenschaften am Prüfstand durch Fahrzeug-, Fahrer- und Steuergerätesimulation wurde ein Schwerpunktthema in der Prüffeldweiterentwicklung. So wurde beispielsweise im Zuge der neuen Funktionen bei den Fahrzeug-Datenbussen im Antrieb, an jedem Prüfstand eine mehr oder weniger komplexe Restbussimulation notwendiger Bestandteil der Prüfstandsysteme.

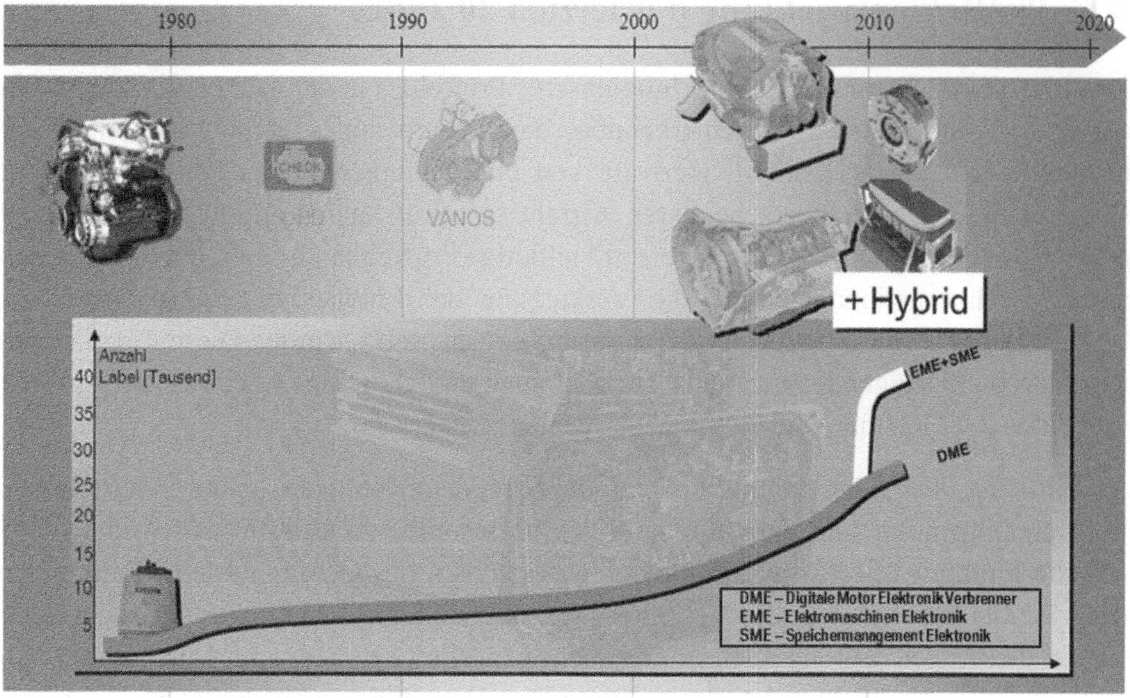

Abbildung 1: Steigerung der Steuergeräte Komplexität

2.2 Veränderte Rahmenbedingungen und Motivation

Während somit in den letzten 20 Jahren durch die Vernetzung im Antrieb (u.a. durch die zunehmende Elektrifizierung und die Zunahme der Fahrzeugvarianten) die Beherrschung der Funktionskomplexität beim Fahrzeug im Vordergrund stand, wird in Zukunft die Geschwindigkeit in der Veränderung der Rahmenbedingungen (Gesetzgebung, Kunde, Markt) zunehmen. Die Treiber dafür sind aktuell die Existenz unterschiedlicher, teilweise konkurrierender Technologien und Themen wie WLTP, RDE und „autonomes" Fahren.

Derartige Veränderungen werden einen Innovationshub und einen starken Umbruch im gesamten Versuchsbetrieb in allen Themenbereichen zur Folge haben. Somit wird es nicht mehr möglich sein, die Themen in einzelnen Projekten mit einem lokalen Ergebnis zu bearbeiten. Es wird wichtig, entwickelte Lösungen allen Anwendern mit gleichartigen Aufgaben „prozesssicher" zur Verfügung zu stellen. Ein Baukastenansatz wird auch für den Versuchsbetrieb notwendig sein, um vorhandene und neue Lösungen mit geringem Aufwand für unterschiedliche Anwendungsfälle anzupassen, um für jeden Anwendungsfall eine passende Lösung zu erstellen. Auch die Infrastruktur im Prüffeld muss flexibel auf neue Anforderungen reagieren können. Dass eine Anpassung nur durch Strukturmaßnahmen im Rahmen von Großprojekten nicht die einzige Antwort auf an Schnelligkeit zunehmenden Anforderungen sein kann, liegt auf der Hand. Daher wird es für anstehende strukturelle Veränderungen eine Herausforderung, trotz wechselnder Anforderungen im Mengengerüst der Technologien und Rahmenbedingungen, ein zukunftssicheres Prüffeld zu betreiben und zu modernisieren.

3 Schwerpunkte der Prüffeldentwicklung der nächsten 10 Jahre

Aus heutiger Sicht wird die Schnelligkeit bei der Adaption der Prüffeldleistungen hinsichtlich der Prüfeinrichtungen und der dafür notwendigen IT-Systeme so zunehmen, dass klassische Umbau- und Modernisierungszyklen bei Prüfeinrichtungen zu langsam sein werden. Es wird notwendig sein, neben spezifisch auf einige Anwendungsfälle optimierte Prüfeinrichtung, eine gewisse Anzahl an hoch flexiblen Prüfständen zu haben. Damit können auch kurzfristige Änderungen z.B. bei Rollenkapazitäten versus Antriebsprüfständen oder Prüfständen der Elektromobilität ausgeglichen werden. Für diese Flexibilität wird auch die Durchgängigkeit zwischen den Systemen beim Hardwareversuch und der Simulations- bzw. Berechnungssysteme deutlich zunehmen müssen. Nur so wird eine weitere Verlagerung vom Fahrzeugversuch ins Prüffeld – weiteres Front Loading – möglich sein. Zukünftige Modernisierungsprojekte werden nicht mehr nur singulär das Prüffeld betreffen. Entwicklungsablauf, Entwicklungsmethodik, Zusammenarbeitsmodelle und Flexibilität im Prüffeld lassen sich nicht mehr unabhängig voneinander behandeln.

3.1 Entwicklungsmethoden und Zusammenarbeitsmodelle für das Prüffeld der Zukunft

Der Methodeneinsatz hat sich in den letzten Jahren etabliert, DoE (Design of Experiments) oder online Optimierungsverfahren sind für die Applikation von Steuergerätefunktionen mittlerweile Standard geworden [3]. Spannender wird es nun in der Betrachtung von hoch vernetzten Domänen mit übergreifenden Funktionen wie z.B. die Betriebsstrategie in den Hybridfahrzeugen oder von noch komplexeren Funktionen aus dem Bereich ADAS (Advanced Driver Assistance Systems) und dem hochautomatisierten Fahren.

Diese komplexen Funktionen / Systeme können nur noch im Gesamtsystemkontext entwickelt und validiert werden. Dabei werden die Prüflinge nicht nur aus realen Komponenten sondern aus einer Mischung aus Modellen, Rapid-Prototyping Modulen und realen Komponenten bestehen.

Wo früher Modellentwickler, Soft- / Hardwareentwicklern und die Systemintegratoren unabhängig voneinander ihre Ergebnisse validiert haben wird es heute unabdingbar, in Form von neuen Arbeitsweisen, diese Schritte zu verschmelzen und in einer durchgängigen vernetzten Entwicklung zu einem finalen Produkt zu bringen. Co-Simulationen werden in den Entwicklungsschritten mehr an Bedeutung gewinnen. Diese Ansätze sorgen dafür, dass sehr früh im Entwicklungsprozess aus Gesamtsystemkontext die Absicherungs- und Prüfprozeduren erstellt und verwendet werden und die Simulationen bis in die Endphase im Entwicklungsprozess Einzug erhalten werden.

Der Implementierung einer Verifikationsstrategie kommt dabei eine Schlüsselrolle zu. Dabei führt die Planung und Ergebnisrückführung zu einer phasenoptimalen und situationsgerechten Virtualisierung, gepaart mit effizienter Hardware Verifikation. Diese basiert dabei immer auf der gleichen Fragestellung: a) Welches Ergebnis wird zur Darstellung einer bestimmten Reifestufe benötigt? b) Mit welchen Mitteln kann dieses Ergebnis erreichet werden? Abhängig von a) und b) erfolgt die Wahl des Absicherungspfades (Abb.2).

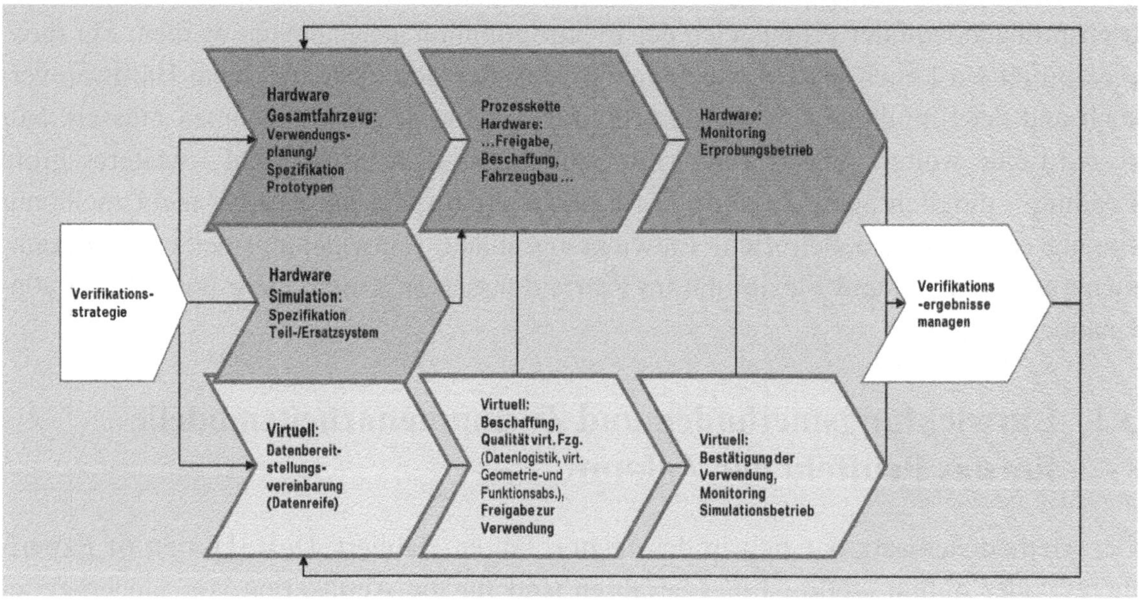

Abbildung 2: Handlungsstränge der Verifikation

3.2 Praxisbeispiele

Im Nachfolgenden werden Beispiele aus der Praxis vorgestellt, die diese Verifikationsstrategie verfolgen und Optimierungserfolge in den einzelnen Pfaden und in der Anwendung der Pfade in Kombination miteinander zeigen.

3.2.1 Beispiel 1: Standardversuche – der Schlüssel für einen innovativen Versuchsbetrieb im Antriebsprüffeld

In einem Antriebsprüffeld ist ein innovativer Versuchsbetrieb das Produkt, welches maßgeblich von der Entwicklung der Mess- und Prüftechnik und den dazu gehörigen Verfahren und Methoden abhängig ist. Auch hier gibt es Vorentwicklung und Serie, Rahmenbedingungen vom Unternehmen, Entwicklungsabteilungen und unterschiedliche Technologien der Antriebe. Daher ist es nur konsequent auch die Prozesse der Produktentwicklung für die Methodenentwicklung zu übernehmen. Das Konzept der „Standardversuche“ stellt den Übertrag des Baukastenansatzes im Fahrzeug bzw. Antrieb auf den Versuchsbetrieb im Antriebsprüffeld dar. Die Strategie der Verwendung von Standardversuchen soll die Prüfstände effizienter auslasten. Sie beinhaltet bewusst auch die anscheinend weniger aufwändigen Versuche. Es sollen neben Fehlmessungen und Abschaltungen auch Inbetriebnahmen reduziert werden. Zudem werden Ressourcen für Abstimmung und Entwicklung von Versuchsmethodiker und Applikateur / Entwickler mit einfachen wieder kehrenden Aufgaben nicht mehr beansprucht. So entsteht Kapazität und Freiraum für neue innovative Methodenentwicklung. Standardversuche werden zudem auf diese Weise immer vom aktuellen Stand der Technik weiterentwickelt und das Wissen und die Erfahrung aller Beteiligten fließt mit ein. Der Ansatz basiert auf folgenden Grundsätzen: *Abgestimmter Versuch* (Applikateure / Motorentwickler einigen sich auf eine Best Practice Lösung für eine Aufgabenstellung), Definierter Ablauf Entwicklung und Test, Dokumentation und Trennung Versuchsablauf (fest) und Versuchsparametrierung (variabel) (Abb. 3).

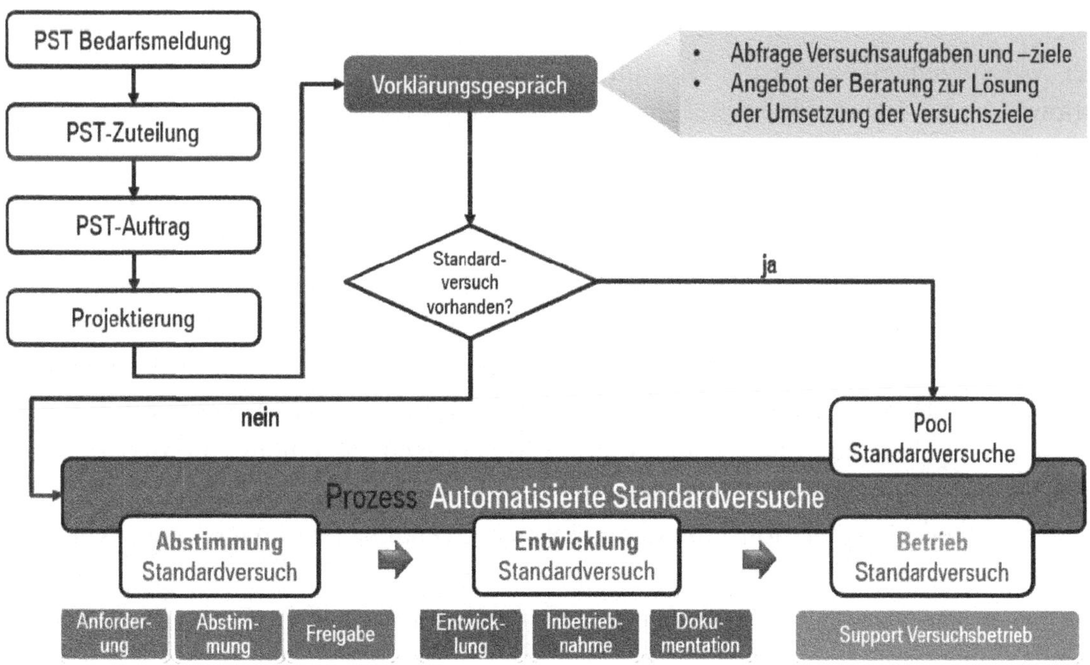

Abbildung 3: Prozessablauf Standardversuch

Am Beispiel der Entwicklungsaufgaben an Motorenprüfständen kann gezeigt werden, welche deutliche Effizienzsteigerung damit erreicht wurde. Über einen Zeitraum von 3 Jahren konnte u.a. die Laufzeit automatisierte Versuche verdoppelt werden. Versuchsabbruche wurden um 28% reduziert und es konnten 20% mehr Themen in einem automatisierten Prüfstandlauf überführt werden. Auch teilen sich um den Faktor 4 mehr Anwender einen Standardversuch. Diese Mehrfachverwendung steigert deutlich die Robustheit und Qualität der Versuche. Wie in jedem Change-Prozess waren auch hier ein gutes Konzept, eine intensive Initialphase und ein „Durchhalten“ der neuen Abläufe im „Alltag“ die Erfolgsfaktoren. Diese vollständige und abgestimmte Versuchslandschaft ermöglicht es, schnell auf neue Anforderungen aus dem Projekten mit einer flächendeckenden Adaption der Versuche zu reagieren. Auch wird es deutlich leichter, neue Funktionalitäten (z.B. im Optimierungssystem) oder neue Methodenansätze zielgerichtet auch bei etablierten Versuchen einzuführen. Für die einzelnen Entwickler reduziert sich der Aufwand für die Gestaltung der Versuchsabläufe bei einen stabileren Versuchsbetrieb. Dadurch entsteht ein transparenter „Leistungskatalog“ für das Prüffeld. Dieser Ansatz ist weder auf automatisierte Versuche noch den Motorprüfstand beschränkt. Gerade bei den anstehenden Herausforderungen durch elektrifizierte Antriebe, Umsetzung der Gesetzesanforderungen RDE, WLTP, hochautomatisierten Assistenzsysteme und den damit einhergehenden Veränderungen bei den Prüfeinrichtungen und Versuchsabläufen wird das Konzept Standardversuch einen maßgeblichen Beitrag für die Innovationsfähigkeit im Prüffeld leisten [1].

3.2.2 Beispiel 2: Simulation und Versuch in der Hand eines Entwicklers am Beispiel Kanal-Entwicklung Verbrennungsmotor bei BMW

In der Vergangenheit waren die Disziplinen Berechnung und Simulation als getrennte Fraktionen in der Entwicklung präsent. Über das vergangene Jahrzehnt sind die beiden Disziplinen zuerst enger zusammengerückt, um schließlich als zwei Werkzeuge in die Hand eines Entwicklers zu gelangen. So bedient sich heute eine Person sowohl der Ergebnisse der Strömungsprüfstände als auch der Simulationstools zur Kanalentwicklung, um den Spagat zwischen Durchfluss und Ladungsbewegung motorspezifisch zu optimieren. Der iterative Prozess zur Validierung der prädiktiven Fähigkeiten einerseits und Zielerreichung andererseits erfolgt bereits im Prototypenstadium an den Strömungsprüfständen und findet dann über den gesamten Entwicklungsprozess bis in die Serie hinein statt. Das Vorgehen aus einer Hand führt infolgedessen zu einem interdisziplinären Vorgehen mit signifikanten Vorteilen in Bezug auf Geschwindigkeit, Methodik-Entwicklung und Interpretationsgüte der strömungsmechanischen Phänomene (Abb.4).

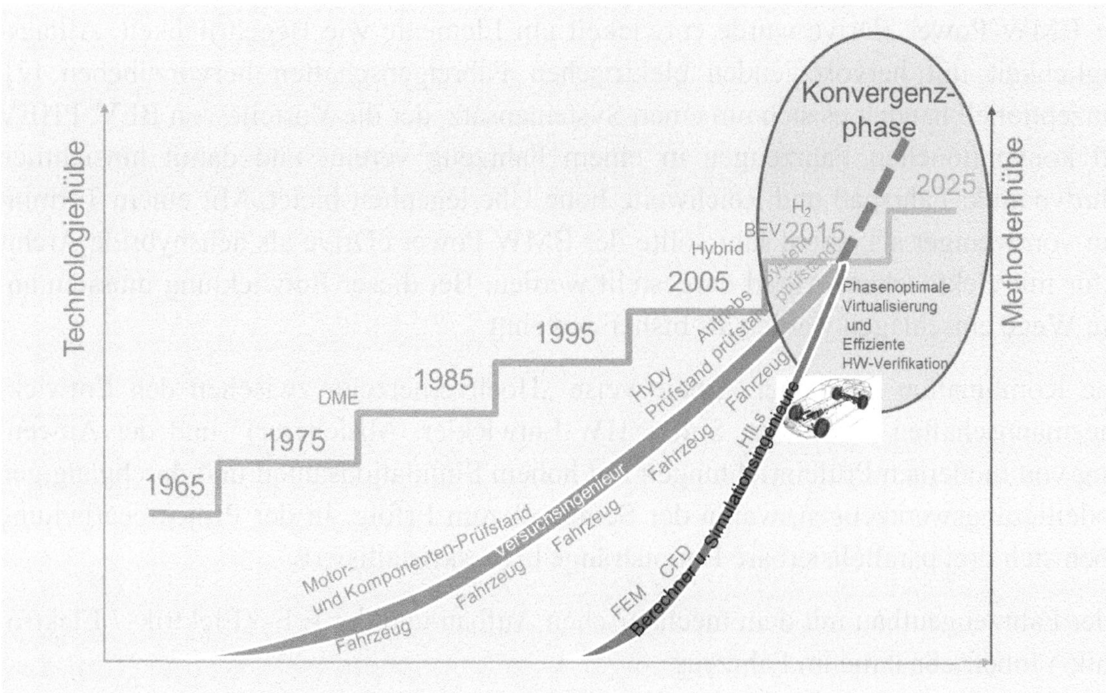

Abbildung 4: Das Berufsbild des Entwicklers entsteht

3.2.3 Beispiel 3: BMW Power eDrive / Vernetzung und durchgängige Simulation am Systemprüfstand

Der BMW Power eDrive als Demonstrator ist eine mögliche Antwort auf die gesellschaftlichen und politischen Anforderungen weltweit. Diese fordern uns auf, in den nächsten Jahren technologische Maßnahmen zur Reduzierung von Schadstoffemissionen einzuleiten und gleichzeitig eine individuelle Mobilität bereit zu stellen.

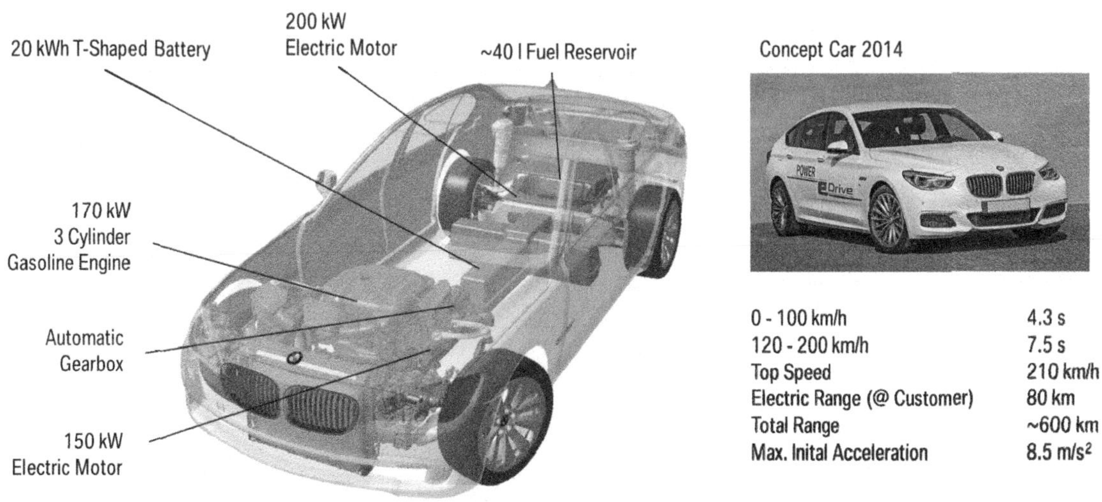

Abbildung 5: BMW Power eDrive

Der BMW Power eDrive wurde entwickelt um Elemente wie Begehrlichkeit, Alltagstauglichkeit mit hervorragenden elektrischen Fahreigenschaften hervorzuheben [2]. Konzeptionell handelt es sich um einen Systemansatz, der die Vorteile von BEV, PHEV und konventionellen Fahrzeugen in einem Fahrzeug vereint und damit hinsichtlich Fahrdynamik, Fahrspaß und Reichweite hohe Überlegenheit bietet. Mit einem Terminplan von weniger als einem Jahr sollte der BMW Power eDrive als achshybride Architektur mit elektrischem Allrad dargestellt werden. Bei dieser Entwicklung mussten andere Wege einschlagen werden als bisher gewohnt.

Eine Kombination aus neuer Arbeitsweise „Hochvernetzung zwischen den Entwicklungsmannschaften (Architekt, Soft- / HW-Entwickler, Absicherer)“ und der Anwendung von modernen Prüfeinrichtungen mit hohem Simulationsanteil und durchgängigen Modellierungswerkzeugen, waren der Schlüssel zum Erfolg. In der Projektbearbeitung haben sich drei parallelisierbare Hauptstränge herauskristallisiert:

- der Fahrzeugaufbau mit dem mechanischen Aufbau und der E/E- (Elektrik- / Elektronik-) Inbetriebnahme im Fahrzeug
- die Verbrennungsmotor-Applikation am Motorprüfstand – der je nach Aufgabe mit einem sehr hohen Anteil an Fahrzeug-, Umfeld-, Fahrer-Simulation betrieben wurde
- die Systemintegration der verteilten Antriebsfunktionen und der Applikation der Betriebsstrategie am Systemprüfstand – einem hochdynamischer Antriebstrang-Prüfstand mit allen realen HV- (Hochvolt) Komponenten und Steuergeräte-HILs. Verbrennungsmotor, Fahrzeug-, Umwelt- und Fahrer wurden simuliert.

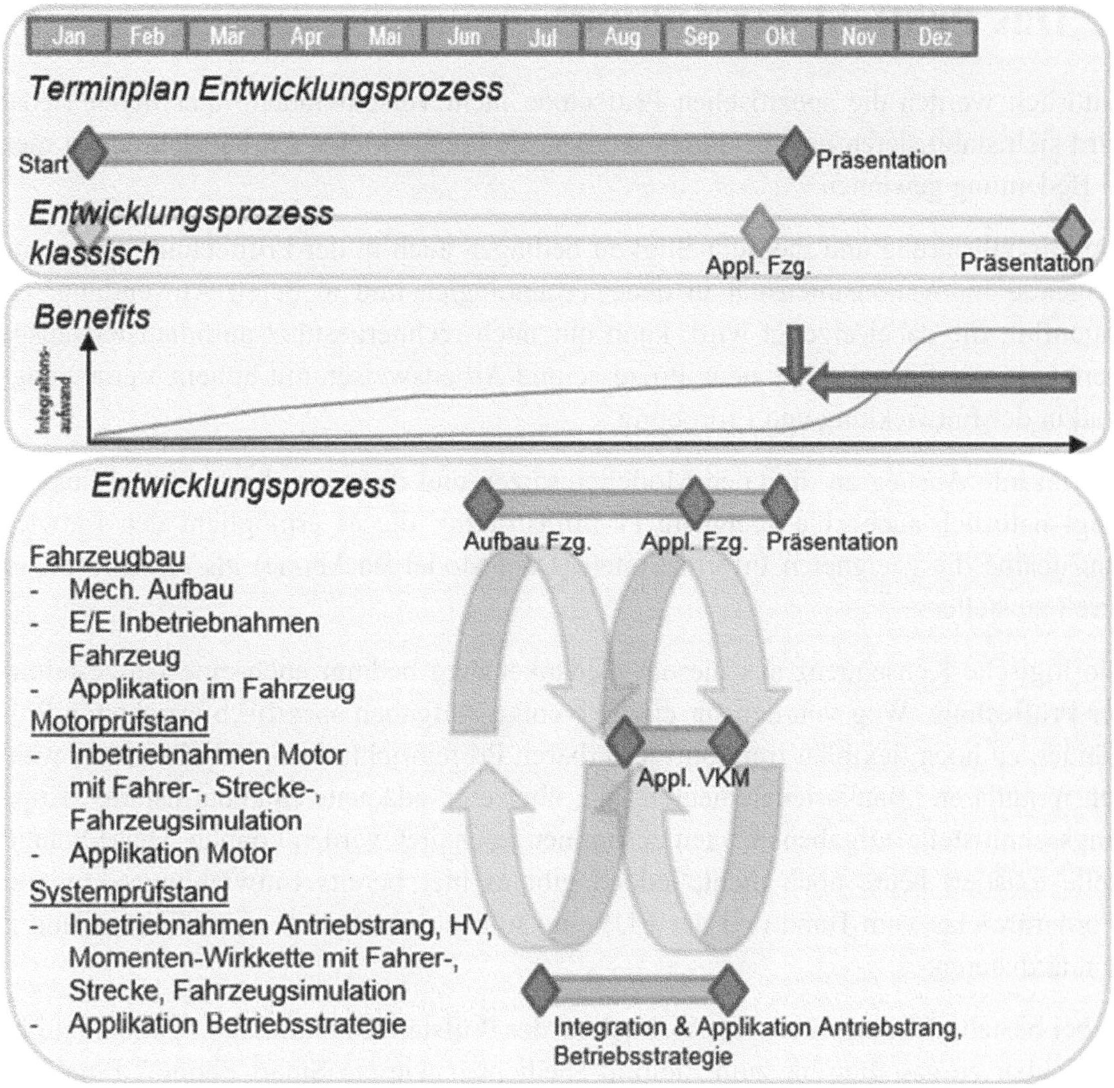

Abbildung 6: Entwicklungsprozess BMW Power eDrive mit Benefits

In einem klassischen Demonstrator-Projekt werden alle Entwicklungsschritte sequenziell abgearbeitet und die Integrations-/Applikationsaufgaben direkt im Fahrzeug durchgeführt. Durch den Projektablauf beim BMW Power eDrive wurde die Fertigstellung verkürzt und gleichzeitig eine deutlich höhere Produktreife erreicht. Somit konnte eine deutliche Reduktion des Aufwands im letzten Integrationsschritt erzielt werden.

Durch die hybriden Prüfeinrichtungen (Betrieb von realen und simulierten Komponenten/Systemen in einer Umfeld-Simulation) in Kombination mit der simultanen hochvernetzten Arbeitsweise konnte für dieses Thema ein weiteres Frontloading erzielt werden. Damit wird ein wesentlicher Beitrag für die Beherrschung der Fahrzeugentwicklung im Kontext zukünftiger Herausforderungen geliefert.

4 Das Prüffeld der Zukunft

Natürlich werden die spezifischen Prüfstände nicht verschwinden, aber deren Bedarf wird sich stabilisieren und zu diesen werden die hochflexiblen Prüfeinrichtungen mehr an Bedeutung gewinnen.

Die Digitalisierung und die Schnelligkeit bedingen auch in der Prüftechnik eine weiter steigende Innovationsintensität in neue Technologien und in deren Anwendung. Die Datenflut, die dabei erzeugt wird, kann nur noch rechnergestützt automatisiert ausgewertet werden. Es entstehen neue Prozesse und Arbeitsweisen mit hohem Vernetzungsgrad in der Entwicklung und Erprobung.

Der rasante Anstieg an digitalen Modelleinsätzen und digitalem Ergebnisrückfluss bedingt natürlich auch eine geeignete IT-Infrastruktur, die es ermöglicht den Entwicklungsteams die geeigneten Informationen (Data-Model-Backbone) als aktuelle Stände bereit zu stellen.

Die logische Konsequenz aus diesem Gedankengang bedingt auch eine Umgestaltung der Prüftechnik. Weg von den für einige wenige Aufgaben spezifisch errichteten Prüfständen zu hoch flexiblen frei konfigurierbaren Prüfeinrichtungen, bestehend aus wenigen modularen „Baukastenelementen" die über eine adäquate „standardisierte" Kopplungsschnittstelle aufgabenbezogen zusammengeschaltet werden können. Diese Schnittstelle existiert heute noch nicht, jedoch gibt es hier bereits Entwicklungsaktivitäten (Förderprojekte vom Bund und der EU) eine solche Schnittstelle zu definieren und zu standardisieren.

Dabei besteht der Anspruch, die Architektur der Prüfstände zukunftskompatibel und beherrschbar zu gestalten bis zum Zielbild „bedienbar wie ein Smart Phone". Eine automatische Rückführung von Testergebnissen mit selbständiger Erkennung von verdeckten Fehlern, schwachen Systemzuständen und Generierung von neuen Testfällen ergeben zusätzlichen Anspruch an die Funktionalität des zukünftigen Prüffeldes. Führt man den Gedanken noch weiter, und unterstellt, dass echtzeitfähige Verbindungen verfügbar werden, wäre über eine „standardisierte" Kopplungsschnittstelle für bestimmte Anwendungen sogar ein Zusammenschalten von ortsfremden Prüfständen (z.B. HIL System beim Lieferanten 1, mit Komponenten-Prüfstand beim Lieferanten 2 und den Antriebstrang-Prüfstand beim OEM) über eine „Prüftechnik-Daten-Cloud" denkbar.

5 Zusammenfassung

Gehen wir am Schluss noch einmal auf die einleitende Frage zurück, ob wir in Zukunft überhaupt noch ein Prüffeld für Versuche benötigen werden. Dazu ist festzustellen, dass auch in der Zukunft der Versuch immer die Fragen beantwortet, die nicht gestellt wurden und für die Modellierung einer virtuellen Simulation zunächst Versuchsergebnisse notwendig sind, insbesondere dann, wenn es kein Vorgängerobjekt gibt. Wir sind überzeugt, dass man auf absehbare Zeit nicht ohne Hardware Test auskommen kann. Die BMW Group stellt sich technologisch bewusst breit auf. Das wird auch in Prüffeld und Simulation sichtbar. Eine hohe Flexibilität der Prüfeinrichtungen, das Verschmelzen von Test und Simulation, die Parallelisierung von Entwicklungsschritten, agile Zusammenarbeitsmodelle der Entwickler aus Applikation und Absicherung und die Nutzung des Prüffeldes als Integrations- und Entwicklungszentrale stellen Maßnahmen dar, die anstehenden Herausforderungen zu bewältigen.

Wie man sieht, ist die Verzahnung von Test und Simulation in allen Phasen des Entwicklungsprozesses nutzbringend. Die Frage nach dem jeweiligen optimalen Betriebspunkt für Simulation und Test im Entwicklungsablauf wird gerne mit der Verfügbarkeit von HW beantwortet. Im Sinne von reproduzierbarer Analysefähigkeit und als Stellhebel zur Reduzierung von Prototypenkosten möchte man aber auch bei existierender Hardware die Simulation nicht vermissen.

Literaturverzeichnis

[1] Rückert, J., Hillers, C., Konrad, H.: Standardversuche – der Schlüssel für einen innovativen Versuchsbetrieb im Antriebsprüffeld. 6. Internationales Symposium für Entwicklungsmethodik, 2015, Wiesbaden.

[2] Fröhlich K.: BMW Power eDrive – Fahrfreude von morgen, 36. Internationales Wiener Motorensymposium 2015

[3] Rabenstein, F., Jägerbauer, E., Reisenweber, K.-U., Kirnberger, H.: Effiziente Antriebsentwicklung. Herausforderungen und Lösungsansätze für das Prüffeld der Zukunft. 7. Internationale MTZ-Konferenz Virtual Powertrain Creation, 2006

GDI Engine – Design by Thermal Assessment

Andrej Poredos, Senior Analysis Engineer, AVL- AST d.o.o Slovenia, Kneza Koclja 11, Maribor Slovenia, +386 40 454 732, andrej.poredos@avl.com

Cristiano Pecollo, Team Leader CAE52, FCA - Fiat Chrysler Automotive, EMEA Region – Powertrain Engineering, Virtual Analysis, Corso Settembrini 40, Torino Italy, cristiano.pecollo@fcagroup.com

Peter Tibaut, Skill Team Leader, AVL- AST d.o.o Slovenia, Kneza Koclja 11, Maribor Slovenia, +386 40 454 731, peter.tibaut@avl.com

Simon Urbas, Analysis Engineer, AVL- AST d.o.o Slovenia, Kneza Koclja 11, Maribor Slovenia, simon.urbas@avl.com

J. Liebl und C. Beidl (Hrsg.), *VPC – Simulation und Test 2015*, Proceedings, https://doi.org/10.1007/978-3-658-20736-6_2

Abstract

As the loading capabilities of modern IC engines are increasing, more heat is being produced per engine volume unit. Consequentially the thermal and mechanical load of the material also increases rapidly. From the heat transfer perspective, it is of interest to reduce the heat losses in the engine in an attempt to achieve higher mechanical efficiency. One of the most important fields related to this objective is reliable, comprehensive and complete engine thermal analysis.

CFD simulation is already an established approach in engine development, especially in the component design phase. Combustion modeling has an important role in predicting the conversion from chemical to mechanical and thermal energy. On the thermal analysis side, finite element methods are conventionally used for the thermal analysis of the solid structure and stress analysis. On the CFD side also a coolant flow analysis has to be considered to contribute to the structure thermal conditions. Each of the analysis is conventionally done by separate software packages. By online coupling of both, the best engine structure temperature prediction can be expected.

The present study uses a novel approach of using multi-material heat transfer analysis for the prediction of temperature distribution in the solid structure of a passenger car four cylinder GDI engine. This is an alternative method to the conventional fluid-solid (CFD-FEA) coupling method. This approach represents the simulation of the heat transfer within the GDI engine structure and its parts by considering the solid and fluid parts of the engine as a multi-domain. Heat exchange is determined by considering the complete engine cycle on the gas side. This includes induction, compression and expansion stroke. With this method the three domains approach is reduced to only two CFD domains where the finite element (FEA) tool is no longer required. The CFD tool AVL FIRE is used instead and the simulation workflow is significantly simplified. Better temperature prediction is achieved due to heat data exchange in every iteration step of the simulation instead of only between CFD-FEA coupling loops. A nucleate boiling effect on the water side as well as the contact resistance effect in the solid part are considered. At the end the simulation results are successfully validated against measured thermos-couples temperatures.

1 Introduction

The present study uses a novel approach of using multi-material heat transfer analysis workflow which computes the conduction of heat through solids, coupled with convective heat transfer in fluid for the prediction of temperature distribution in the solid structure of four-cylinder GDI engine. The approach includes heat transfer between continuous and discrete phase considering different material properties.

This is an alternative method to the conventional fluid-solid (CFD-FE) coupling, which is usually used for temperature distribution in solid structure and stress analysis. The multi-material approach represents the simulation of the heat transfer within the cylinder head structure and its parts by considering the solid and fluid parts of the engine as a multi-domain. Heat exchange is determined depending on the engine operating conditions by considering the complete engine cycle on the gas side. This includes intake, compression and the expansion stroke. With this method the three simulations approach is reduced to only two simulations where the finite element (FE) tool is no longer required. The CFD tool is used instead and the simulation workflow is significantly simplified. A nucleate boiling effect on the water side as well as the contact resistance effect in solid part are considered. The simulation workflow is shown for an AVL single cylinder research engine where as a reference the conventional CFD-FE coupling method is used beside measurements. The same approach is then applied on the real four cylinder GDI engine.

2 Transient Engine Simulation – Heat Transfer

It has commonly been stated that the energy from the fuel is divided approximately equally into three main parts, energy converted into useful mechanical work, energy transferred to the coolant and energy transferred to the exhaust. For this reason, it is of great importance to have control over the heat losses in the system when designing an internal combustion engine. An increased knowledge on temperature distribution and heat losses inside and around the engine cylinder is therefore very important. A common way of predicting heat transfer in the cylinder head is fluid-solid coupling (CFD-FE coupling). Figure 1 shows the comparison between conventional CFD-FEA coupling and the CFD multi-material workflow.

In the case of a CFD-FEA coupling it is necessary to make two separate simulations of the fluid (cylinder inner flow simulation of the gas side and water cooling jacket of the coolant flow). The results of both (near wall fluid temperature and heat transfer coefficient) are mapped to the structural side as a convective boundary condition. Data exchange goes only in one direction – from fluid to solid in one simulation set. To reach thermodynamically equilibrium between fluid and solid, sometimes more loops are needed – the complete set of simulations need to be repeated.

In the case of CFD – multi-material approach; the cylinder inner flow simulation still needs to be done separately, since the coolant flow simulation runs simultaneously with the structural thermal analysis. Thermal data exchange: fluid simulations provide convective boundary conditions – near wall fluid temperature and heat transfer coefficient to the structure – since the calculated wall temperature is provided back from the structural thermal analysis to the fluid simulation. Data exchange is ongoing every iteration step of steady state multi-material simulation.

The benefit of the multi-material approach is the reduced modelling effort as well as the reduction of the FE code required to make short-loop decisions based on temperature distribution in the cylinder head solid structure. Also the thermal data exchange is very important for every iteration step of the multi-material simulation and therefore more loops like in the case of the CFD-FEA approach is not needed.

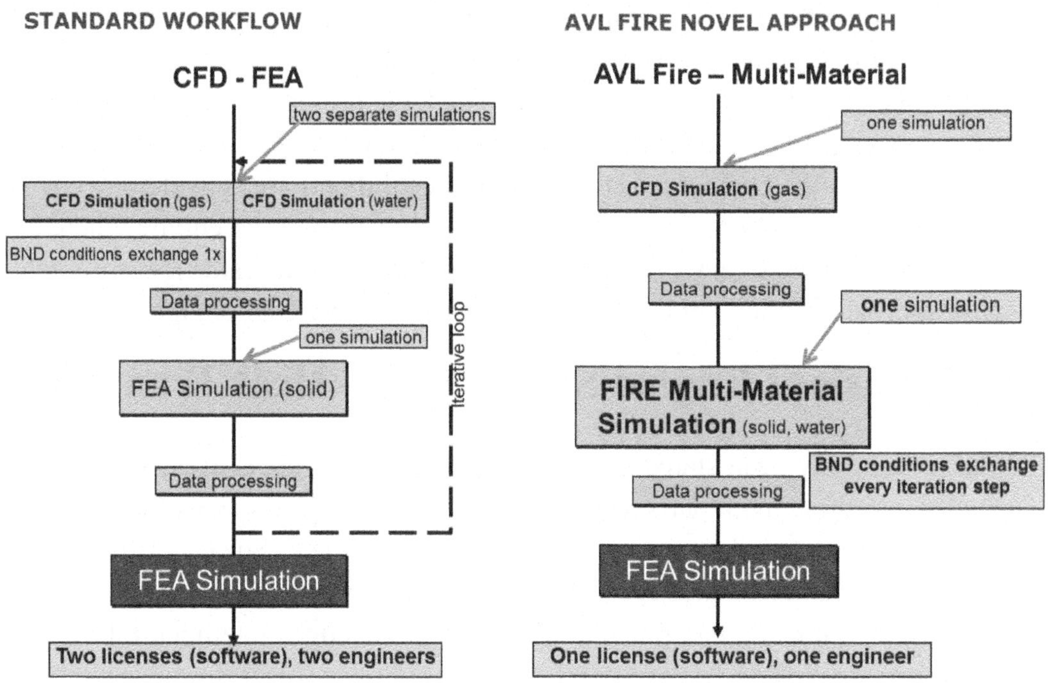

Figure 1: Standard CFD-FEA (left) and CFD multi-material (right) coupling approach flow chart

3 Test Engine Research

The subject of investigation is an AVL single cylinder passenger car size research engine [2] with specifications shown in Table 1. Since the engine has limited rated power (range 2000–4000 rpm), the operating point at lower rpm is the maximum engine torque (2000 rpm) which considers also more intensive nucleate boiling phenomena on the coolant side.

For method validation only the cylinder head was considered as this is, besides the piston, the most thermally exposed structural part. The whole cycle cylinder inner flow simulation has been performed (intake stroke, fuel injection, atomization, evaporation, compression, ignition, combustion and exhaust stroke) in order to estimate boundary conditions for the structural part. The considered simulation models are ECFM-3Z combustion model [3] [5], auto-ignition knock Shell model [4] [13] and k-z-f turbulence model [6].

Table 1. Single cylinder GDI engine specification

Displaced volume	533 cc
Stroke	94 mm
Bore	85 mm
Connecting Rod	160 mm
Compression ratio	16:1
Number of Valves	4
Operating Speed	2000 RPM
Engine Load	Maximal Torque

For the multi-material approach, a water cooling jacket and a solid structure of cylinder head have been discretized as one multi-domain by means of finite volumes [9]. A single phase nucleate boiling model on the water side was used in order to predict heat transfer more accurately [14]. The final mesh consists of 3.5 mio elements. Two different materials (cast iron and aluminium alloy) and several domains were used. To compare solid temperature at monitoring locations (where thermocouple measurements are available), a standard finite element (FE) mesh has been generated. For both approaches the same result of transient gas side cylinder flow simulation has been used (e.g. mapped to the solid face). Local heat transfer coefficients (HTC) and local temperature distribution averaged for one engine cycle have been mapped to the multi-material CFD mesh as well as on the FE mesh. After mapping was done, a multi-material steady state FIRE simulation has been performed to obtain the comprehensive solution in the water cooling jacket and solid domain (temperature field only). For the CFD-FE (conventional) coupling case the FE analysis has been performed.

For both, multi-material and CFD-FE coupling a single phase boiling effect was considered. Results for both simulation approaches have been compared for specific regions where higher thermal load is expected. These regions are exhaust and intake port bridges. The temperature distribution is shown on Figure 2. Especially at exhaust port bridge highest thermal load appears due to high temperature of the exhaust gases and limited possibilities for local cooling. Similar wall temperature fields along the intake and exhaust valves are obtained for both approaches.

Comparing temperature profiles along the both intake and exhaust valve bridges for both simulation approaches shows almost no differences (Figure 3.). The temperature of the fire deck is about 60°C higher at the exhaust valve bridge than at the intake valve bridge.

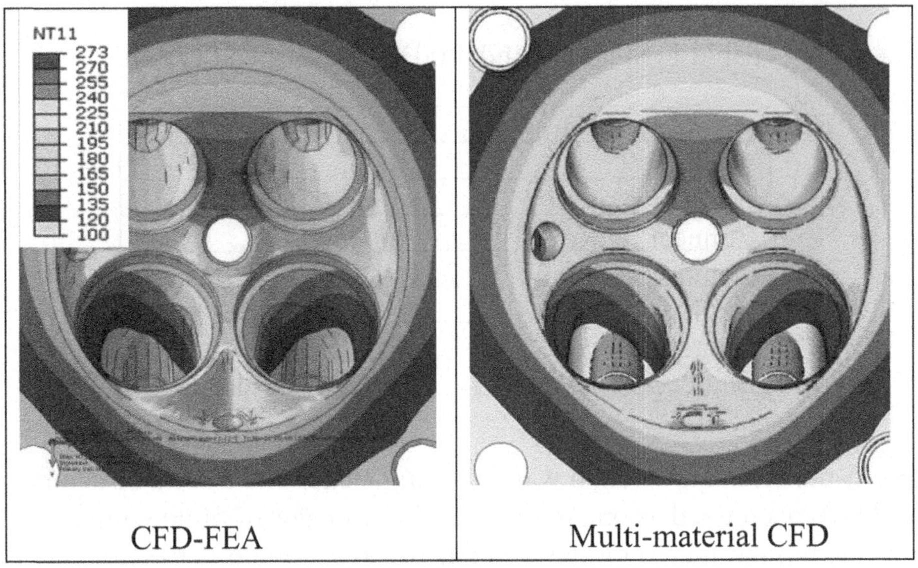

Figure 2: Temperature distribution at fire deck solid surface. Left is the conventional CFD-FEA coupling result and right is the multi-material CFD approach

The comparison with thermocouple measurements (Figure 3) shows very satisfying agreement in the range of 3°C for the intake valve bridge and 4°C for the exhaust valve bridge location. Both approaches predicted the temperature in the acceptable accuracy range.

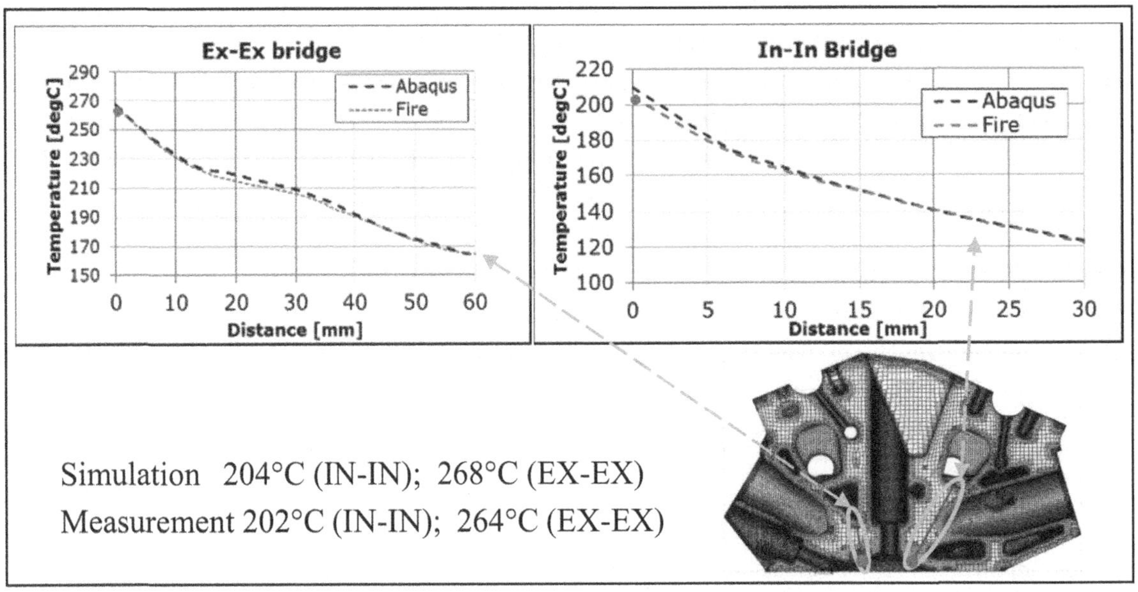

Figure 3: Temperature profiles for CFD-FEA and multi-material CFD approach at intake-intake (IN-IN) valve bridge and exhaust-exhaust (EX-EX) valve bridge

4 Passenger Car GDI Engine Geometry

The multi-material CFD approach was applied for four cylinder GDI engine analysis (engine parameters visible in Table 2.) where the meshing approach for structure and water cooling jacket was in contrast to the single cylinder example (mainly hexahedron dominated volume elements were used) a polyhedral meshing approach. For the gas side domain in both cases (single cylinder and four cylinders) a transient hexahedron dominated meshes were used.

Table 2: 4-cylinder GDI engine specification

Stroke	80.5 mm
Bore	83 mm
Connecting Rod	148.5 mm
Compression ratio	9.5:1
Number of Valves	4
Operating Speed	5500 RPM
Load	WOT

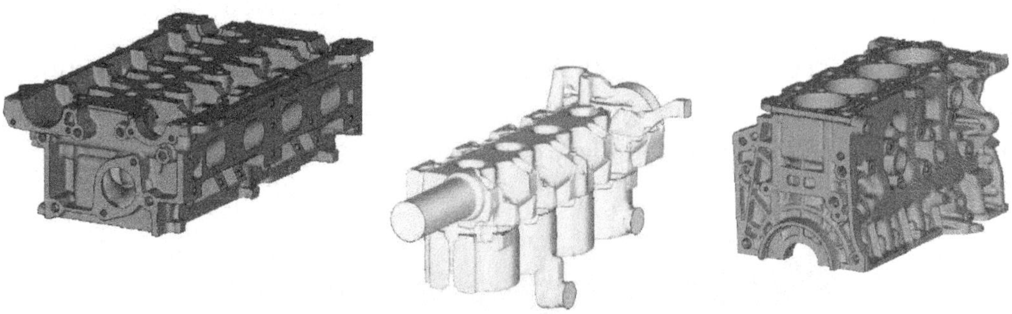

Figure 4. Multi-material mesh consists of cylinder block, cylinder head and water cooling jacket.

In total 5 million volume elements were used for multi-material finite volume mesh which has 57 sub-domains and 9 different material (incl. valves, valve seat inserts, valve guides, coolant fluid, aluminium alloy, liner etc.).
The combustion simulation considered the whole cycle simulation including fuel spray injection and combustion. To describe a turbulent kinetic energy, a 3.5 equation turbulence model k-ζ-f was used [6]. For fuel spray break-up the Wave model and wall interaction model have been considered and for combustion modelling – ECFM-3Z with the

auto-ignition knock-Shell model have been applied. Simulation model has been calibrated against the measured mean cylinder pressure (Figure 5).

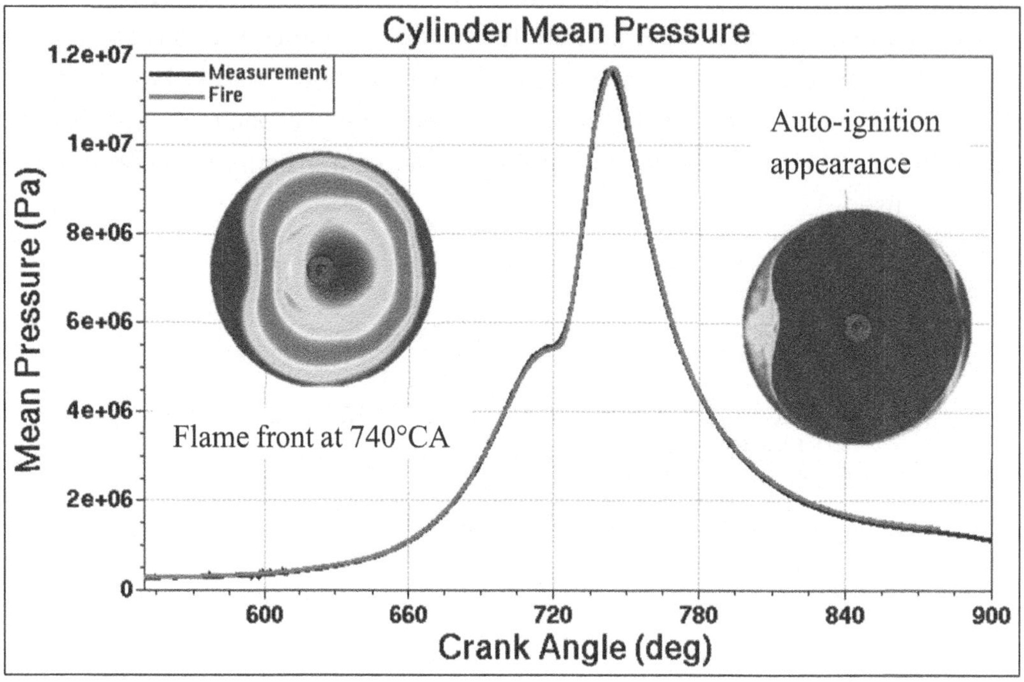

Figure 5: Mean cylinder pressure comparison

The gas side boundary conditions obtained from transient in-cylinder simulation (time and spatial averaged) were mapped on the solid surface of all four cylinders (Figure 6). All four cylinders had the same boundary conditions.

Figure 6. Mapped CFD temperature boundary conditions on the gas side surface (bottom view of cylinder head).

The steady state simulation for a multi-domain has been setup considering heat contact resistance between different solid materials and nucleate boiling phenomena on the water cooling side. For solid domain only, the enthalpy equation has been solved. The benefit of the multi-material CFD approach compared to the conventional CFD-FE coupling is also that heat exchange between the solid and liquid domain is done every iteration instead of every simulation run. This makes the complete workflow faster and easier which is an important factor in reducing the engineering time of the engine development process.

The resulting temperature distribution on the solid surface are presented on Figure 7. Inhomogeneous heat transfer and cooling effects can be observed. The potential of cooling improvement for middle two cylinders can be identified.

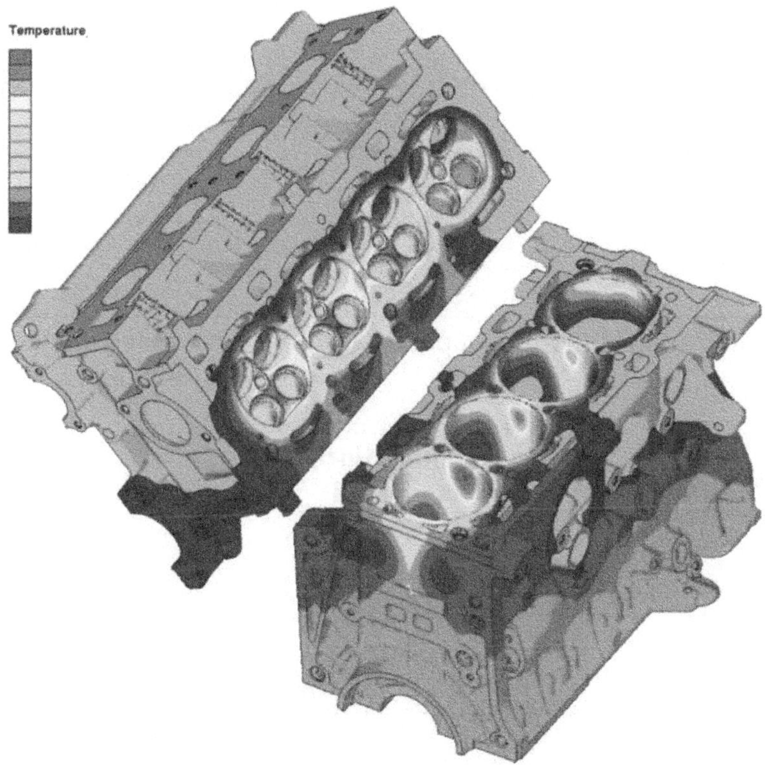

Figure 7: Engine head and block wall temperature distribution

5 Comparison with Measurement

The thermocouple measurements were performed at positions in the cylinder head (exhaust valve bridges) and in the cylinder block (in planes 5mm, 18mm, 42mm and 101mm under the gasket plane). Comparison between simulation results and measurements in monitoring locations for the cylinder head and the cylinder block is visible in Figure 8 and Figure 9. Simulation was performed first with the considering

contact resistance valve/valve guides and valve/valve seat (FIRE 1 curve on Figure 8 and Figure 9). Then contact resistance for all connected solid parts was considered which significantly improved the agreement between simulation results and measurement (FIRE 2 curve on Figure 8 and Figure 9).
In general the simulation predicts very well the temperature trends in the cylinder head and cylinder block domains. The CFD simulation gives good predictive values, especially temperatures in the most critical area – the exhaust valve bridge regions.

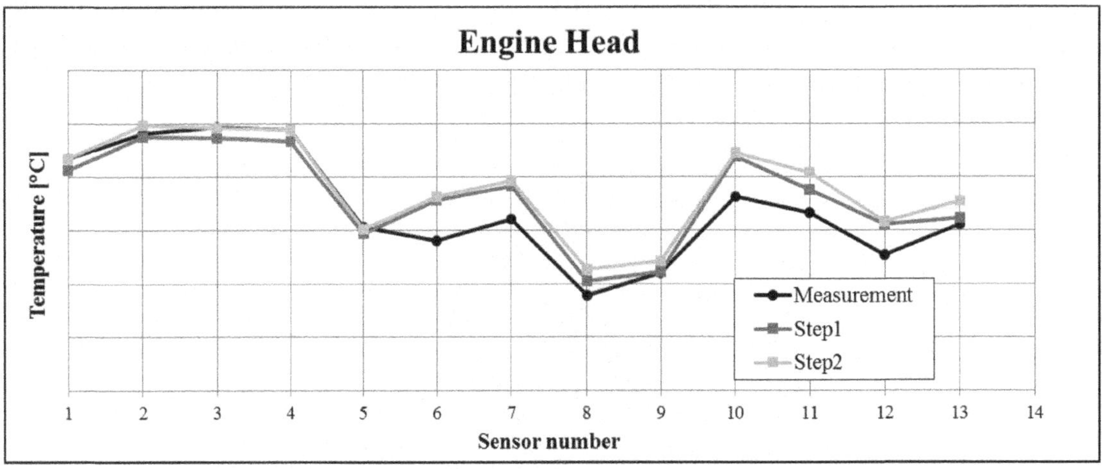

Figure 8: Comparison for thermocouple measurement positions in cylinder head

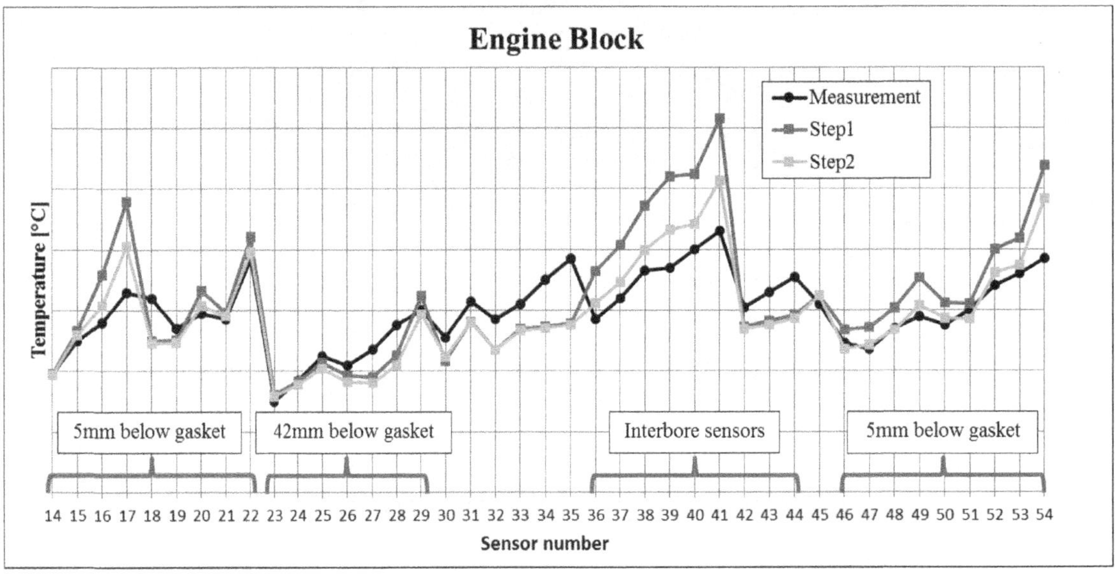

Figure 9: Comparison for thermocouple measurement positions in cylinder block

Simulation results for all 5 monitoring points are within 8°C according to measurement values. Measurement points 6 – 13 are in the area of intake and exhaust port flanges respectively – very close to manifolds which were not part of this study.

For the cylinder block monitoring positions it can be noticed, that considering additional contact resistance improved significantly temperature prediction especially in the area close to liner (TC 36 –41 and 46 –54). All simulation temperature values are in good agreement with the measurements with a maximum difference of 15°C according to measurement (FIRE 2 curve on Figure 9). There is still a potential for additional calibration of results (TC 32 – 35) by changing boundary conditions at the bottom of the cylinder block model – area where the CFD results are not close to (below water cooling jacket) and where the boundary conditions were empirically defined.

In addition to thermocouple measurement a total heat transfer estimation for simulation and measurement was compared. The simulation predicted 93% of the measured total heat exchanged between solid and coolant. Considering the fact that the turbocharger cooling was also part of the experiment and was not considered at the CFD model, the simulation method can be seen as a good predictive method.

6 Summary - Conclusions

The CFD simulation workflow described in this study has been validated on a single cylinder research engine and applied on a four cylinder FIAT FamB E6 engine for a thermal analysis e.g. temperature prediction of a head-block engine structure. More than 50 thermocouples were used to measure the temperature distribution in a structure. In the cylinder head, the temperature difference between simulation and measurement was below 10°C in 8 of 13 monitoring locations. In the most critical areas the difference was under 5°C. In the engine block the temperature difference was below 10°C in 25 of 40 monitoring locations. In the rest of the monitoring locations the temperature trends were captured very well. Temperature prediction in the engine block was more accurate in locations closer to the cylinder gasket (compared to the locations 42 and 101mm under the gasket) where the coupling between fluid and structure is more relevant. The simulation predicted 93% of the total heat exchange level obtained at experiment.

Thermal analysis in CFD code can be a very effective tool to identify improvement potentials before starting stress analysis. Reducing inhomogeneous temperature distribution in critical regions like exhaust valve bridge and controlling the temperature level in these locations can contribute to optimize the solid material thermal load.

7 References

1 AVL FIRE v2013 Manual, AVL LIST GmbH, 2014 Graz

2 Tibaut P, Poredos A, Multi-Material Heat Transfer Analysis of an Single Cylinder Engine Head, NAFEMS 2014, Manchester, 2014

3 Colin, O., Benkenida, A. and Angelberger, C. "3D Modeling of Mixing, Ignition and Combustion Phenomena in Highly Stratified Gasoline Engines", Oil & Gas Science and Technology - Rev IFP, 58(1), 47-62 (2003)

4 Linse D., Modeling and Simulation of Knock and Nitric Oxide Emissions in Turbocharged Direct Injection Spark Ignition Engines, PhD thesis, Technische Universität Bergakademie Freiberg, 2013

5 Peters N., The turbulent burning velocity for large scale and small scale turbulence. J. Fluid Mechanics 1999; 384: 107-132

6 Hanjalic K., Popovac M., Hadziabdic M. A robust near-wall elliptic-relaxation eddy-viscosity turbulence model for CFD, Int. Journal of Heat and Fluid Flow 25 (2004) 1047-1051, Elsevier, 2004

7 Popovac M., Hanjalic K., Compound Wall Treatment for RANS Computation of Complex Turbulent Flows and Heat transfer, Flow Turbulence Combust (2007) 78:177-202, Springer Science 2007

8 Basara B., A nonlinear eddy-viscosity model based on an elliptic relaxation approach, Fluid Dynamics Research 41 (2009) 012403 (21pp), IOP Publishing, 2009

9 Basara B., v.d. Meer A.J., Diemath A., Numerical simulation of fluid flow and conjugate heat transfer in a matrix of surface-mounted cubes: Evaluation of different modeling approaches, Turbulence, Heat and Mass Transfer 6, Begell House, 2009

10 Esch, T. and Menter F.R.: Heat transfer predictions based on two-equation turbulence, Models with advanced wall treatment. Turbulence, Heat and Mass Transfer, 4, pp. 633-640, 2003

11 Tatschl R, Basara B, Schneider J, Hanjalic K, Popovac M, et.al., Advanced turbulent heat transfer modelling for IC-engine applications using AVL FIRE1, In: Proceedings of international multidimensional engine modeling user's group meeting, Detroit, MI, 2006

12 Patel, S., Bogensperger, M., Tatschl, R., Ibrahim. S., et.al. Coherent, Flame Modeling of Turbulent Combustion – A Validation Study. Proc. 2nd M.I.T. Conference, Boston, USA, 2003

13 Halstead M.P., Kirsch L. J., Quinn C.P.: The Autoignition of hydrocarbon fuels at high temperatures and pressure-fitting of mathematical model, Combustion and flame 45-60, 1977

14 Steiner H., Brenn G., Ramstorfer F., Breitschaedel B.: Increased cooling power with nucleate boiling flow in automotive engine applications, New trends and developments in automotive system engineering pp 249-272, 2011

Simulative Auslegung von innovativen Konturen auf Wastegate-Klappen

Stephan Föller, Dr. Ingo Hermann, Gerwin Tittes, Vural Yanik

1

J. Liebl und C. Beidl (Hrsg.), *VPC – Simulation und Test 2015*,
Proceedings, https://doi.org/10.1007/978-3-658-20736-6_3

1 Einleitung

Wastegate-Systeme in Abgasturboladern stellen die turbinenseitige Regelbarkeit des Ladedruckes sicher und sind aufgrund ihrer Positionierung im Abgassystem äußerst anspruchsvollen thermischen und mechanischen Belastungen ausgesetzt. Darunter fällt auch die transiente Belastung der Wastegate-Klappe, hervorgerufen durch den pulsierenden Abgasmassenstrom. Die Steuerung des Öffnungswinkels erfolgt über pneumatische und elektrische Aktuatoren. Dabei zeigt vor allem das Druck aktuierte Wastegate durch sein Feder betriebenes Rückstellsystem eine Schwingungsneigung in gewissen Betriebspunkten. In solchen Situationen können die Pulsationen des Abgases unerwünschte Änderungen des Öffnungswinkels des Wastegates bewirken. Damit einhergehend fluktuiert der Abgasmassenstrom über die Klappe und damit auch die zur Verfügung stehende Enthalpie für die Turbine. Die korrigierende Rückführung des Regelkreises oder die passive Rückkopplung der Schwingung mit dem Federsystem des Aktuators können dabei zu periodischen Oszillationen des Wastegates führen. Im schlimmsten Fall tritt bewegungsinduzierter Verschleiß von Wastegate-Teller und –Sitz auf, der durch häufiges Aufschlagen hervorgerufen wird.

Motivation

Die Einführung neuartiger Oberflächenkonturen auf der Wastegate-Klappe erlaubt hierbei Abhilfe durch Abschwächung potentieller Schwingungen des Klappenöffnungswinkels. Zum einen ermöglichen die neuen Designs eine Reduktion der Sensitivität des Abgasmassenstroms bezüglich des Klappenöffnungswinkels und damit eine schwächere Fluktuation der Turbinenenthalpie. Zum anderen stellt sich eine reduzierte Kraft am Wastegate-Aktuator ein. Beide Maßnahmen wirken sich unterstützend auf die Stabilisierung des Ladedruckes und dessen Regelbarkeit aus. Ferner kann mit Hilfe der Konturierungen die Abströmrichtung aus dem Wastegate-Kanal gesteuert werden. Dies lässt sich nutzen um den Druckverlust im stromab liegenden Teil der Turbine zu verbessern und damit den Turbinenwirkungsgrad zu optimieren.

2 Technisches Konzept der neuartigen Konturen auf den Wastegate-Klappen

In diesem Abschnitt wird zunächst das technische Konzept für die neuartigen Konturen erarbeitet. Am Beginn der Betrachtung steht die Abhängigkeit des Massenstroms vom effektiven Strömungsquerschnitt und verschiedener Strömungsgrößen stromauf und stromab der Wastegate-Klappe.

Nach Heywood [1] lässt sich dieser Zusammenhang wie folgt darstellen:

$$\dot{m}_{\mathrm{WG}} = \frac{C_{\mathrm{D}} A_{\mathrm{C}} p_{0,\mathrm{i}}}{\sqrt{R T_{0,\mathrm{i}}}} \left(\frac{p_{\mathrm{s,o}}}{p_{0,\mathrm{i}}}\right)^{\frac{1}{k}} \left(\frac{2k}{k-1}\left[1 - \left(\frac{p_{\mathrm{s,o}}}{p_{\mathrm{o,i}}}\right)^{\frac{k-1}{k}}\right]\right)^{1/2} \tag{1}$$

In Gleichung (1) repräsentiert $\dot{m}_{\mathrm{WG}}$ den Massenstrom über die Wastegate-Klappe. Die Größe A_{C} stellt die geometrische Referenzfläche am Engstquerschnitt im Klappenspalt dar. Sie ist eine nichtlineare Funktion des Wastegate Öffnungswinkels α und beeinflusst maßgeblich den Massenstrom über das Wastegate. Wenn sie mit dem Durchflusskoeffizienten C_{D} gewichtet wird, ergibt sich die effektive Querschnittsfläche im Klappenspalt. Des Weiteren hängt der Massenstrom $\dot{m}_{\mathrm{WG}}$ vom statischen Druck stromab der Turbine $p_{\mathrm{s,o}}$ und dem Totaldruck stromauf der Turbine $p_{0,\mathrm{i}}$ ab. Ferner fließt die Totaltemperatur stromauf der Turbine $T_{0,\mathrm{i}}$ in die Berechnung ein. Die Variable k bezeichnet den Isentropenexponent und R die Gaskonstante des Abgases. Die bestehende Druckdifferenz stromauf und –ab der Turbine skaliert den Massenstrom, der über den Klappenspalt fließt. Das heißt, mit steigender Druckdifferenz stellt sich ein steigender Massenstrom ein, bis der kritische Massenstrom bei Schallgeschwindigkeit im Engstquerschnitt erreicht wird.

Die Aktuatorkraft F_{A}, die im Folgenden auch analysiert wird, kann aus der resultierenden Druckkraft am Wastegate und den Hebelarmen von Klappe und Aktuator zur Wastegate Drehachse berechnet werden:

$$F_{\mathrm{A}} = \frac{T_{\mathrm{WG}}}{l_{\mathrm{A}}(p_{0,\mathrm{i}} - p_{\mathrm{s,o}})} \tag{2}$$

In Gleichung (2) ist bereits die resultierende Druckkraft am Wastegate und der zugehörige Hebelarm in das eingehende Drehmoment T_{WG} umgewandelt worden. Der Hebelarm zwischen Drehachse und Aktuator wird mit l_{A} bezeichnet. Mit Hilfe der Druckdifferenz stromauf und stromab der Turbine wird die Aktuatorkraft normiert.

Mit Einführung und Diskussion der relevanten Abhängigkeiten, die den Massenstrom und die resultierende Kraft am Aktuator beschreiben, ist deutlich geworden, dass der effektiven Querschnittsfläche für unterschiedliche Öffnungswinkel die entscheidende Rolle zukommt, dass Durchflussverhalten zu kontrollieren. Definiert über Durchflusskoeffizient und geometrischer Querschnittsfläche ist sie die einzige Größe, die direkt beeinflusst werden kann, da die anderen Strömungsgrößen in Gleichung (1) vom jeweiligen Motorbetriebspunkt vorgegeben sind.

Der prinzipielle Ansatz, die Massenstromabhängigkeit vom Öffnungswinkel zu reduzieren und damit auch die potentielle Steuerbarkeit des Ladedruckes zu verbessern, ist die Einführung von Körpern, die auf die Wastegate-Klappe gesetzt werden. Dieses Vorgehen wurde bereits in jüngerer Vergangenheit von den Herstellern Ford (1.0l I3 SIDITC EcoBoost) und Peugeot (1.2l GDI Turbo) genutzt.

Im Gegensatz zu den Wettbewerbern, die einfache Koni und Halbkugeln auf die Wastegate-Klappe platziert haben, um eine Linearisierung des Durchflussverhaltens über den Öffnungswinkel zu erreichen, werden in diesem Paper Konturen vorgestellt, die zum Ziel haben, die Massenstromsensitivität vom Öffnungswinkel in maximaler Weise zu senken. Dies führt zur bestmöglichen Regelbarkeit des Ladedruckes, sobald externe Störungen, z.B. Abgaspulse, eine Schwingung des Öffnungswinkels um seinen Soll-Wert hervorrufen.

Zu diesem Zweck werden Wastegate-Konturen mit kleinstmöglicher Querschnittsfläche im Spalt entwickelt. Zunächst ist zu beachten, dass die Querschnittsreduktion nicht über den kompletten Öffnungswinkelbereich des Wastegates aufrecht erhalten werden darf, da ansonsten der maximal benötigte Massenstrom, z. B. während der Kalt-Start Phase beim Katalysatorheizen, nicht zur Verfügung steht. Für kleinere bis mittlere Massenströme hingegen ist es aus Kalibrierungssicht von großem Interesse eine möglichst lineare, feinabgestufte, aber auch robuste Steuerung des Durchflussverhaltens zu besitzen. Bei der Auslegung sind ferner Fertigungstoleranzen, Herstellbarkeit und Montierbarkeit der Wastegate-Klappe zu berücksichtigen.

In Abbildung 1 sind die beiden neuartigen Wastegate-Geometrien im Vergleich zum flachen Standard Wastegate-Teller (Abbildung 1, links) dargestellt. Des Weiteren werden Schnittbilder der Konfigurationen im eingebauten Zustand bei verschiedenen Öffnungswinkeln in Abbildung 2 gezeigt. Die vorgeschlagenen Geometrien, die die oben aufgeführten Kriterien in bestmöglicher Weise erfüllen, sind gestapelte Multi-Koni (z. B. Abbildung 1, Mitte) und eine aus booleschen Operationen erzeugte Freiformkontur (Abbildung 1, rechts).

Abbildung 1: Wastegates mit flacher Telleroberfläche (links), Doppelkonus (Mitte) und boolescher Freiform (rechts)

Die Mehrfach-Konus Geometrie repräsentiert diejenige Form, die sich aus rotationssymmetrischen Elementen zusammensetzt und es erlaubt den kreisförmigen Kanalquerschnitt maximal zu verringern, ohne dabei eine Kollision beim Öffnen mit den Wastegate-Kanalwänden zu verursachen (Abbildung 2, zweite Reihe). Im Allgemeinen gilt, dass je mehr Konus-Scheiben aufgebracht werden, desto besser kann die mögliche Querschnittsreduktion approximiert werden. In Abbildung 2, zweite Reihe, ist eine Variante mit zwei Koni gezeigt. Über die gezeigten Öffnungswinkel ist zu erkennen, dass die Koni immer einen Mindestabstand zum Kanalendquerschnitt besitzen. Dieser deckt die Fertigungs-, Montage-, Wärmeausdehnungs- und Verschleißtoleranz ab. Die Höhen, Radien und Flankenwinkel der Koni sind exakt darauf ausgelegt, diese Mindesttoleranz bei jedem Öffnungswinkel zu gewährleisten. Bei ungefähr 25° Öffnungswinkel (Abbildung 2, Reihe 2, Spalte 3) verlässt der Endquerschnitt des zweiten Konus den Wastegate-Kanal. Bis 35° kann sich die Querschnittsfläche stark vergrößern, um den geforderten maximalen Massenstrom über das Wastegate strömen zu lassen.

Die zweite Kontur (Abbildung 2, dritte Reihe) folgt demselben Ansatz der maximalen Querschnittsflächenreduktion über einen definierten Öffnungswinkelbereich. Im Unterschied zur Mehrfach-Konus Kontur wird nun ein zylindrischer Grundkörper mit Radius des Wastegate-Kanal Endquerschnittes auf die Klappe aufgebracht, der dann mittels boolescher Schnittoperationen zwischen Zylinder und Kanalwand bei beliebig vielen Öffnungswinkeln erzeugt wird. Der so entstandene Körper wird dann zur Einhaltung der Mindesttoleranz geschrumpft. Das Resultat ist eine Freiform, die den Kanalquerschnitt in maximal möglicher Weise verblockt unter Beachtung der geforderten Toleranz (Abbildung 2, dritte Reihe). Die Abschlussfläche der Freiform wird so beschnitten, dass sie plan im Wastegate-Kanal Endquerschnitt bei 25° Öffnungswinkel liegt (Abbildung 2, dritte Reihe, dritte Spalte). In ähnlicher Weise wie beim Multi-Konus wächst die zur Verfügung stehende Querschnittsfläche bei weiterer Klappenöffnung schnell an.

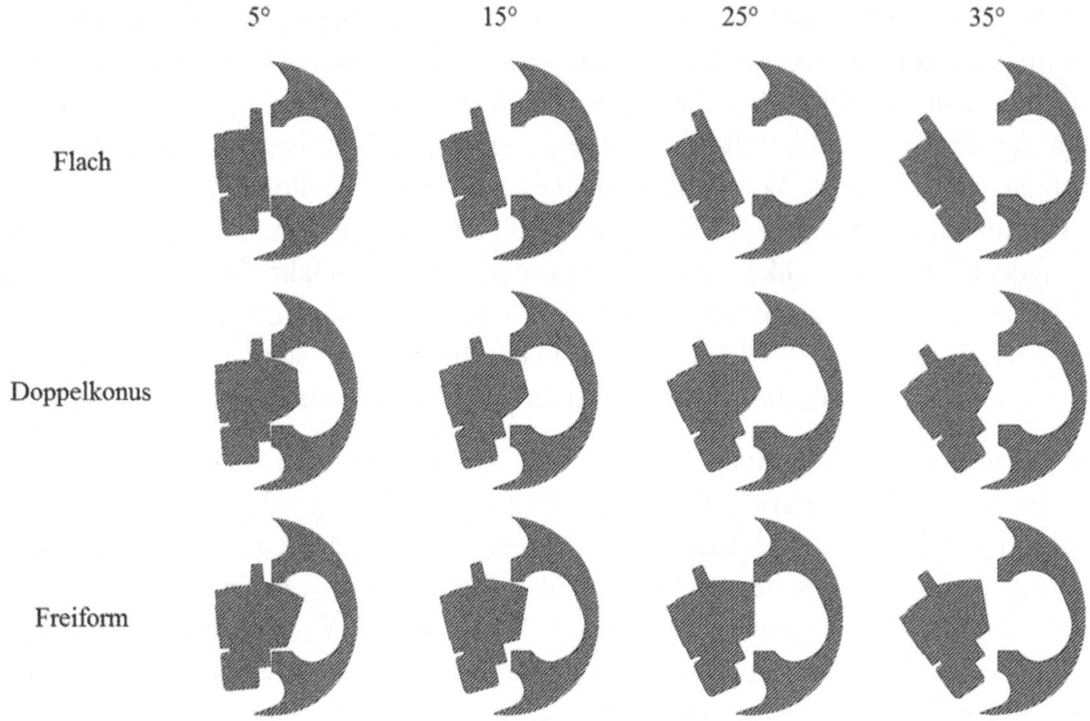

Abbildung 2: Schnittskizzen der Klappengeometrien und des Endes des Wastegate-Kanals für verschiedene Öffnungswinkel

Im Vergleich zum Mehrfach-Konus füllt die Freiform einen größeren Teil der Querschnittsfläche aus und erlaubt damit eine noch bessere Regelbarkeit des Durchflussverhaltens, hat aber den Nachteil, dass sie nicht rotationssymmetrisch ist. Dies bedingt nachfolgend eine kostenintensivere Fertigung und die Notwendigkeit einer Montagehilfe, da die Wastegate-Teller nur in einer festgelegten Winkelposition mit dem Wastegate-Arm verbunden werden darf.

3 Simulationsmethodik

Die im vorangegangen Abschnitt vorgestellten Klappenkonfigurationen wurden mittels 3D-CFD Simulationen analysiert. Dabei wurden der Durchflusskoeffizient und die spezifische Aktuatorkraft in Abhängigkeit des Wastegate-Klappenöffnungswinkels aus der Simulation ermittelt und zusätzlich mit Messungen validiert. Als Anwendungsbeispiel wurde der von Opel entwickelte 1.0L TURBO ECOTEC Motor ausgewählt.

Um den numerischen Aufwand zu begrenzen, dabei aber nicht die Aussagekraft der Ergebnisse zu schmälern, wird die instationär, gepulste Abgasturbinenströmung durch den Wastegate Kanal und den Klappenspalt nur stationär simuliert. Des Weiteren bleibt die Turbinenströmung in dieser Analyse unberücksichtigt. Die Turbinenvolute und die Radpassage sind daher sowohl im Simulationsmodell als auch im Prüfstandsaufbau verblockt worden. Die Geometrie der Simulationsdomäne entspricht dem vereinfachtem Turbinengehäuse wie in Abbildung 3, rechts dargestellt. Um eine möglichst hohe Übereinstimmung mit den Prüfstands Ergebnissen zu erzielen, entsprechen die Einlaufstrecke und die Abströmung stromab des Turbinengehäuses der Prüfstandsgeometrie. Letztere ist in Abbildung 3, links gezeigt. Die Wastegate-Klappe wurde in jeder Simulation auf den erforderlichen Öffnungswinkel eingestellt. Eine Abstufung in 1° Schritten von geschlossenem Zustand bis zum maximalen Öffnungswinkel hat sich als adäquat erwiesen, um alle relevanten physikalischen Einflüsse auf das Durchflussverhalten und die Aktuatorkraft zu analysieren.

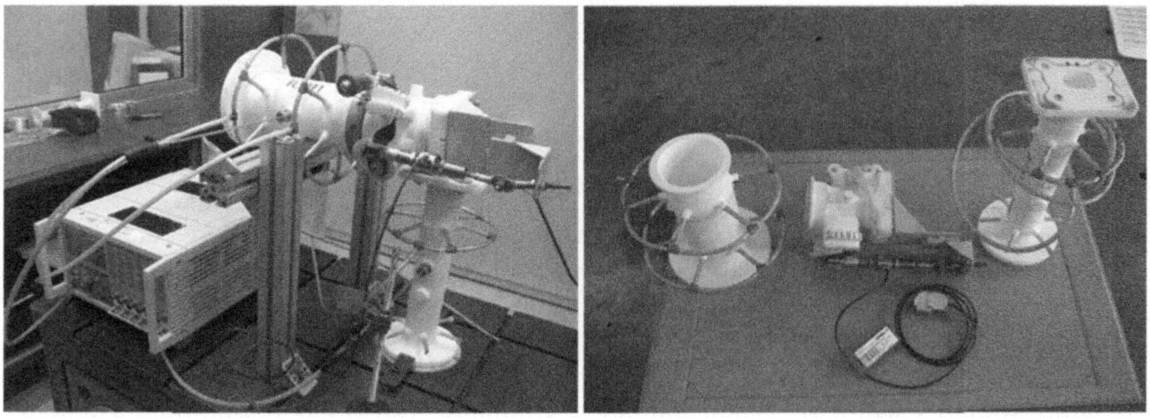

Abbildung 3: Aufbau des Prüfstandes (links) und dessen Luft durchströmte Einzelkomponenten (rechts)

Beim verwendeten Strömungslöser handelt es sich um STAR-CCM+ in der Version 8.02.11 [2]. Während der Simulation berechnete der Löser die stationäre, kompressible Lösung mittels des Segregated Flow Verfahrens. Die Gradienten im Strömungsfeld wurden mit Hybrid Gauss-LSQ Verfahren diskretisiert. Das k-omega Turbulenzmodell mit SST Erweiterung wurde ausgewählt, um die turbulenten Effekte auf das mittlere Strömungsfeld näherungsweise zu beschreiben. Die temperaturabhängigen Stoffwerte der Luft wurden über die Sutherland Beziehung approximiert.

Das Rechengebiet wurde mittels einer automatischen Polyeder Vernetzungsroutine und eines Prismenschichtenmodells für Wand nahe Gebiete und Spalten vernetzt. Die Gesamtanzahl der Polyeder und Prismen betrug im Mittel 1.5 Millionen Zellen und schwankte nur um 3.5% um diesen Wert bei Betrachtung aller durchgeführten Simulationen. Sowohl eine Gesamtansicht des Rechengitters als auch die detaillierte Vernetzung des Wastegate Kanalaustritts einschließlich der Wastegate-Klappe sind in Abbildung 4 dargestellt.

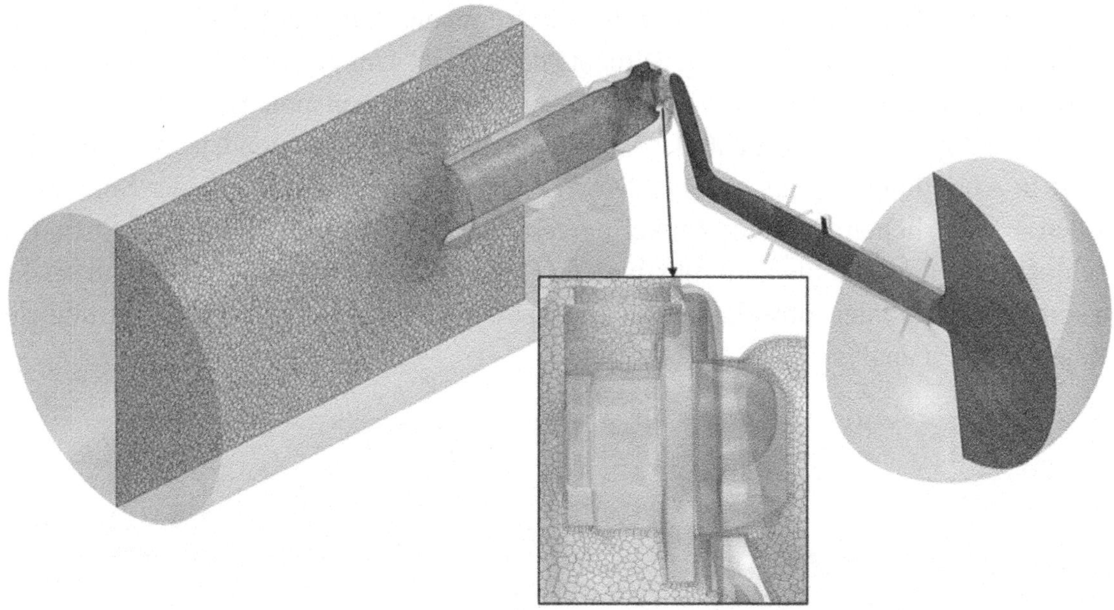

Abbildung 4: Gesamtansicht des 3D-CFD Rechengitters auf zwei Schnitten durch die Simulationsdomäne und ein Schnitt mit Netzdetails im Wastegate-Klappenspalt

Im Allgemeinen wurden die wandnahen Gebiete der Strömung mit einem Prismenvernetzungsmodell verfeinert. Dabei kamen 3 Schichten mit einer Gesamtdicke von 0.7 mm und einem Expansionsverhältnis von 1.5 zum Einsatz. Um die turbulenten Effekte in Wandnähe besser abbilden zu können, wurde das 2-Schichten All y+ Wall Treatment Wandmodell angewendet. Zusätzlich wurde ein Wandrauhigkeitsmodell mit mittlerem Rauhigkeitswert von 0.05 mm genutzt. Damit kann die gesteigerte Rauigkeit der Rapid Prototyping Teile gegenüber einer hydraulisch glatten Wand nachempfunden werden.

Die notwendige Grenzschichtauflösung im Bereich der Spaltströmung wurde mit unterschiedlichen Gitterauflösungen analysiert. Dabei wurden der Durchflusskoeffizient und die Aktuatorkraft beim Betriebspunkt mit kleinstem auftretenden Strömungsquerschnitt im Klappenspalt in Abhängigkeit der Netzauflösung ausgewertet. Bei einer Gitterauflösung von 0.75 mm in Axial- und Umfangsrichtung und einer Auflösung von 0.2 mm in wandnormaler Richtung mit 3 Prismenschichten (Zellexpansionskoeffizient 1,3) stellt sich sowohl ein gitterunabhängiger Durchflusskoeffizient als auch eine gitterunabhängige Aktuatorkraft ein.

Die Randbedingungen im Fernfeld wurden analog zum experimentellen Aufbau aufgeprägt. Stromauf diente eine halbkugelförmige Sphäre, die sich an die Eingangstulpe des Prüfstandes anschließt, zum Aufprägen des totalen Eingangsdruckes und der totalen Eingangstemperatur (Abbildung 5). Stromab wurde der statische Druck im Fernfeld außerhalb des Versuchsaufbaus gesetzt (zylindrische Oberfläche in Abbildung 5).

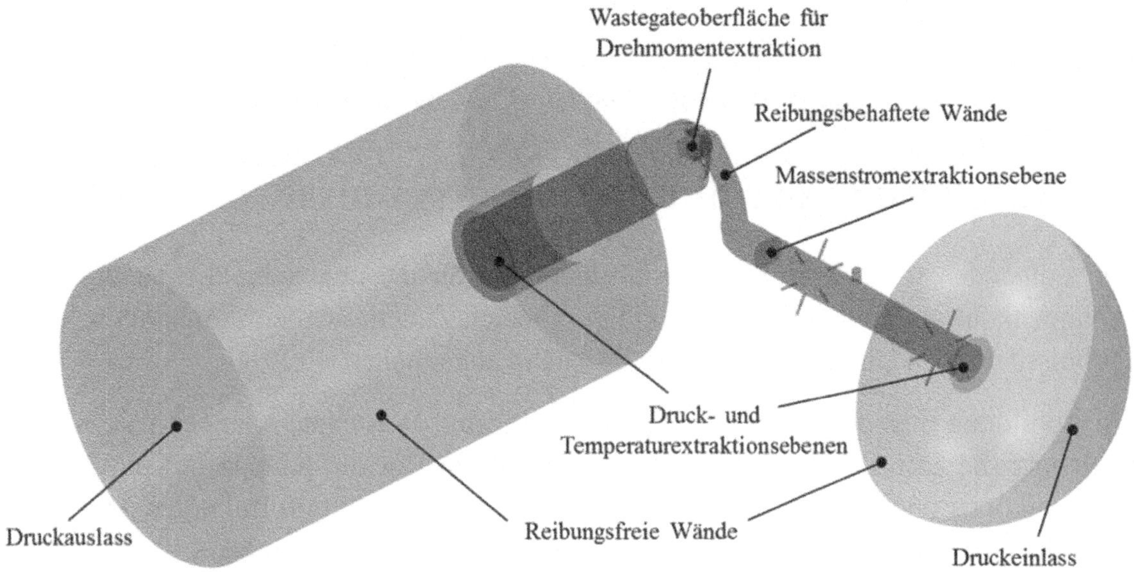

Abbildung 5: Übersicht des Simulationsmodells mit Detaildarstellung der Wastegate-Umgebung inklusive Angabe von Randbedingungstypen und Extraktionspositionen der Strömungsvariablen

Im Versuch wie in der Simulation wurde ein Totaldruckverhältnis von 1.2 gewählt. Der Druck im Fernfeld der Abströmung entsprach Normatmosphärenbedingungen. Die Temperatur am Eintritt in das Simulationsgebiet betrug 45°C, was auf den Verdichter am Prüfstand zurückzuführen ist. Höhere Druckverhältnisse im Bereich relevanter Motorbetriebspunkte wurden ebenfalls simulativ untersucht, werden aber nicht diskutiert, da keine experimentellen Vergleichswerte vorliegen. Generell lässt sich aber feststellen, dass eine Änderung des Druckverhältnisses weder zu einer systematischen Veränderung des Durchflussverhaltens noch der Aktuatorkraft führt. Lediglich eine zu erwartende Erhöhung der gesamten Durchflusskurve über dem Öffnungswinkel mit steigendem Druckverhältnis ist zu beobachten. Dies wurde bereits in Abschnitt 0 diskutiert. Somit lassen sich die gezeigten Ergebnisse und Schlussfolgerungen auf Motor relevante Betriebspunkte übertragen.

Das Auslesen der relevanten Strömungsdaten zur Berechnung des Durchflusskoeffizienten wurde an speziellen Extraktionsebenen flächengemittelt vorgenommen. Letztere sind in Abbildung 5 dargestellt. An einer Ebene wurde der Massenstrom aufgezeichnet. Zudem wurden Totaldruck und –temperatur extrahiert. Da sich stromabseitig eine geringe Instationarität der Strömung einstellte (2.5% Schwankung des Drehmomentes um den Mittelwert), wurden alle Strömungsvariablen nach Erreichen der Konvergenz über 9000 Iterationen gemittelt.

Die spezifische Aktuatorkraft wurde über das anliegende Drehmoment aufgrund der Strömungskräfte auf der Wastegate-Klappe (Abbildung 5) und die nachgeschaltete Anwendung kinematischer Beziehungen berechnet und nach Gleichung (2) normiert.

4 Validierung der Simulationsergebnisse

Im Folgenden werden die Simulationsergebnisse für die unterschiedlichen Wastegate-Klappenkonfigurationen diskutiert und verglichen. Zudem werden die numerischen Ergebnisse mit den Untersuchungen am Prüfstand abgeglichen.

In Abbildung 6 ist der Durchflusskoeffizient für drei Wastegate-Klappen dargestellt, in Schwarz die Standardklappe ohne Konturierung, in Rot die Klappe mit aufgesetztem Doppelkonus und in Blau die Klappe mit der booleschen Freiformkontur. Die Durchflusskoeffizienten sind über dem Wastegate-Klappenöffnungswinkel für ein Totaldruckverhältnis von 1,2 aufgetragen. Neben den numerischen Ergebnissen sind die experimentellen Konfidenzintervalle angegeben, in denen sich mit 95% Wahrscheinlichkeit die wahren Mittelwerte aller Messungen befinden. Unterschiede zwischen Messung und Simulation sind bedingt durch Herstelltoleranzen, Einstellungenauigkeiten und Temperaturunterschiede der Luft. Aufsummiert entspricht dies einem Winkelfehler von ungefähr 1°. Durch die sequentielle Änderung des Öffnungswinkels von 0° auf 25° tritt eine Addition der Einstellungenauigkeiten auf. Somit sind die Intervalle klein bei kleinen Öffnungswinkeln und entsprechend umgekehrt bei großen Öffnungswinkeln. Der Fehler wurde als normalverteilt angenommen und auf die Messwerte angewandt. Es kann trotz der Unsicherheit von einer sehr guten statistischen Übereinstimmung von Simulations- und Messergebnissen gesprochen werden und eine klare Differenzierung des Durchflussverhaltens für die unterschiedlichen Konturtypen aufgezeigt werden.

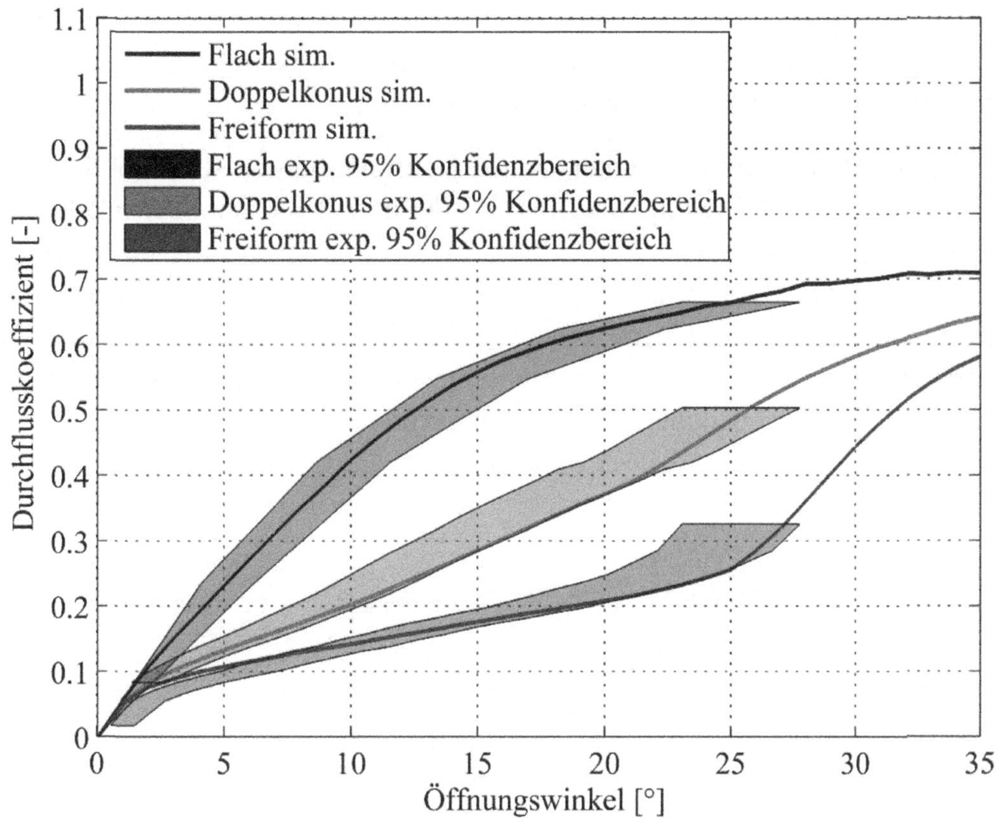

Abbildung 6: Durchflusskoeffizient über das Wastegate in Abhängigkeit des Öffnungswinkels für Standard Teller (schwarz), Teller mit Doppelkonus (rot) und Teller mit Freiform (blau); Simulationsergebnisse (Linien) und 95% Konfidenzbereiche der Messung (Flächen)

Dabei zeigt sich sehr deutlich, wie die Konturierungen auf der Klappe den Massenstrom über das Wastegate reduzieren können. Bereits bei einem Öffnungswinkel von nur 2° zeigen sich erste Unterschiede im Massendurchsatz, die sich mit steigendem Öffnungswinkel bis 25° massiv ausweiten. In Abhängigkeit der zur Verfügung gestellten Querschnittsfläche der betrachteten Wastegate-Klappen stellt sich ein stark unterschiedliches Durchflussverhalten ein. Die Reduzierung des effektiven Querschnitts und damit des Durchflusskoeffizienten ist bereits signifikant für den Doppelkonus gegenüber dem unkonturierten Standard-Wastegate. Diese Reduktion wird aber noch deutlich unterboten durch die boolesche Freiformkontur. Ein kleinerer Durchflusskoeffizient bei gegebenem Öffnungswinkel ist bei vorliegendem Kanaldesign und Klappenkinematik nicht möglich.

Für Öffnungswinkel größer als 25° geht der Durchflusskoeffizient für das Standard-Wastegate bereits in die Sättigung über, während die Koeffizienten für die konturierten Klappen anfangen, deutlich schneller anzusteigen. Dies ist nachvollziehbar, da bei 22° der Doppelkonus und bei 25° die Freiformkontur den Wastegate-Kanal verlassen und damit schlagartig eine viel größere effektive Querschnittsfläche freigeben. Dennoch erreichen die Durchflusskoeffizienten der Doppelkonus- und der Freiform-Variante bis

35° Öffnungswinkel nicht den Wert des Standard-Wastegates. Falls der größere Wert erforderlich ist, kann die Wastegate-Kinematik und das Turbinengehäuse geändert werden, um einen größeren Öffnungswinkel zu ermöglichen.

Die spezifische Aktuatorkraft der untersuchten Konfigurationen ist in Abbildung 7 gezeigt. Die Auftragung der Ergebnisse erfolgt wieder über den Öffnungswinkel der Wastegate-Klappe und bei einem Druckverhältnis von 1.2. Für die spezifische Aktuatorkraft liegen keine Messdaten vor. Die numerischen Ergebnisse sind aber implizit über den experimentellen Abgleich mit dem Durchflusskoeffizienten validiert. Da die Durchflusskoeffizienten in sehr guter Übereinstimmung sind, liegt es nahe, dass das zugehörige Druckfeld auf der Klappenoberfläche entsprechend realitätsnah ist.

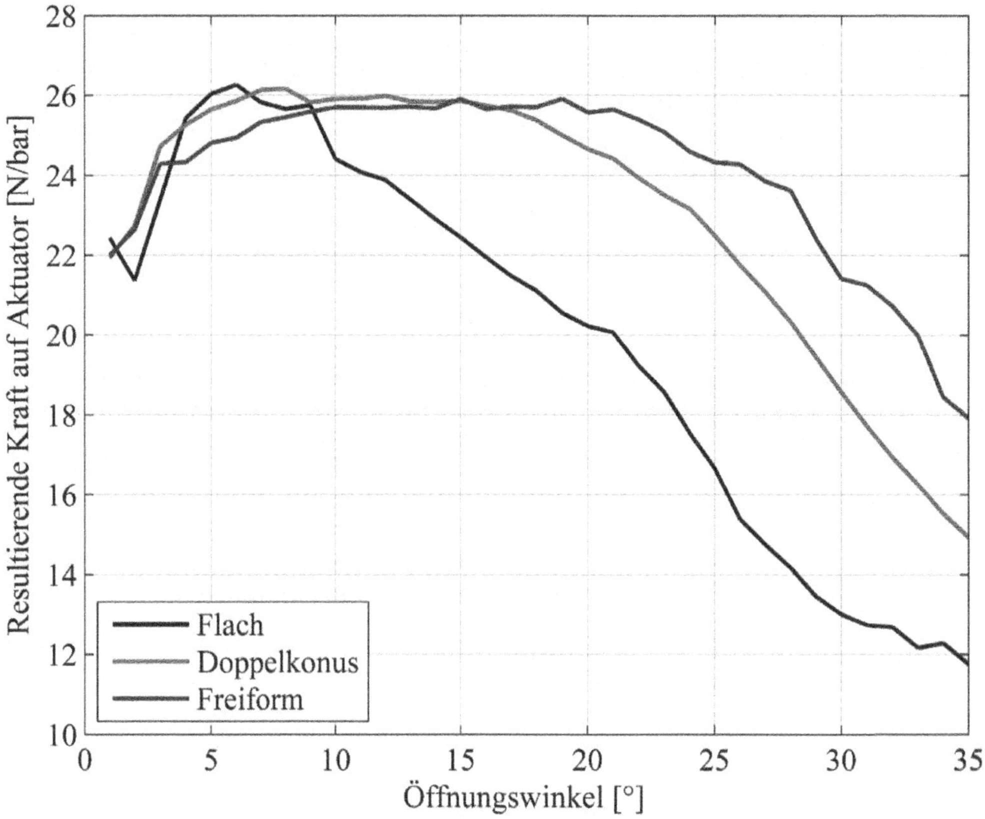

Abbildung 7: Resultierende Kraft auf die Aktuatorstange in Abhängigkeit vom Öffnungswinkel des Wastegates für Standard Teller (schwarz), Teller mit Doppelkonus (rot) und Teller mit Freiform (blau)

Die Kraftverläufe für die analysierten Klappentypen werden durch die Farben Schwarz für die Standard-Klappe, Rot für den Doppelkonus und Blau für die Freiform unterschieden. Der spezifische Kraftverlauf zeigt in kleinen Winkelbereichen von 0° bis 3° ein sehr ähnliches Verhalten für alle Konfigurationen. Der Kraftverlauf für die Standardklappe erreicht bei 6° sein Maximum mit knapp über 26N/bar im geöffneten Zustand und fällt danach sehr schnell ab. Demgegenüber weisen die Doppelkonus- und die Freiformkonturierung ein breites Plateau mit spezifischen Kräften um 26 N/bar auf. Die Doppelkonus-Klappe im Winkelbereich von 5° bis 17° und die Freiform-Klappe im Bereich von 8°-21°. Im Anschluss an die genannten Winkelbereiche fällt die spezifische Kraft mit identischer Steigung wie für die Standard-Klappe ab. Durch den zu größeren Öffnungswinkeln verzögerten Rückgang der Aktuatorkräfte verbleiben die Werte bei 35° Öffnungswinkel auf einem deutlich höheren Niveau als für das unkonturierte Wastegate.

Ein besseres Verständnis für die Unterschiede in der Entwicklung der spezifischen Aktuatorkräfte erlangt man bei der Analyse der Druckverteilungen auf den Wastegate-Oberflächen. Diese sind in Abbildung 8 aufgeführt in Schritten von 5° für Öffnungswinkel von 5° bis 35°. Die Flächen mit höchsten statischen Drücken sind durch rötliche Farben gekennzeichnet, diejenigen mit niedrigen Drücken in blau. Beim Vergleich von Standard-Wastegate-Klappe und konturierten Klappen fällt auf, dass die Zone maximalen Druckes auf der Klappenoberfläche sich für größere Öffnungswinkel unterscheidet. Während der statische Druck beim Standard-Wastegate sich rasch Richtung Drehachse des Wastegates bewegt, führen die Konturen auf den Klappen zu einer Verlagerung des Hochdruckzentrums. Dies bewirkt letztendlich über die Hebelgesetze eine höhere Kraft am Aktuator. Auch der Grund für die Differenzierung zwischen Doppelkonus und Freiform ist ersichtlich, wenn man die Druckverteilung für beide Varianten bei 25° Öffnungswinkel vergleicht. Während ab 25° sich das Zentrum maximaler Kraft bereits in Richtung der Rotationsachse des Wastegates bewegt, verbleibt das Zentrum bei der Freiformkontur noch auf gleicher Position wie bei einem Öffnungswinkel von 20° und kleiner.

Abschließend wird in diesem Abschnitt der Durchflusskoeffizient über den Umfang der Wastegate-Klappe analysiert (Abbildung 9). Dies erlaubt Einblicke, welchen Einfluss die Konturen auf die Steuerung der Wastegate-Abströmung haben. Zu diesem Zweck werden die Umfangsverteilungen in einem Polargraphen dargestellt für Öffnungswinkel von 5° bis 35° in Schritten von 10°. Die radiale Entfernung der Kurven vom Ursprung des Polargraphen bestimmt hierbei den jeweiligen Druchfluss über den Umfangswinkel. Die eingeschlossene Fläche repräsentiert den Gesamtmassenstrom bei gegebenem Öffnungswinkel und ist deckungsgleich mit den Ergebnissen in Abbildung 6. Die Ergebnisse der einzelnen Wastegate-Varianten sind farbig gekennzeichnet in Schwarz, Rot und Blau für Standard-Wastegate-Klappe, Doppelkonus-Klappe und Freiform-Klappe. Die Lage der Turbinenabströmung und der Wastegate Rotationsachse in Bezug auf die Polargraphen sind zur besseren Orientierung markiert.

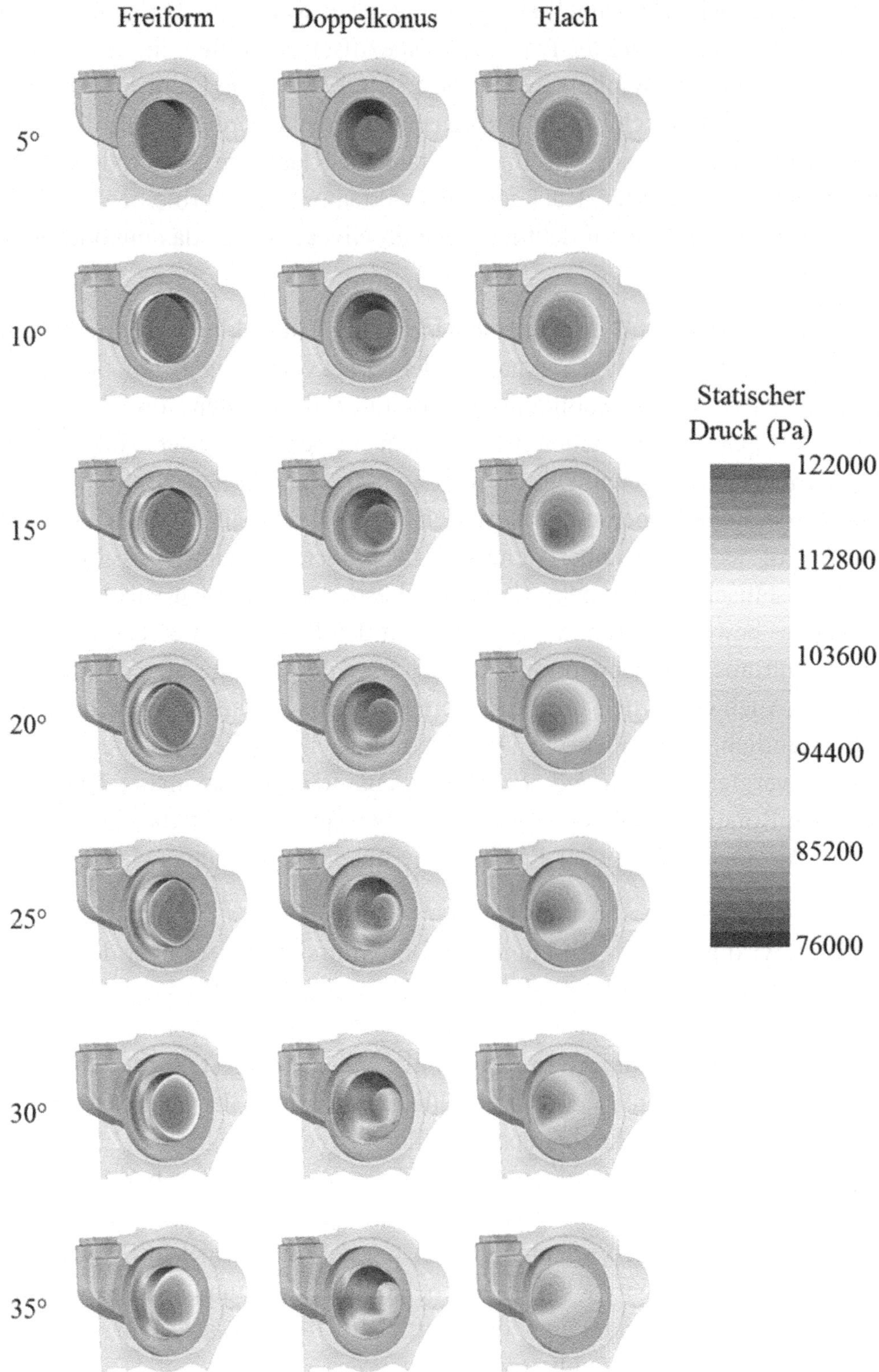

Abbildung 8: Statische Druckverteilung auf der Vorderseite des Wastegates (Freiform: links, Doppelkonus: Mitte, Flach: rechts) für die Öffnungswinkel von 5° bis 35° in 5° Schritten.

Beginnend mit dem kleinsten Öffnungswinkel von 5° (Abbildung 9, oben links) lässt sich schlussfolgern, dass die aufgebrachten Konturen zu einer deutlich gesteigerten Gleichverteilung der Abströmung führen. Die Freiformkontur schneidet hierbei am besten ab mit einer nahezu perfekten Gleichverteilung. Das Standard-Wastegate hingegen zeigt demgegenüber ein deutliches Ungleichgewicht. Des Weiteren tritt der Massenstrom vorwiegend in Richtung der austretenden Turbinenströmung aus. Mit der einhergehenden Erhöhung des Turbinenrückdruckes wirkt sich dies negativ auf die Leistung der Turbine aus. Die Einführung der Konturen erlaubt hier eine deutliche Verbesserung.

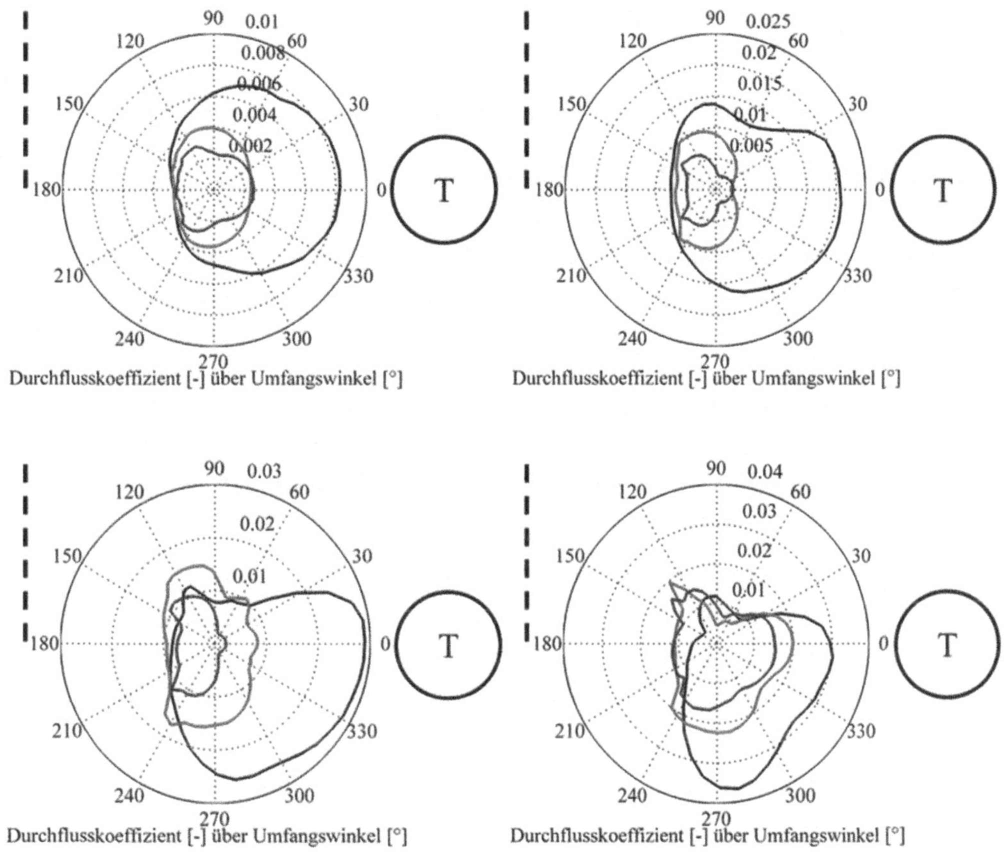

Abbildung 9: Durchflusskoeffizient in radialer Richtung über Umfangswinkel für Standard Teller (schwarz), Teller mit Doppelkonus (rot) und Teller mit Freiform (blau) und verschiedene Öffnungswinkel: oben links: 5°, oben rechts: 15°, unten links: 25°, unten rechts: 35°. Wastegate-Drehachse als gestrichelte Linie und Turbinenaustritt als Kreis dargestellt.

Das diskutierte Verhalten bei kleinem Öffnungswinkel ist auch bei größeren Winkeln von 15° und 25° zu beobachten (Abbildung 9, oben rechts und unten links). Dabei ist auffällig, dass durch den Einsatz der Freiform Konturierung der Massenstrom nahezu komplett von der Turbinenabströmung weggeleitet werden kann. Die Abströmung des Wastegate-Massenstroms erfolgt vornehmlich in einem Winkelbereich von 90° bis

270°. Das Wastegate mit Doppelkonus-Kontur zeigt ebenfalls eine ausgewogene Massenstromverteilung über den Umfang, wobei der maximale Durchfluss in den Winkelbereichen von 90° bis 120° und 240° bis 270° auftritt. Die kleinsten Massenströme sind bei 0° und 180° zu finden. Demgegenüber ist beim Standard-Wastegate der maximale Massenstrom deutlich größer und befindet sich in einem Winkelbereich von 270° bis 360° und damit in Turbinenrichtung.

Bei einem Wastegate Öffnungswinkel von 35° in Abbildung 9, unten rechts reduziert sich der Einfluss der Konturierungen, da die Körper aus dem Wastegate-Kanal ausgetreten sind. Dennoch lässt sich auch hier noch eine deutlich bessere Gleichverteilung des Durchflussverhaltens gegenüber dem flachen Standard-Wastegate feststellen.

5 Diskussion der Ergebnisse in Bezug auf die Regelbarkeit von Turboladern

Die Einführung der diskutierten Wastegate-Klappenkonturen haben deutlich positive Eigenschaften auf die Regelbarkeit des Ladedruckes. Diese sollen im Folgenden näher erläutert werden.

Zwei der wichtigsten Kriterien für die Regelbarkeit des Ladedruckes sind das präzise Befolgen des vorgegebenen Öffnungswinkels mit kleinstmöglicher Abweichung und ein schnelles Antwortverhalten auf Änderungen der Öffnungswinkelvorgabe. Wie in Abbildung 6 dargestellt, besitzt das flache Standard-Wastegate einen steilen Gradienten des Durchflusses über dem Öffnungswinkel im Vergleich zu den anderen beiden Varianten mit Konturierung. Im Falle einer periodischen Schwingung des Öffnungswinkels des Wastegates um den Vorgabewert ergibt sich damit zwangsläufig auch eine stärkere Schwankung des Durchflusskoeffizienten und in Folge des Ladedruckes. Durch die Reduktion der Sensitivität zwischen Öffnungswinkel und Durchflusskoeffizient erzielt man eine schwächere Schwankung des Massenstroms bei gleicher Schwingungsamplitude des Öffnungswinkels. Die Regelbarkeit des Ladedruckes verbessert sich dadurch. Ein weiterer Vorteil, der mit den konturierten Wastegate-Klappen einhergeht, ist die Verschiebung des vorgegebenen Öffnungswinkels von kleineren Werten zu größeren, um den notwendigen Massenstrom über den Wastegate-Kanal zu führen. Damit wird die Grenzamplitude vergrößert, bei der eine Schwingung zu einem Aufschlagen der Klappe auf ihrem Sitz führt. Dies führt tendenziell zu einem geringeren Verschleiß von Klappe und Sitz.

Die Veränderungen des Kraftverlaufs für die Klappenlayouts führen zu einer leicht geringeren Kraft auf den Aktuator bei kleinen Öffnungswinkeln. Dies resultiert in einer kleineren Schwingungsamplitude bei vorgegebenen Gaskräften auf der Wastegate Oberfläche. Wie zuvor reduziert sich dadurch der Verschleiß von Klappe und Sitz. Bei größeren Öffnungswinkeln geht die Kraftreduktion der vorgeschlagenen Konturen zwar verloren, aber in diesem Öffnungswinkelbereich ist dies ohnehin nur wenig relevant.

In Summe ergeben sich für die Freiform und die Doppelkonus Variante durch die diskutierten Eigenschaften eine Erleichterung der Kalibrierung und eine Erhöhung der Regelkreisstabilität. Die boolesche Freiform Kontur mit maximal möglicher Strömungsquerschnittverblockung stellt unter den vorgegebenen Randbedingungen die optimale Lösung für gute Regelbarkeit dar, während die Doppelkonus Kontur die kostengünstigere und leichter herstellbare Lösung repräsentiert.

Literaturverzeichnis

[1] J. B. Heywood, “Internal Combustion Engine Fundamentals”, McGraw-Hill series in mechanical engineering, Kapitel 6, 1988

[2] STAR-CCM+ Version 8.02.11 – Nutzerhandbuch, 2011

Zusammenfassung

Simulative Auslegung von innovativen Konturen auf Wastegate-Klappen

Stephan Föller, Dr. Ingo Hermann, Gerwin Tittes, Vural Yanik

Druck aktuierte Wastegate-Systeme in Abgasturboladern weisen eine Schwingungsneigung in gewissen Motorbetriebspunkten auf. Dabei generiert der pulsierende Abgasmassenstrom eine Änderung des Wastegate-Klappenöffnungswinkels. Dieser kann in Kombination mit der korrigierende Rückführung des Regelkreises und der passiven Rückkopplung des Federsystems im Aktuator zu Schwingungen des Öffnungswinkels führen. Die periodischen Oszillationen gehen einher mit unerwünschten Fluktuationen der Turbinenenthalpie und können bewegungsinduzierten Verschleiß von Klappenlager und Wastegate-Teller und –Sitzfläche verursachen.

Die innovativen Oberflächenkonturen auf der Wastegate-Klappe erlauben die Schwingungsneigung deutlich zu reduzieren und helfen dadurch die Regelbarkeit der Turbinenenthalpie zu verbessern und den Verschleiß zu verringern. Dies wird über eine schwächere Abhängigkeit des Wastegate-Massenstroms vom Öffnungswinkel und eine Optimierung der resultierenden Kraft auf die Aktuatorstange erreicht. Des Weiteren lässt sich mit Hilfe der Konturen eine Steuerung der Abströmrichtung aus dem Wastegate erzielen, um Druckverluste stromab der Turbine zu verringern oder das Katalysator-Heizen bei Kaltstart zu unterstützen.

Es werden zwei Typen von Konturen vorgestellt und analysiert, zum einen eine Multi-Konus Konturierung und zum anderen eine aus booleschen Schnittoperationen generierte Freiform. Die 3D-CFD wurde hierbei zur Auslegung und Optimierung der Klappenkonturen genutzt. Sowohl das Durchflussverhalten als auch die resultierende Kraft am Aktuator-Arm werden für verschiedene Klappenöffnungswinkel betrachtet und im Vergleich zur Standard Klappe ohne Konturierung diskutiert. Die Ergebnisse für das Durchflussverhalten werden mit experimentellen Daten validiert.

Die Ergebnisse für die neuen Konturen zeigen, dass mit ihnen die geringstmögliche Sensitivität des Durchflussverhaltens vom Klappenöffnungswinkel erzielt wird. Bei Analyse der Kräfte ist hervorzuheben, dass die neuartigen Konturen eine Verschiebung des Kraftmaximums am Aktuator zu größeren Öffnungswinkeln des Wastegates bewirken. Dies reduziert die Schwingungsneigung bei kleinen Winkeln. Mit Hilfe der Druckverteilung auf der Wastegate-Oberfläche wird erläutert, wie die Aktuatorkraft durch die neuen Konturen verbessert wird. Ferner wird das Durchflussverhalten über dem Umfangswinkel analysiert. Dies zeigt ebenfalls eine deutliche Verbesserung gegenüber der Standard Wastegate-Klappe.

Berücksichtigung des Fertigungsprozesses in der Betriebsfestigkeitsberechnung von Motorkomponenten

Dr. Stefan Reichl, Thomas Wabro, Günther Pramhas, Günther Pessl, Johannes Dworschak

1

J. Liebl und C. Beidl (Hrsg.), *VPC – Simulation und Test 2015*,
Proceedings, https://doi.org/10.1007/978-3-658-20736-6_4

1 Einleitung

Um zuverlässige Lebensdaueraussagen komplex gefertigter Motorkomponenten treffen zu können, sind neben den Betriebsbelastungen vor allem die Werkstoff- bzw. Materialeigenschaften entscheidend. Der Fertigungsprozess beeinflusst die Materialdaten in signifikantem Ausmaß, sodass es im modernen virtuellen Entwicklungsprozess notwendig ist, diesen Einfluss zu berücksichtigen. In diesem Beitrag werden zwei Fertigungsprozesse betrachtet und in der Betriebsfestigkeitsberechnung implementiert. In der ersten Methode zur Festigkeitsberechnung induktiv gehärteter Kurbelwellen werden Spannungen aus den Betriebslasten jenen Spannungen, die aus dem Fertigungsprozess resultieren, überlagert. Der Fokus liegt in der Berechnung der Eigenspannungen, die durch den Härteprozess und anschließendem Schleifprozess entstehen. Dazu werden auf Basis gemessener Härteverläufe entsprechende Temperaturverteilungen in der Härtezone aufgebracht. Temperatur und Wärmeausdehnungskoeffizienten werden lokal variiert und mit Ergebnissen aus Eigenspannungsmessungen abgestimmt. Die resultierenden Eigenspannungen werden sowohl in der Werkstoffgenerierung, als auch in der Kurbelwellen-Festigkeitsberechnung in FEMFAT als Mittelspannungen berücksichtigt. Dabei bestimmt der Eigenspannungszustand den Arbeitspunkt im Haigh-Diagramm. Durch die vorgestellte Methode können individuelle Werkstoffmodelle für den Grundwerkstoff und die Härtezone generiert werden. Somit ist es möglich, nicht nur Anrisse auf der Oberfläche, sondern auch unterhalb der Härtezone im Übergang zum Grundwerkstoff rechnerisch zu bewerten. Mit der vorgestellten Methode wurde eine zufriedenstellende Korrelation von Simulationsergebnissen und Versuchsergebnissen am Pulsprüfstand erreicht. In der zweiten Methode werden anhand eines konkreten Bauteils die durch den Tiefziehprozess veränderten Materialparameter in Form von inhomogenen Festigkeits- und Blechdickenverteilungen betrachtet und in den Simulationsprozess integriert. Die Ergebnisse daraus werden jenen der bisher verwendeten Methodik gegenübergestellt. Die Entwicklung der Vorgehensweise findet in zwei Schritten statt. Zum Ersten wird die durch das Tiefziehen veränderte nominelle Blechdicke in der Spannungsrechnung berücksichtigt, was zu einem verbesserten Ergebnis und somit zu realistischeren Eingangsgrößen in FEMFAT führt. Zum Zweiten wird durch den Umformgrad, welcher eine Funktion der logarithmischen Dehnung ist und als skalarer Element-Wert im Modell hinterlegt wird, die lokale Wechselfestigkeit beeinflusst bzw. berücksichtigt und so die Dauerbruchsicherheit maßgeblich hin zu realistischen Werten verändert.

2 Prozesseinflüsse bei induktiv gehärteten Kurbelwellen

2.1 Prüfstandskonfiguration

2.1.1 Einsatz von Pulsversuchen

In der Motorenentwicklung sind Prüfstandsläufe trotz erhöhtem Einsatz von Simulation unerlässlich. Pulsprüfungen von Kurbelwellen werden z.B. für den Freigabeprozess, das Audit, für Relativvergleiche hinsichtlich geometrischer Varianten, Werkstoffvarianten, Prozessparameter, etc. und für die Kalibrierung der Werkstoffmodelle für die Simulation benötigt.

2.1.2 Biegeprüfung

Auf servohydraulischen Biegeprüfständen werden die Dauerfestigkeiten von Einzelkröpfungen für die Lastfälle wechselnd R=-1 und schwellend R=0 experimentell erprobt. Dafür wird eine eigene Biegeprüfvorrichtung verwendet, mit welcher die axiale Kraft des Prüfstands in ein Biegemoment umgewandelt wird. Im Treppenstufenverfahren wird der Mittelwert des maximal ertragbaren Biegewechselmoments bzw. Biegeschwellmoments ermittelt.

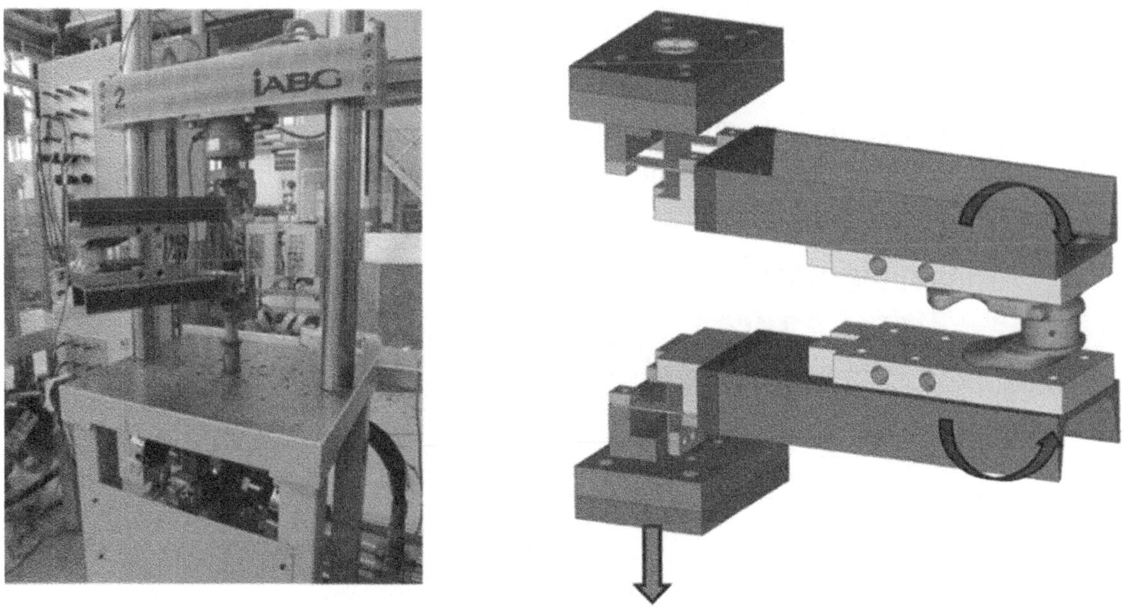

Abbildung 1: Biegeprüfstand (links) und zugehöriges FE-Modell (rechts)

In ABAQUS wird ein Finite Elemente (FE) Modell der relevanten Prüfstandskomponenten erstellt. Die vom Prüfstandsversuch ermittelten Belastungen werden im Modell aufgebracht und die resultierenden Spannungen berechnet.

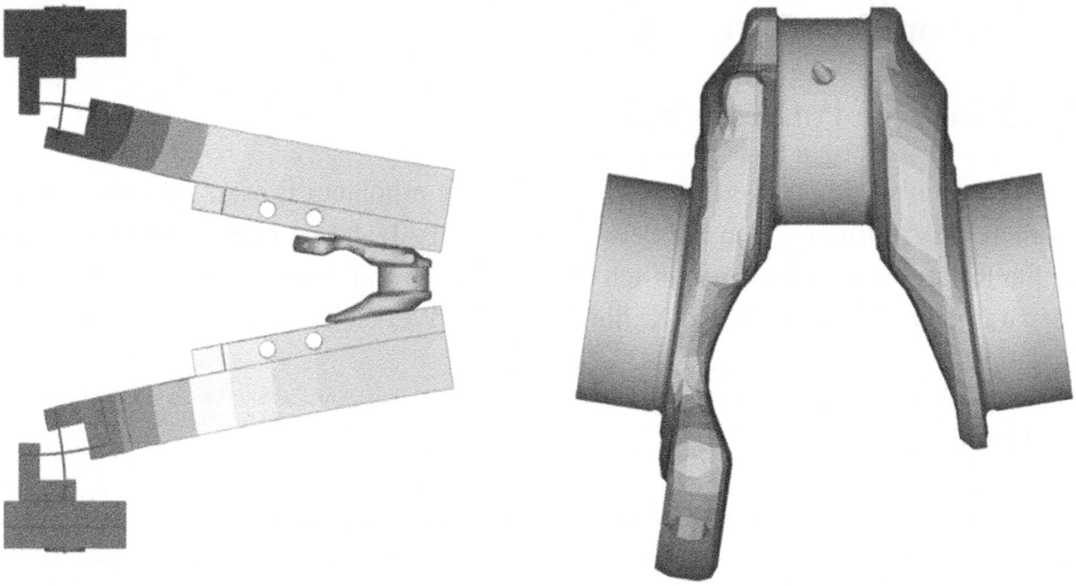

Abbildung 2: Berechnungsergebnisse Biegeprüfstand

Abbildung 2 zeigt die Berechnungsergebnisse des Biegelastfalls R=0. In der Abbildung links sind die Deformationen des Prüfstandsaufbaus dargestellt, in der Abbildung rechts die größten Hauptnormalspannungen. Dabei ist klar zu erkennen, das in den Pleuellagerradien Zugspannungen und in den Hauptlagerradien Druckspannungen vorherrschen.

Bei genauerer Betrachtung der Orientierung des Spannungstensors stellt man fest, dass die Zugspannungen mit der rissöffnenden Richtung korrelieren, siehe Abbildung 3.

Abbildung 3: Risslage der gepulsten Kröpfung / größte Hauptnormalspannungen

2.1.3 Torsionsprüfung

Bei der Torsionsprüfung wird die gleiche Vorgehensweise wie bei der Biegeprüfung angewandt, wobei hier eine eigene Torsionsprüfvorrichtung eingesetzt wird, Abbildung 4.

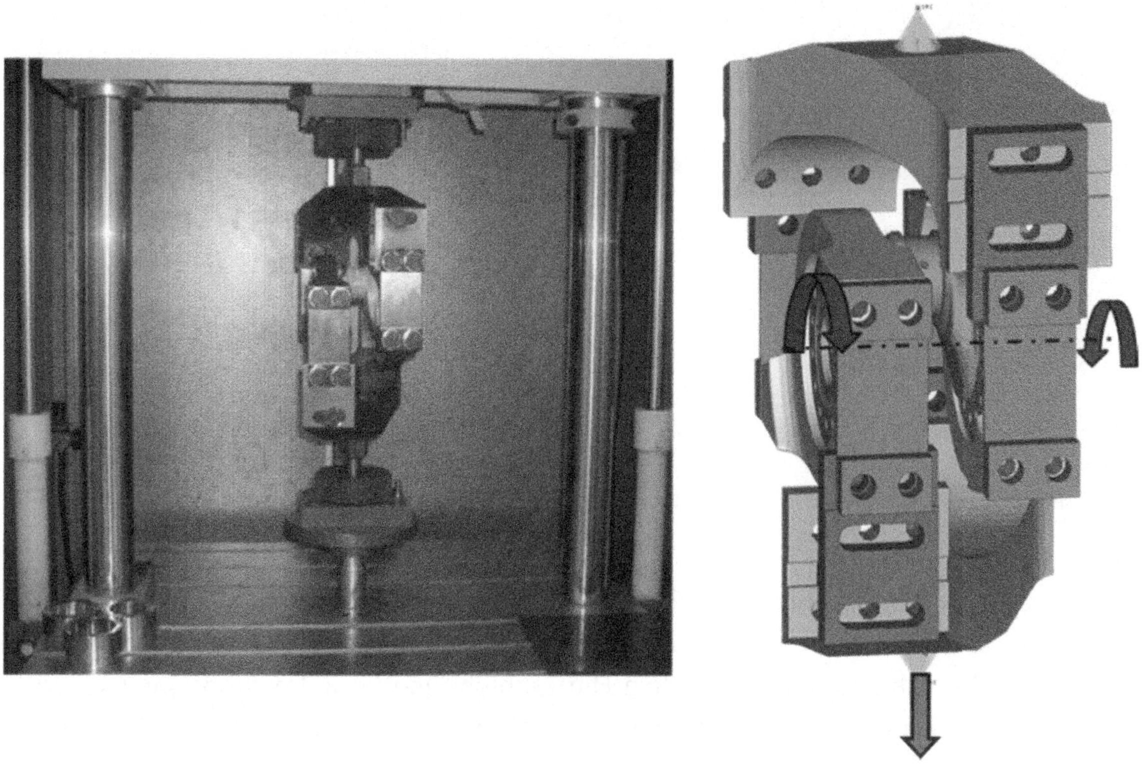

Abbildung 4: Torsionsprüfstand (links) und zugehöriges FE-Modell (rechts)

Bei der Torsionsprüfung liegt die typische Anrissstelle im Bereich der Ölbohrung. Aufgrund des Torsionsmoments treten die Risse in einer Lage von 45° zur Kurbelwellenachse auf. Bei der Wechselbelastung können die Risse in einer Lage von +45° oder -45° auftreten, bei der Schwellbelastung liegt immer eine eindeutige Risslage vor, siehe Abbildung 5.

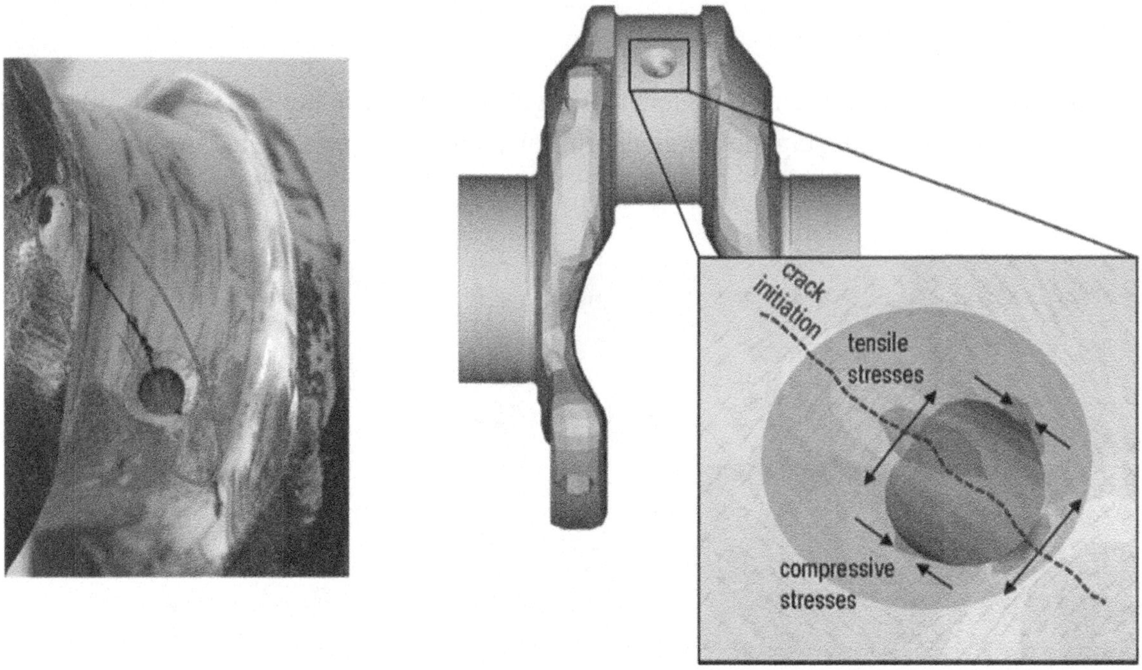

Abbildung 5. Risslage bei Torsionsbelastung

Fraktografische Untersuchungen haben gezeigt, dass die Risse nicht von der Härtezone im äußeren Bereich, sondern vom Grundwerkstoff im Inneren der Ölbohrung ausgehen. Wird in der Berechnung nicht zwischen Härteschicht und Grundmaterial unterschieden, würde fälschlicherweise die Kante der Ölbohrungsfase als kritischer Bereich identifiziert werden.

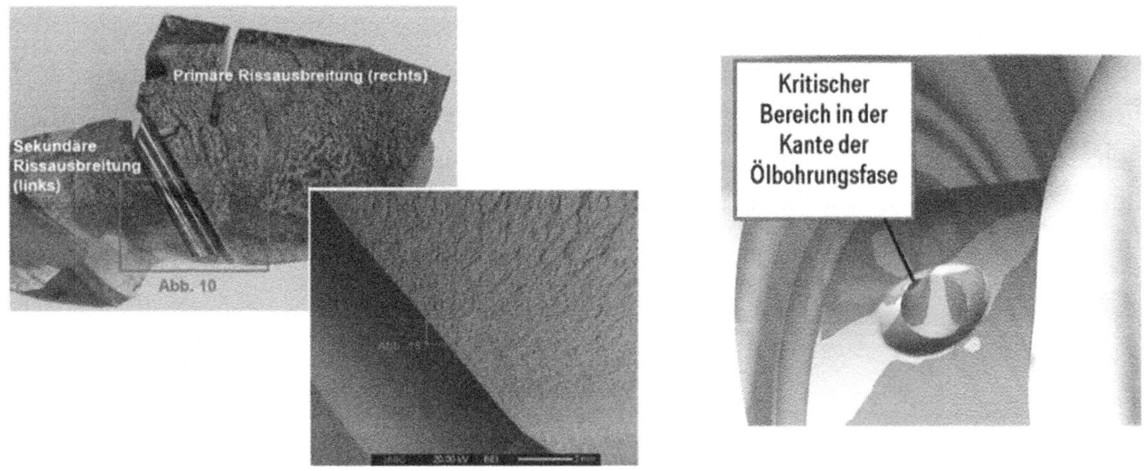

Abbildung 6: Rissinitiierung lt. fraktografischer Analyse (links), kritische. Stelle lt. Berechnung ohne Unterscheidung zwischen Härtezone und Grundwerkstof (rechts)f

Bei genauerer Betrachtung der Materialeigenschaften stellt man essentielle Unterschiede zwischen gehärtetem Material und Grundmaterial fest. Beim gehärteten Material handelt es sich um ein martensitisches Gefüge, während der Grundwerkstoff ein ferritisch-perlitisches Gefüge vorweist. Dies wirkt sich im Haigh-Diagramm vor allem in der Mittelspannungsempfindlichkeit aus. Somit müssen in der Festigkeitsbewertung zwei individuelle Werkstoffmodelle erstellt werden.

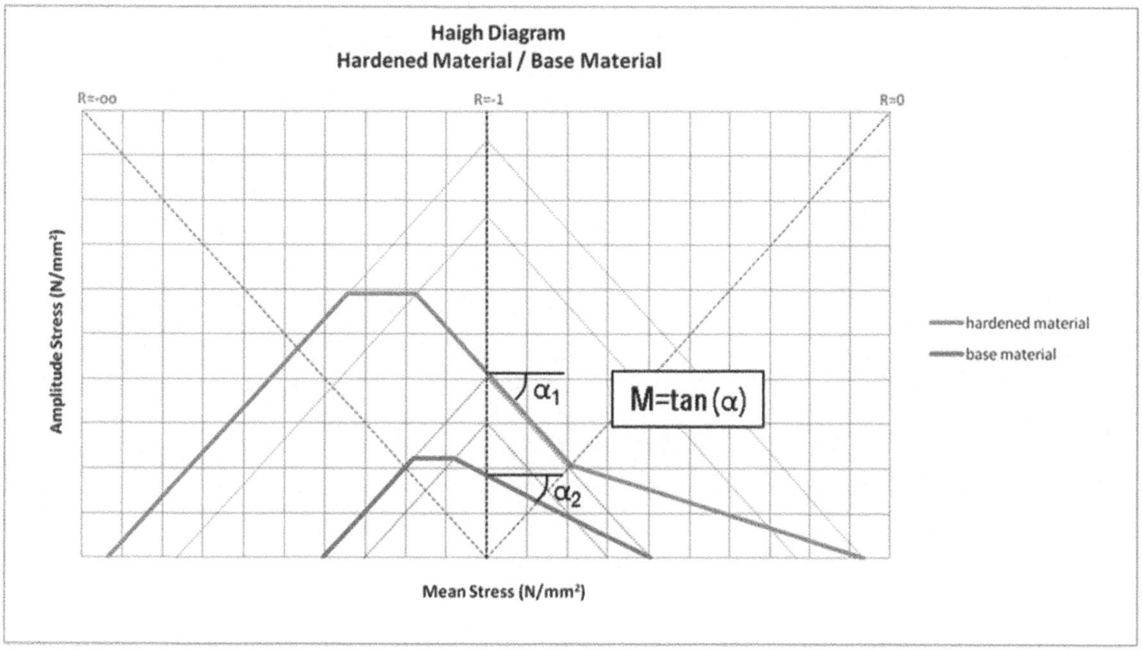

Abbildung 7: Haigh-Diagramm für Grundmaterial und gehärtetes Material

Ein weiterer Grund für den Rissausgang im tieferen Bereich der Ölbohrung sind die Eigenspannungen.

2.2 Eigenspannungen

Zur messtechnischen Bestimmung der Eigenspannungen wird die Röntgendiffraktometrie angewandt. Um Eigenspannungen in geringen Tiefen bestimmen zu können, wird das Material im untersuchten Bereich elektrochemisch abgetragen.

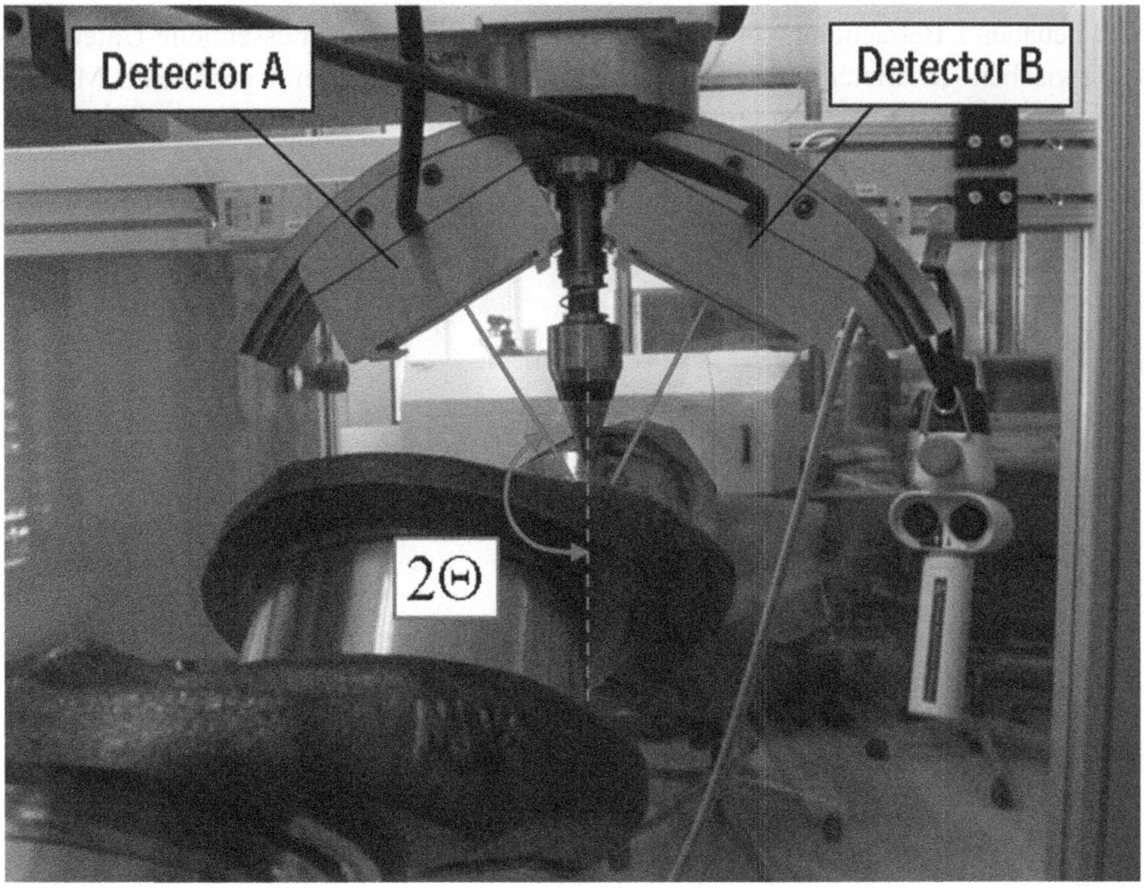

Abbildung 8: Röntgendiffraktometer mit Kurbelwellensegment

Für die Berücksichtigung der Eigenspannungen im FE-Modell wird die Härteschicht auf Basis von Schliffbildern und Härteverläufen sehr detailliert mit Hexaederelementen vernetzt, siehe Abbildung 9.

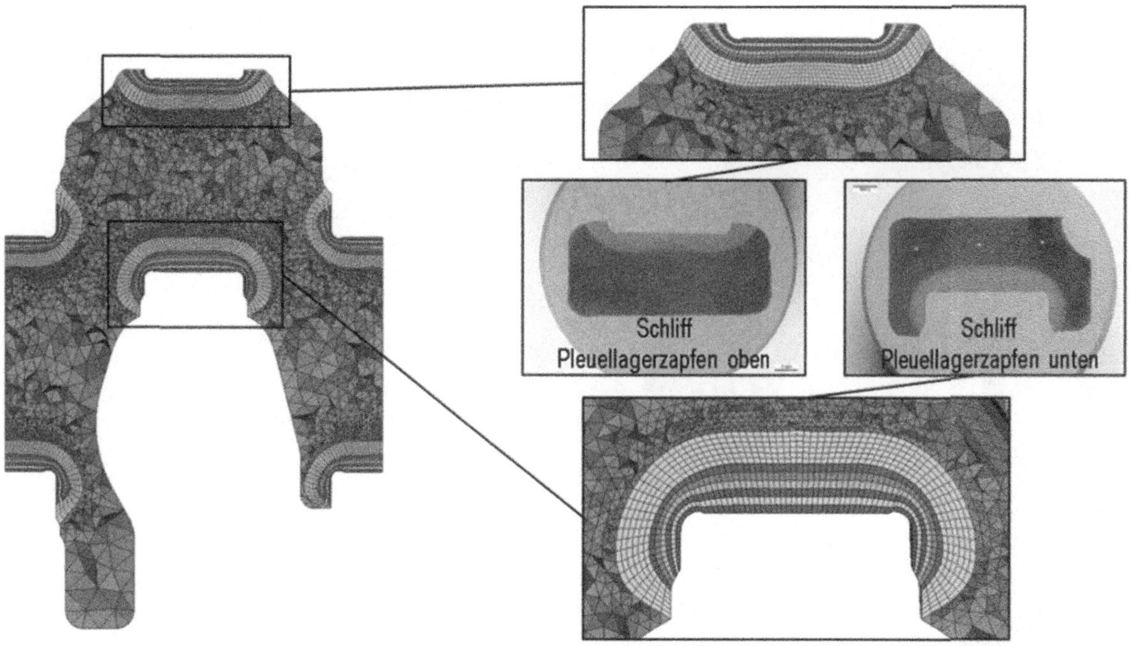

Abbildung 9: FE-Modell mit hohem Detaillierungsgrad im Bereich der Härtezone

In der Härtezone wird eine Temperaturverteilung aufgebracht, welche sich aus gemessenen Härteverläufen ableitet. Durch die hohen Temperaturen in der Härtezone will sich dieser Bereich ausdehnen, wird aber vom umgebenden Material daran gehindert und somit entstehen wie beim Induktivhärten Druckeigenspannungen. Die Temperaturwerte und die Wärmeausdehnungskoeffizienten werden lokal angepasst, sodass der simulierte Eigenspannungsverlauf mit dem gemessenen Eigenspannungsverlauf korreliert.

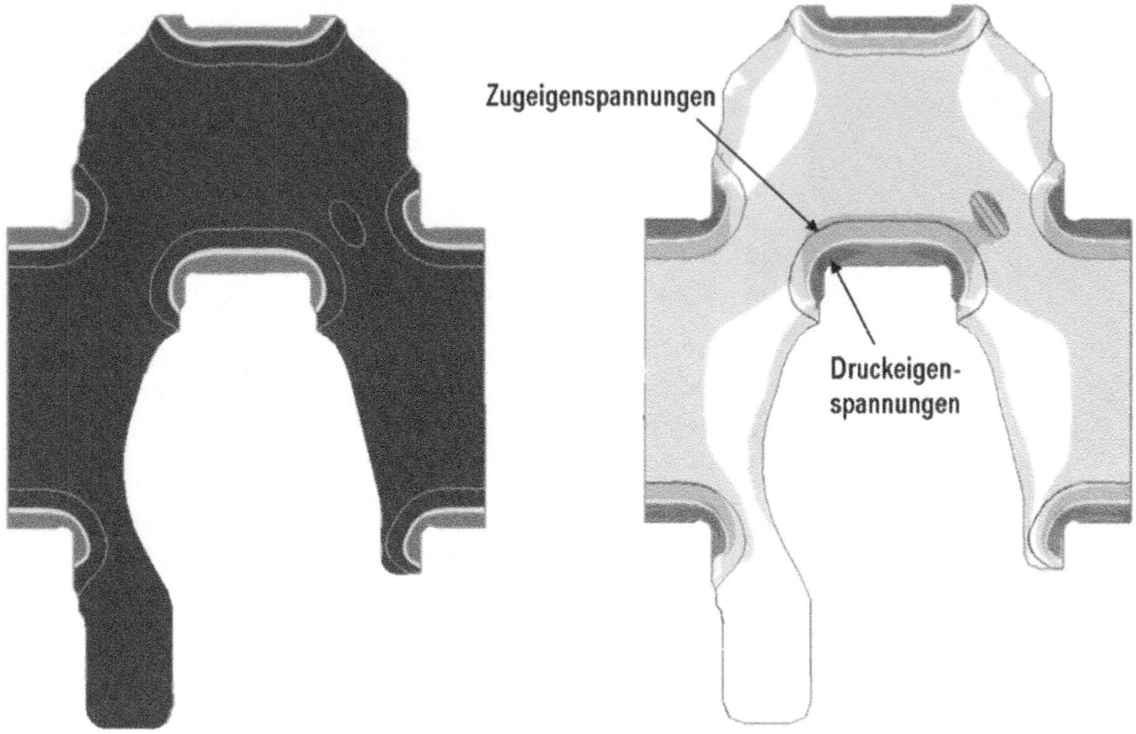

Abbildung 10: Temperaturverteilung (links) und Eigenspannungen (rechts)

Im Bereich der Ölbohrung erkennt man, das im Außenbereich vorwiegend Druckeigenspannungen vorliegen. Im inneren Bereich, wo sich die Rissausgangsstelle befindet, liegen allerdings Zugeigenspannungen in Umfangsrichtung vor.

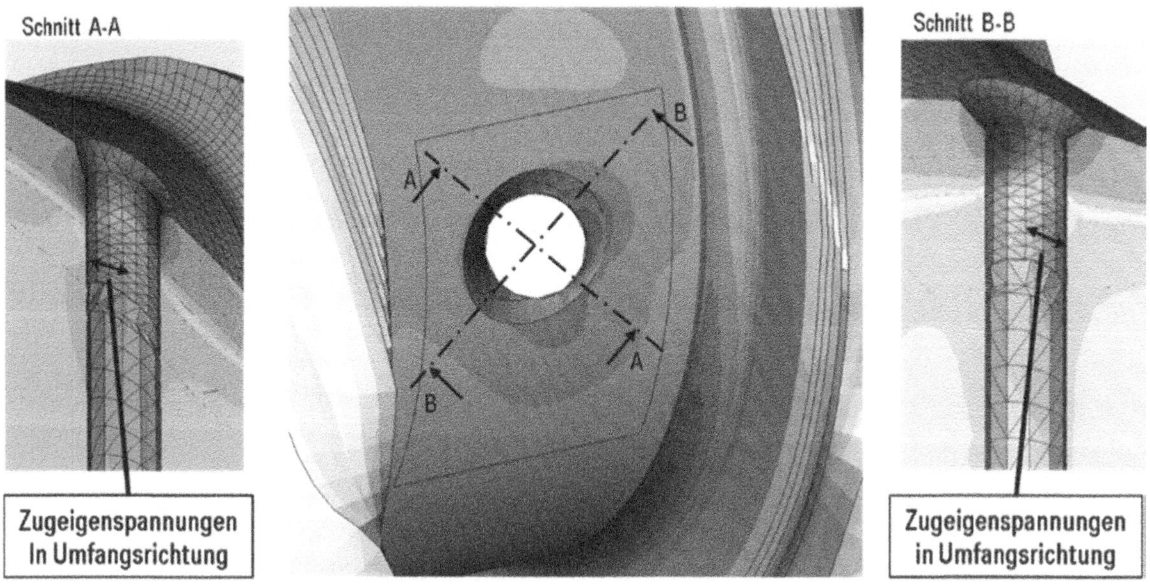

Abbildung 11: Eigenspannungszustand in der Öllochbohrung

2.3 Werkstoffmodellerstellung

In der Festigkeitsberechnung werden nun die einzelnen Lastfälle „Biegung R = 0“, „Biegung R = -1“, „Torsion R = 0“ und „Torsion R = -1“ berechnet. Dabei werden die Spannungen aus den Betriebslasten den Eigenspannungen überlagert. In FEMFAT werden nun die Werkstoffkennwerte so angepasst, dass bei den einzelnen Lastfällen die kritischen Bereiche detektiert werden und analog zum Prüfstandsergebnis ein Sicherheitsfaktor von 1.0 bei einer Ausfallwahrscheinlichkeit von 50% erreicht wird.

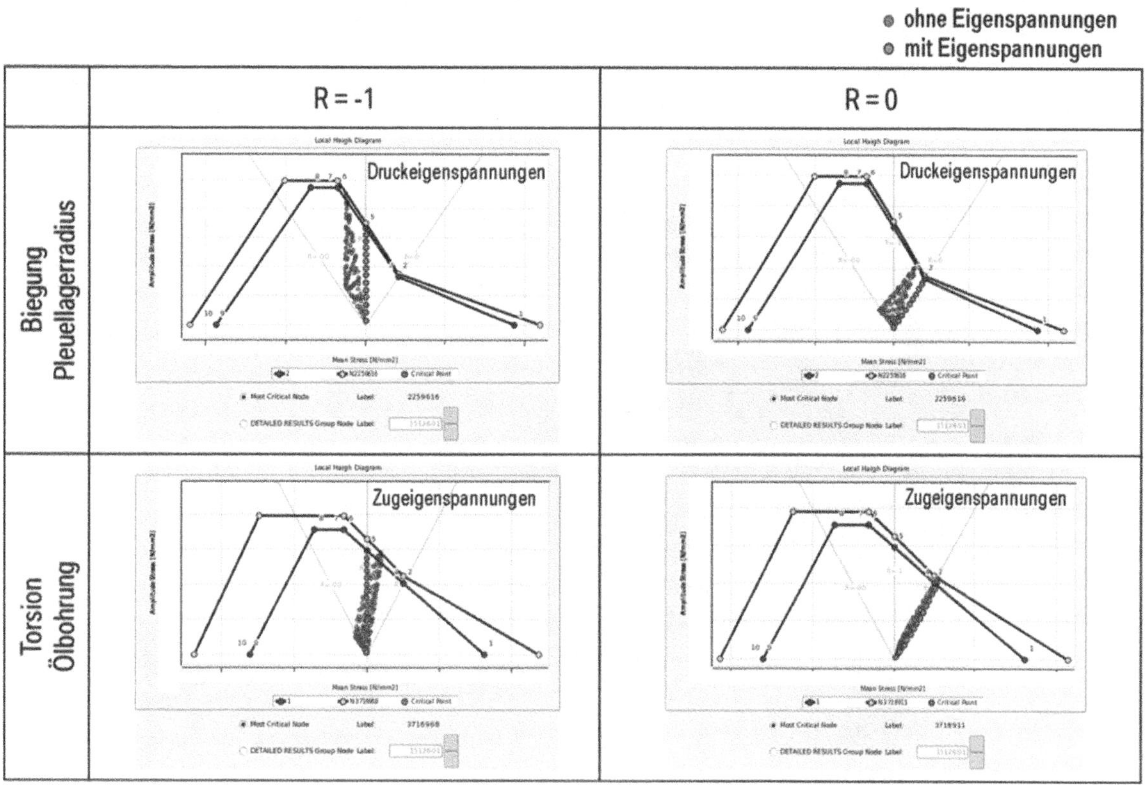

Abbildung 12: Haigh-Diagramme der abgestimmten Werkstoffmodelle für 4 Lastfälle

In den Haigh-Diagrammen der kalibrierten Werkstoffmodelle,
Abbildung 12 ist der Einfluss der Eigenspannungen deutlich zu sehen. Im Bereich vom Pleuellagerradius werden die Punkte der kritischen Schnittebenen aufgrund der Druckeigenspannungen nach links verschoben, während die Zugeigenspannungen in der Ölbohrungen eine Verschiebung nach rechts bewirken.

2.4 Betriebsfestigkeitsberechnung

Die Betriebsfestigkeitsrechnung der Kurbelwelle erfolgt mittels Betriebslasten eines Motor-Volllasthochlaufs. Um alle dynamischen Effekte zu berücksichtigen, wird ein Mehrkörpersimulationsmodell (MKS-Modell) des gesamten Motor-/Getriebeverbands (MGV) in ADAMS aufgebaut. Vom Kurbeltrieb werden Kurbelwelle, Drehschwingungsdämpfernabe, Schwungrad und Ausgleichswellen als flexible Körper in NASTRAN modelliert und mittels Craig-Bampton Methode in der MKS eingebunden. Da die globalen Hoch- und Querbiegungen des MGVs einen wesentlichen Einfluss auf die Kurbelwellenfestigkeit haben, wird dieser ebenfalls als flexibler Körper modelliert. Kolben, Pleuel, Schwungring vom Drehschwingungsdämpfer, entkoppelte Riemenscheibe, ZMS-Sekundärseite etc. werden als Starrkörper modelliert.

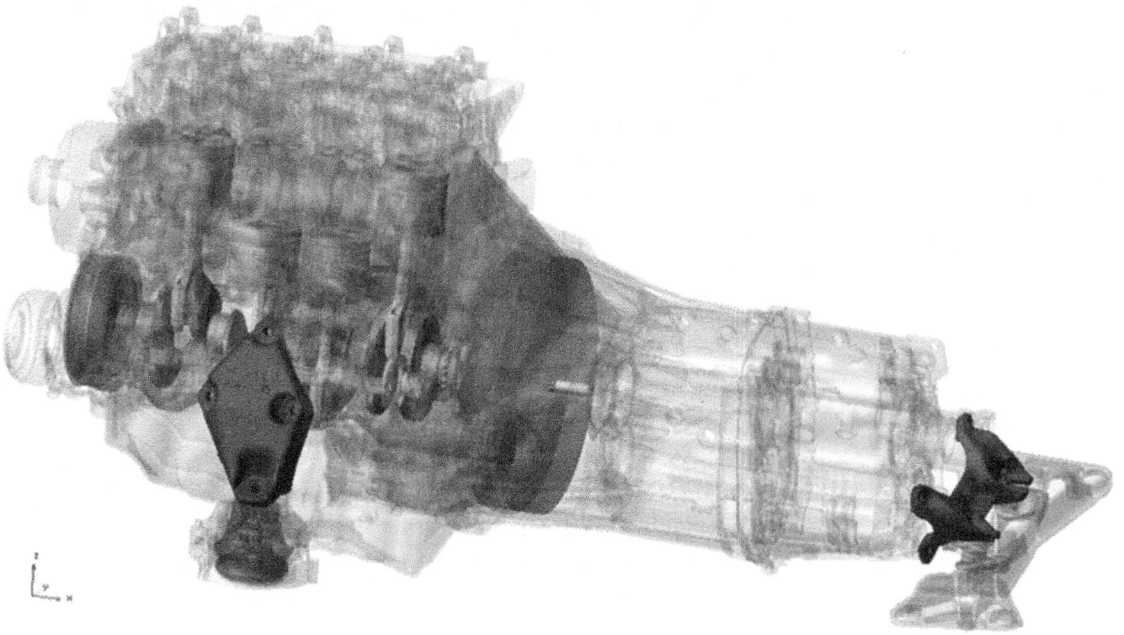

Abbildung 13: MKS-Modell vom gesamten Motor-/Getriebeverbands

Eine wesentliche Rolle im MKS Modell spielt die Gleitlagermodellierung zwischen Kurbelwelle und Kurbelgehäuse. Hierbei kommt ein elasto-hydrodynamisches (EHD) Modell mit mehreren Druckansatzfunktionen pro Lager zum Einsatz. Es hat sich herausgestellt, dass die Anzahl der Druckansatzfunktionen, d.h. die Diskretisierung der EHD-Berechnung einen merklichen Einfluss auf die Kurbelwellenfestigkeit hat.

Aus der modalen Kondensation der Kurbelwelle in NASTRAN erhält man modale Spannungen, aus der MKS-Hochlaufberechnung in ADAMS die zugehörigen modalen Beteiligungsfaktoren. In der Betriebsfestigkeitsberechnung in FEMFAT Channel MAX werden die modalen Spannungen mit den zugehörigen Beteiligungsfaktoren superponiert.

Um die Eigenspannungen berücksichtigen zu können, werden diese in einem eigenen Kanal als konstante Mittelspannungen addiert. Zuvor müssen die Eigenspannungen, welche auf die Einzelkröpfung kalibriert wurden, noch auf die gesamte Kurbelwelle gemapped werden.

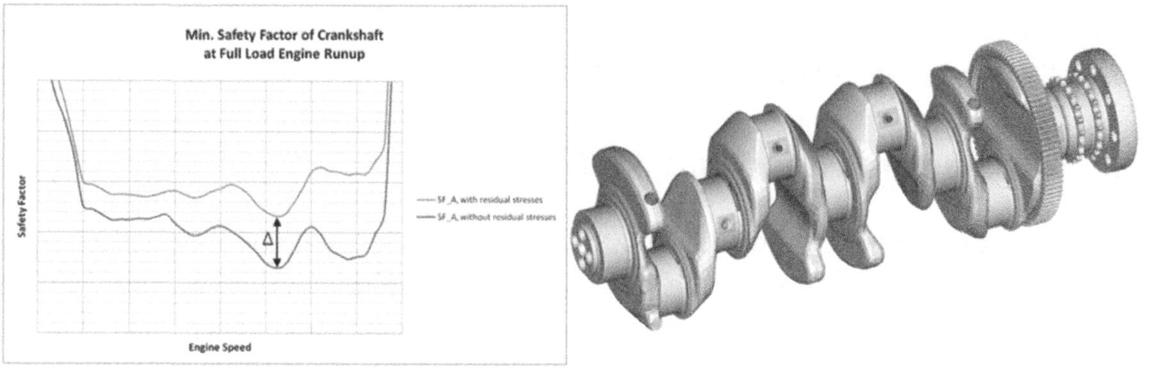

Abbildung 14: Dauerbruchsicherheiten über der Motordrehzahl

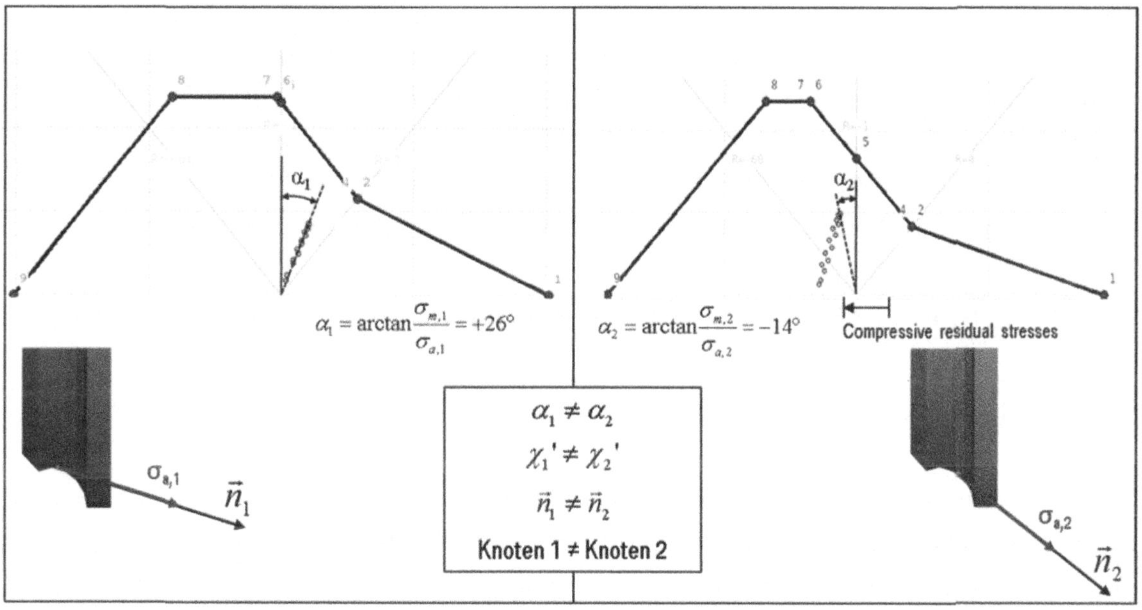

Abbildung 15: Haigh-Diagramme mit Punkten der kritischen Schnittebenen ohne Berücksichtigung der Eigenspannungen (links) und mit Berücksichtigung der Eigenspannungen (rechts)

In Abbildung 14 kann man den Verlauf der Minimalsicherheiten über der Motordrehzahl mit und ohne Berücksichtigung der Eigenspannungen ablesen. Es ist deutlich zu erkennen, dass die Sicherheiten mit Berücksichtigung der Eigenspannungen höher sind. Dies ist durch mehrere Einflussgrößen erklärbar. Die geringsten Sicherheiten treten in den Radien der Pleuellagerzapfen auf. In diesem Bereich liegen Druckeigenspannungen vor, d.h. die kritischen Punkte im Haigh-Diagramm sind deutlich nach links verschoben, siehe Abbildung 15. Somit ist das Verhältnis zwischen Mittelspannung und Amplitudenspannung, ausgedrückt durch den Winkel α, deutlich verschoben. Außerdem sind die Spannungsgradienten χ aufgrund der Druckeigenspannungen nicht mehr identisch. Schlussendlich stellt man auch fest, dass sich der kritische Knoten durch die Eigenspannungen leicht verschoben hat. Dies bewirkt in weiterer Folge, dass sich auch die Lage der kritischen Schnittebene ändert.

2.5 Zusammenfassung und Ausblick

Im vorgestellten Beitrag wurde der Nutzen der Berücksichtigung von Eigenspannungen in der Betriebsfestigkeitsberechnung induktiv gehärteter Kurbelwellen gezeigt. Mit der Methode der Eigenspannungsberechnung mittels Temperaturverteilungen kann eine genaue Aussage zu Eigenspannung an der Bauteiloberfläche, als auch im Bauteilinneren getroffen werden. Somit können auch Risse, die unterhalb von der Härteschicht ausgehen, detektiert werden. Für die Berechnungsmethode muss allerdings ein sehr detailliertes FE-Netz der Härteschicht vorliegen, d.h. es ist ein erheblicher Modellierungsaufwand nötig. Durch die exakte Berücksichtigung der real vorliegenden Spannungen nach dem Induktivhärten können genauere Aussagen zur Festigkeit getroffen werden. Im vorliegenden Fall der höheren Dauerbruchsicherheiten erkennt man das vorhandene Potential, welches neue Möglichkeiten für Leistungssteigerungen des Motors oder aber auch für Leichtbaukonzepte der Kurbelwelle oder des Kurbelgehäuses eröffnet.

3 Prozesseinflüsse bei Versteifungsschalen

3.1 Simulationsmodell

Die Versteifungsschale ist ein Tiefziehbauteil, welches das Zylinderkurbelgehäuse als auch Hauptlager und Ölpumpe versteift. Zur Berechnung werden sämtliche relevanten Bauteile (Kurbelgehäuse, Zylinderkopf, Ölpumpe, …) modelliert und in ANSA vernetzt. Die Versteifungsschale wird als Schalenmodell implementiert, Abbildung 16. Die Finite Elemente Berechnung erfolgt in ABAQUS, wobei die Lasten in den Hauptlagern aufgebracht werden.

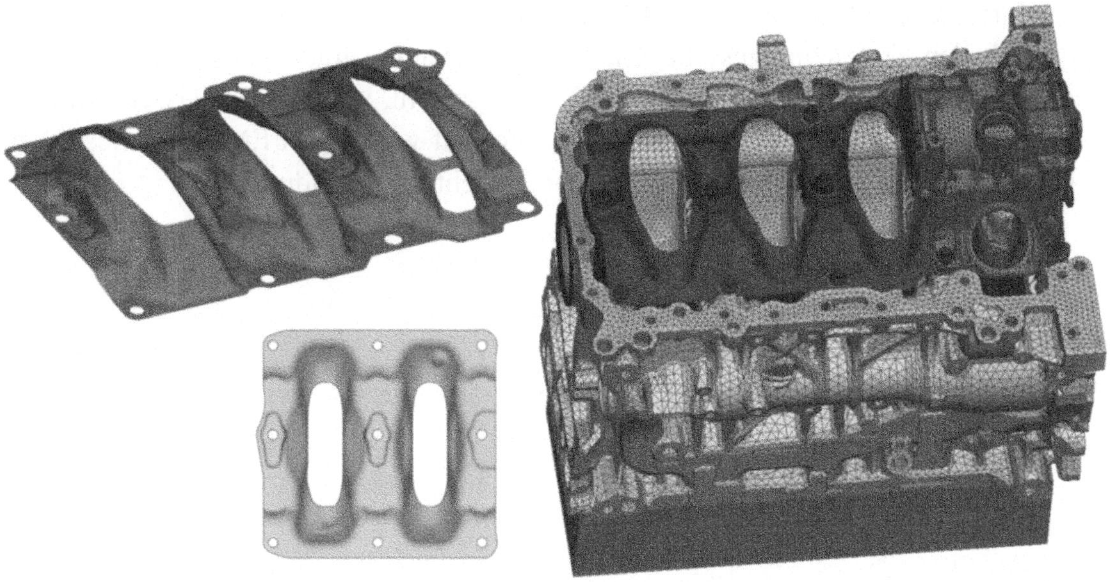

Abbildung 16: FE-Modell Zylinderkurbelgehäuse, Zylinderkopf, Versteifungsschale, Ölpumpe

Der Tiefziehprozess der Versteifungsschale erfolgt in 5-7 Schritten und führt zu komplexen Eigenschaften des Fertigteils. Über dem gesamten Bauteil liegt eine inhomogene Blechdickenverteilung vor. In bestimmten Zonen wird ein hoher Umformgrad erreicht. Nach dem Fertigungsprozess liegen zum Teil hohe Eigenspannungen vor.

Werden die Inhomogenitäten in der Festigkeitsberechnung nicht berücksichtigt, können kritische Bereiche des Bauteils zwar detektiert werden, die Vorhersage ist allerdings nicht sehr robust.

3.2 Werkstoffeigenschaften

Inhomogene Blechdickenverteilungen haben einen hohen Einfluss auf die Spannungsergebnisse in der FE-Berechnung. In weiterer Folge ändert sich der Spannungsgradient erheblich. Daher werden die Ergebnisse der Blechdickenverteilung aus der Tiefziehsimulation auf die Knoten des ANSA-Modells für die Spannungsberechnung gemapped.

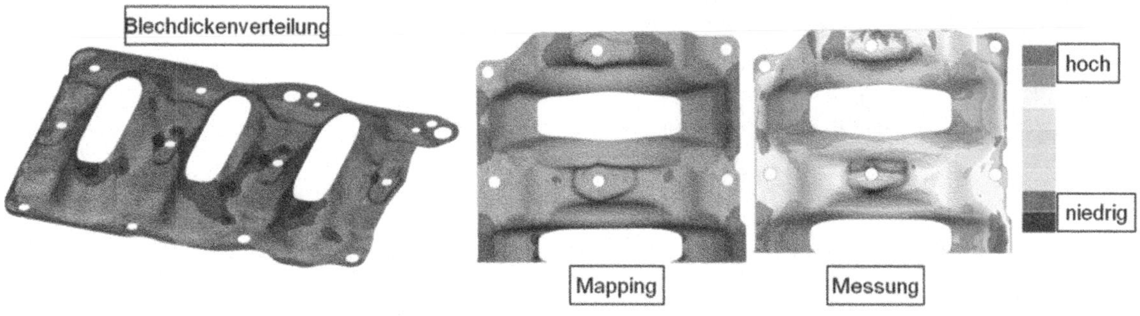

Abbildung 17: Blechdickenverteilung

Der Verformungsgrad gibt an, in welchem Bereich die plastischen Deformationen bedingt durch den Tiefziehprozess liegen. Der Verformungsgrad, welcher ebenfalls ein Ergebnis der Tiefziehsimulation in LS-DYNA dargestellt, wird als Skalarwert auf jeder Seite der Schalenstruktur aufgebracht. Dieses Format wird von FEMFAT gelesen und mit der Methode der variablen Steigungen berücksichtigt, Abbildung 18.

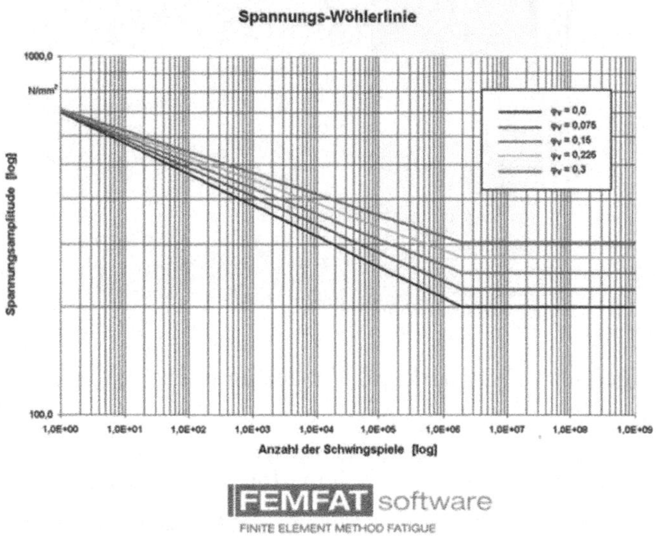

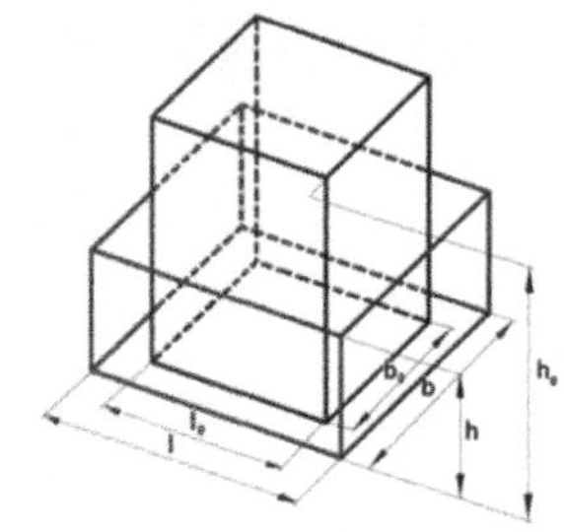

$$\varphi_h = \int_{h_0}^{h} \frac{1}{h} dh = \ln h \,|_{h_0}^{h} = \ln \frac{h}{h_0}$$

$$\varphi_1 + \varphi_2 + \varphi_3 = 0$$

$$\varphi_V = \sqrt{\frac{2}{3} \cdot \left(\varphi_1^2 + \varphi_2^2 + \varphi_3^2\right)}$$

Abbildung 18: Berücksichtigung des Umformgrades, Methode der variablen Steigungen

Statische Materialeigenschaften ändern sich durch den Tiefziehprozess. Durch Zugversuche mit Proben unterschiedlichen Umformgrades wurden die statischen Materialeigenschaften gemessen. Diese Materialeigenschaften werden in der Festigkeitsberechnung als Initialbedingungen berücksichtigt.

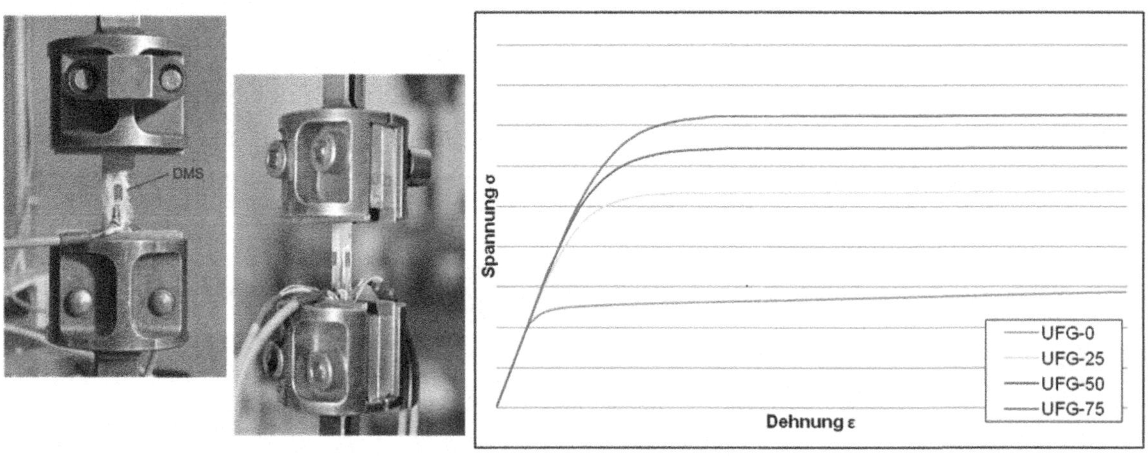

Abbildung 19: Zugversuche mit Proben unterschiedlichen Umformgrades

3.3 Berechnungsergebnisse und Projektbeispiele

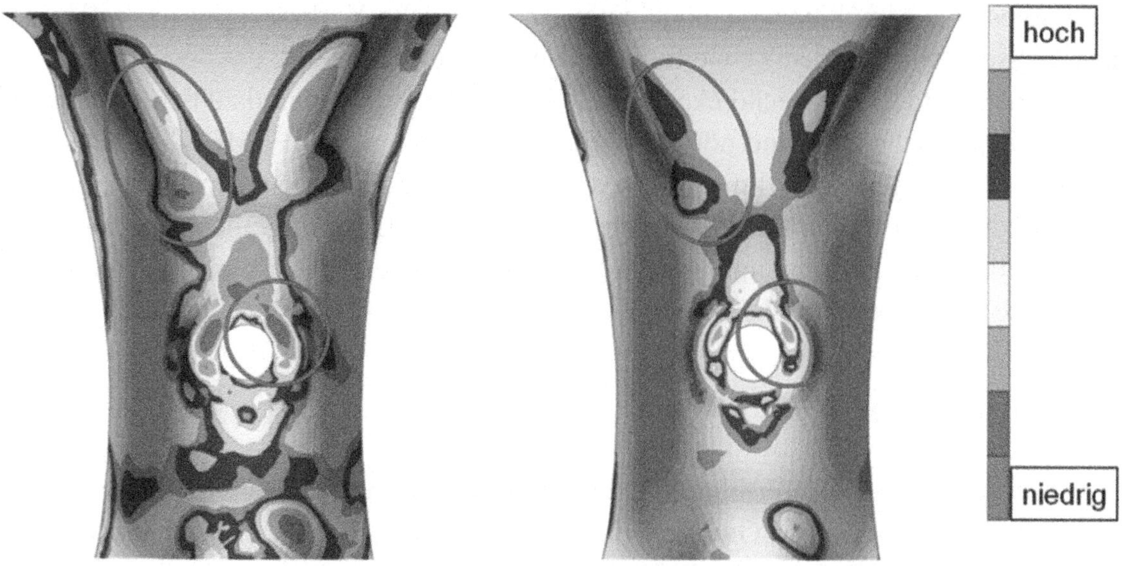

Abbildung 20: Dauerbruchsicherheiten ohne Berücksichtigung der Fertigungseinflüsse (links) / mit Berücksichtigung der Fertigungseinflüsse (1) Blechdickenverteilung, (2) Umformgrad, (3) statische Materialeigenschaften (rechts)

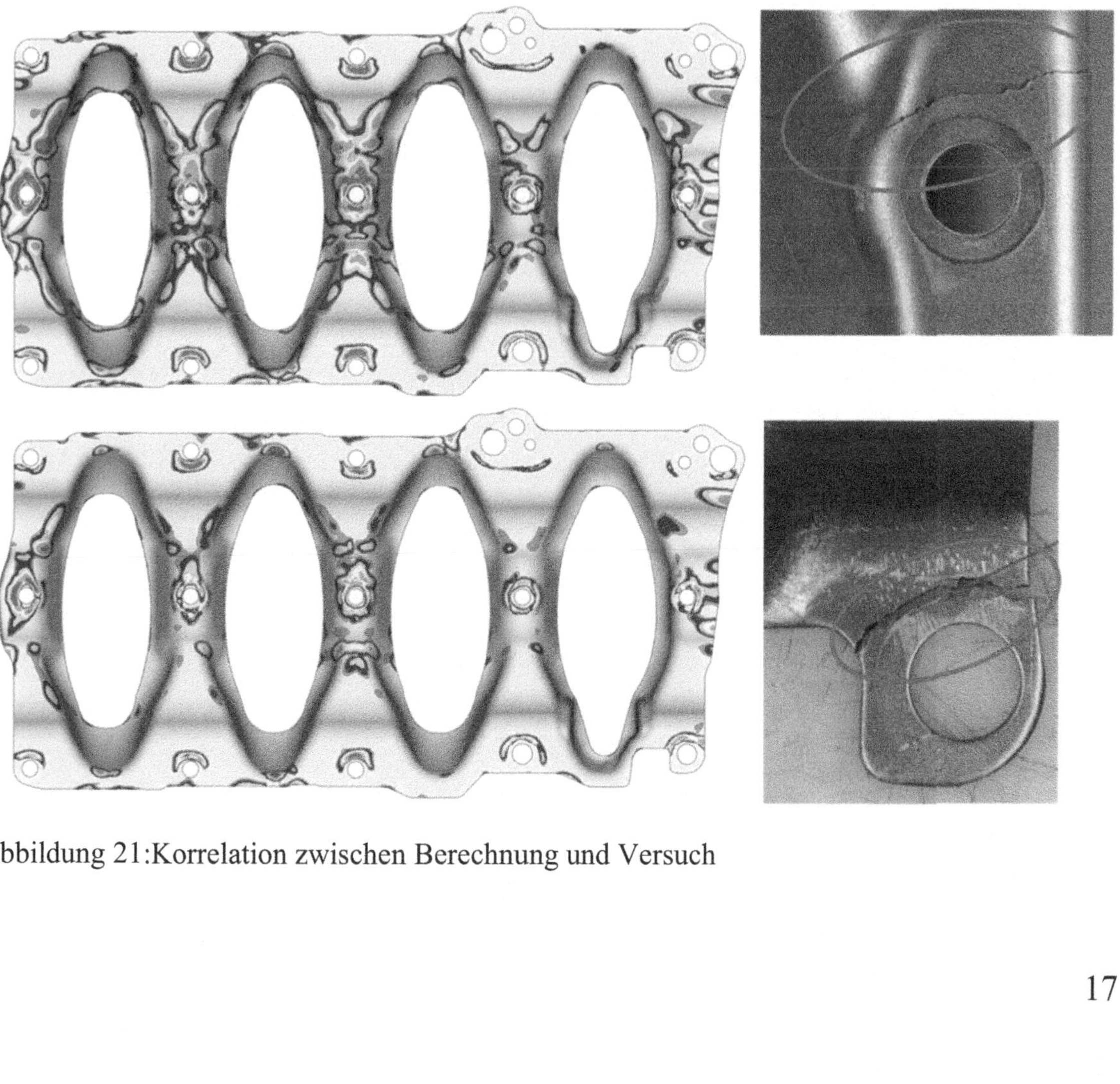

Abbildung 21:Korrelation zwischen Berechnung und Versuch

3.4 Zusammenfassung und Ausblick

Die vorgestellte Simulationsmethode zeigt eine deutliche Verbesserung in der Vorhersage kritischer Stellen der Versteifungsschale. Es wurde gezeigt, dass es essentiell ist, für Tiefziehbauteile die Blechdickenverteilung und die Umformgrad zu berücksichtigen. Weitere Untersuchungen sind nötig, um die Ergebnisse mit der FEMFAT-Methode der variablen Steigungen zu optimieren. Dies wird durch neue Werkstoffmodelle basierend auf Ermüdungsversuchen mit Proben unterschiedlichen Umformgrades erreicht. In Zukunft werden auch Eigenspannungen, die einen erheblichen Einfluss auf die Festigkeitsergebnisse haben, berücksichtigt.

4 Danksagung

Die vorgestellten Projekte erfolgten in Zusammenarbeit mit Magna / Engineering Center Steyr, der Firma Rübig GmbH, der Firma IABG mbH und der Technischen Versuchs- und Forschungsanstalt GmbH Wien.

Auswirkung der Validierungsumgebung und Manöverumsetzung auf Komfortbewertungen hybridspezifischer Triebstrangphänomene

Univ.- Prof. Dr.-Ing. Dr. h. c. Albert Albers (Institutsleiter)

Dipl.-Ing. Fabian Schille (akademischer Mitarbeiter NVH / Driveability)

Dipl.-Ing. Rolf Hettel (akademischer Mitarbeiter NVH / Driveability)

Dr.-Ing. Matthias Behrendt (Forschungsfeldleiter Validierung und NVH)

IPEK – Institut für Produktentwicklung
am Karlsruher Institut für Technologie (KIT),
Kaiserstraße 10, 76131 Karlsruhe, Deutschland,
fabian.schille@kit.edu

J. Liebl und C. Beidl (Hrsg.), *VPC – Simulation und Test 2015*,
Proceedings, https://doi.org/10.1007/978-3-658-20736-6_5

1 Motivation

Parallel zum wachsenden Marktanteil von Hybridfahrzeugen steigen die Kundenanforderungen hinsichtlich des Fahrkomforts. Eine Studie des ADAC [15] hat ergeben, dass dieser Fahrkomfort mittlerweile markenübergreifend das drittwichtigste Kaufkriterium neben Qualität und Zuverlässigkeit ist. Gleichermaßen steigt die Komplexität von Hybridtopologien durch das Wechselspiel zwischen den einzelnen Antriebsstrangkomponenten (Verbrennungsmotor, Kupplung, Elektromotor, Getriebe, …) mit dazugehörigen, softwarebasierten Betriebsstrategien [10]. Aufgrund der vielen Komponenten sind zahlreiche, hybridspezifische Betriebszustände sowie Wechsel zwischen diesen (Kapitel 2), realisierbar. Im Vergleich zu konventionellen Fahrzeugen kann daher bei Hybridfahrzeugen ein abweichendes Schwingungsverhalten auftreten. Übergänge zwischen Betriebszuständen können triebstranginduzierte Schwingungsphänomene verursachen, die in einem niederfrequenten Schwingungsbereich bis 150 Hz auftreten. Dieser Frequenzbereich ist im Hinblick auf NVH (Noise Vibration Harshness) spürbar und hörbar [9]. Eine Komfortoptimierung kann daher die Akzeptanz alternativer Antriebe steigern [14].

Ziel dieses Beitrages ist die Entwicklung einer integrierten Validierungsumgebung unter Einsatz des IPEK Akustikrollenprüfstand, als Voraussetzung für eine realitätsgetreue Hybridfahrzeugvalidierung hinsichtlich des Fahrkomforts. Auf Basis des IPEK X-in-the-Loop Ansatzes sollen automatisierte und reproduzierbare Testszenarien ermöglicht werden. Qualitätskriterien für diese sind hierbei die Objektivität, Reliabilität und Validität (Kapitel 3). Dies beinhaltet die Auswirkungsanalyse der Validierungsumgebung auf die Fahrkomfortbewertung (Kapitel 4 und 5). Dazu werden Bestandteile der Validierungsumgebung, wie z.B. die Fahrzeugfixierung auf dem Rollenprüfstand, bewusst verändert, um deren Einfluss zu ermitteln. Ergebnis ist eine Handlungsempfehlung zum Aufbau der Validierungsumgebung am Prüfstand, in Abhängigkeit des zu untersuchenden Triebstrangphänomens. Hintergrund hierbei ist die Analyse spürbarer Vibrationen, wie sie bei hybridspezifischen Triebstrangphänomenen auftreten können.

2 Hybridspezifische Triebstrangphänomene

Hybridspezifische Triebstrangphänomene sind Schwingungserscheinungen, ausgelöst durch den Betrieb des Hybridfahrzeuges, die ihren Ursprung im Antriebssystem haben. Kategorisiert sind diese unter NVH-Phänomene, was grundsätzlich für spürbare und hörbare Schwingungserscheinungen steht. Bedingt durch die Fahrzeugtopologie mit zwei Kraftmaschinen können bei einem Hybridfahrzeug neue Betriebszustände genutzt werden. In diesen Betriebszuständen können NVH-Phänomene auftreten, die für Fahrer und Fahrzeuginsassen wahrnehmbare Geräusche und Vibrationen aufweisen. Besonders markant sind dabei kurzzeitige Schwingungserscheinungen, wie bei einem Wechsel zwischen Betriebszuständen, die transiente Schwingungen genannt werden (zur Begrifflichkeit „transient" vgl. Norm DIN 1311-1 [18]). Ein Auszug solcher ist in Bild 1 dargestellt. Charakteristisch sind die Übergänge zwischen elektrischem und hybridischem Betrieb (Verbrennungsmotorstart/stopp) sowie Getriebeschaltungen und Lastwechsel.

- Verbrennungsmotorstart
- Verbrennungsmotorstopp
- Getriebeschaltung
- Lastwechsel (z.B. Schubabschaltung)
- Durchfahren von Resonanzbereichen
- ...

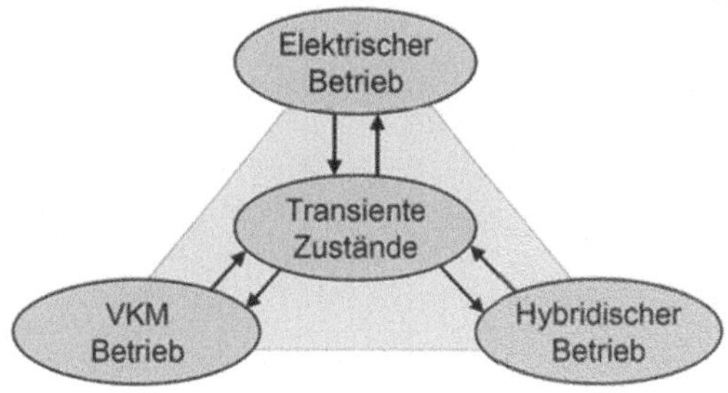

Bild 1: Zustände, die transiente Schwingungen verursachen (links)
Transiente Zustände zwischen hybridspezifischen Betriebszuständen (rechts) [13]

Dies führt zu der Anforderung an ein Verfahren, solche hybridspezifischen Triebstrangphänomene im Detail zu untersuchen. Momentan gibt es nur wenige und vor allem keine standardisierten Methoden oder Validierungsumgebungen, um diese Herausforderung zu bewältigen. Allein der Verbrennungsmotorstart kann umfangreiche und komplexe Ausprägungen aufweisen. Bild 2 zeigt einen Auszug der Vibrationen, die in einem P2-Parallelhybridfahrzeug währenddessen auftreten können. Dieser Batterieinitiierte Verbrennungsmotorstart passiert während des Rollens des Fahrzeugs (Gang D – ca. 5 km/h). Im Gegensatz zu konventionellen Fahrzeugen, die auch über eine Start / Stopp Funktion verfügen, kann bei einem Hybridfahrzeug der Verbrennungsmotorstart in verschiedenen Fahrsituationen auftreten (Bild 9). Allein durch die Variationsmöglichkeiten von Geschwindigkeit, Drehmoment oder Batterieladezustand verhält sich der Antriebsstrang unterschiedlich [1]. Abhängig von solch einem Fahrmanöver können die Schwingungen in Bild 2 unterschiedlich ausgeprägt sein. Daraus leitet sich der Bedarf an entsprechenden Komfortbewertungsalgorithmen und eine Validierungsumgebung ab, die mit dieser hohen Anzahl an Betriebszuständen / Triebstrangphänomenen anwenderfreundlich umgehen können. Im Folgenden wird kurz der Einfluss transienter Schwingungen auf den Fahrkomfort von Hybridfahrzeugen erläutert sowie die Anforderung aus der sich daraus ableitende Validierungsumgebung formuliert.

Transiente Schwingungen beim Verbrennungsmotorstart

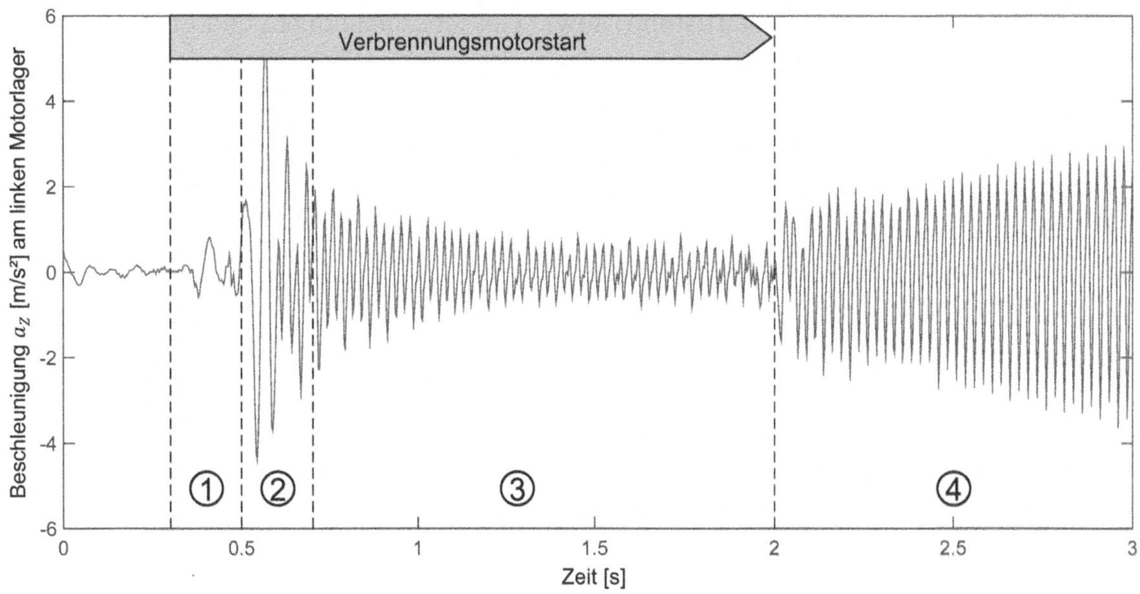

Bild 2: Schleppstart in einem P2 Parallelhybridfahrzeug mit dazugehörigen Schwingungen; (1) Ansprechen des E-Motors; (2) Verbrennungsmotorandrehen – Resonanzbereich; (3) Schleppen des Verbrennungsmotors; (4) erste Verbrennungen

Die durch den Verbrennungsmotorstart angeregten Schwingungen äußern sich jedoch, bezogen auf das Fahrzeugkoordinatensystem [19], nicht nur in Richtung der z-Achse, sondern auch in den anderen Raumrichtungen (bedingt durch die Antriebsstrangtopologie). Zur Bewertung der spürbaren Schwingungen in jeweiliger Raumrichtung müssen entsprechende Kenngrößen berechnet werden [1]. In Anlehnung an Normen wie VDI 2057 [16] und ISO 2631-1 [17] kann eine Bewertung der NVH-Phänomene durchgeführt werden. Im ersten Schritt ist eine frequenzbewertete Schwingung des Verbrennungsmotorstarts notwendig. Dafür wird die gemessene Vibration *a(t)* (Bild 2) in verschiedene Frequenzbereiche $a_i(t)$ aufgeteilt. Im Anschluss wird die gefilterte Vibration mit Gewichtungsfaktoren zu $a_W(t)$ (Formel 1) verrechnet. Für die jeweiligen Raumrichtungen (x, y, z) errechnet sich dieser zu:

$$a_W(t) = \sqrt{\sum [W_i * a_i(t)]^2} \qquad \begin{aligned} W_i &= Gewichtungsfunktion \\ a_i &= gefilterte\ Beschleunigung \end{aligned} \tag{1}$$

Die transienten Schwingungen beim Verbrennungsmotorstart weisen ein impulshaltiges (hohe Amplituden) und niederfrequentes Verhalten auf. Aus diesem Grund und den Untersuchungen in [12], [13] und der ISO 2621-1 eignet sich der in Formel 2 dargestellte Vibration Dose Value (VDV) zur Charakterisierung dieses Triebstrangphänomens.

$$VDV = \sqrt[4]{\frac{1}{T}\int_0^T a^4{}_W\,(t)dt} \qquad \begin{aligned} VDV &= Vibration\,Dose\,Value \\ a_W &= frequenzgewichtete\,Beschleunigung \end{aligned} \tag{2}$$

Für die vorgestellten Untersuchungen des Fahrkomforts auf dem Fahrzeug-Rollenprüfstand, ist ein realitätsgetreues Fahrzeugverhalten, im Hinblick auf relevante und dynamische Wechselwirkungen im Antriebsstrang, entscheidend [5]. Losgelöst von ungewollten Schwingungseinflüssen (z.B. durch den Prüfstandsaufbau) und der Möglichkeit eine hohe Anzahl an Testszenarien zu realisieren, muss die Validierungsumgebung entsprechend abgeleitet werden. Daher muss bei der Übertragbarkeit der Testszenarien vom Straßenfahrversuch auf den Prüfstand sichergestellt werden, dass die Messungen unbeeinflusst von negativen Einwirkungen der Validierungsumgebung bleiben. In einem Vorversuch werden hierfür diverse Schwingungsmessungen durchgeführt (Kapitel 4) und im Anschluss eine Auswirkungsanalyse (Kapitel 5) durchgeführt.

Zusammengefasst ergeben sich die Anforderungen an die Fahrkomfortbewertung, Fahrmanöverumsetzung und Aufbau der Validierungsumgebung zu:

- Fehlerfreie Übertragung der Fahrmanöver von der Straße auf den Rollenprüfstand
- Echtzeitfähige und manöverbasierte Testumsetzung auf dem Rollenprüfstand, im Hinblick auf die Vielzahl an Betriebszuständen
- Hohes Maß der Qualitätskriterien für Testszenarien, wie Objektivität – Reliabilität – Validität

3 Beschreibung der Validierungsumgebung

Im Produktentwicklungsprozess ist eine entsprechende Validierungsumgebung Voraussetzung, die dabei aus verschiedenen Bestandteilen besteht [6]. Neben dem zu validierenden Fahrzeug werden u.a. Prüfstand, Messtechnik und eine Steuerung der Testfälle und Fahrmanöver definiert. Bild 3 zeigt einen Auszug wesentlicher Bestandteile, der Validierungsumgebung am IPEK Akustikrollenprüfstand. Diese basiert auf einem Zwei-Achsgetriebenen Rollenprüfstand [7] und weißt mehrere Vorteile gegenüber herkömmlichen Fahrversuchen auf der Straße auf. In Bezug auf den IPEK X-in-the-Loop Ansatz orientiert sich diese an den Qualitätskriterien für Testszenarien (Bild 4 rechts), welche im Folgenden auszugsweise erläutert werden.

Objektivität

Für die Testdurchführung am Rollenprüfstand existieren, durch eine Klimatisierung und Trennung von äußeren Einflüssen, definierte Umweltbedingungen. Unabhängig vom Straßenverkehr und meteorologischen Einflüssen können die Messungen unter gleichbleibenden Randbedingungen durchgeführt werden. Durch eine automatisierte Manöverumsetzung mittels Fahrroboter, wird eine hohe Umsetzungsgenauigkeit der Testszenarien, losgelöst vom menschlichen Fahrereinfluss, realisiert.

Reliabilität

Die Test- und Messautomatisierung ist vorteilhaft unter dem Aspekt der Reproduzierbarkeit. Ermöglicht wird dies durch die echtzeitfähige Umsetzung am Prüfstand mit einem standardisierten Messsetup und fest definierter Fahrmanöver, inklusive Anfangs- und Endbedingungen. Neben der Reproduzierbarkeit ist bei der Durchführung der Tests, durch geeignete Systemschnittstellen und Programmabläufe sichergestellt, dass diese zuverlässig ablaufen (Reliabilität). Für wissenschaftliche Untersuchungen ist es unerlässlich, dass der Anteil an Zufallsfehlern sehr gering ist.

Validität

Grundlage für die Validität ist die Produktabsicherung gegenüber den Kundenanforderungen. Hinsichtlich des Fahrkomforts sind auf Basis der menschlichen Wahrnehmung Methoden (angelehnt an Normen) notwendig, die eine kundenorientierte Bewertung der Fahrzeugschwingungen ermöglichen. Weiter trifft die Validität eine Aussage über die Eignung der Validierungsmethode bezüglich ihrer Zielsetzung.

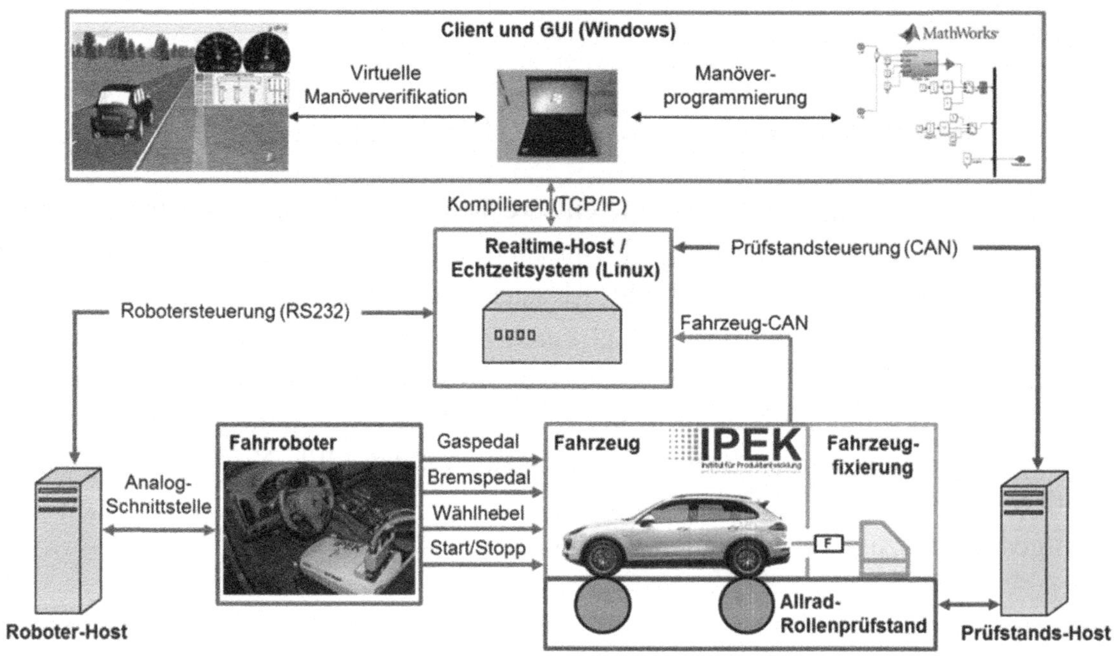

Bild 3: Echtzeitfähige Validierungsumgebung am IPEK Akustikrollenprüfstand

Die übergeordnete, methodische Grundlage ist der IPEK X-in-the-Loop Ansatz [8]. Wie links in Bild 4 dargestellt, wird eine durchgängige und prozessbegleitende Validierung, vom Wirkflächenpaar (WSP-in-the-Loop) über das Subsystem bis hin zum Gesamtfahrzeug (Vehicle-in-the-Loop) ermöglicht. Dies geschieht unter permanenter Einbeziehung der Systeme Fahrer und Umwelt unter Nutzung entsprechender Fahrmanöver und Testfälle, in Abhängigkeit vom Anwendungsfall. Das X repräsentiert das System Under Development (SUD), welches ein physisches und/oder virtuelles (Teil-)System sein kann. Das SUD wird dabei von dem Restfahrzeugmodell, sowohl virtuell als auch physisch, in dem jeweils benötigten Detaillierungsgrad vervollständigt. Ausgehend von diesem Forschungsansatz, können Untersuchungen von definierten Eigenschaften und Funktionen zum Erkenntnisgewinn im Produktentstehungsprozess beitragen.

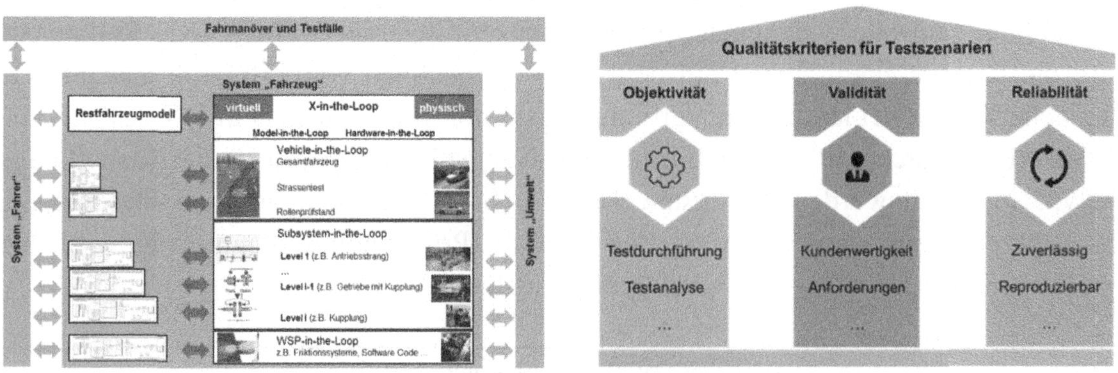

Bild 4: IPEK X-in-the-Loop Framework (links); Säulen der Qualitätskriterien für Testszenarien (rechts)

Unter diesen Vorrausetzungen kann, je nach Entwicklungsphase, das Produkt im Hinblick auf seine Anwendungsumgebung unter Echtzeitbedingungen entwickelt werden. Der Synthese- und Validierungszyklus im Kontext der Systemtechnik [4] umfasst dabei verschiedene Prozessaktivitäten. Im Zuge der Analyse wird das SUD anhand von objektiven, messbaren Größen beurteilt und in Beziehung zu subjektiven und damit direkt kundenrelevanten Größen verglichen. Auf Basis der Analyse- und Bewertungsergebnisse erfolgt die Ableitung von Synthesepotenzialen für das SUD, das heißt Möglichkeiten zur Weiterentwicklungen im Rahmen der Optimierung und/oder Produktgenerationsentwicklung [3].

4 Testdurchführung am Fahrzeugrollenprüfstand

In der vorgestellten Validierungsumgebung werden verschiedene Testfälle durchgeführt. Ziel ist zum einen die Auswirkungsanalyse der Fahrzeugfixierungen auf die Fahrkomfortbewertungen. Zum anderen sollen gezielt Testfälle zur Triebstranganalyse durchgeführt werden. Bild 5 zeigt einen Auszug der umgesetzten Testfälle im Hinblick auf die Analyseanforderungen.

Charakteristisch für die Triebstranganalyse sind Beschleunigungen und Konstantfahrten bei verschiedenen Geschwindigkeiten sowie Verbrennungsmotorstarts im Stillstand. Im Hinblick auf die zu untersuchende Fahrzeugtopologie (P2-Parallelhybrid) treten triebstranginduzierte Schwingungsphänomene durch Betriebszustandswechsel auf, die bei Geschwindigkeiten bis 50 km/h äußert markant wahrnehmbar sein können [2]. Bevor diese im Detail analysiert werden können, muss der Einfluss der Validierungsumgebung untersucht werden. Die Fahrzeugfixierung kann dabei entscheidend Einfluss nehmen.

Um in einem Vorversuch die Resonanzen des Fahrzeug-Fahrzeugfixierung-Verbundes zu ermitteln, stellen Geschwindigkeitsrampen einen geeigneten Testfall dar. Durch lineares Beschleunigen des Fahrzeugs wird sichergestellt, dass alle Schwingungsbereiche durchfahren und alle möglichen Eigenfrequenzen angeregt werden. Als Rampenziel wird die Richtgeschwindigkeit auf deutschen Autobahnen von 130 km/h gewählt. Die Versuche werden bei laufendem Verbrennungsmotor in Fahrstufe D und N des Automatikfahrzeuges durchgeführt. Der Einfluss der Gangstufe soll somit in die Auswirkungsanalyse integriert werden. Im ersten Testfall (Fahrzeugbeschleunigung) beschleunigt das Fahrzeug selbstständig, im zweiten Testfall (Prüfstandbeschleunigung) wird über den Prüfstand auf die Zielgeschwindigkeit beschleunigt.

<table>
<tr><th colspan="4">Testfälle und Fahrmanöver</th></tr>
<tr><td>zur Einflussanalyse der Fahrzeugfixierungen</td><td colspan="3">zur Triebstranganalyse</td></tr>
<tr><td>Geschwindigkeitsrampe in 600s bis 130 km/h</td><td>Konstantfahrten</td><td>Beschleunigungen</td><td>[...]</td></tr>
<tr><td>Fahrzeugbeschleunigung [Fahrstufe D]</td><td rowspan="2">Geschwindigkeiten
(v = 5,10,...,50 km/h)</td><td rowspan="2">Gaspedalpositionen
(α = 0, 5,...,100%)</td><td rowspan="2">[...]</td></tr>
<tr><td>Prüfstandbeschleunigung [Fahrstufe D und N]</td></tr>
</table>

Bild 5: Auszug der durchgeführten Testfälle und Fahrmanöver

Zusammengefasst ist das Hybridfahrzeug dabei auf dem Rollenprüfstand mittels einer Fahrzeugfixierung befestigt (Bild 7). Fokussiert sind die Messungen auf niederfrequente und spürbare Vibrationen.

Daher werden an folgenden Messpositionen (Bild 6) triaxiale Beschleunigungssensoren verbaut, um die Fahrzeugbeschleunigung in drei Raumrichtungen (x, y, z) zu messen. Die X-Achse zeigt jeweils in Fahrtrichtung und die Y-Achse in Fahrtrichtung links.

- Fußablage

  Die Fußablage als Messposition stellt eine direkte Fahrer-Fahrzeug Schnittstelle dar. Dadurch können die Schwingungen, die auf die Fahrzeuginsassen wirken, an dieser Einleitungsstelle im Fahrzeuginnenraum gemessen werden. Die Richtlinie [16] schreibt für Fahrkomfortmessungen dafür einen genauen Messort vor.

- Fahrersitzschiene

  Als statische Messposition im Fahrzeuginnenraum, losgelöst von Einflussfaktoren wie Teppichdämpfung oder bewegten Teilen, werden die Verbindungsschrauben der Fahrersitzschiene gewählt. Diese Messposition ist starr mit dem Fahrzeugchassis verbunden.

- Anhängerkupplung

  Als statische Messposition außen am Fahrzeug wird die Anhängerkupplung gewählt, die starr mit dem Fahrzeugchassis verbunden ist. Diese Messposition dient der Vergleichbarkeit der Messungen vom Fahrzeuginnenraum zu außen am Fahrzeug.

Bild 6: Positionen der am Fahrzeug verbauten Beschleunigungssensoren

Die triebstranginduzierten Schwingungen des Hybridfahrzeuges sowie die Schwingungen verursacht durch das Gesamtsystem (Fahrzeug mit Prüfstand), werden an diesen Positionen gemessen. Eine detaillierte Beschreibung des Komfortbewertungsalgorithmus, hinsichtlich hybridspezifischer Triebstrangphänomene, ist bereits in [1] und [2] vorgestellt. Im Folgenden wird daher die Auswirkung der Validierungsumgebung beziehungsweise des Prüfstandsaufbaus auf diese Fahrkomfortbewertung analysiert.

5 Auswirkungen auf die Komfortbewertung

Um verschiedene Einflüsse der Systemumgebung auf die Komfortbewertung zu identifizieren wurden mehrere Variationen der Testfälle durchgeführt. Neben den in Bild 5 unterschiedlichen Fahrprofilen (Rampe, Konstantfahrt) über der Zeit werden die Fahrstufe (D und N) und Fahrzeugfixierung (Hakenfixierung, Radnabenfixierung, Fahrbarkeitsfixierung) variiert.

Die Variation des Fahrprofils ermöglicht dabei differenzierte Aussagen über das Systemverhalten bei unterschiedlichen Anregungsfrequenzen (entweder breitbandige Anregung durch Geschwindigkeitsrampen oder hochaufgelöste Anregung durch konstante

Geschwindigkeiten). Mit den Fahrstufen D und N kann eine Aussage über die Hauptanregungsquelle (z.B. Motoranregung oder Radanregung) getroffen werden. Und durch die Variation der Fahrzeugfixierung kann der Einfluss des mechanischen Aufbaus analysiert werden (z.B. unterschiedliche Steifigkeiten oder Vorspannung des Fahrwerks).

Die verschiedenen zum Einsatz kommenden Fahrzeugfixierungen sind in Bild 7 dargestellt. Jeweils rechts daneben ist exemplarisch das Campbell-Diagramm der Y-Achse des Beschleunigungssensors an der Anhängerkupplung dargestellt. Durchgeführt ist das Manöver, in diesem Fall die lineare, prüfstandsgeschleppte Geschwindigkeitsrampe, jeweils in der Fahrstufe N.

Bei der Radnabenfixierung werden sämtliche Zugkräfte des Fahrzeugs mittels vier drehbar gelagerten Flanschen, jeweils angeschraubt an eine der Felgen, gegen die Umgebung abgestützt. Die Karosserie kann dabei frei schwingen während die Räder in der horizontalen Ebene steif und der vertikalen Ebene elastisch fixiert sind.

Die Hakenfixierung greift an den beiden Abschleppösen vorne und hinten an, wodurch die Räder frei schwingen können. Die Fixierung der Karosserie ist dabei in der horizontalen Ebene relativ steif und in der Vertikalen sehr elastisch.

Mit der Fahrbarkeitsfixierung werden sämtliche Zugkräfte über die Anhängerkupplung des Fahrzeugs und einen sehr steifen Aufbau an der Umgebung abgestützt. Die Räder bleiben dabei frei, ebenso die Bewegung der Karosserie quer und längs in Fahrtrichtung.

Zu erkennen sind die verschiedenen Verbrennungsmotor-Ordnungen [11] bei konstanter Motordrehzahl sowie die diversen Rad- und Prüfstandsrollen-Ordnungen. Der V6 4-Taktmotor dreht bei den Messungen in unterschiedlichen Leerlaufdrehzahlen, sodass sich die erste Ordnung zu etwa 13 Hz bzw. 20 Hz ergibt. Die Prüfstandsrollen haben einen Durchmesser von etwa 2,0 m und die Räder etwa 0,7 m. Daraus ergeben sich die erste Rollenordnung bei 130 km/h zu 16,6 Hz und die erste Radordnung bei 130 km/h zu 5,9 Hz. Es ist ebenfalls der Verbrennungsmotorstart bei ca. 10 km/h zu erkennen.

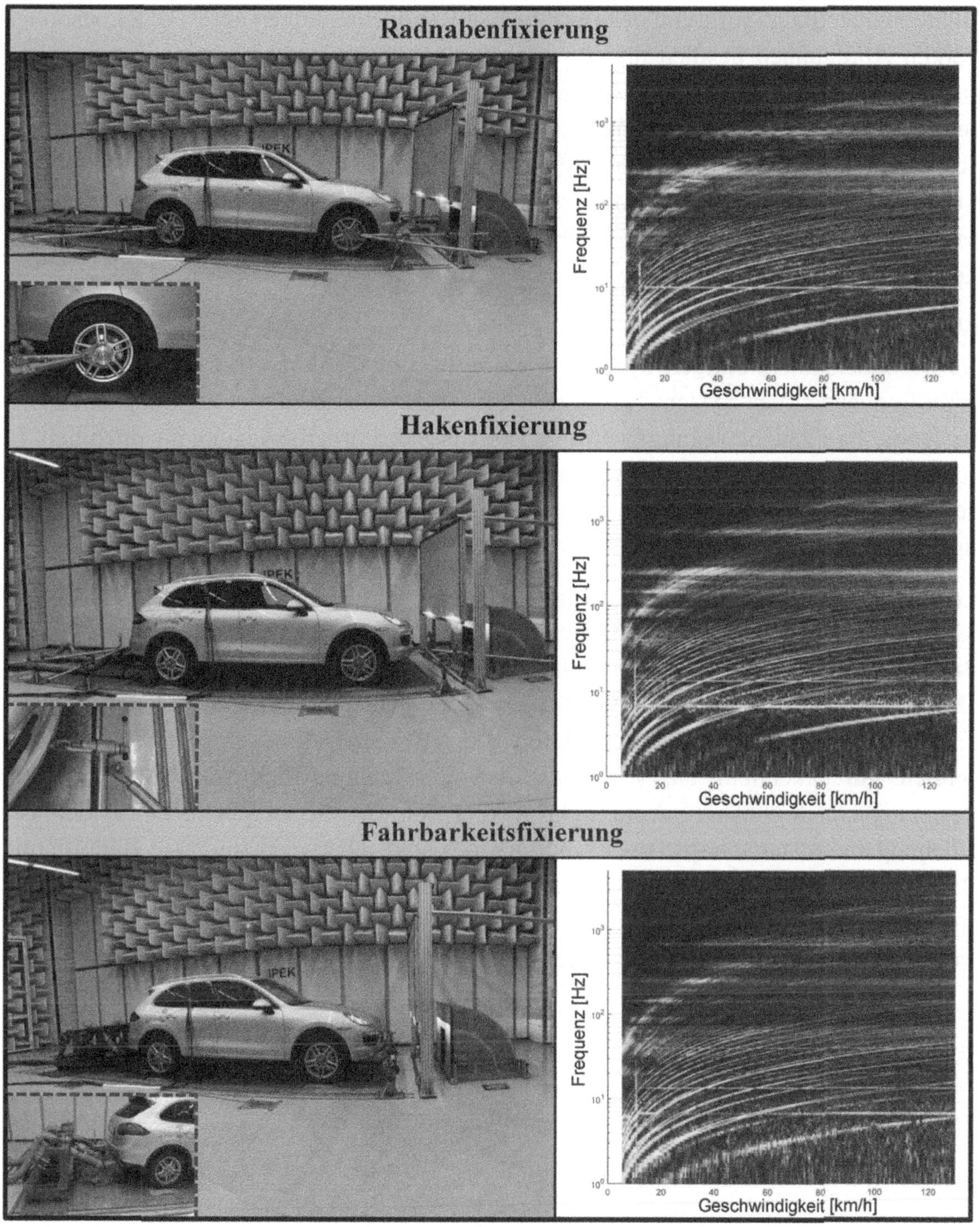

Bild 7: Unterschiedliche Fahrzeugfixierungen (links) mit unterschiedlichem Schwingverhalten (rechts) (Geschwindigkeitsrampe, Beschleunigungssensor Anhängerkupplung, Y-Richtung)

Im Vergleich der drei Fahrzeugfixierungen ist erkennbar, dass die Radordnungen deutliche Überhöhungen der Amplitude bei unterschiedlichen Geschwindigkeiten zeigen. Insbesondere bei der Radnabenfixierung führt die erste Radordnung durch montagebedingte Fehlstellung (aufgrund der zusätzlichen Randbedingungen am Rad) zu besonders starken Anregungen in allen drei Raumrichtungen. Höhere Ordnungen sind dabei für die Fahrzeugaufbaubewegung weniger bedeutend. Bei der Fahrbarkeitsfixierung dagegen sind, bedingt durch die sehr steife Fixierung am Heck des Fahrzeugs, nur wenige Schwingungen in X-Richtung zu erkennen. Die Bedeutung der niederen Radordnungen ist kleiner, als bei der Radnabenfixierung, da die höheren Eigenfrequenzen weniger angeregt werden. Durch die relativ frei bewegliche Karosserie und die Reifen können sich Resonanzen nicht so gut aufbauen.

Weiterhin sind bei unterschiedlichen Frequenzen breitbandige Resonanzen zu erkennen, die besonders im niedrigen Frequenzbereich (<150 Hz) durch Anregungen nahe der Eigenfrequenzen des Systems „Fahrzeug-Prüfstand-Fahrzeugfixierung“ entstehen. Dabei ist die Fahrzeugbewegung weitestgehend als Starrkörperbewegung anzunehmen. Im höheren Frequenzbereich zeigen sich Resonanzen von Teilen der Karosserie und der Sensorbefestigung, die im System Fahrzeug als elastische Verformungen zu verstehen sind.

Anhand eines Beispiels sollen die auftretenden Schwingungen und deren Auswirkung auf die Komfortbewertung des Verbrennungsmotorstarts näher erläutert werden.
Bild 8 zeigt den Verbrennungsmotorstart bei ca. 10km/h. Wie am Verlauf und den Amplituden der Motor- und Rollen-Ordnungen zu erkennen ist, befindet sich der Verbrennungsmotorstart hier außerhalb des Bereichs der Resonanzen, wodurch er auch im Zeitbereich gut erkennbar ist. Je weiter der Verbrennungsmotorstart sich an einen Resonanzbereich annähert, desto mehr wird er von diesem überdeckt. Findet der Verbrennungsmotorstart beispielsweise bei 40km/h statt, überwiegt die erste Radordnung. Da sich die Radanregung nicht nur in einer Raumrichtung bemerkbar macht, sondern durch die Komplexität des mechanischen Aufbaus in allen Raumrichtungen wirkt, wird die Bewertung des Verbrennungsmotorstarts auch dort erschwert.

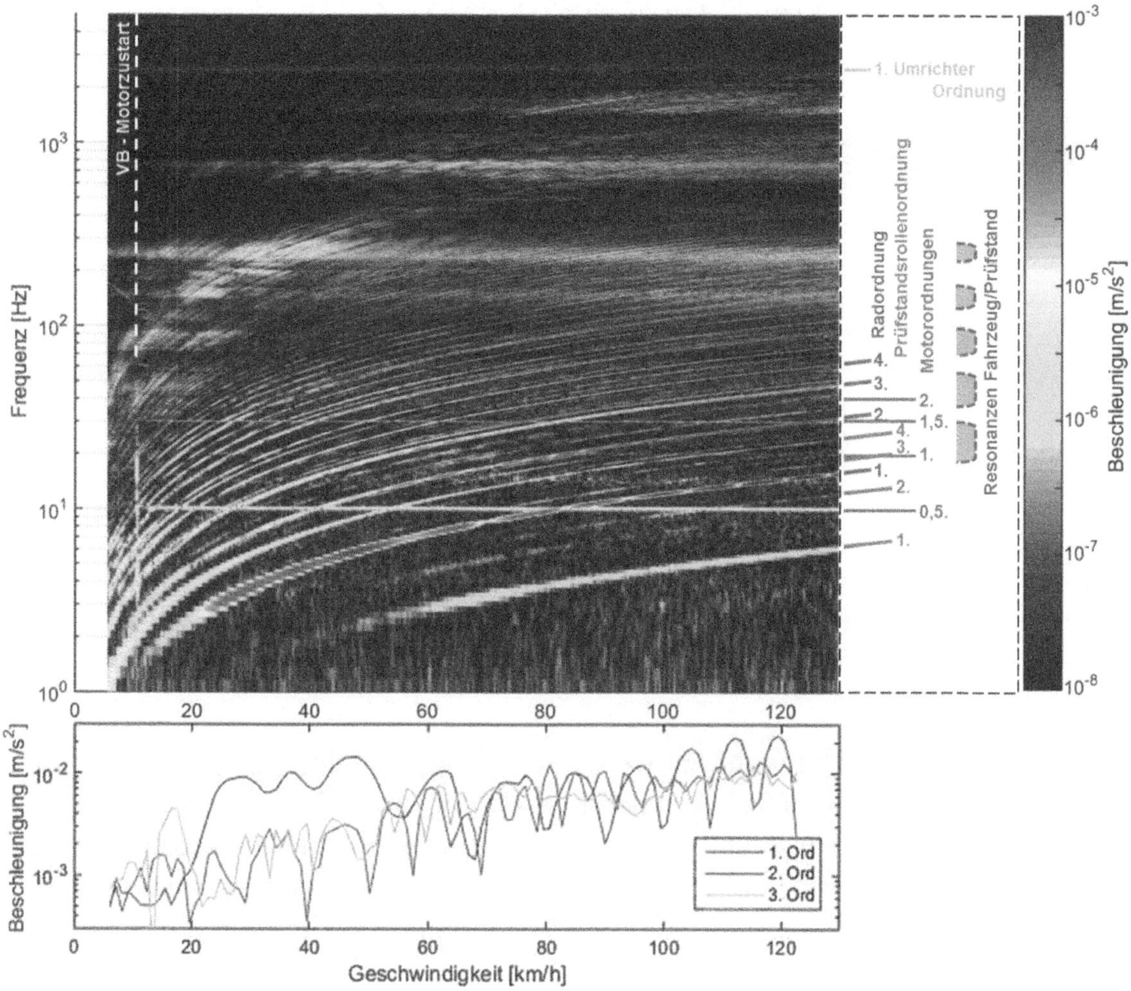

Bild 8: Campbell-Diagramm der Fahrzeugschwingungen mit verwendeter Radnabenfixierung (Geschwindigkeitsrampe, Beschleunigungssensor Anhängerkupplung, Y-Richtung)

Wird dieses Verhalten im Zeitbereich betrachtet (Bild 9) ist deutlich zu sehen, dass bei diesem Fahrzeug und der Radnabenfixierung bei ca. 40 km/h ein Resonanzverhalten sichtbar wird. Diese entspricht einer translatorischen Eigenfrequenz, die im Wesentlichen durch die Steifigkeit der Fahrzeugfixierung und die Fahrzeugmasse bestimmt wird. Die Eigenfrequenz liegt bei ca. 5 Hz (40 km/h) und entspricht einer Anregung durch die erste Radordnung.

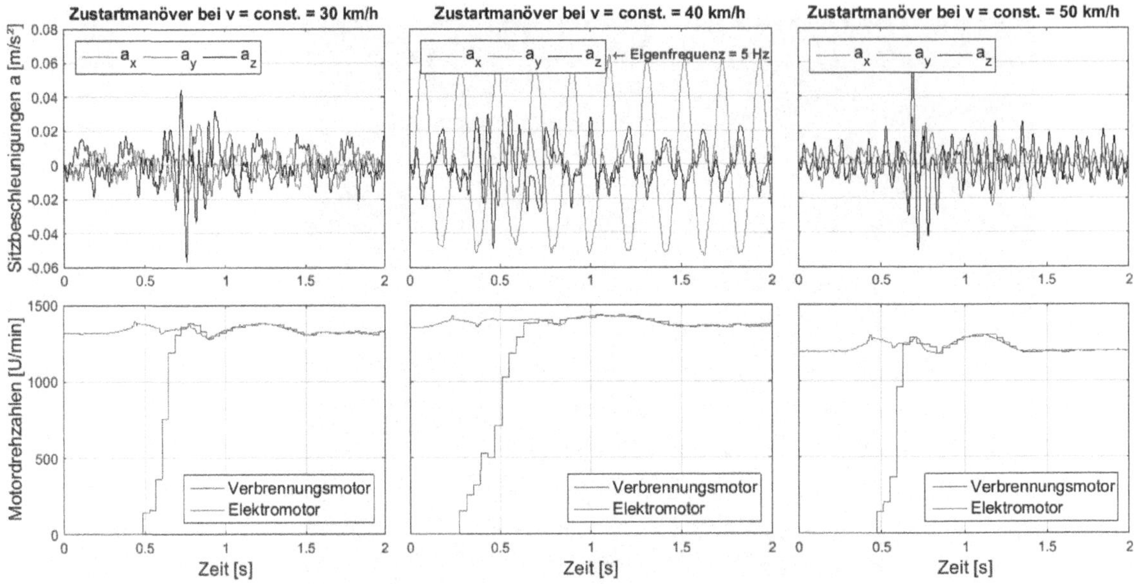

Bild 9: Fahrzeugschwingungen bei verschiedenen Zustartmanövern
Eigenfrequenz von 5 Hz bei 40 km/h in X-Richtung mit verwendeter Radnabenfesselung

Ebenso wird aus den Darstellungen der verschiedenen Geschwindigkeiten ersichtlich, dass das eigentlich zu betrachtende Triebstrangphänomen des Verbrennungsmotorstarts durch das Resonanzverhalten überdeckt wird. Bei 30 und 50 km/h sind die Anregungen an der Sitzschiene in Z-Richtung gut erkennbar und damit bewertbar, wohingegen bei 40 km/h eine gezielte Bewertung des Triebstrangphänomens nicht mehr möglich ist.

In diesem Zusammenhang weisen verschiedene mögliche Fahrzeugfixierungen, durch ihre unterschiedlichen Steifigkeiten, unterschiedliche Eigenfrequenzen auf. Im Vergleich zum Versuch auf der Straße, bei dem keine Fahrzeugfixierung vorhanden ist und bei dem sich Resonanzanregung durch die höhere Systemdämpfung nicht so stark auswirken kann, kann am Prüfstand die Wahl der Fahrzeugfixierung die Bewertung des Verbrennungsmotorstarts beeinflussen. Dieser Einfluss kann zum Teil gravierend sein und ist nicht auf das Triebstrangphänomen oder die Wahl der Fahrzeugfixierung beschränkt. Vielmehr sind alle schwingungstechnischen Phänomene davon betroffen.

Auf der Straße erfolgen Anregungen zumeist breitbandig und zeitlich begrenzt (Stoßanregungen aufgrund von Bodenwellen, statistische Anregung durch Fahrbahnunebenheiten). Auf dem Prüfstand dagegen wird durch schmalbandige Anregung und die Einbringung weiterer Zwangsbedingungen, die Anregung von Resonanzen begünstigt. Dies ist bei der Wahl der Versuchsparameter für die Untersuchung von Schwingungsphänomenen zu berücksichtigen.

Am Prüfstand spielt daher die sorgfältige Auswahl der Fahrzeugfixierung und des zu untersuchenden Geschwindigkeitsbereiches, gerade bei niederfrequenten Schwingungsphänomenen, eine große Rolle.

Neben der Wahl der Fahrzeugfixierung können einzelne Parameter wie die Anordnung der Fixierung, die Vorspannung der Fixierung, die Einbringung zusätzlicher Dämpfungselemente sowie die Massenverteilung in Fixierung und des Fahrzeugs gezielt beeinflusst werden. Das bietet die Möglichkeit, um einzelne Schwingungsphänomene gezielter zu untersuchen, erhöht aber das Risiko das ursprüngliche Schwingungsphänomen zu verfälschen und damit die Aussagekraft der Bewertung zu schwächen.

6 Fazit

In diesem Beitrag wird auf Basis des X-in-the-Loop Ansatzes eine Validierungsumgebung am IPEK Akustikrollenprüfstand weiterentwickelt. Ziel ist die Analyse hybridspezifischer Triebstrangphänomene, deren wahrnehmbare Schwingungen (Vibrationen) Einfluss auf die Fahrkomfortbewertung durch die Fahrzeuginsassen haben. Im ersten Schritt wird die Herausforderung bei der Schwingungsbewertung durch Messungen auf dem Rollenprüfstand erläutert. Durch genormte und standardisierte Bewertungsalgorithmen, wie den Vibration Dose Value, sollen in mehrere Raumrichtungen auftretende, spürbare Antriebsstrangschwingungen analysiert werden.

Damit die Schwingungsbewertung losgelöst von ungewollten Prüfstandseinflüssen ist, wird die Auswirkung des Aufbaus der Validierungsumgebung und Manöverumsetzung auf diese Bewertung analysiert. Primär durch die Variation der Fahrzeugfixierung können unterschiedliche Schwingungsresonanzen des Fahrzeug-Fahrzeugfixierung-Verbundes auftreten. Durch Frequenzbetrachtungen mittels Campbell-Diagrammen, mit dazugehörigen Ordnungsanalysen, kann das Schwingungsverhalten des Messaufbaus genau charakterisiert werden. Daraus leiten sich Handlungsempfehlungen für den Aufbau der Validierungsumgebung ab, hinsichtlich der Bewertung niederfrequenter Triebstrangphänomene.

Quellen

[1] Albers, A.; Schille, F.; Behrendt, M.: Maneuver-Based NVH Investigations of the Internal Combustion Engine Starting Behaviour in Hybrid Vehicles. ATZlive – Automotive Acoustics Conference. 3. International ATZ Conference, Zürich, 2015

[2] Albers, A.; Schille, F.; Behrendt, M.: Manöverbasierte Komfortbeurteilung des NVH-Verhaltens beim Zu- und Abschalten des Verbrennungsmotors in Hybridfahrzeugen. VDI – Fachkonferenz Schwingungsreduzierung in mobilen Systemen, VDI Wissensforum GmbH, Karlsruhe, 2015

[3] Albers, A.; Schille, F.; Behrendt, M.; Matros, K.; Holzer, H.: Manöverbasierte Validierung von Hybridantrieben. Automobiltechnische Zeitschrift, 02/2015

[4] Albers, A.; Matros, K.; Behrendt, M.; Jetzinger, H.: Das Pull-Prinzip der Validierung – Ein Referenzmodell zur effizienten Integration von Validierungsaktivitäten in den Produktentstehungsprozess. VDI Konstruktion, 06/2015

[5] Albers, A.; Schwarz, A.; Hettel, R.; Behrendt, M.: Automatische Identifizierung und Analyse von NVH Phänomenen im Fahrzeug auf dem Rollenprüfstand. 38. Jahrestagung für Akustik, Darmstadt, 2012

[6] Albers, A.; Fischer, J.; Klingler, S.; Behrendt, M.: Durchgängige Validierung und Verifizierung am Beispiel der akustischen Eigenschaften eines Elektrofahrzeugs. 7. Grazer Symposium Virtuelles Fahrzeug, 04/2014

[7] Albers, A.; Düser, T.: Integration von Simulation und Test am Beispiel Vehicle-in-the-Loop auf dem Rollenprüfstand und im Fahrversuch. 3. Internationales Symposium für Entwicklungsmethodik, Wiesbaden, 2009

[8] Albers, A.; Düser, T.; Ott, S.: X-in-the-loop als integrierte Entwicklungsumgebung von komplexen Antriebsystemen. 8. Tagung Hardware-in-the-loop-Simulation, Kassel, 2008

[9] Zeller, P.: Handbuch Fahrzeugakustik: Grundlagen, Auslegung, Berechnung, Versuch. Vieweg+Teubner Verlag, Wiesbaden, 2009

[10] Hofmann, P.: Hybridfahrzeuge. Springer Verlag, Wien, 2010

[11] Mitschke, M.; Wallentowitz, M.: Dynamik der Kraftfahrzeuge, Springer Verlag, Wiesbaden, 2014

[12] M. J. Griffin: Discomfort from feeling vehicle vibration, Vehicle System Dynamics: International Journal of Vehicle Mechanics and Mobility, 45:7-8, 679-698, 2007

[13] Birkhold, J.-M.: Komfortobjektivierung und funktionale Bewertung als Methoden zur Unterstützung der Entwicklung des Wiederstartsystems in parallelen Hybridantrieben, Institut für Produktentwicklung, Dissertation, KIT, 2013

[14] Aral Studie. Trends beim Autokauf 2011. Aral Aktiengesellschaft Marktforschung

[15] ADAC PKW-Monitor 2013 / II. Trendforschung im PKW-Markt. ADAC Verlag

[16] VDI-Richtlinie 2057: Einwirkung mechanischer Schwingungen auf den Menschen – Ganzkörper-Schwingungen. Beuth Verlag, Berlin, Stand 09/2002

[17] ISO 2631-1: Mechanical vibration and shock – Evaluation of human exposure to whole-body vibration – Part 1: General requirements. International Organization for Standardization, Geneva, Switzerland, 1997

[18] DIN 1311-1: 2000-02: Schwingungen und schwingungsfähige Systeme – Teil 1: Grundbegriffe, Einteilung. Beuth Verlag, Berlin, Stand 02/2000

[19] DIN ISO 8855:2013-11. Straßenfahrzeuge – Fahrzeugdynamik und Fahrverhalten – Begriffe. Beuth Verlag, Berlin, Stand 11/2013

Multi-XiL as a Central Tool for the Integration, Calibration and Validation of Hybrid Powertrains

Ing. Georgina Llopart Vázquez, Dipl.-Ing. T. Weck, Dipl.-Ing. A. Kolar, Dr. S. Jones

AVL List GmbH, Austria

1

J. Liebl und C. Beidl (Hrsg.), *VPC – Simulation und Test 2015*, Proceedings, https://doi.org/10.1007/978-3-658-20736-6_6

Abstract

Hardware-in-the-Loop (HiL) tools are established in automotive development to implement and integrate software on Electronic Control Units (ECU). With the increasing number of electrical components, the HiL environment has been extended to cover complete vehicle infrastructures and to perform integration tests, acceptance tests and network tests linking multiple ECUs.

AVL has taken this approach a step further not just linking ECUs, but linking different powertrain development tasks and, therefore, opening the HiL environment to more users while controlling the quality and project deliverable more closely.

The closed-loop combination of real ECU hardware together with the model moves testing and calibration activities from cost-intensive environments (engine testbed, chassis dyno, road testing) to more cost-effective HiL system and to an earlier phase in powertrain development.

This paper presents the steps necessary to align the activities in a HiL environment to confirm functionality, safety, performance and legal targets. Activities include the definition of the powertrain using vehicle simulation and model-based engineering through to integration and calibration of control systems. Examples are given from hybrid powertrain development projects and engine calibration projects to show that multi-XiL is more than a network of ECUs on HiL, but a new approach to link multiple development areas with the aim to increase quality as well as to reduce development cost and time.

Keywords: ECU-integration, ECU-calibration, Hardware-in-the-Loop, HiL, Multi-XiL, Frontloading, Model base engineering

1 Introduction & Background

The complexity of integrating electronic systems into vehicles is challenging the automotive industry and has caused numerous recall actions over the recent years. The previous ECU centric system architecture, with its point-to-point communication infrastructure, has become a low-efficiency obsolete design approach[1]. The number of electronic devices in the average car has doubled in the past ten years, and many vehicles now incorporate more than 125 separate ECUs with specific purposes (e.g. Engine Control Units, Traction Control Units, HVCU, Exhaust Aftertreatment Control Unit and increasingly a diverse range of ADAS systems). Such a wide variety of ECUs requires intensive testing & validation activities along the product development cycle. A Multi-XiL environment,

[1] C. Brückner, B Swynnerton (2014), ATZ electronic, volume 9, p43.

an extended Hardware-in-the-Loop (HiL) environment, provides the possibility to combine several ECUs, diverse architectures and users. In such way, higher development efficiency can be achieved by frontloading, with a common approach to HiL setup & working procedures.

This means that the same Multi-XiL environment can be used by different engineering teams simultaneously, reducing the project development costs, through increased frontloading, since more tests can be performed at an earlier stage.

The design of control systems requires careful integration of mechanical and electronic parts. Depending on the project development state, different system test environments are more suitable. In early development phases, MiL (Model-in-the-loop) and SiL (Software-in-the-loop) approaches are used due to their versatility. In a later stage, the development is typically shifted towards a HiL or Multi-XiL setup.

This last testing environment combines a mathematical simulation model of part of the system with real physical hardware. In order to test and develop embedded electronic controls, the hardware controller and the associated software are connected to a mathematical simulation of the system plant (Plant Model), which is executed on a computer in real time. The typical HiL setup is the one shown in Figure 1. The purpose of the HiL is to provide all electrical stimuli needed to fully exercise the Electronic Control Unit(s) as if it was located in a real automobile.

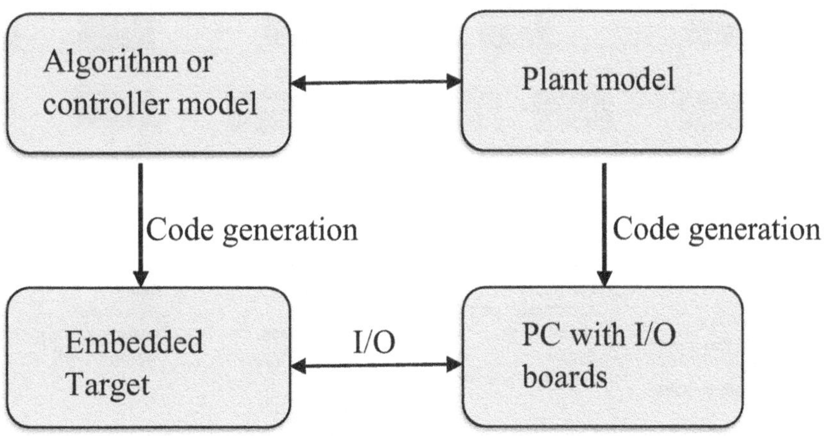

Figure 1 Schematics of Hardware-in-the-Loop test environment

This paper will analyse several real application use cases, identify their optimal Multi-XiL environment, and develop a guideline of how such an environment can be efficiently setup. In addition, an efficiency study will demonstrate the benefits of implementing a Multi-XiL environment for a real use case.

2 Multi-XiL Use Case Definition

Use case definition is a first key step in successful project execution. Identifying synergies in terms of testing between different engineering teams or departments ensures that Multi-XiL test environments can be efficiently used for and by different product development teams. The number and nature of the considered use cases are naturally project dependent. The inclusion of more than one use case in the test environment increases the overall testing complexity but contributes to a reduction of costs. More specifically, this paper will focus on five use cases identified for different potential users of an integration HiL: E/E, functional, safety, software and application calibration. Table 1 summarizes the current test environment, the optimal HiL architecture and some test cases for each of the five use cases specified for the Multi-XiL.

Table 1 Summary of use case definition & HiL environment

	E/E	FUNCTIONAL	SAFETY	SOFTWARE	CALIBRATION
Current test environment	Yellow Board & LABCAR	PT-Testbed	PT-Testbed /Vehicle	SiL/PT-Testbed/Vehicle	Testbed-ECU/ model based calibration
Suitable HiL architecture	HiL HVCU	HiL HVCU BMS TCU	HiL HVCU TCU	HiL HVCU	HiL TB ECU ECU
Test Cases for demo HiL	- FT sensors - FT actuators - FT elec. Oil pump - FT relays - FT driver inputs - CAN communication	- Break pedal related features/features transitions - Accelerator pedal states - System wakeup/shutdown	- HVCU signal monitoring - Torque intervention - Torque request	- Creep function - Shift intervention - Stop/start (impulse start)	- Gear engagement & disengagement (TCU,HVCU) - Lounge creep calibration (TCU) - Shift types (TCU, HVCU) - Micro-slip control (TCU)

It is important to understand the difference between use case and test case. Use cases define interactions between external actors and the system to attain particular goals. Test cases are specific executable tests that examine all aspects including inputs and outputs of a system, and then provide a detailed description of the recommended steps, acceptance criteria, initial and final states and the expected results.

2.1 E/E Testing

Electrical and electronic (E/E) systems are becoming increasingly complex as new technologies arise, thus integration and component design validation is required at the vehicle level. The goal of E/E testing is to test the correct integration of the different system & subsystem components that make up the whole vehicle. This is typically performed using the so called 'Yellow-Board'. This procedure consists of an open-loop test environment that allows physical connection of electrical components such as sensors, actuators, wiring, connectors, control modules, etc., with the main goal of ensuring correct wiring of components as well as correct low voltage level sensor/actuator functionality.

The Multi-XiL architecture and hardware components best suiting E/E testing are in general defined by the type of project and the customer requirements. Full vehicle HiL (all control systems) are being used, but are expensive to set up and difficult to operate, resulting in long downtimes for installation, updates, trouble shooting. Therefore, it is usual to separately study individual vehicle subsystems and their corresponding control unit(s). For instance, some of the test cases with a Hybrid Vehicle Control Unit (HVCU) in an electrified powertrain would include functional testing of sensors, actuators, relay, and contactors.

2.2 Functional Testing

Functional testing includes testing of failures and stresses to investigate failure mechanisms and the robustness/reliability of the system. Therefore, the main task of functional testing engineers is to define and develop the system under test. For powertrain engineers, this is primarily undertaken in a document describing functionality and interaction of the powertrain elements.

Functional testing activities are usually carried out at the Testbed, equipped with the relevant instrumentation (e.g. engines, machinery or control software) under working conditions with different pressures and temperatures. It should be noted that the Testbed environment is one of the most costly testing environments used in the automotive industry.

For this case the most suitable Multi-XiL test environment would include more than one control unit. For instance, in a testing environment equipped with a HVCU and a Transmission Control Unit (TCU), functional testing activities could include acceleration pedal related features, features transitions or acceleration pedal states. If other control units such as the Battery Management System (BMS) or the Power-electronic Control Unit (PCU) are included, the test cases could be extended to include system wakeup/shutdown, engine impulse start or system PowerUp/PowerDown.

2.3 Functional Safety Testing

The functional safety requirements to be fulfilled are stated in the industry standard of ISO 26262 Road Vehicles Functional Safety. This Standard is an adaptation of the Functional Safety Standard ICE 61508 for Automotive Electric/Electronic Systems.

The ISO 26262 defines functional safety for automotive equipment applicable through the lifecycle of all automotive and electrical safety related systems, and thus needs to be thoroughly fulfilled.

Functional safety testing is currently performed in the Testbed environment, as mentioned previously one of the most costly test environments. The most suitable Multi-XiL architecture for functional safety testing would consist either of one control unit to perform the technical safety tests, or with the introduction of a second control unit, to allow functionality testing between different control units and to further test the fulfilment of the safety requirements.

2.4 Software Testing

Software testing for automotive applications can account for up to 50% of the development costs, hence it is critical to use an effective and efficient software quality testing environment, to systematically prove the reliability of the control units software coding and to verify the functional requirements. Software testing is currently performed in three distinct test environments, which come defined by the size and the maturity of the project. In early stages, the software testing is normally performed in the SiL environment simultaneously with the Testbed environment. However, in later project stages it may be directly performed in the Testbed and Vehicle. Different Multi-XiL architectures allow for different software testing such as: creep function, shift intervention or stop/start impulse.

2.5 Application Calibration Testing

Driven by the need for lower emissions, better fuel economy and improved drive quality, optimized powertrain application calibrations are required for the many different vehicle configurations. While powertrain components such as the internal combustion engine,

transmission, and hybrid electric powertrain are familiar to the automotive industry, calibrations and system interactions between these components may be neglected or considered late in the development cycle e.g. during vehicle calibration on the test track, when it may be difficult and expensive to engineer solutions for unwanted interactions. Therefore, earlier calibration testing is critical for successful vehicle & powertrain development. The movement of test cases from track testing to Multi-XiL test environment allows for pre-calibration of certain application parameters, effectively reducing the need for on-track test time. For instance, a Multi-XiL equipped with HVCU & TCU can perform several calibration tests such as gear engagement and disengagement or multiple shift types (Power on/off, up/down, change of mind control calibration). In case of having a single control unit such as TCU, launch and creep calibration or clutch micro-slip calibration tests can be performed.

The application of a Multi-XiL test environment can cover large variety of calibration applications. This paper includes an Aftertreatment Calibration example using an Engine Control Unit and an Exhaust Aftertreatment Control Unit, as explained in section 5.

2.6 A Common Multi-XiL Architecture

Detailed analysis of all considered use cases results in both deep understanding of the individual test case requirements and cross test case synergies in terms of HiL environment architecture. The next step is the definition of a common XiL architecture in which all test cases can be executed for testing & verification. For the test cases considered previously, the most suitable Multi-XiL architecture for an electrified powertrain would consist of a Hybrid Vehicle Control Unit (HVCU) and a Transmission Control Unit (TCU). With this Multi-XiL architecture, the five different use cases could perform tests, achieving efficient process frontloading.

3 Multi-XiL Setup Methodology

With the definition of use cases, the Multi-XiL architecture and desired functionality are defined. This chapter will propose general applicable guidelines to efficiently set up a Multi-XiL environment. When testing embedded control systems, resource availability, safety or cost consideration typically make performing all necessary testing for the complete system impractical. Thus, a Multi-XiL test environment can facilitate the analysis of the 'whole' system by introducing specific test cases with a limited scope.

The testing phase of the project development is normally the longest and most costly. Therefore, an effective process to quickly and efficiently setup the test environment is essential. This process is based on 9 HiL milestones (HMS) described in the following picture:

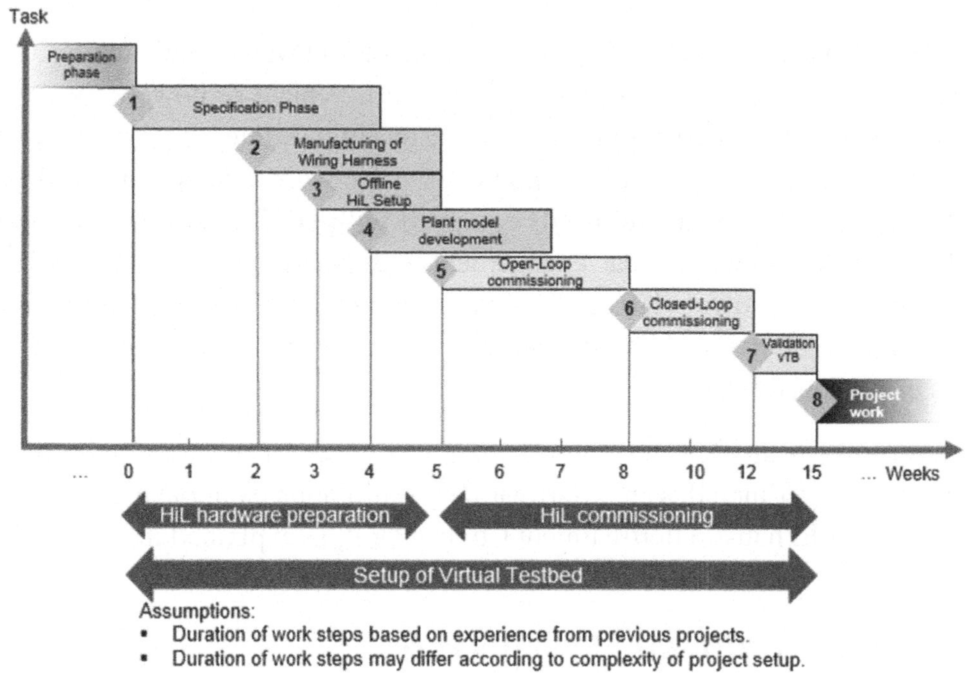

Figure 2 Multi-XiL setup process milestones

HMS0 Preparation Phase: The customer is required to define the project architecture and the aim of the tests. In this phase the use cases are defined, therefore, also the Multi-XiL architecture.

HMS1 Specification Phase: The pin-out plan of the different control units is analysed and the wiring harness for the HiL environment are specified. Furthermore, the required hardware parts (e.g. xCU's, actuators) needed to perform the tests cases are also defined.

HMS2 Manufacturing of Wiring Harness: The wiring harness is one of the key elements of the Multi-XiL which interconnects all components. In this step the communication with the internal/external supplier and responsibilities for order and communication are established.

HMS3 Offline HiL Setup: In this phase all the hardware parts that will be setup in the HiL load drawer have to be available as well as the load drawer itself. The ECU is being connected with the specific wiring harness to the HiL and real electrical loads (e.g. actuators) are connected via load drawer to the system as well.

HMS4 Plant Model Development: The plant model is one of the key elements of a Multi-XiL test environment. Therefore, its development is one of the first steps in the setup process. The plant model development will be further explained in section 4.

HMS5 Open-Loop Commissioning: In this phase, the I/O boards of the HiL need to be parameterized with the HiL specific software. Each required sensor signal needs to be correctly simulated using e.g. characteristic curves. Also the back measurement of actuator demand outputs have to set up. Another important part is the implementation of the restbus simulation, which allows to test control units without building up the complete bus network.

HMS6 Closed-Loop Commissioning: This part of the commissioning supports the model integration and parameterization into the system and Testbed Automation.

HMS7 Validation of Virtual Testbed: all the models should be integrated into the test environment and testbed validation should be done.

HMS8 Project Work: once all previous phases have been successfully established, the test cases can be performed.

The duration of the setup of the Multi-XiL test environment can vary. As an example, the setup of a HiL environment with one control unit for electrified powertrains would typically take up to three months, of which the use case collection and the plant model development normally represent the longest procedures at 20 and 15 days respectively.

4 Virtual Testbed Environment

A Hardware-in-the-Loop (HiL) System is used to test an electronic control unit (e.g. engine ECU) and its software/dataset. The real xCU is connected to the HiL System via I/O boards. The input signals (e.g. sensor values) are stimulated by the HiL system. The xCU is receiving these inputs and according to its calibration giving setpoint values to the power stage output for the actuators.

By adding a closed-loop plant model, like e.g. an engine model and/or a vehicle model, to the real-time PC (RTPC) of the HiL system, the simulation is running in a loop. Hence, the model calculates for a specific time step, all sensor values are then transferred (physical to electrical) to the ECU. The ECU software is calculating the needed actuator setpoints. The electrical setpoint values are transferred to physical values for the closed-loop model, which is calculating the response sensor values for the next time step. The closed-loop setup allows pre-calibration of ECU datasets and represents one of the innovative use cases of a HiL system at AVL.

The main idea is to increase the quality (system robustness) of the calibration dataset within a given development duration and budget. The HiL System in its expanded configuration with Testbed operating and automation system is called the XiL.Station (extended HiL). It is also be called a Virtual Testbed. The purchase, maintenance and usage costs of a XiL are significantly lower as for a real engine testbed or chassis dyno. The picture below shows the main components of the AVL XiL.Station (Virtual Testbed):

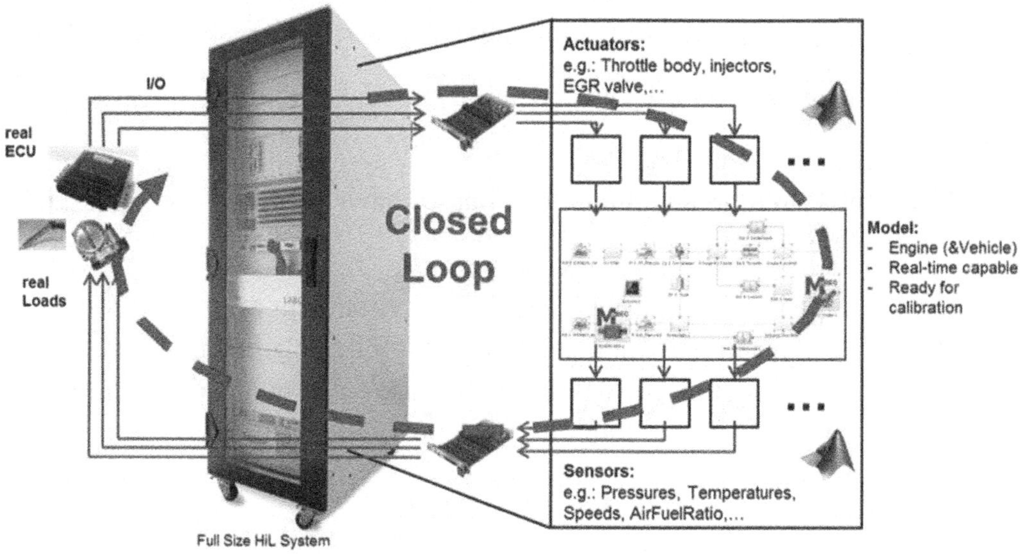

Figure 3 Closed loop Multi-XiL explanation

The HiL test environment consists in six main parts listed below:

1. HiL Cabinet: exists more than one supplier and includes the real time PC with the multi-core CPU for running the plant model in fixed time-step simulation, the I/O boards for signal generation and measurement of various signal types (e.g. analogue, digital, PWM), bus boards for residual bus simulation (e.g. CAN, LIN), the Load drawer for connection of real and simulated electrical loads to the xCU and the brake-out-box.

2. Advanced Semi-physical & Real-time Powertrain Model: providing simulation output values for calibration use-cases e.g. emissions, fuel consumption, thermodynamics.

3. Operator Station to provide same look and feel as on the real Testbed

4. Testbed Workstation: includes the software used to control the unit under test (e.g. vehicle, gearbox, and engine), dyno and environment condition for gathering all measurement information during the development phase.

5. xCU Application Software: like on the real testbed, the calibration interface to the xCU is provided on the Virtual Testbed as well. The xCU application software is used to calibrate the algorithms (maps, curves, parameters) of control units at runtime.

6. HiL Operator Software: for HiL systems at AVL, there are currently two main suppliers in use. With the specific HiL software the HiL I/O board channels are configured to correctly simulate sensor signals, measure actuator signals or simulate the residual bus messages.

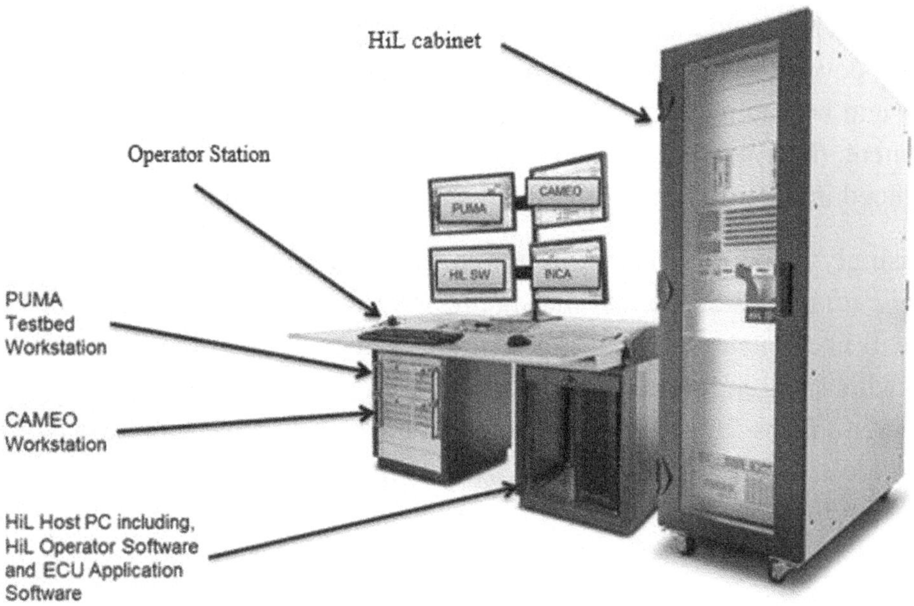

Figure 4 Multi-XiL tool environment

In order to achieve a higher efficiency of such a virtual test field, a fast methodology for changing between projects is required. A standardized simulator concept where connectors, pinning, I/O and model signals on all virtual testbeds are the same. Together with the load drawer concept, which allow to easily store and connect xCU hardware and electrical loads (e.g. actuators), this allows for fast changeover between projects on multiple virtual testbeds.

A detailed and accurate virtual model of the physical system under study is a fundamental part of a Multi-XiL. The so called plant model represents the target system and its interfaces to the unit under test (software or software subcomponents). A Plant Model has to represent all SW-Interface related signals, systems and subsystems to ensure a proper virtual development and testing environment for SW (e.g. CAN Communication, vehicle powertrain, other xCUs, hardwired communication and sensor interfaces).

In HiL Environment the hardware specific layer of the physical control unit is introduced. In first place a HiL environment is built for a single physical control unit. If two or more physical control units are introduced, the plant model needs to be modified to represent required interfaces and required physical simulation models for these physical control units.

Depending on the use cases of the physical control unit (e.g. transmission control unit, hybrid vehicle control unit, engine management system, thermal management system) the plant model requirements are defined. For example, the plant model for transmission control unit development and testing needs a detailed implementation of physical gearbox, sensor and hydraulic actuator systems. In the case of the hybrid vehicle control unit development, the hybrid powertrain is mandatory and additionally thermal models could be introduced in order to test the thermal management functions of HCU SW.

Increasingly automotive testing requirements will cross multiple domains (e.g. for improved engines, EAS, thermal management systems, ADAS, Connected Powertrain™). This will necessitate the inclusion of more control units in the Multi-XiL test environment, which will in turn require a variety of different Plant Models for the different application domains. Hence, more advanced multi-disciplinary vehicle and powertrain simulation tools, will be needed to address this challenge, permitting easier development of multiple domain Plant Models.

5 Multi-XiL Implementation of a Model Based Aftertreatment Calibration

The aim of this chapter is to provide an application example of the implementation of a Multi-XiL test environment to a real project and to demonstrate the benefits achieved. The use case considered is the model based calibration of an Exhaust gas Aftertreatment System (EAS). One of the most common EAS calibration test cases is the calibration of the control units for different ambient conditions (e.g. temperature, pressure). These test cases are usually performed on road for extreme ambient conditions and in a testbed for ambient conditions. Shifting these test cases to the Multi-XiL test environment will front-load the testing and reduce costs and effort on road.

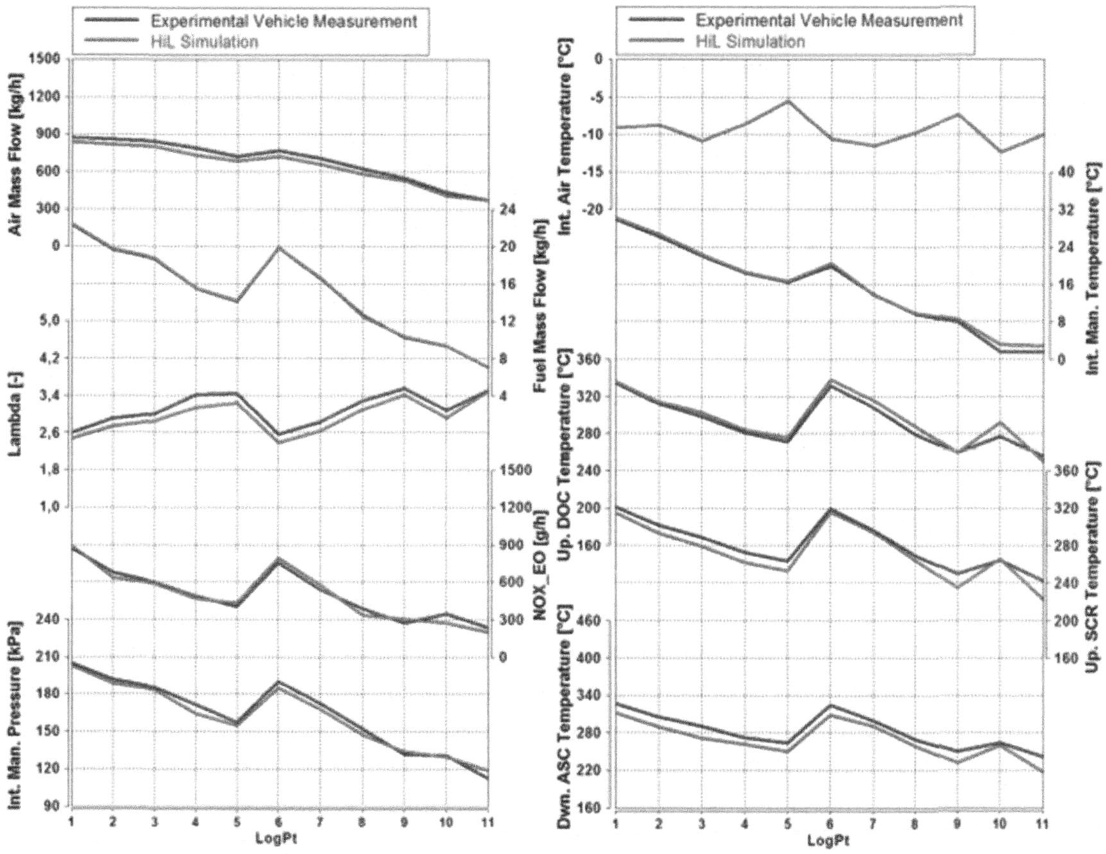

Figure 5 Results of the model based EAS calibration in Multi-XiL test environment

For the considered use case, the control units included in the Hardware-in-the-loop test environment and which have to be calibrated are the Engine Control Unit and an Exhaust Aftertreatment Control Unit. The real time capable engine models running in the Multi-XiL are based on semi-physical modelling approaches using AVL tools.

The results shown in Figure 4 are from an engine model parameterized based on one engine map and a double non-road transient cycle (cold and hot) from testbed at ambient conditions (97kPa, 25°C). The models are run in the Multi-XiL on Steady State Conditions with condition adaptation and compared to vehicle data performed at 15°C and 97kPa. It can be observed that the deviation between the results obtained in the experimental vehicle measurement and Multi-XiL test environment differ less than 5%. The results obtained in the Multi-XiL test environment are thus reliable compared with the ones obtained from the experimental vehicle measurement. An economical study performed demonstrates savings of 80% testbed time and frontloading of two hundred hours with the utilization of the Multi-XiL environment (see figure 5).

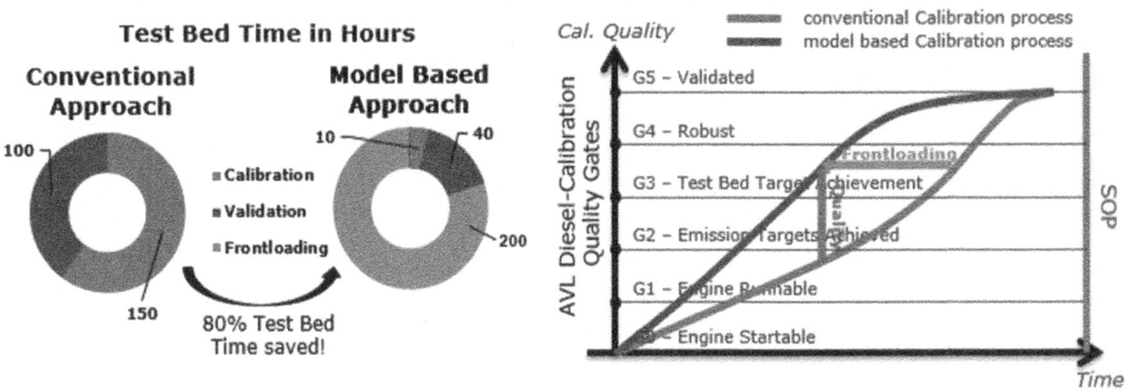

Figure 6 Comparison of testing hours for conventional & model based approaches

6 Conclusion & Outlook

Ever tightening vehicle emissions including CO_2 legislation pushes vehicle development towards ever higher degrees of electrification. This introduces additional challenges in terms of safety, functional requirements & thus advanced testing. The increasing number and complexity of electronic systems and the introduction of new technologies in the vehicle (e.g. advanced engines, EAS, hybrids, ADAS, Connected Powertrain™) require more reliable and cost effective test environments. This paper describes the process and methodology to setup a Multi-XiL environment: from the definition of use cases to the identification of potential test cases and implementation of a real example. From the results obtained, the accuracy & reliability of a well-setup Multi-XiL environment has been demonstrated. From an economical point of view, it has been shown that, for a test case of one hour duration performed in the Multi-XiL environment, a reduction of 80% of the test costs and a frontloading of 200 hours can be achieved compared to the same test traditionally performed at the testbed. This is largely due to the shared use of the same test environment by five different use cases, where costs can be split five ways, and to the frontloading of activities from the expensive testbed, to earlier testing on the more economical Multi-XiL test environment. Furthermore, it is expected that in near future tools will allow comprehensive multi-disciplinary simulation based development throughout the development process: from fuel efficiency, emissions, performance analyses and entire vehicle thermal and energy management assessment in the office, to validation and calibration on real-time HiL and test systems.

List of abbreviations

ADAS: Advanced Driver Assistance Systems

BMS: Battery Management System

CAN: Controller Area Network

EAS: Exhaust gas Aftertreatment System

ECU: Engine Control Unit

E/E: Electrical/Electronic

HiL: Hardware-in-the-Loop

HMS: HiL milestones

HVCU: Hybrid Vehicle Control Unit

MiL: Model-in-the-Loop

PCU: Power Control Unit

PT: Power Train

SiL: Software-in-the-Loop

TCU: Transmission Control Unit

References

[1] Brückner C., Swynnerton B., (2014): ATZ electronic: *A new architecture for automotive hardware in the loop test*, in ATZ electronic 03|2014 Vol.9

[2] Denton, T., (2013): *Automobile Electrical and Electronic Systems, Routledge,* ISBN 9711360773823

[3] Mashadi B., Crolla D., (2012): *Vehicle Powertrain Systems Integration and Optimization,* John Wiley & Sons, ISBN 9780470666029

[4] Mi, C., Masrur, A.: Gao, D.W., (2001): *Hybrid Electric Vehicles: Principles and Applications with Practical Perspectives,* John Wiley & Sons, ISBN 9781119970118

[5] Ramaswamy D., McGee R., Sivashankar S., Despande A., Allen J., Rzemien K. and Stuart W., (2004): *A Case Study in Hardware-in-the-loop Testing: Development of an ECU for a Hybrid Electric Vehicle,* in SAE Global mobility Database technical paper series ISBN 0768013194

Vorausschauendes Schalten – Optimieren von Getriebesteuerungen durch Fahrerassistenzsysteme

Salim Chaker, Michael Folie, Christian Kehrer, Frank Huber

1

J. Liebl und C. Beidl (Hrsg.), *VPC – Simulation und Test 2015*,
Proceedings, https://doi.org/10.1007/978-3-658-20736-6_7

Kurzfassung

Ein Zahlenspiel: 10 Milliarden Menschen gibt es bald auf dieser Welt. Aufgerundet existieren rund 10 hoch 100 Atome im Universum. In der Fahrzeugwelt lässt sich diese Zehnerpotenz einfach noch einmal verzehnfachen, wenn wir die möglichen Konfigurationsvarianten eines heutigen Steuergerätes betrachten. Für den vollständigen Softwaretest eines solchen Steuergeräts sind etwa 10 hoch 1000 Zustände zu berücksichtigen. Und wer ist für die Absicherung zuständig? Gerade einmal 10 Ingenieure! Das Problem liegt also auf der Hand: Es gibt eine deutliche Diskrepanz zwischen Test- & Validierungsaufwand und verfügbaren Ressourcen. Während sich die Zahl notwendiger Varianten und Anpassungen infolge von Tests bzw. Feinabstimmung eher nicht vermindern lässt, kann der Aufwand für reale Tests durch eine zunehmende Virtualisierung sehr wohl deutlich verringert werden.

1 Einleitung

Bei der Entwicklung von modernen Getrieben im Fahrzeugbau beobachten wir – wie bei allen technischen Systemen – eine wachsende Komplexität durch immer umfangreichere Funktionen. Um vernetzte Funktionen zuverlässig testen und freigeben zu können, ist deren Integration in einen virtuellen Prototyp unerlässlich und inzwischen allgemeine Vorgehensweise. Besonders in Hinblick auf Fahrerassistenzsysteme, die durch eine Vielzahl von Sensoren das Fahrzeugumfeld erfassen und über ein Umfeldmodell die Umgebungsinformationen interpretieren, wird die simulative Abbildung solcher Systeme zunehmend zur Herausforderung.

Die immer vielseitigeren Wechselwirkungen zwischen den einzelnen Teilsystemen über verschiedene physikalische Domänen wie Mechanik, Elektrik/Elektronik, Hydraulik, Regelungstechnik hinweg lassen sich mithilfe objektorientierter Modellierung unter Berücksichtigung dynamischer Effekte am effizientesten abbilden. Solche multiphysikalischen Modelle werden für verschiedene Szenarien wie Hybridisierung, Zylinderabschaltung oder Fahrerassistenz-Anbindung bei der Auslegung und Analyse von neuen Getrieben eingesetzt. Die optimale Ausnutzung verfügbarer Potentiale kann dabei nur durch die Verbindung von Antriebsstrangabstimmung und Betriebsstrategieoptimierung erreicht werden. Folglich wird mittlerweile verstärkt dazu übergangen, Fahrerassistenzsysteme dahingehend weiterzuentwickeln, sich nicht mehr nur allein um Verkehrssicherheitsaspekte zu kümmern, sondern zunehmend Aufgaben des Fahrers für ein verbrauchsfreundliches, vorausschauendes Fahren zu übernehmen. Viele Funktionen und Anwendungen sind bereits in Serie oder befinden sich in Entwicklung. Werkzeuge, die die Arbeit der Ingenieure in den Bereichen Software-Entwicklung, Applikation und Test in der virtuellen Welt erledigen können, werden immer unverzichtbarer. Für die Abbildung technischer Systeme stehen eine Vielzahl von Modellierungsarten und -ansätzen zur Verfügung. Da sich mit akausaler Modellierung die Grenzen signalflussorientierter Modelle erfahrungsgemäß leicht überwinden lassen, ist die akausale objektorientierte Modellierung mit Modelica in SimulationX für die Modellierung einer Regelstrecke „Getriebe“ das Mittel der Wahl. Hingegen wird für die Erstellung der Getriebesoftware das signalflussorientierte Werkzeug MatLab/Simulink benutzt.

2 Virtuelle Entwicklungs- und Testumgebung für Schaltstrategien

Ein heutiges Automatikgetriebe muss neben Anforderungen an Gewicht, Bauraum und Schaltkomfort noch weitere erfüllen, z. B. bezüglich Verbrauchsreduzierung. Dabei spielt das Thema Schaltstrategie eine wichtige Rolle. Wie eingangs erwähnt, können über Assistenzfunktionen wichtige Informationen aus der Umwelt erfasst, interpretiert und als Nutzinformationen an Systeme und Komponenten weitergegeben werden. Wie diese Aspekte schon in frühen Entwicklungsphasen berücksichtigt werden, zeigt das Beispiel des ZF 8HP, einem 8-Gang-Automatikgetriebe der ZF Friedrichshafen AG, das aus vier Planetenradsätzen und fünf Schaltelementen (drei Lamellenkupplungen und zwei Bremsen) besteht.

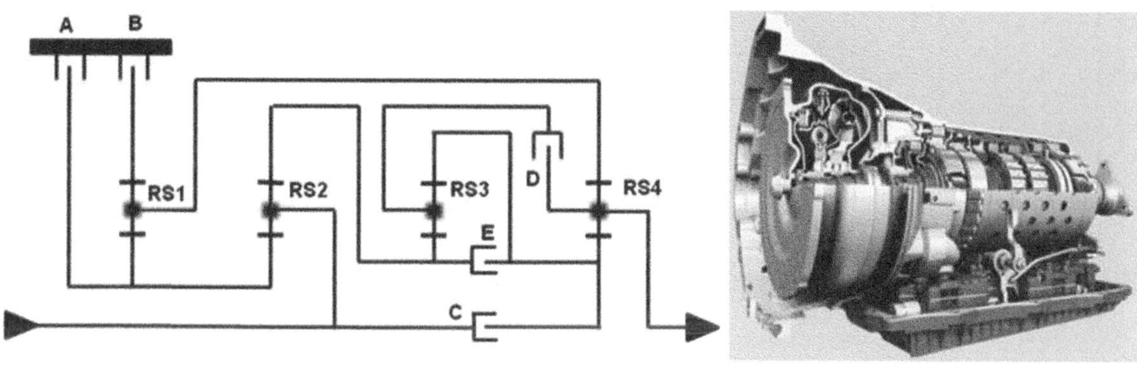

Bild 1: Getriebediagramm des ZF 8HP Automatikgetriebes

Die Wahl der Gänge erfolgt über das Öffnen und Schließen der Schaltelemente. In Abhängigkeit des eingelegten Ganges sind die Schaltelemente geöffnet oder geschlossen, so dass der Kraftfluss über die Planetengetriebe verändert und so ein bestimmtes Übersetzungsverhältnis eingestellt wird. Ausgeführt wird dies durch eine Getriebesteuerung, die in der Modellierungsumgebung MatLab / Simulink umgesetzt wurde. Mithilfe von Elementen der 1D-rotatorischen Mechanikbibliothek und Signalgliedern wurde das 8HP-Getriebe einschließlich der Aktuatortechnik in SimulationX abgebildet (Bild 2). Das Modell wurde um ein Interface erweitert, das die gleichen Ein- und Ausgänge besitzt wie das in der offenen Integrations- und Testplattform CarMaker umgesetzte Getriebemodell, um eine problemlose Integration zu gewährleisten. Der gewünschte Gang bzw. die Gangfolge im Falle eines dynamischen Gangwechsels kann dem Mechatronikmodul Schaltlogik (siehe Bild 1, links) zugewiesen werden, in dem die Steuerung für die Bremsen (A, B) und Kupplungen (C, D, E) des 8HP-Getriebes implementiert ist. Kupplungen und Bremsen sind mithilfe elastischer Reibstellen modelliert worden, die über Signale zur (De-)Aktivierung des Drehmomentflusses zwischen Antriebskomponenten durch die Steuerungseinheit verfügen. Aufgrund der guten Interoperabilität der Werkzeuge SimulationX und CarMaker wurde ein dualer Ansatz gewählt, der die Vorteile beider Werkzeuge vereint. Realisiert wird solch ein Simulationskonzept mittels FMI für Co-Simulation, das die Kopplung mehrerer Simulationswerkzeuge in einem Co-Simulationsverbund unterstützt.

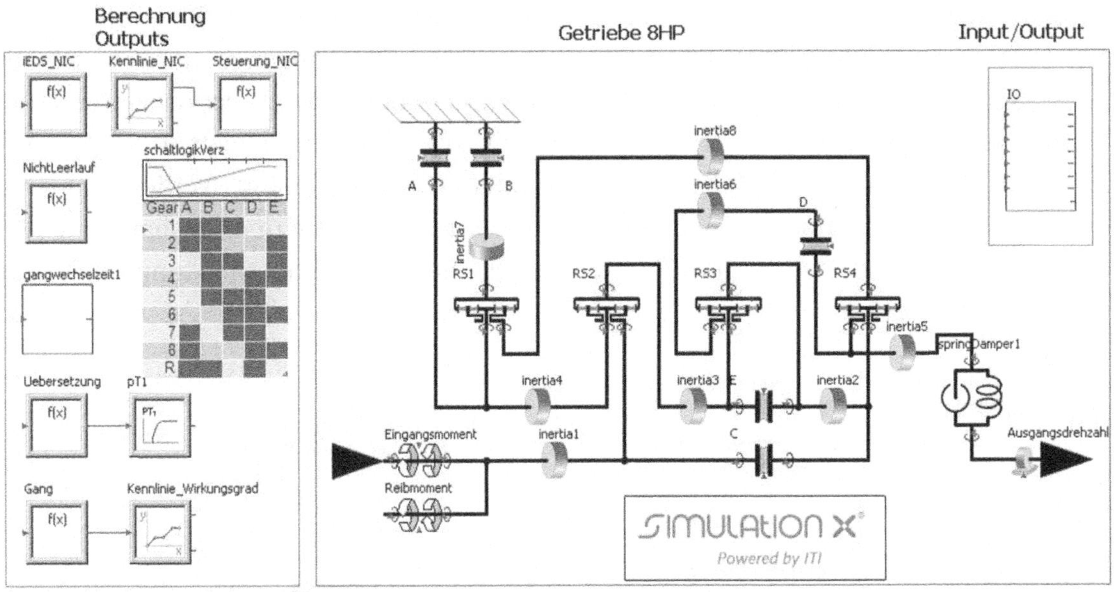

Bild 2: SimulationX-Modell des Automatikgetriebes 8HP von ZF

3 Absicherung und Optimierung von Schaltstrategien im virtuellen Fahrversuch

Zunächst wird das Mechatronikmodul *Schaltlogik* um weitere Softwaremodule ergänzt, um zu zeigen, wie diese Funktionen im virtuellen Fahrversuch abgesichert und optimiert werden können. Dazu werden das Getriebemodell als Functional-MockUp Unit (FMU) aus SimulationX (Bild 2) und die Regelungslogik für das Getriebe als FMU aus Simulink (Bild 3) in CarMaker integriert

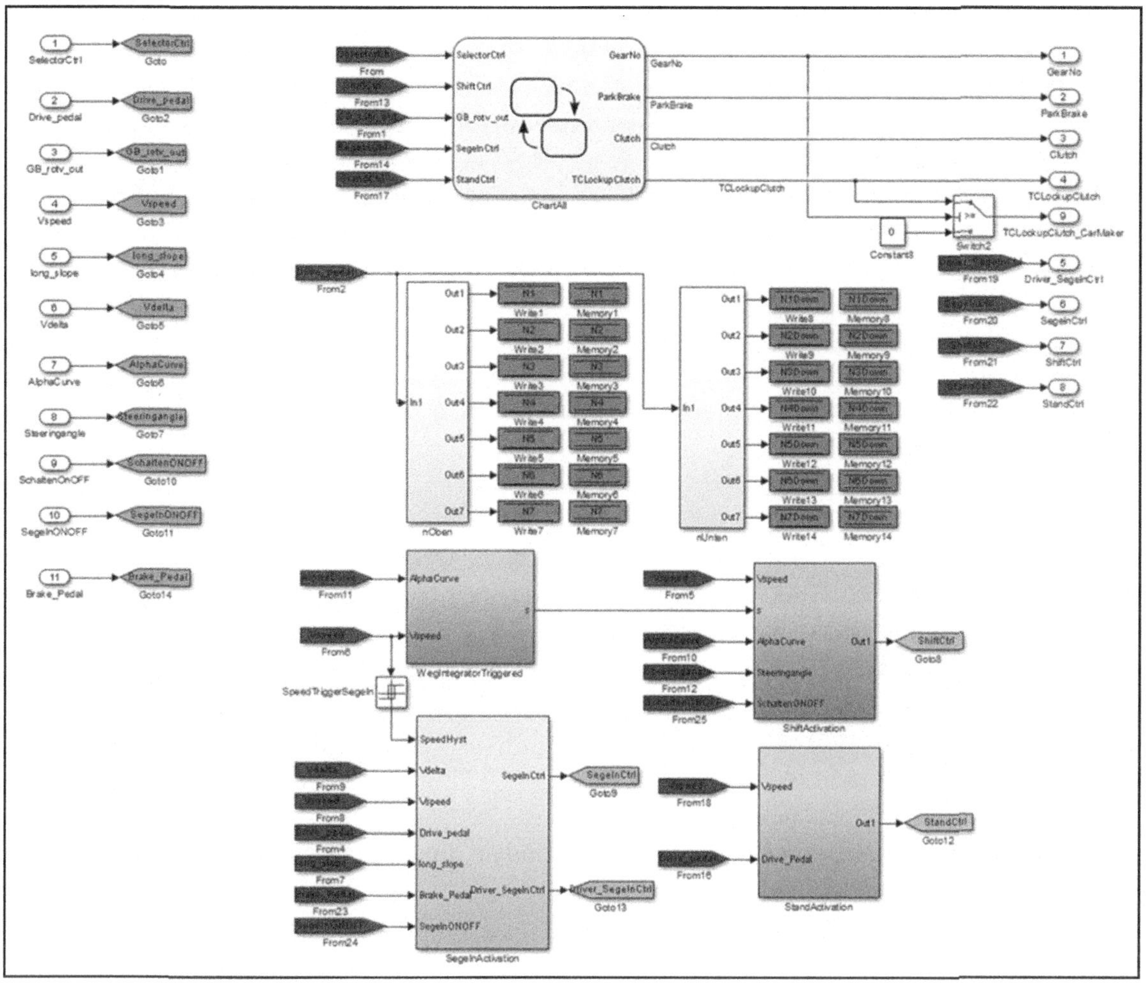

Bild 3: Simulink-Modell der Getriebsteuerung

Beim Exportieren wird das Modellverhalten als C-Code einschließlich des Solvers extrahiert. Die so exportierte FMU für Co-Simulation läuft in der fremden Simulationsumgebung als Slave und tauscht die berechneten Ergebnisse zu diskreten Kommunikationspunkten mit der Masterumgebung CarMaker aus. In der Zwischenzeit werden die Teilsysteme unabhängig voneinander durch ihre individuellen Löser berechnet. Der Software für die Schaltstrategie werden zusätzliche Umgebungsinformationen bereitgestellt (Bild 4).

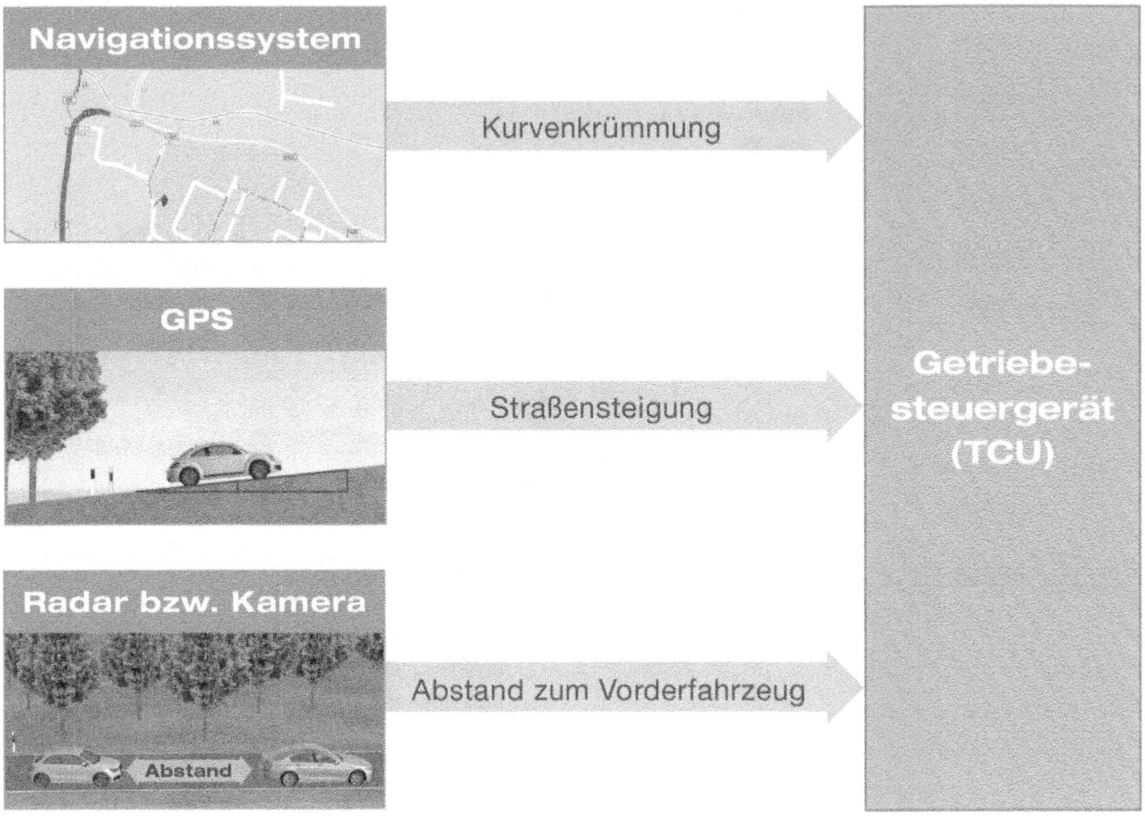

Bild 4: Informationen, die durch Sensoren erfasst und an die Getriebesoftware weitergegeben werden

Dabei empfängt CarMaker die Kurvenkrümmung und die Steigung aus dem Navigationssystem über das standardisierte ADASIS-Protokoll. Der Abstand zum Vorderfahrzeug wird über ein Radar- oder Kameramodell erfasst. Alle sensorisch erfassten Daten werden an die Getriebesoftware weitergegeben und können nun für die Entwicklung folgender Funktionen genutzt werden, um:

- Schaltvorgänge in der Kurve zu vermeiden bzw. den Schaltvorgang vor der Kurve abzuschließen
- den Leerlauf bei Bergabfahrt einzulegen, um Rollphasen zu nutzen
- die Rekuperation bei Ausrollvorgängen oder Bergabfahrten zu nutzen, um den Abstand zum vorausfahrenden Fahrzeug zu halten oder die Batterie zu laden.

Die beiden letzten Anforderungen stehen komplementär zueinander. Über Variantensimulation lassen sich verschiedene Steigungen und Abstände zum vorausfahrenden Fahrzeug generieren und die optimale Strategie zum Ein- bzw. Auslegen des Gangs entwickeln.

Zusätzlich zu den oben genannten Funktionen wurde eine Funktion umgesetzt, die die Längsschwingungen des Fahrzeugs während des Schaltvorgangs reduziert. Dazu sendet die Getriebesoftware vor dem Gangwechsel eine Anforderung an Motorsteuergerät um das Drehmoment am Getriebeeingang zu reduzieren. Die Motorsteuerung aus dem CarMaker setzt die Anforderung um und reduziert das Drehmoment. Nach erfolgtem Gangwechsel wird die Anforderung aus der Getriebesoftware wieder zurückgenommen.

Die Integration der Getriebestrecke und der Getriebesoftware erfolgt in XiL und am Prüfstand in folgenden Kombinationen (Bld 5):

- Bei MiL sind Getriebemodell und Software als FMUs in CarMaker integriert.
- Bei SiL wird die Getriebesteuerungssoftware durch Produktionscode ersetzt und kann als C-Code oder auch als AUTOSAR-FMU in CarMaker integriert werden.
- In einem nächsten Schritt wird im HiL-Test die Getriebesoftware durch ein reales Bauteil, das Steuergerät, ersetzt.
- Im letzten Schritt wird am Getriebeprüfstand auch die Getriebe-FMU durch ein reales Getriebe ersetzt.

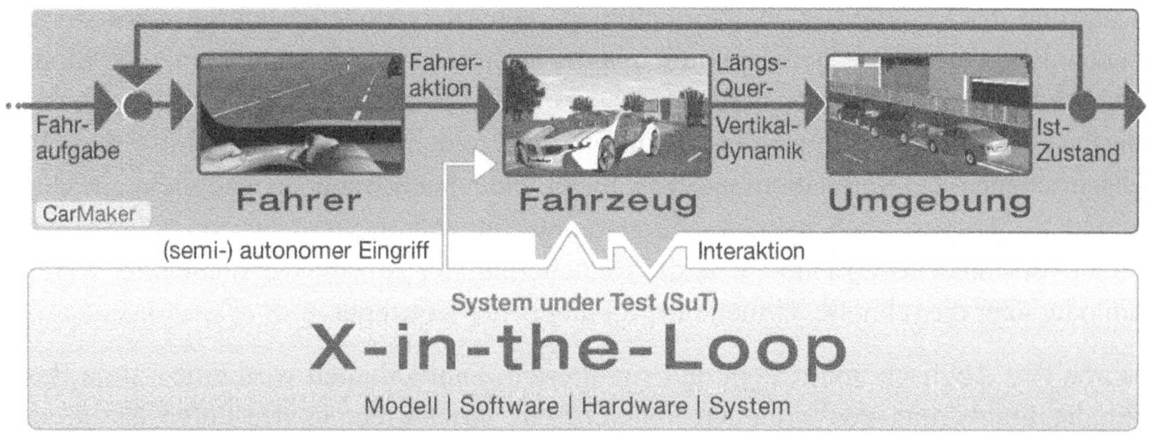

Bild 5: Carmaker als XiL-Plattform

Dabei bleibt CarMaker in allen Entwicklungsstufen als Integrationswerkzeug erhalten. Die in der MiL-Phase erzeugten Testfälle sowie das Fahrzeugmodell und die Parametrierung lassen sich durchgängig in allen gezeigten Phasen verwenden. Die erzeugten Daten spiegeln eine sehr hohe Reproduzierbarkeit wieder und lassen sich hervorragend für den Test als auch zur Weiterentwicklung der Getriebesoftware verwenden. Mithilfe des Getriebeprüfstandes lassen sich nun auch gezielt physikalische Effekte in das Getriebemodell überführen, die bei der Entwicklung der Getriebesoftware zu einem höheren Reifegrad beitragen. Für weitergehende Untersuchungen kann auch der Fahrer einbezogen werden. Einerseits kann er die manuelle Gasse z. B. für Überholvorgänge nutzen andererseits wechselt er in den Komfort- oder Kraftstoffsparmodus. Auch diese Optionen lassen sich wieder in einer Vielzahl von Varianten unterschiedlicher Strecken und Vorderfahrzeugabstände kombinieren. Eine derart hohe Anzahl von Tests lässt sich aus Performancegründen nur sinnvoll in MiL oder SiL durchführen. Am HiL oder Getriebeprüfstand werden lediglich Lastfälle bzgl. Strom/Druck und Moment sowie bestimmte Grenzfälle der definierten Räume gefahren, um die Testanzahl zu minimieren. In allen Phasen kann ein physikalisches Motormodell mit Motorsteuergerätesoftware integriert werden, um die Schaltkennlinien bzw. die Momentenreduktion bei Gangwechsel zu optimieren.

Abschließend können im realen Fahrversuch die Fahrereingaben sowie Fahrzeug- und Getriebegrößen aufgezeichnet werden. Die Fahrereingaben sowie die Geschwindigkeit werden als Eingangssignale für die Simulation, wieder in allen Phasen verwendet, um die verschiedenen Simulationsrechnungen mit dem realen Fahrversuch vergleichen zu können. Nur ein sinnvoller Modellabgleich ist die Grundlage, um die Variantenrechnungen mit hoher Realitätsnähe durchführen zu können.

4 Zusammenfassung und Ausblick

Aufgrund der Vorteile des objektorientierten, akausalen Modellierungsansatzes werden zunehmend heterogene Domänen miteinander kombiniert und in einem einzigen Modell simuliert. Die Simulationsleistung erreicht im Falle von heterogenen Modellen die technischen Grenzen. Die Implementierung einer verteilten Simulation mithilfe des oben beschriebenen Co-Simulationsansatzes bietet eine hervorragende Möglichkeit, diese Herausforderung zu beherrschen. Die getrennte Integration von Getriebe und Software bietet verschiedene Vorteile – u. a. die Reduzierung der Anzahl vorzuhaltender Varianten oder aber die schnelle, virtuelle Erprobung neuer Konzepte.

Durch den Abgleich von realem und simuliertem Fahrverhalten wird eine valide Basis für die Etablierung des virtuellen Fahrversuchs geschaffen. In der Folge lassen sich nicht nur sicherheitskritische, sondern auch wirtschaftliche und komfortrelevante Funktionen frühzeitig und effizient innerhalb einer durchgängigen Werkzeugkette testen und optimieren. So lassen sich auch kraftstoffsparende Anzeigen für den Fahrer in einem von Hand geschalteten Fahrzeug entwickeln und erproben, z. B. „Fuß vom Gas“ oder „Leerlauf einlegen“. Weitere Energiesparende Funktionen auf Basis von Fahrerassistenzsensoren wie z.B. eine Schilder- und Ampeldetektion als Basis für die höhere Nutzung von Roll- oder Rekuperationsphasen wären auf diese Weise ebenfalls realisierbar. Darüber hinaus sind weitere Schwerpunktthemen der virtuellen Erprobung und Optimierung von Betriebsstrategien für hybride und nicht-hybride Fahrzeuge –, z. B. Car-to-X oder Car-2-Car –, relevant. Nicht zuletzt stellen Fahrversuche, die in der Realität nicht oder nur schwer reproduzierbar sind, ein wichtiges Feld für die virtuelle Validierung dar.

Quellen

P. Fritzson. Principles of Object-Oriented Modeling and Simulation with Modelica 2.1. 2004.

ITI GmbH. SimulationX Bedienungshandbuch, Dresden 2013.

FMI Association. Functional Mock-up Interface, MODELISAR (070006), 2010

Schick, B.: Mission V-Process Enhancement by Integrated Vehicle Performance Evaluation within an Entire X-in-the-Loop Process, Keynote SIAT ARAI 2013

Schick, B., V. Leonhard u. S. Lange: Vorausschauendes Energiemanagement im virtuellen Fahrversuch. ATZ 4 (2012), S. 328 – 333

Schneider, S.-A., B. Schick u. H. Palm: Virtualization, Integration, and Simulation in the Context of Vehicle Systems Engineering, embedded world 2012, Nürnberg 2012

Palm, H., J. Holzmann, A.-S. Schneider u. H.-M. Koegeler: Die Zukunft im Fahrzeugentwurf, Systems-Engineering-Basierte Optimierung, ATZ 6 (2013), S. 512– 517

Autoren

Salim Chaker, Dipl.-Ing., Engineer, ITI GmbH, Dresden

Michael Folie, Dipl.-Ing., Niederlassungsleiter, IPG Automotive GmbH, München

Christian Kehrer, Dipl.-Ing., Sales Manager, ITI GmbH, Dresden

Frank Huber, Dipl.-Inf., Informatiker, IPG Automotive GmbH, München

Quellen

Indirekte Ladeluftkühlung im Dieselmotor für niedrigere CO_2-Emissionen

Christian Doppler, Bernhard Fischbacher, VIRTUAL VEHICLE Research Center

Gernot Hirschl, AVL List GmbH

Gerhard Zsiga, MAHLE Behr GmbH & Co. KG

VPC - Simulation und Test 2015
17. MTZ-Fachtagung
Hannau bei Frankfurt, 30.09.2015

COMET K2 Competence Center - Initiated by the Federal Ministry of Transport, Innovation & Technology (BMVIT) and the Federal Ministry of Science, Research & Economics (BMWFW) Funded by FFG, Land Steiermark and Steirische Wirtschaftsförderung (SFG)

J. Liebl und C. Beidl (Hrsg.), *VPC – Simulation und Test 2015*, Proceedings, https://doi.org/10.1007/978-3-658-20736-6_8

Überblick

- **Einführung / Projektziel**
- **Systemübersicht / Ansatz**
- **Modelle**
  - Fahrzeug Modell (Cruise)
  - Motormodell
  - Ladeluftkühler Modell
  - Thermisches Motormodell
  - Kühl- und Ölkreislauf
- **Ergebnisse**
  - Verifizierung des Thermischen Motormodells
  - Vergleich von direktem und indirektem LLK
- **Résumé**

Einführung / Projektziel

- Untersuchungen zum Ladungswechsel des Dieselmotors
- Optimierung des Ladungswechsels
- Verbesserte Ladeluftkühlung
- Thermisches Motormodell
- Neue Herausforderung: RDE

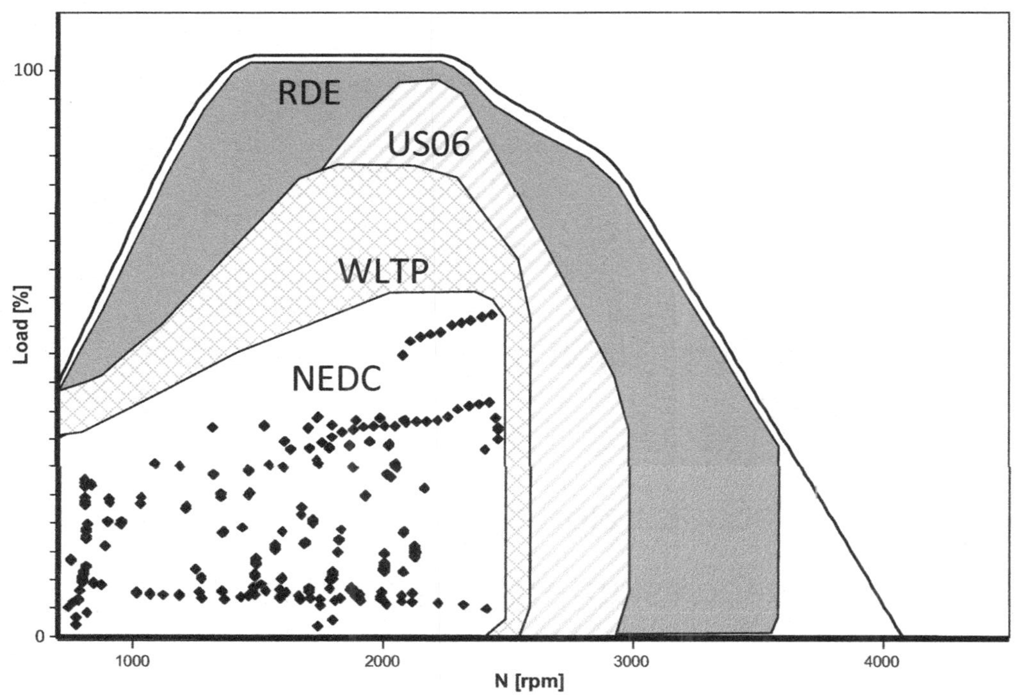

RDE → EURO VIc, 2017

Erweiterung der Prüfkonditionen:

(z.B.: -7°C…+35°C, <1400 m.ü.M.,

<90% Last, <160km/h)

Einführung / Projektziel

- Simulierterte jährliche NO_2-Emissionen für Graz im Durchschnitt
- Ähnliche Emissionswerte trotz strengerer Gesetzgebung

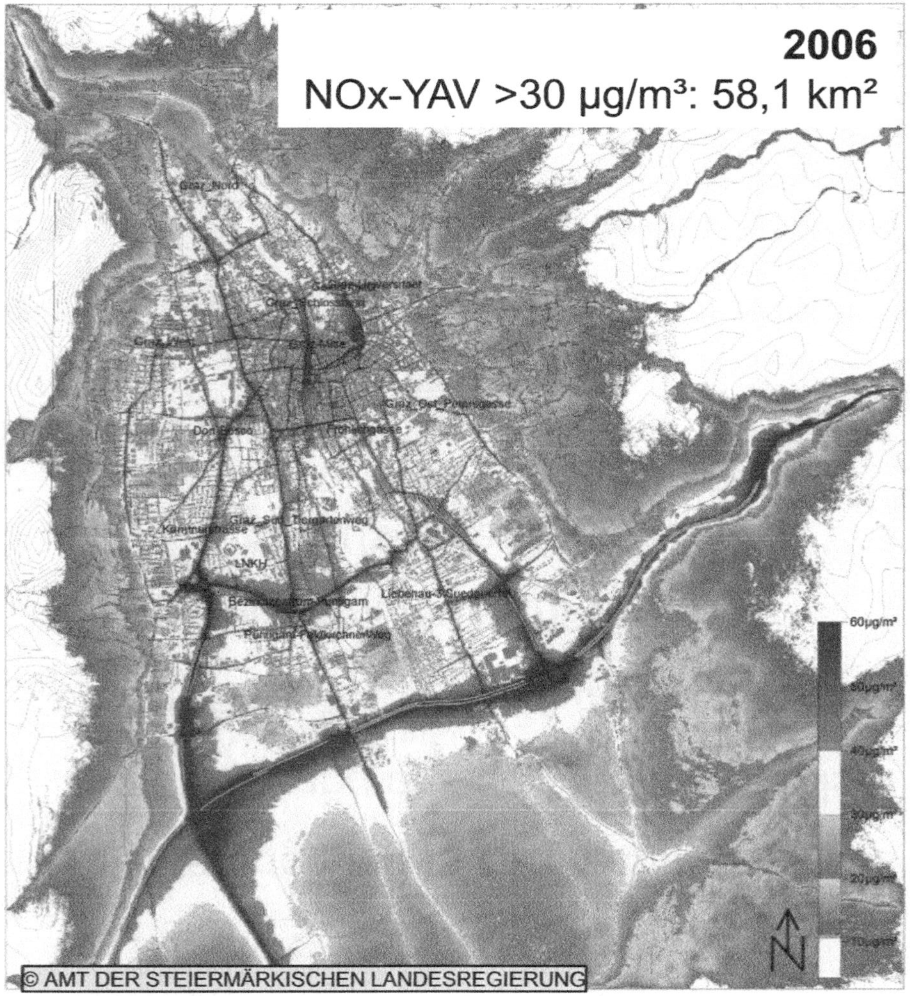

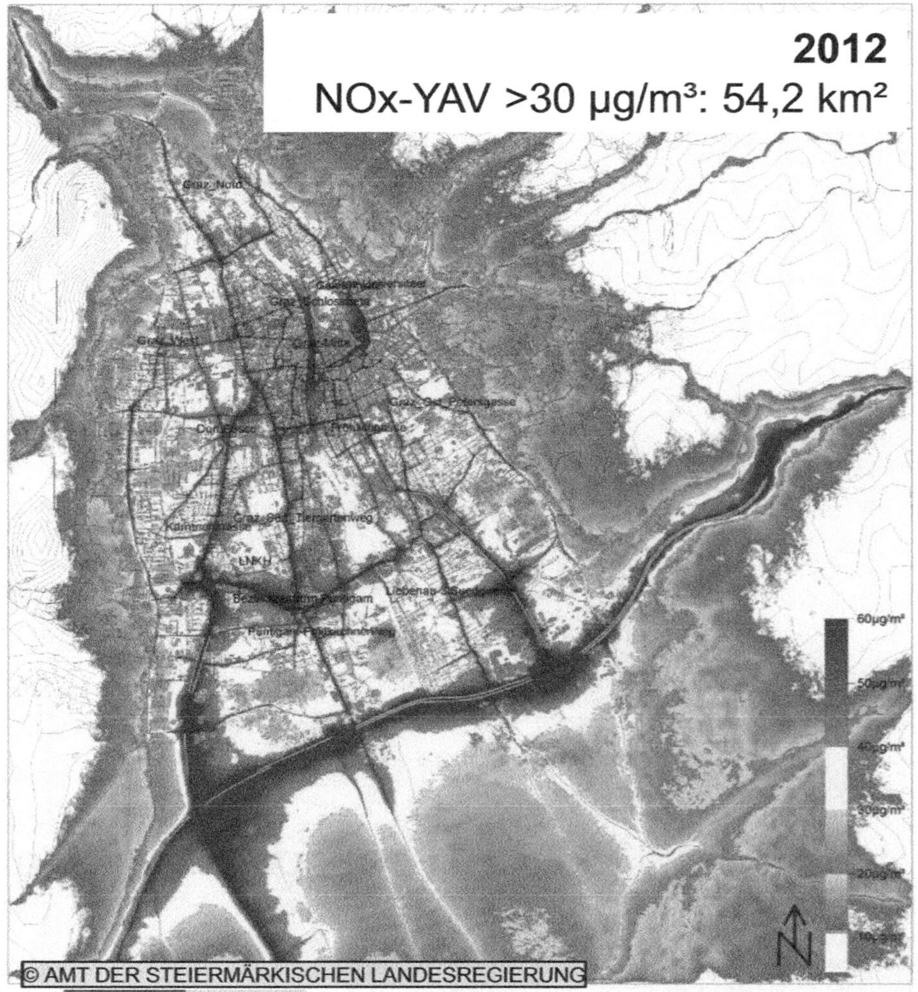

Systemübersicht / Ansatz

Umsetzung der Gesamtfahrzeugsimulation in ICOS

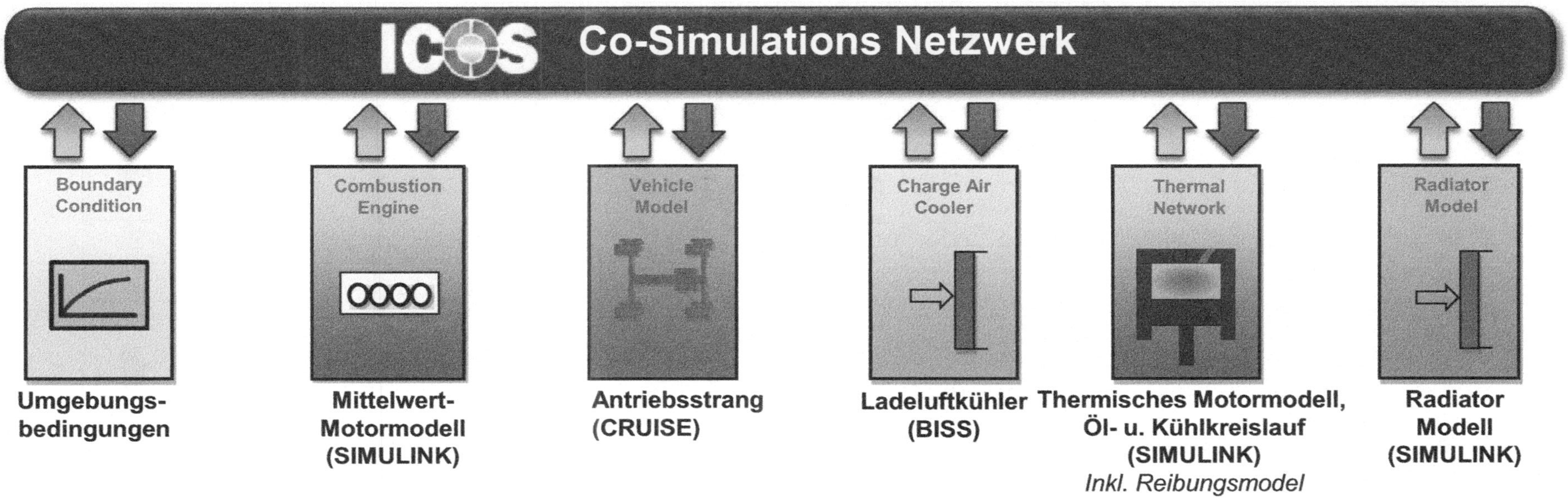

Modelle: Fahrzeug Modell (Cruise)

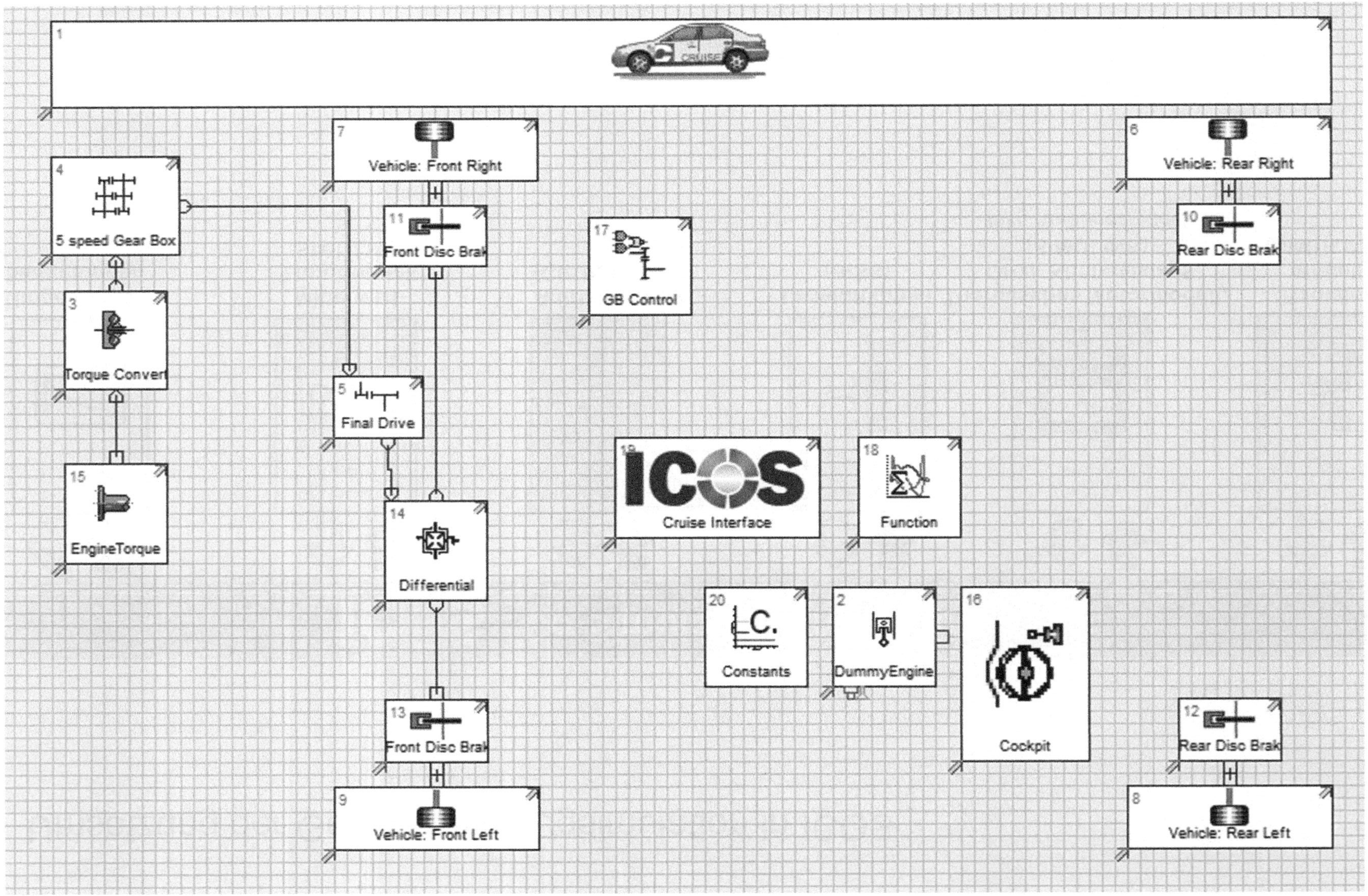

Modelle: Motor Modellierung

3D/Multidimensionaler Ansatz

- Berechnung der detaillierten Strömungseigenschaften anhand von Kontinuitäts- und Navier-Stokes-Gleichungen

1D/ Phenomenologischer Ansatz

- Multizonen Berechnung, jede Zone wird mittels physikalischer und chemischer Phenomäne modelliert

0D/Quasi-Dimensionaler Ansatz

- Thermodynamische Berechnung unter Einhaltung von Energie- und Massenerhaltung, ohne Strömungsfeldmodellierung

Nicht-Dimensionaler Ansatz

- Neuronales Modell, Polynom, Mittelwertmodell ohne physikalische Hintergrundinfomation

Prüfstand — *0D/1D* — *Mittelwert*

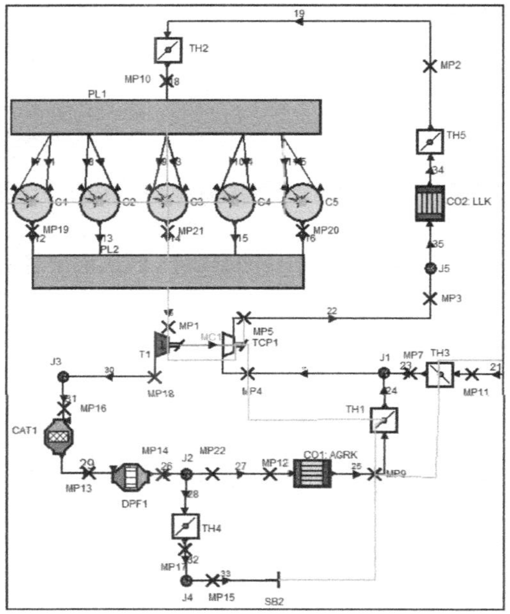

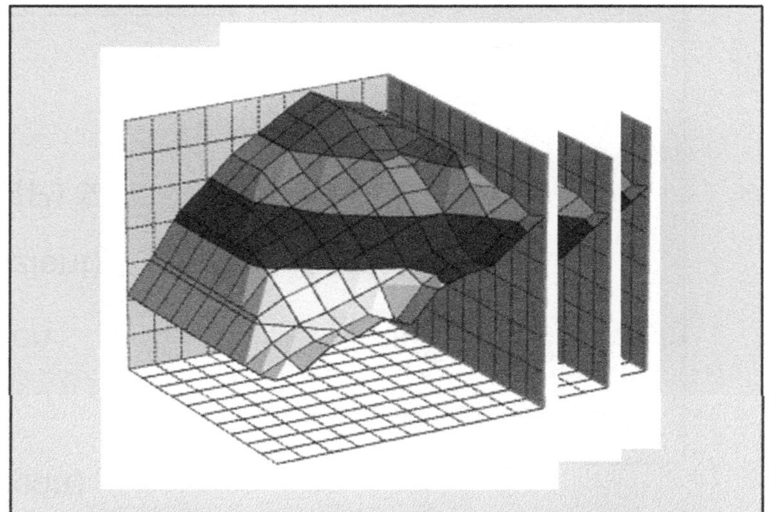

$\dot{m}_{FUEL}$, $\dot{m}_{NOx}$, PWR, MD = f (N, Ped, Δp_{CAC}, T_2_1)

Modelle: Ladeluftkühler

- MAHLE's In-House Tool BISS (Behr Integrated System Simulation)
- Quasi-stationäre Wärmetauscher
- Thermodynamische Modellierung mittels Ähnlichkeitskennzahlen
- Wärmeaustausch anhand Konduktion (Wärmeübergangskoeffizient)
- Definition von Massendurchfluss (MS), Temperatur (T), Druck (P) & Glysantin/Wasser Verhältnis (Xsi)

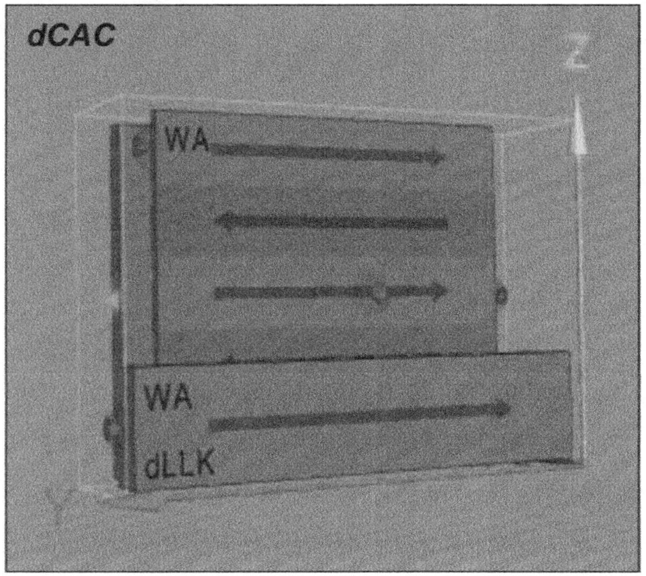

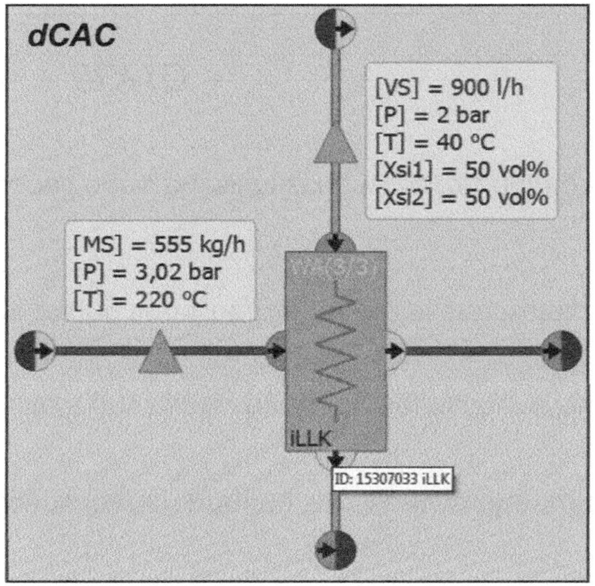

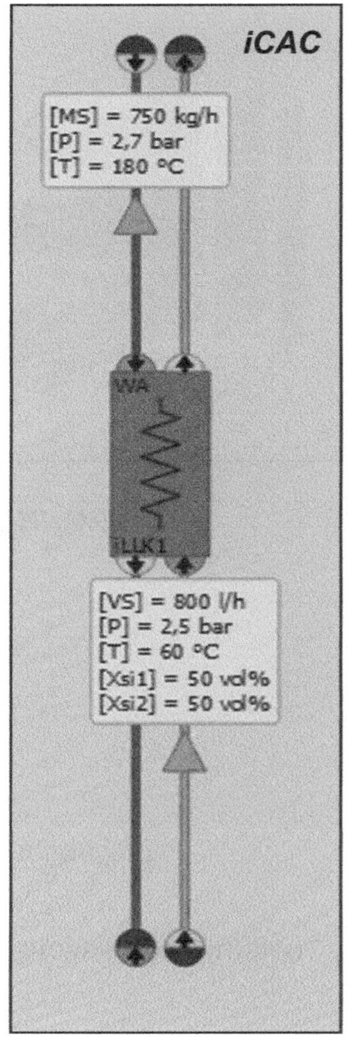

Modelle: Thermisches Motormodell

Überblick der Simulink-Umgebung mit dem Thermischen Motormodell (inklusive Reibungs- und Radiatormodel)

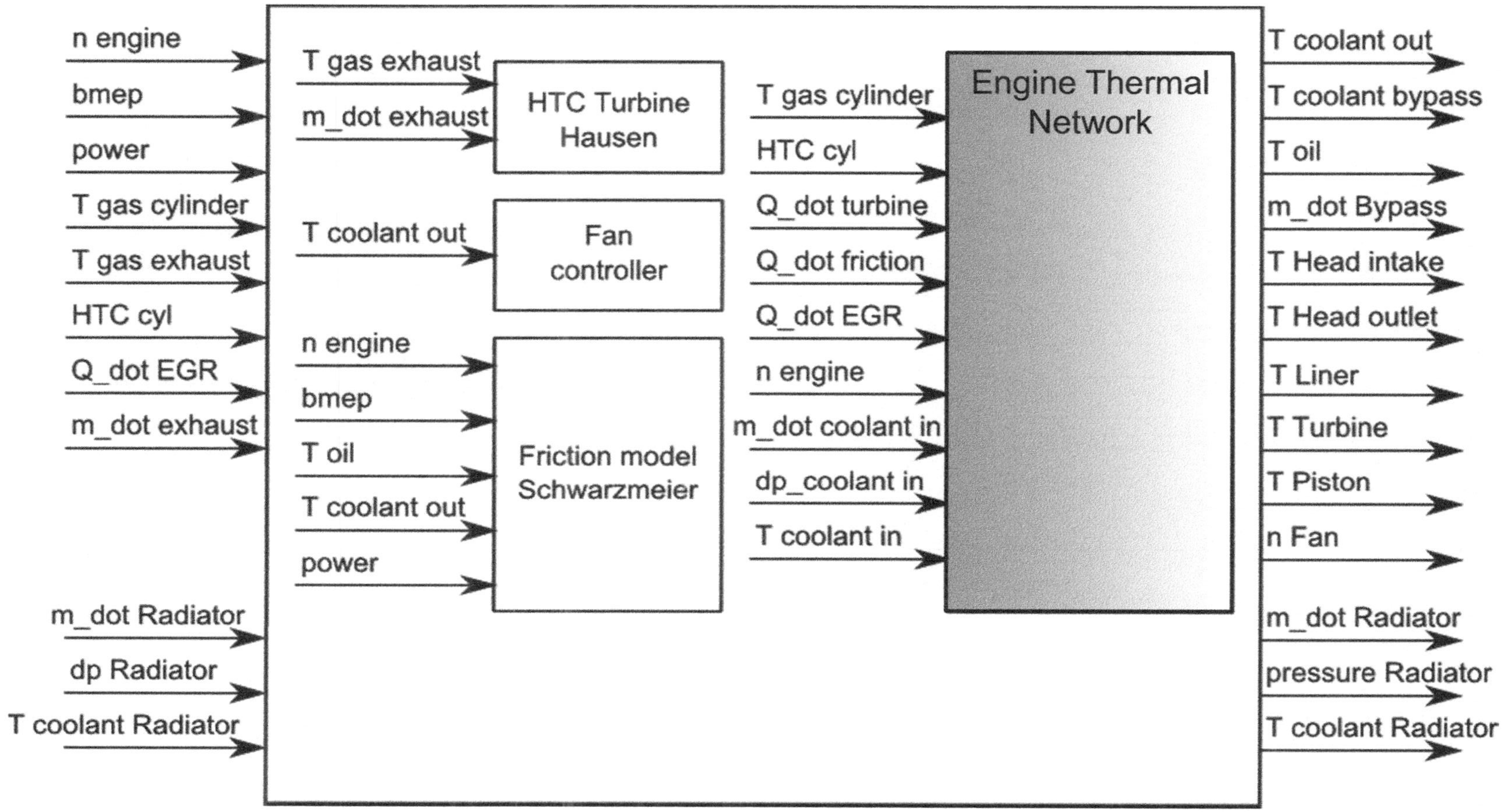

Modelle: Thermisches Netzwerk, Öl- & Kühlwasserkreislauf

Modellarchitektur:

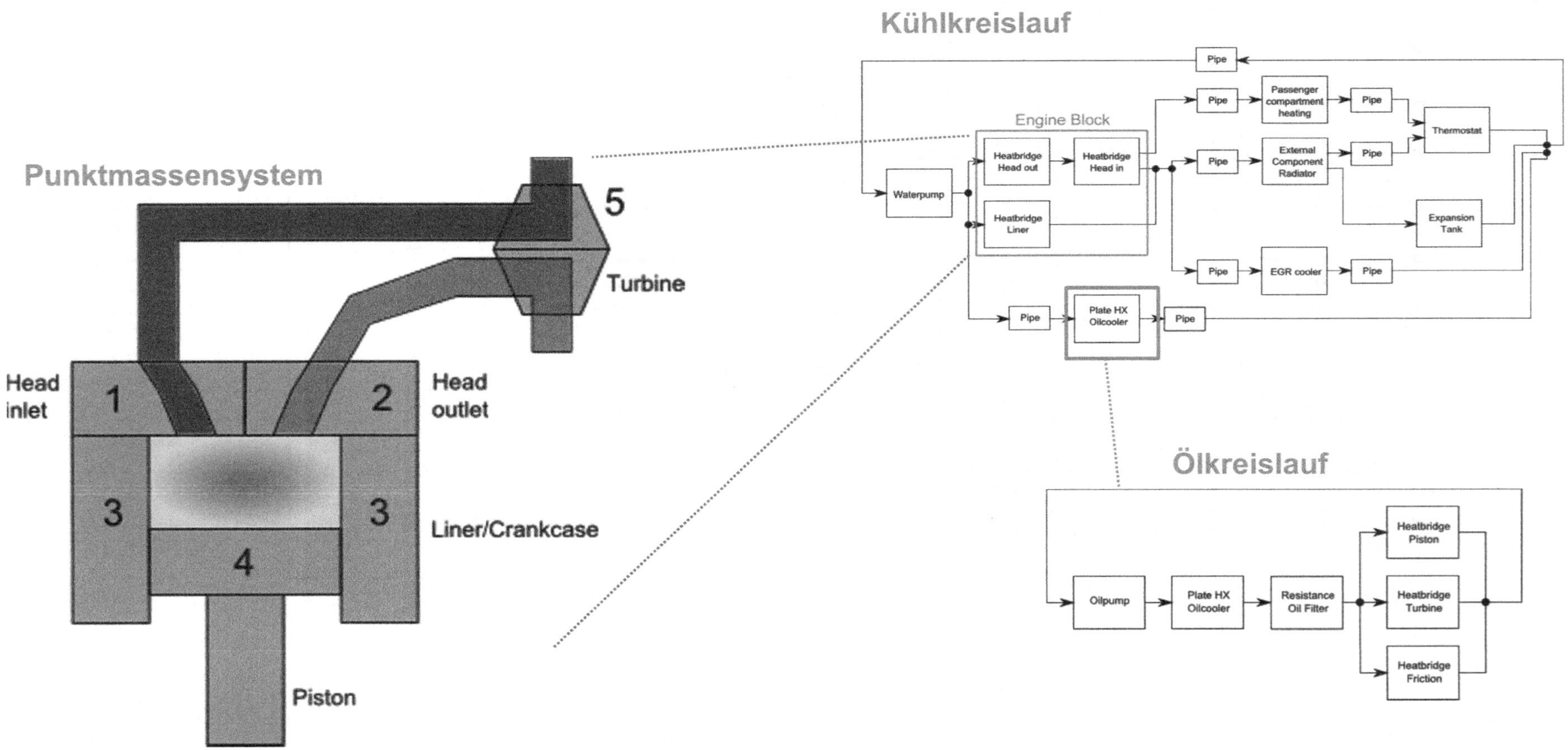

Verifizierung des Thermischen Motormodells

Ergebnisse der Stationärpunkte (N=1750, 2000, 2500, 3000 & 3500 rpm, Leerlauf bis Volllast) im Vergleich zu Motorprüfstandsmessungen

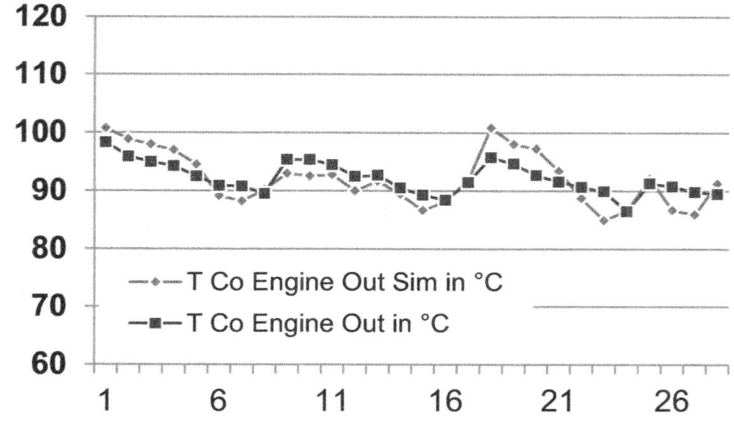

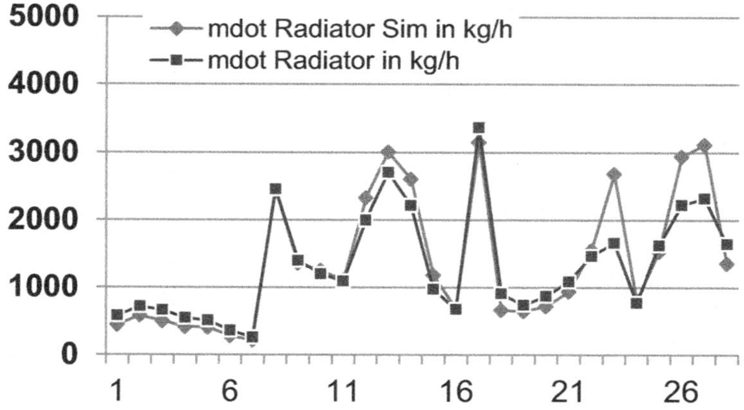

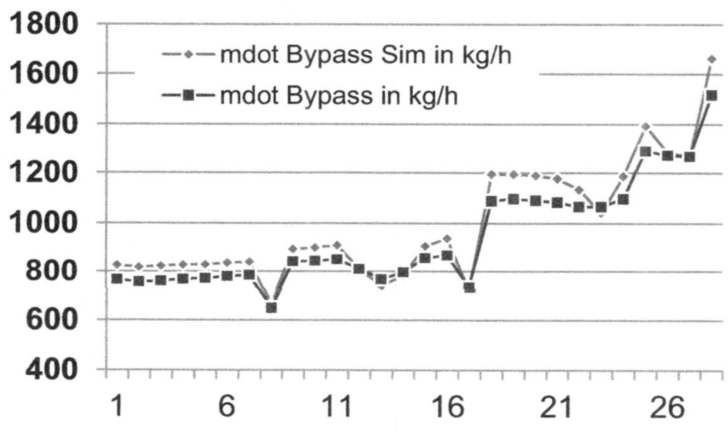

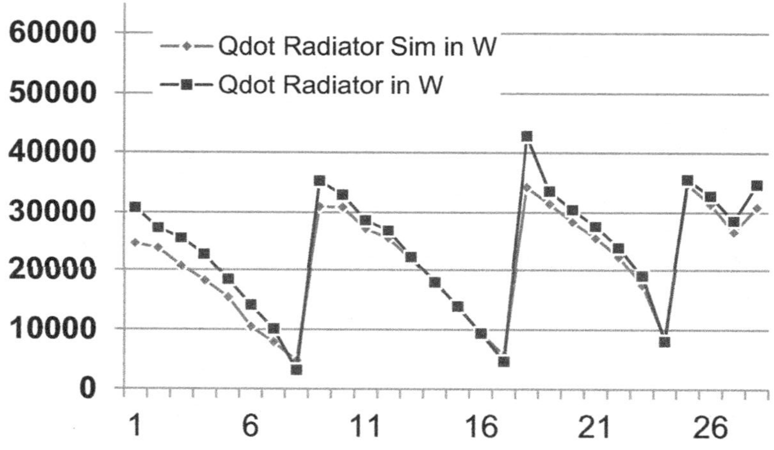

Verifizierung des Thermischen Motormodells

NEFZ mit unterschiedlichen Radiatorgrößen (50, 100%) & Umgebungstemperaturen (20, 45°C)

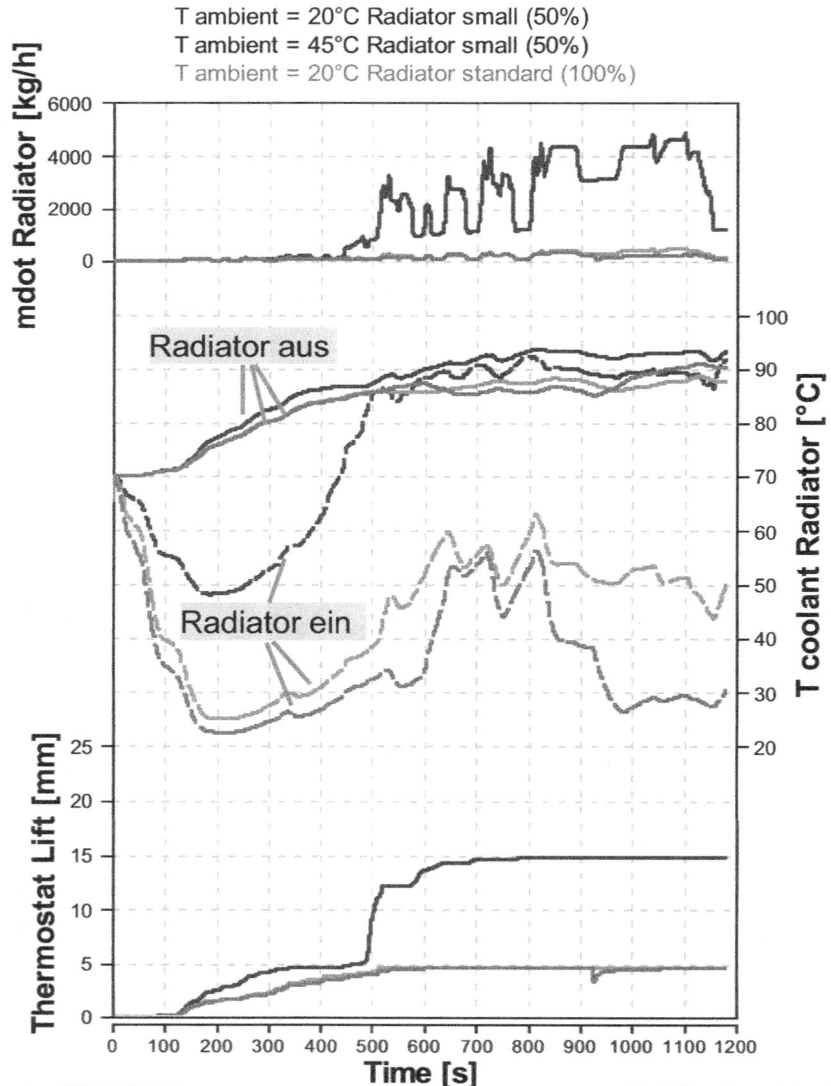

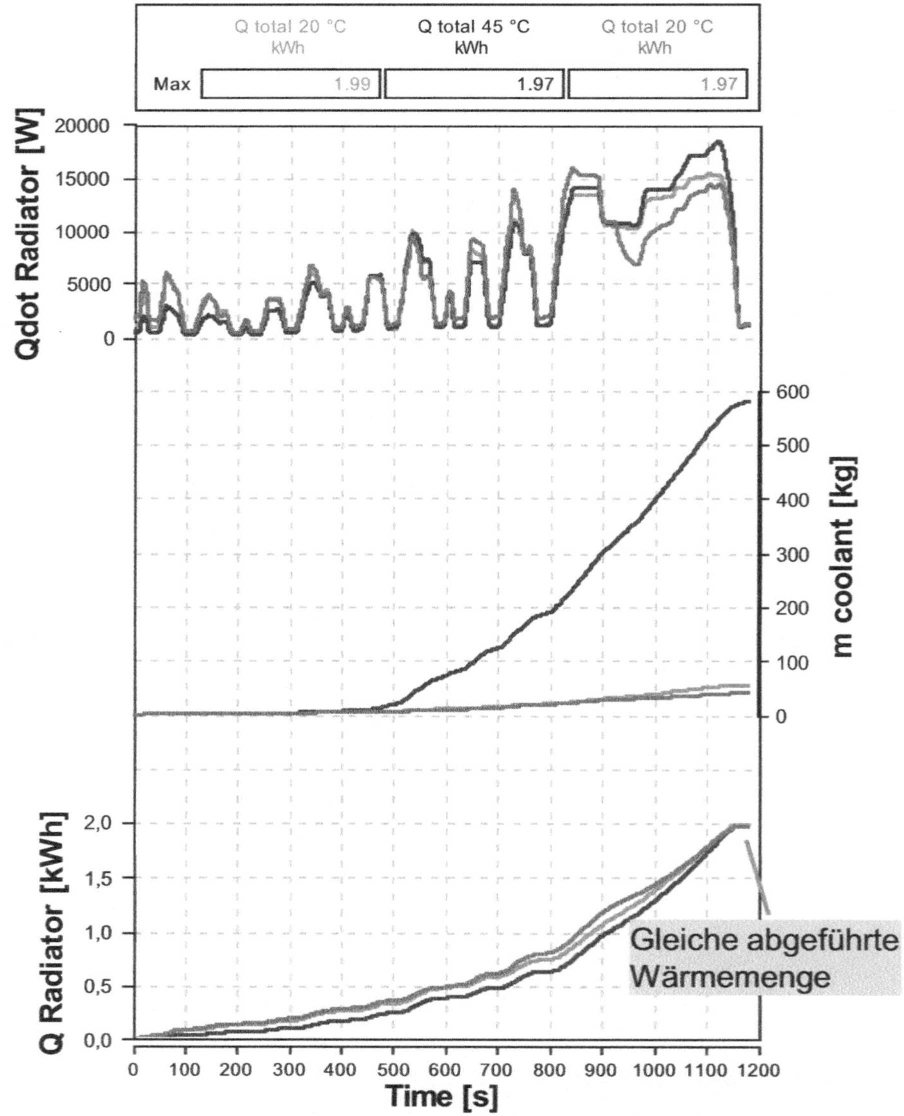

Ergebnisse: Vergleich von dLLK und iLLK

Simulation vs. Experiment

- Prüfstandsmessungen mit 60kW/l Verbrennungsmotor
- Prüfstandswärmetauscher: Konventioneller direkter LLK und saugrohrintetrierter indirekter LLK (i^2LLK)

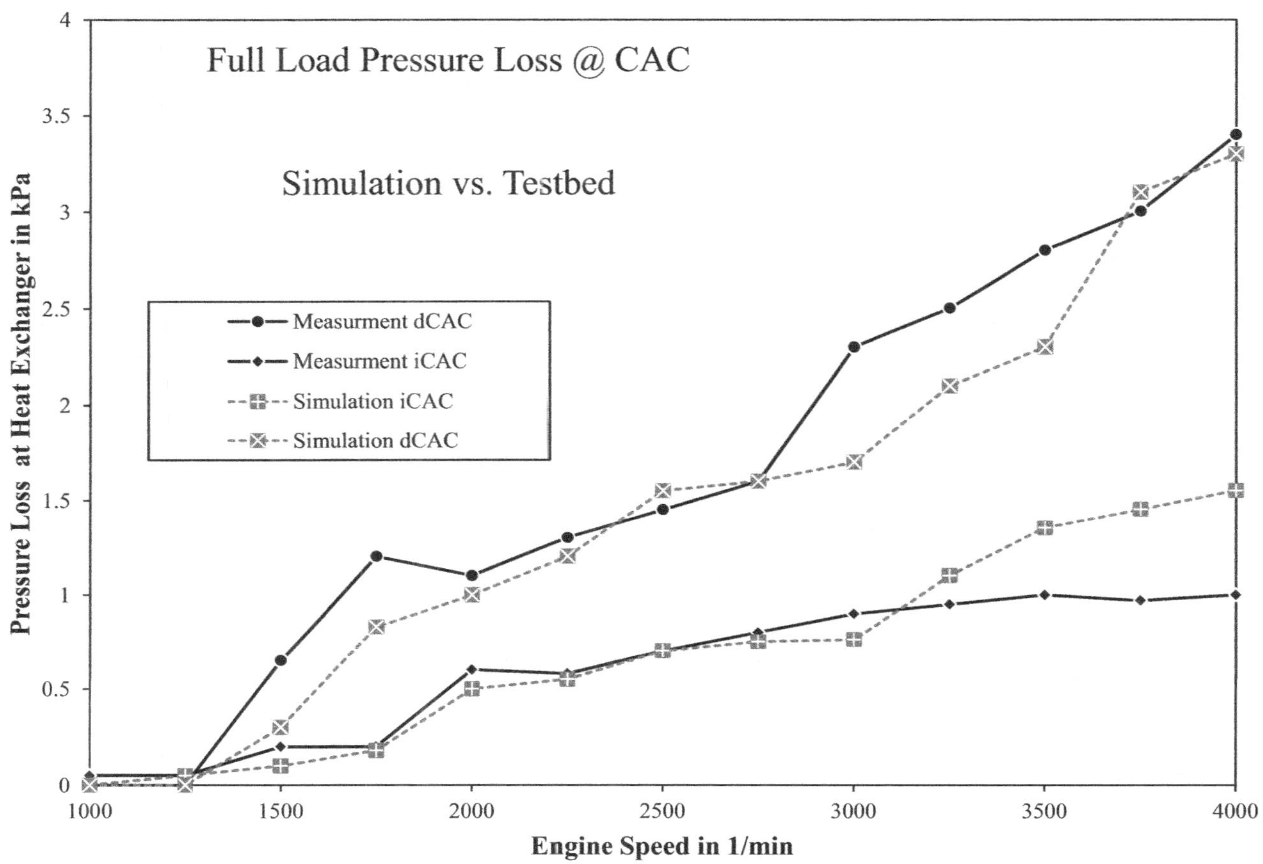

Ergebnisse: Vergleich von dLLK und iLLK

<u>TipIn-TipOut</u>

- Schnelle Lastsprünge →
- Regelung der Ausgangstemperatur mittels Kühlwasser-Massenstrom beim iLLK
- (Temperatur downstream LLK @ iLLK = Temperature downstream LLK @ dLLK)
- Technologien unterscheiden sich in diesem Fall nur anhand des Druckverlustes
- ~0.33% Krafstoffverbrauchseinsparung

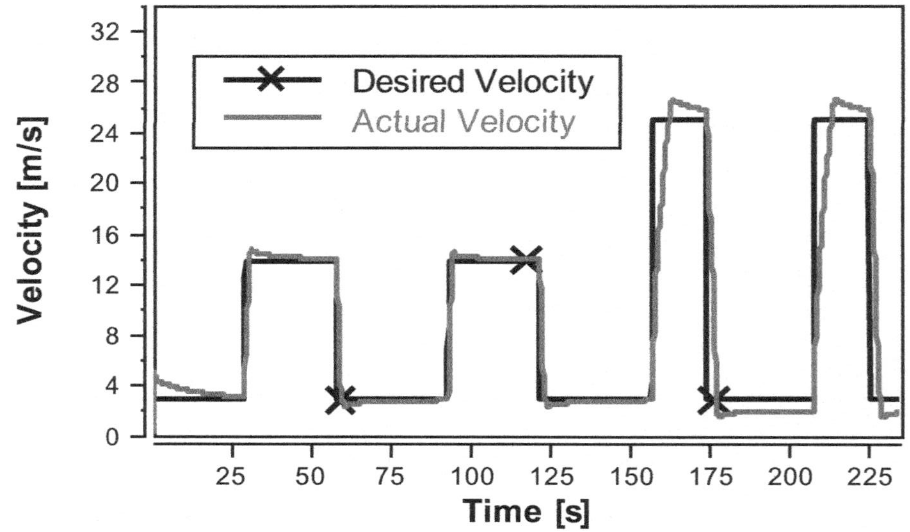

dCAC	Fuel Cons. total	NO_x total	Fuel Cons.		NO_x	CO_2
	g	mg	g/km	l/100km	mg/km	g/km
FL+PL	173.4	2046.9	84.4	10.2	995.6	268.3
Full Load	88.3	236.7				
Part Load	85.2	1810.2				

iCAC	Fuel Cons. total	NO_x total	Fuel Cons.		NO_x	CO_2
	g	mg	g/km	l/100km	mg/km	g/km
FL+PL	172.8	2036.3	84.0	10.1	990.4	267.3
Full Load	87.8	228.3				
Part Load	84.9	1808.0				

Ergebnisse: Vergleich von dLLK und iLLK

Abgeführte Wärmemenge im NEFZ

- NEFZ ist im Vergleich zu Realfahrten weniger transient → weniger Vorteil für iLLK
- Abgeführte Wärmemenge ist mit iLLK im Vergleich zum dLLK um 11% höher
- ØT Ladeluft nach iLLK = 23.8 °C
- ØT Ladeluft nach dLLK = 29.8 °C

NEDC CYCLE RESULTS

		Direct CAC	Indirect CAC
∑ Fuel Consumption	g	653	647
∑ NO_x Emissions	mg	1078	1042
FC	g/km	59.69	59.20
NO_x	mg/km	98	95
FC	l/100km	7.19	7.13
CO2	g/km	189.9	188.3
FC Benefit for iCAC	%		-0.83
NO_x Benefit for iCAC	%		-3.50

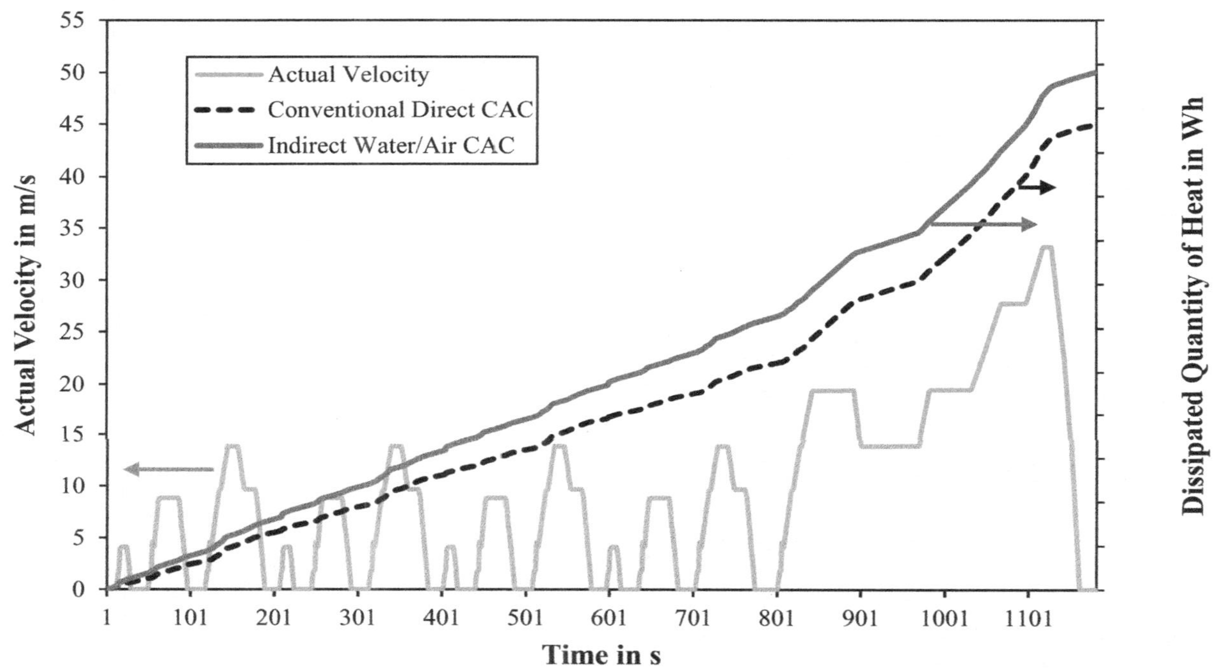

Ergebnisse: Vergleich von dLLK und iLLK

Simulation @ 30% Steigung

- Stationäre Extremsituation
- Hoher Leistungsbedarf
- Baldwin Straße (Foto) = max 35 %

Dichterückgewinn

- ADR (Air Density Recovery)
- Indikator für den Gesamtwirkungsgrad eines Wärmetauschers

$$ADR = \eta_\rho = \frac{\Delta\rho Air}{\Delta\rho Air\ ,max} = \frac{\frac{TAir\ ,In}{TAir\ ,Out} * (1 - \frac{\Delta pAir}{pAir\ ,In}) - 1}{\frac{TAir\ ,In}{TCool\ ,In} - 1}$$

ADR At 30% Inclination

Ambient Temp. [°C]	ADR for dCAC [-]	ADR for iCAC [-]
5	0.696	0.954
10	0.699	0.964
20	0.706	0.962

Ergebnisse: Vergleich von dLLK und iLLK

Großglockner Hochalpenstraße

GROSSGLOCKNER CYCLE RESULTS

		Direct CAC	Indirect CAC
∑ Fuel Consumption	g	2879.80	2796.30
∑ NO_x Emissions	mg	26131.40	21575.20
FC	g/km	134.90	130.90
NO_x	mg/km	1223.80	1010.20
FC	l/100km	16.20	15.80
CO_2	g/km	429.00	416.50
FC Benefit for iCAC	%		-2.97
NO_x Benefit for iCAC	%		-17.45

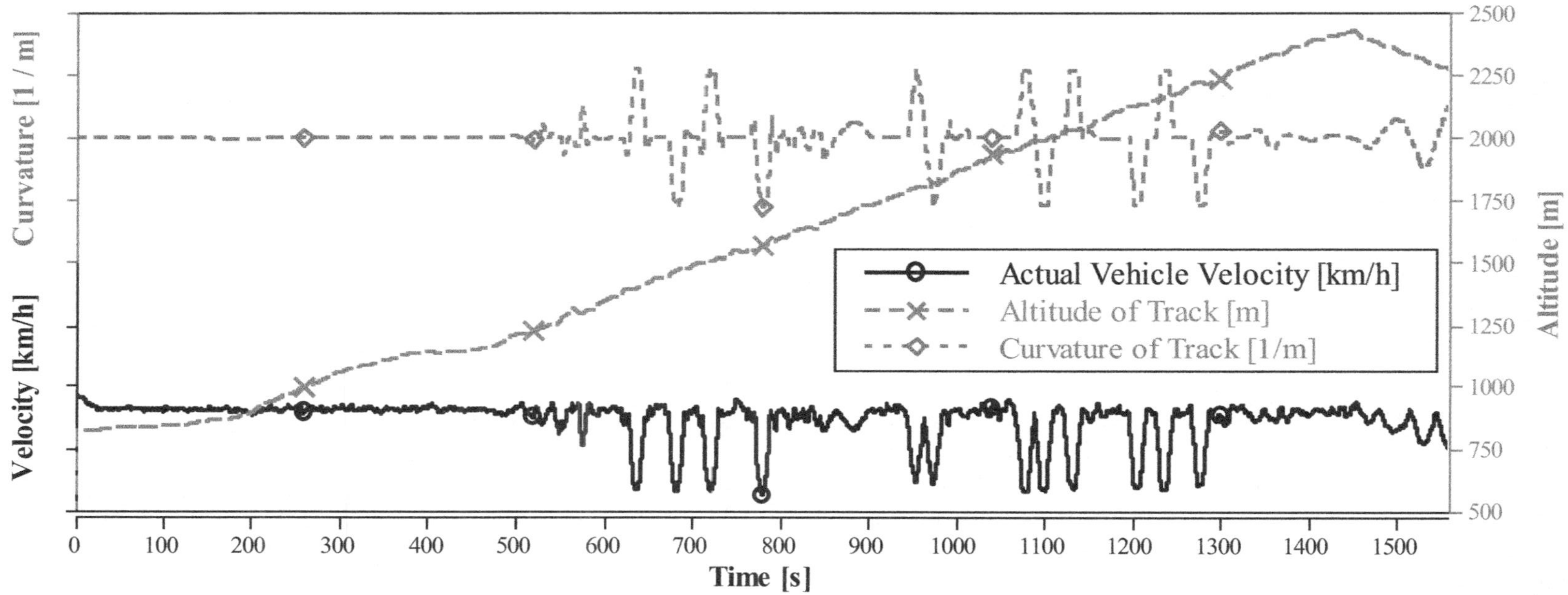

Ergebnisse: Vergleich von dLLK und iLLK

Zeitspur aus der Simulation die den größten Vorteil zeigt:

Bei maximaler Anforderung (~Volllast) →

Mehr verfügbare Luft mit iLLK→

(1) Mehr Einspritzmenge bei gleichem Lambda →

Verbesserte Ladungswechselarbeit und weniger Zylinderwärmeverluste →

(2) Fzg-Soll-Geschwindigkeit wird schneller erreicht →

(3) Weniger Volllastphasen →

Weniger Kraftstoffverbrauch und NOx-Emissionen

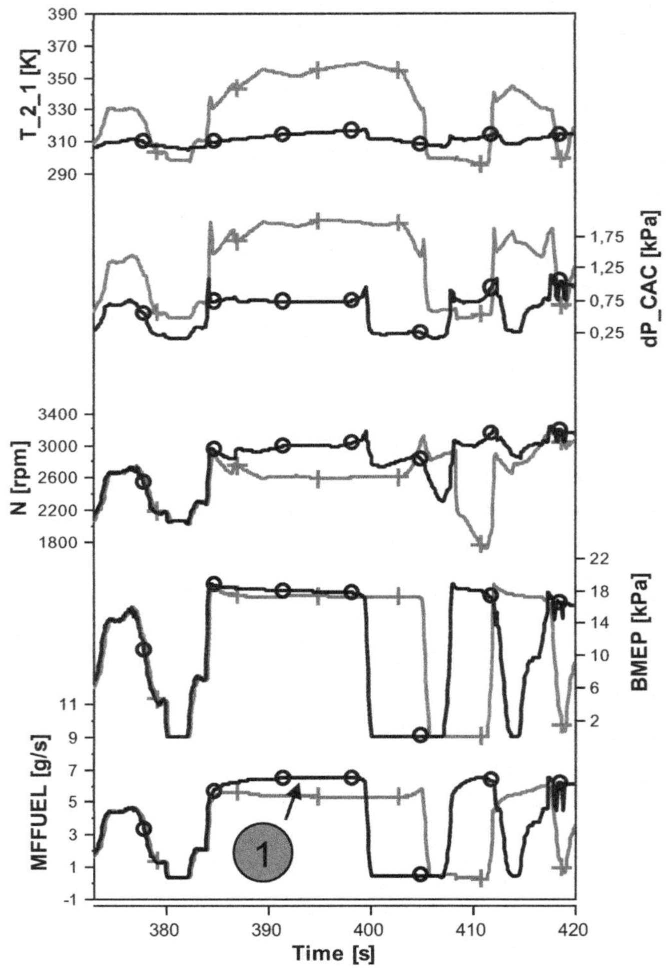

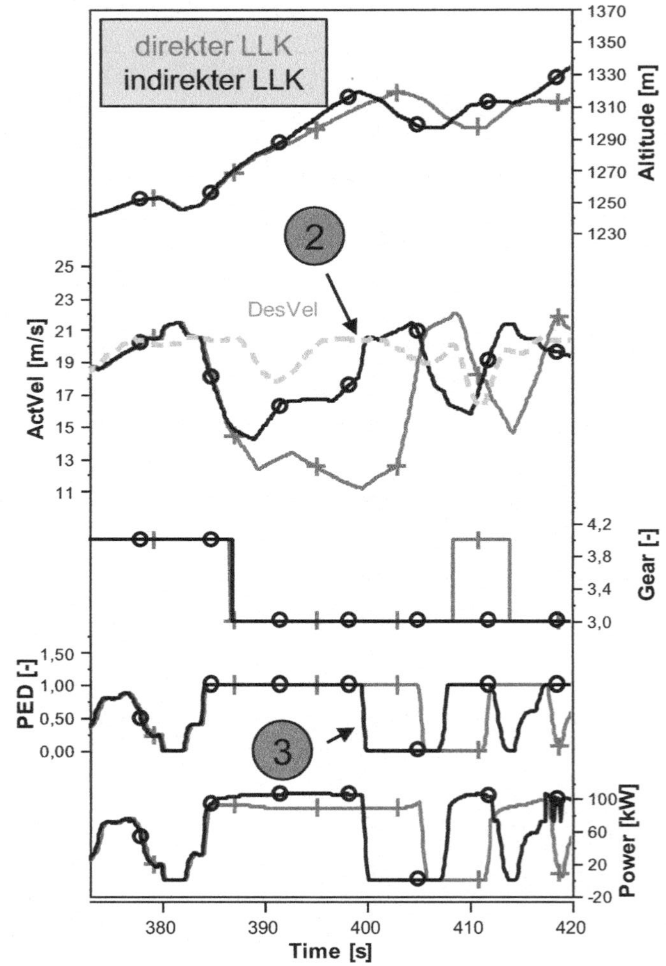

Résumé

Résumé Simulationsumgebung:

- Modulare Systemarchitektur
- Schnelle Integration und Validierung von externen Kühlerkomponenten ist möglich
- Potential für transiente Tests in RDE Use Cases
- Thermisches Motormodell zeigt gute Übereinstimmung zu den Prüfstandsmessungen

Résumé iLLK zur Einhaltung zukünftiger RDE Use Cases:

- Glättung derTemperaturspitzen im Ansaugtrakt
- Niedrigere Motorprozesstemperaturen ermöglichen eine deutliche Reduktion der NO_x-Emissionen
- Weniger Druckverluste im Luftpfad (Reduktion von CO_2)
- Schnellere Beschleunigung des Fahrzeuges im Vergleich zu konventionellen Systemen
- Kraftstoffverbrauchseinsparung bis zu 3% in hochtransienten Zyklen (RDE)

- Aber: Zusätzlicher Energieverbrauch der elektrischen Wasserpumpe (5-150 watt)

  Niedrigere Einlasstemperatur kann bei Betrieb mit AGR zur Ausbildung von Kondensat im Ansaugkrümmer führen

Vielen Dank für Ihre Aufmerksamkeit!

Christian Doppler
christian.doppler@v2c2.at

VIRTUAL VEHICLE Research Center
Inffeldgasse 21a
A-8010 Graz/AUSTRIA

Diese Arbeit entstand am VIRTUAL VEHICLE Research Center in Graz, Österreich. Die Autoren bedanken sich für die Förderung im Rahmen des COMET K2 - Competence Centers for Excellent Technologies Programms des Österreichischen Bundesministeriums für Verkehr, Innovation und Technologie (bmvit), des Österreichischen Bundesministeriums für Wissenschaft, Forschung und Wirtschaft (bmwfw), der Österreichischen Forschungsförderungsgesellschaft mbH (FFG), des Landes Steiermark sowie der Steirischen Wirtschaftsförderung (SFG).
Ebenfalls danken sie den unterstützenden Partnern AVL List GmbH, MAHLE Behr GmbH & Co. KG und TU Graz.

virtual vehicle

Methode zur durchgängigen Motor-/ Kühlsystemauslegung unter transienten Betriebsbedingungen in Realszenarien

Dr.-Ing. Christian Donn, IPG Automotive GmbH

Dipl.-Ing. Niko Papadopoulos, Gamma Technologies GmbH

Dipl.-Ing. Peter Stopp, Gamma Technologies GmbH

1

J. Liebl und C. Beidl (Hrsg.), *VPC – Simulation und Test 2015*,
Proceedings, https://doi.org/10.1007/978-3-658-20736-6_9

1 Einführung und Motivation

Die Auslegung von Antriebsstrang und Kühlsystem ist eine wichtige und zugleich zunehmend komplexe Aufgabe im Zuge der Entwicklung von Fahrzeugen, weil mit zunehmenden Thermomanagementfunktionen und der Elektrifizierung des Antriebsstranges vielfältige Interaktionen der verschiedenen Subsysteme zu beachten sind und eine umfassende Optimierung nur mit einer ganzheitlichen Betrachtung des Gesamtsystems „Fahrzeug“ gelingt [1]. Eine solche Vorgehensweise stellt den Entwickler jedoch bei der Betrachtung von realistischen Betriebssituationen und insbesondere bei sogenannten kritischen Realfahrszenarien vor die Herausforderung, dass in frühen Entwicklungsphasen nur begrenzt Fahrzeugdaten zur Verfügung stehen und realistische Lastkollektive zur Auslegung von Antriebsstrang und Kühlsystem unter transienten Betriebsbedingungen in der Regel nur abgeschätzt werden können.

Dieser Beitrag zeigt eine Methodik, wie bereits in frühen Entwicklungsphasen eine ins virtuelle Gesamtfahrzeug integrierte Simulation von Motor und Kühlsystem unter realistischen Betriebsbedingungen erfolgen kann und so ein wichtiger Beitrag zur frühzeitigen Systemauslegung und damit zu einem effizienten Entwicklungsprozess geleistet wird. Hierzu wurden erstmals zwei getrennte GT-SUITE Modelle von Verbrennungsmotor und Kühlsystem als FMUs (Functional Mock-up Unit) in die Entwicklungsumgebung CarMaker integriert und im virtuellen Fahrversuch auf einer Bergfahrt mit Anhänger unter Realbedingungen getestet. Die neu entwickelte Schnittstelle gemäß dem FMI-Standard (Functional Mock-up Interface [2]) ermöglicht dabei eine direkte und benutzeroberflächenbasierte Modellintegration und damit die kombinierte Nutzung der Vorteile beider Simulationswerkzeuge.

Das vorliegende Paper betrachtet beispielhaft eine für die Kühlsystemauslegung kritische Bergfahrt mit Anhänger, welche durch hohe Motorlasten und vergleichsweise geringe Fahrzeuganströmgeschwindigkeiten gekennzeichnet ist. Im hier angewendeten virtuellen Fahrversuch können auf benutzerfreundliche Weise Fahrzeugparameter wie beispielsweise Aerodynamik und Anhängergewicht, aber auch Fahrerverhalten oder Umgebungsbedingungen variiert und deren Einfluss auf das Gesamtsystem untersucht werden.

2 Beschreibung der verwendeten Modelle

In dieser Arbeit wird dargestellt, wie ein in der Multi-Physik System-Simulationsplattform GT-SUITE aufgebautes thermisches Verbrennungsmotormodell bestehend aus Gaspfad, Motormechanik sowie Kühlkreislauf (vgl. Kapitel 2.2) in das Gesamtfahrzeugmodell von CarMaker integriert und im virtuellen Fahrversuch verwendet wurde. Die GT-Modelle werden dafür via FMI in CarMaker integriert und stehen für sämtliche Realfahrtuntersuchungen zur Verfügung (vgl. Abbildung 1).

Abbildung 1: Verbindung der Simulationstools via FMI (Functional Mock-up Interface)

Die Integration von detaillierten Antriebsstrang- und Kühlsystemmodellen in eine Modellumgebung bestehend aus Gesamtfahrzeugmodell, Fahrermodell und Umfeld- beziehungsweise Streckenmodellen erlaubt Untersuchungen des thermischen Systemverhaltens bei transienten Betriebsbedingungen und gleichzeitiger Berücksichtigung des Fahrerverhaltens, der Fahrzeuganströmung und der thermischen Umgebungsrandbedingungen. Durch die Integration wird eine umfassende Systemanalyse unter realistischen Bedingungen möglich, die zugleich eine effiziente Validierung und Optimierung aller beteiligten Subsysteme erlaubt. Mit Hilfe von importierten Realstrecken in die Simulationsumgebung und der Closed-Loop Methodik mit einem parametrierbaren Fahrermodell samt Manöversteuerung ergeben sich auf benutzerfreundliche Weise realitätsgetreue Lastkollektive für das Antriebs- und Kühlsystem.

2.1 Gesamtfahrzeugmodell und virtueller Fahrversuch

Mit der zunehmenden Komplexität der Systeme und Dienste in aktuellen und zukünftigen Fahrzeugen wird das Testen im Gesamtfahrzeug unter realistischen Bedingungen zu einer wichtigen Voraussetzung für eine effiziente Fahrzeugentwicklung, die frühzeitig auch die Interaktionen der verschiedenen Subsysteme berücksichtigt. Der virtuelle Fahrversuch stellt eine Möglichkeit dar mit Hilfe des Closed-Loop Ansatzes realistische Fahrszenarien bereits in frühen Entwicklungsphasen mit bei der Systemauslegung zu berücksichtigen und diese später für die virtuelle und reale Systemvalidierung zu verwenden.

Die offene Integrations- und Testplattform CarMaker von IPG Automotive ist eine durchgängige Softwareumgebung für den Aufbau von virtuellen Fahrversuchen. Ein virtueller Fahrversuch wird dabei mit Hilfe der im CarMaker enthaltenen Modelle für Fahrzeug, Fahrer, Strecke, Verkehr sowie des Umfeldes anhand eines einfach zu bedienenden, manöverbasierten Ansatzes aufgebaut. Das als Mehrkörpersystem aufgebaute Fahrzeugmodell besteht aus nicht linearen Fahrwerksmodellen samt „Kinematics and Compliance“ sowie Modellen für Fahrzeugaufbau, Lenkung, Bremse, Reifen, Antriebsstrang, Aerodynamik und Sensorik (vgl. Abbildung 2).

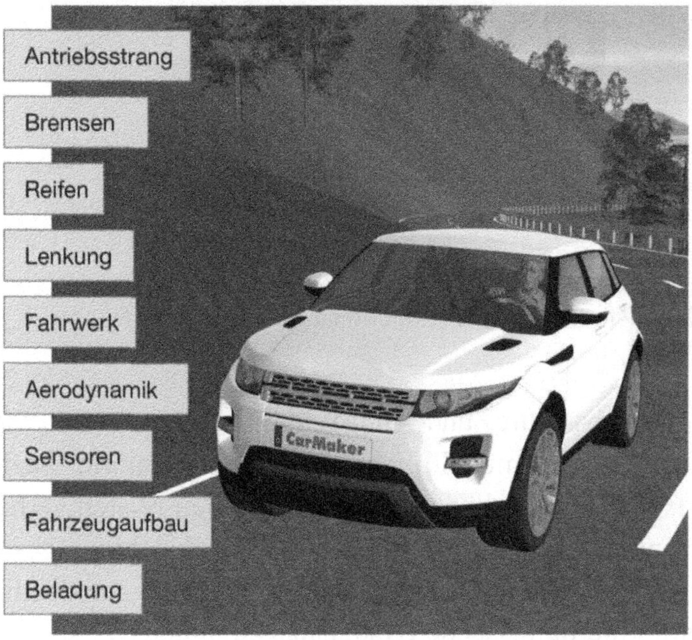

Abbildung 2: Bestandteile des Fahrzeugmodells

Neben dem Fahrzeugmodell verfügt die Simulationsumgebung über Modelle der Straße und Umgebung sowie eine Fahrmanöversteuerung und ein damit verbundenes Open- und Closed-Loop-fähiges Fahrermodell. Während der Simulation, bei welcher der virtuelle Prototyp vom Fahrermodell in einem realistischen Szenario bewegt wird, findet eine Online-Visualisierung statt, die neben der optischen Kontrolle unter anderem auch sensorbasierte Untersuchungen der Fahrzeuginteraktion mit der Umgebung ermöglicht. Offene Schnittstellen erlauben die im CarMaker zur Verfügung stehenden Modelle bei Bedarf durch kunden- beziehungsweise projektspezifische Modelle zu ersetzen und somit das Fahrzeugmodell als Integrationsplattform zu nutzen. Aufgrund der umfassenden Echtzeitfähigkeit der Software und Offenheit der Schnittstellen kann diese neben der Einbindung von Modellen auch zur Einbindung von externem Softwarecode oder auch von Hardwarekomponenten beziehungsweise gesamten Systemen in verschiedensten Hardware-in-the-Loop (HIL) Anwendungen genutzt werden.

Im vorliegenden Fall wird als virtuelle Testfahrt die Bergfahrt eines SUVs mit Anhänger betrachtet. Das Gesamtfahrzeugmodell verfügt hierzu über einen Allradantrieb mit 6-Gang Schaltgetriebe. Als virtuelle Teststrecke wurde der Alpenpass am Stilfser Joch ausgewählt und der Streckenverlauf samt Höhenprofil (vgl. Kapitel 3) importiert (vgl. Abbildung 3).

Abbildung 3: Virtuelle Bergfahrt mit Anhänger am Stilfser Joch

Das integrierte Fahrermodell mit Manöversteuerung [3] wird wie bereits beschrieben eingesetzt, um das Fahrzeugmodell auf der virtuellen Straße zu bewegen. Ebenso wie der erfahrene menschliche Testfahrer im Fahrversuch reale Fahrzeuge bedient sowie mit sämtlichen getesteten Systemen interagiert, interagiert auch das virtuelle Fahrermodell und steuert das virtuelle Fahrzeug. Voraussetzung dafür ist, dass der virtuelle Fahrer vollständigen interaktiven Zugriff auf alle Modelle und Subsysteme hat und sowohl für Open-Loop als auch für Closed-Loop Simulationen eingesetzt werden kann. In Abbildung 4 werden die Hauptfunktionen des Fahrermodells dargestellt.

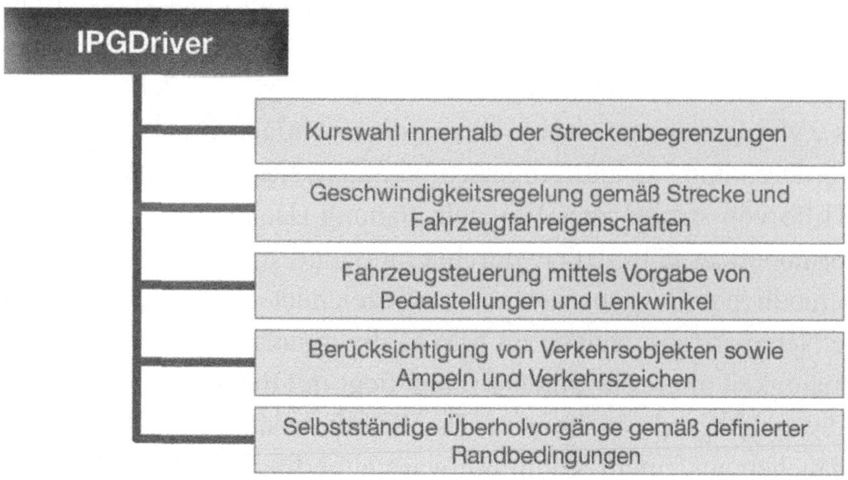

Abbildung 4: Hauptfunktionen des Fahrermodells

Darüber hinaus beinhaltet CarMaker einen Test Manager zur automatisierten Durchführung von Parametervariationen für die durchgängige Anwendung in den Bereichen MIL, SIL und HIL. Um die Parameter zu definieren, kann auf alle im CarMaker verfügbaren Befehle, Modelle, Parameter, Variablen und Daten zugegriffen werden. Dies ermöglicht beispielsweise auch einen Modellaustausch als Teil der Variation. Falls notwendig lassen sich zudem anwenderdefinierte Start-, End- und Simulationscriptprozesse über Tcl/Tk oder MATLAB Scripte ausführen. Der Test Manager bietet außerdem die Möglichkeit, Kenngrößen zu definieren und zu berechnen, mit deren Hilfe die Simulationsergebnisse automatisch ausgewertet werden können. Durch die Definition von Kriterien können Simulationsergebnisse auf einen Blick mit Referenzwerten abgeglichen und bewertet werden. Nach der Testdurchführung werden die Ergebnisse in einem Testprotokoll gespeichert und können auch über Anforderungsmanagement- oder andere Datenmanagementwerkzeuge abgerufen werden – bei Bedarf bereits visuell aufbereitet in Form von Diagrammen. Die Testautomatisierung macht somit eine übersichtliche und effiziente Variation von Parametern möglich und bietet eine zusätzliche Schnittstelle für die gekoppelte Verwendung mit Optimierungs- und DoE-Tools (Design of Experiments). Die Testautomatisierung wurde genutzt, um die in Kapitel 3 beschriebenen Variationsrechnungen durchzuführen.

2.2 Motor- und Kühlkreislaufmodell

Bei den für die Co-Simulation verwendeten GT-SUITE Modellen, welche in die CarMaker-Umgebung als „Slave“ eingebunden wurden, handelt es sich um ein GT-POWER Mittelwert-Motormodell (MWM), sowie ein detailliertes GT-Kühlkreislaufmodell. Das Mittelwertmodell, bestehend aus einem aufgeladenen 4-Zylinder Dieselmotor, wurde hier den genaueren, aber auch deutlich langsameren GT-POWER-Modellen vorgezogen, da in dieser Untersuchung das Ziel einer echtzeitfähigen und ausreichend genauen Simulation über einen weiten Betriebspunktbereich angestrebt wurde. Bei einem MWM wird ein detailliertes Multi-Zylindermodell durch ein Mittelwertmodell eines Zylinders ersetzt, wobei dieses die wichtigen Motorgrößen wie beispielsweise Leistung, Drehmoment und Abgastemperatur weiterhin genau abbilden muss. Dazu wird mit Hilfe von statistischer Versuchsplanung (DoE) eine Analyse mit dem detaillierten Motormodell in GT-SUITE durchgeführt und die motorischen Vorgänge während unterschiedlicher Betriebszustände aufgezeichnet. Auf Basis der DoE werden dann neuronale Netze erstellt, welche im MWM die motorischen Vorgänge abbilden. Die relative Genauigkeit aller relevanten Größen liegt mit dieser Art von Modell bei einer maximalen Abweichung von 10 Prozent. Das Kühlkreislaufmodell besteht neben den Kühlmittelschläuchen aus einem Kühlmittelwärmeübertrager, einem Lüfter, einer mechanischen Wasserpumpe, dem Thermostaten sowie einem vereinfachten thermischen Modell der Motorstruktur. Die Motorstruktur wird dabei durch drei Punktmassen abgebildet: eine Masse für den Motorblock, eine für den Zylinderkopf und eine „innere“ Masse mit direktem Kontakt zum Kühlmittel. Das physikalische Verhalten des Kühlmittelwärmeübertragers wird mit einer dimensionslosen Korrelation beschrieben. Die kühlluftseitige Strömung wird in Abhängigkeit von der Fahrzeuggeschwindigkeit aufgeprägt. Zusätzlich wird die Lüfterdrehzahl in Abhängigkeit von der Kühlmitteltemperatur geregelt, um zusammen mit dem Thermostaten eine bedarfsgerechte Kühlung sicherzustellen. Aufgrund der abgebildeten thermischen Motorstruktur sind mit dem Kühlkreislaufmodell auch transiente Aussagen möglich. Die übergebenen Größen werden im folgenden Kapitel beschrieben. Abbildung 5 zeigt eine Übersicht der verwendeten Modelle.

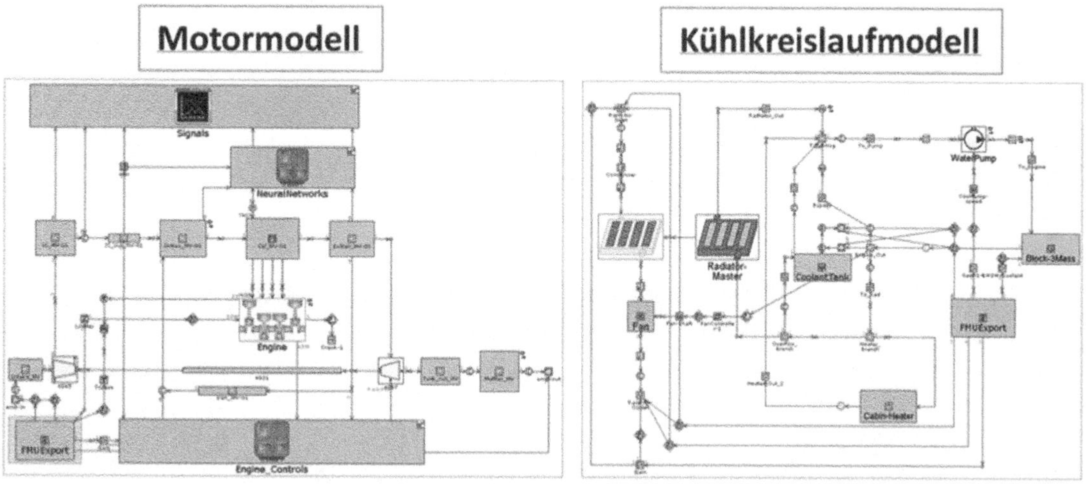

Abbildung 5: Übersicht der verwendeten Modelle für Motor und Kühlkreislauf

Eine Verbindung des Kühlkreislaufmodells zum Motormodell wird mithilfe des „FMUExport"-Templates in GT-SUITE sowie dem „FMU-Plugin"-Interface in CarMaker erzielt. Dadurch können sowohl Variablen während der Simulation empfangen und gesendet, als auch Parameter vor Simulationsstart aus dem Master Tool heraus (CarMaker) im Slave Tool (GT-SUITE) modifiziert werden. Zudem lässt sich eine direkte Verbindung unterschiedlicher FMUs im CarMaker-Plugin-Interface erzielen. Somit kann zum Beispiel direkt die Leistungsaufnahme der über die Kurbelwelle angetriebenen Wasserpumpe im gekoppelten Modell berücksichtigt und das effektiv abgegebene Motormoment entsprechend reduziert werden.

2.3 Aufbau des gekoppelten Simulationsmodells

Das hier gezeigte Beispiel beschreibt die Integration eines GT-SUITE Motor- und Kühlkreislaufmodells in CarMaker als zwei getrennte FMUs. Neben der Motordrehzahl verwendet das Motormodell die Position des Gaspedals und das vom Kühlkreislauf übermittelte Antriebsmoment der Kühlmittelpumpe sowie die Kühlmitteltemperatur als Eingangsgrößen. Als Ausgangsgrößen werden das abgegebene Motormoment, der Kraftstoffverbrauch, der indizierte Mitteldruck (p_{mi}) sowie die Abgastemperatur, der Saugrohr- beziehungsweise Ladedruck und der kühlmittelseitige Abwärmestrom an das

Fahrzeugmodell beziehungsweise direkt an die Kühlkreislauf-FMU übergeben. Das Prinzip der FMU-Integration des Motor- und Kühlkreislaufmodells sowie die übergebenen Größen sind in Abbildung 6 schematisch dargestellt.

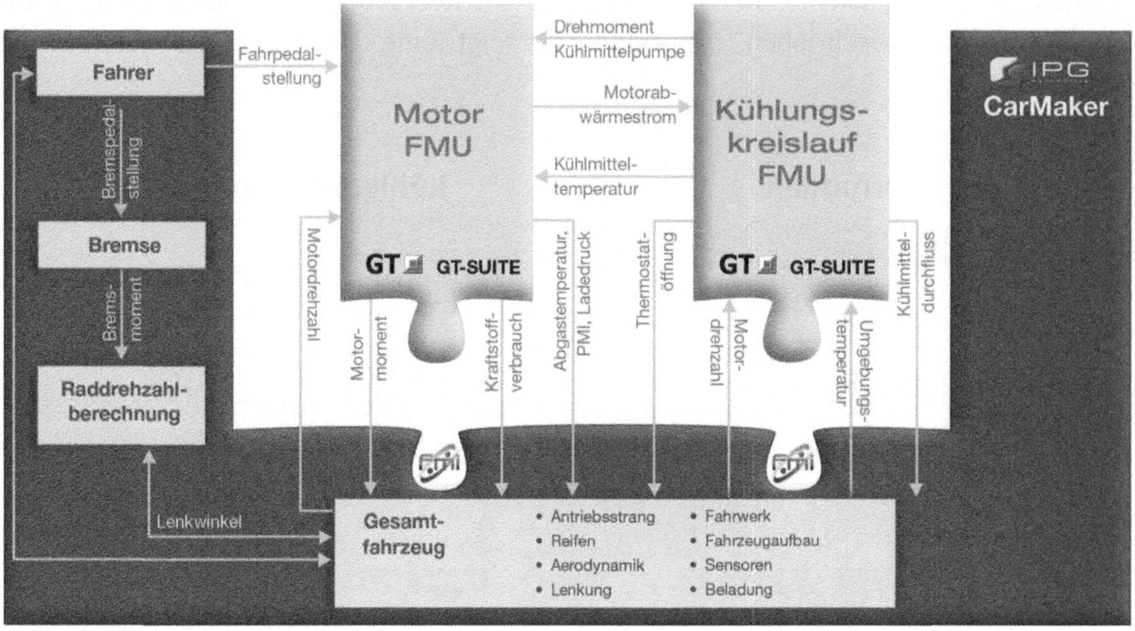

Abbildung 6: Schematische Darstellung des Prinzips der FMU-Integration des Motor- und Kühlkreislaufmodells sowie der übergebenen Größen

Die Functional Mock-up Schnittstelle des CarMaker erlaubt es bei Bedarf auf sämtliche vorliegende Größen des Fahrzeug-, Fahrer- und Umgebungsmodells via DataDictionary zuzugreifen. Auch das Setzen von Konstanten am Eingang einer FMU oder die direkte Verbindung zweier FMUs sind somit möglich. Eine weitere Möglichkeit bieten die sogenannten „RealtimeExpressions". Damit lassen sich am Ein- und am Ausgang der FMU Signalumrechnungen durchführen. Das können zum Beispiel Skalierungen, Mittelwertbildung aber auch trigonometrische Berechnungen sein. Dadurch gewinnt der Anwender Flexibilität beim Einbinden von FMUs ohne einen weiteren Code integrieren oder die FMU erweitern zu müssen. Über „FMU-Plugins", eine grafische Benutzeroberfläche (GUI) zur Einbindung von FMUs, werden die FMU-Signale und Parameter mit den zur Verfügung stehenden CarMaker Signalen und Parametern verbunden. In der GUI sind alle Signale und Parameter der FMUs direkt editierbar und können zum Beispiel auch zur Testautomatisierung oder zum Einsatz externer Optimierungstools [4] benutzt werden.

CarMaker ermöglicht ab Version 4.5 den FMU-Import nach dem Standard FMI Co-Simulation-Standalone [2]. Dabei sind der Modellcode und der Solver gemeinsam in der FMU enthalten. Wichtig für die Einbindung von externen Modellen sind abgestimmte Schnittstellen im Gesamtfahrzeugmodell. Dazu bietet CarMaker im Modul Antriebsstrang verschiedene Schnittstellen, die genutzt werden können, um externe Modelle des gesamten Antriebsstranges oder von einzelnen Komponenten zu integrieren. GT-SUITE verfügt über unterschiedliche Schnittstellen zu IPG CarMaker. Dazu gehört die Kopplung durch S-Funktionen oder via FMI. Diese Optionen ermöglichen es dem Anwender, die Vorteile beider Simulationstools in seiner gewohnten Simulationsumgebung auszunutzen sowie bestehende Modelle in anderen Simulationsumgebungen zu verwenden. In dieser Arbeit wurde die Verknüpfung durch die Verwendung des FMI-Standards umgesetzt. Die aktuelle Version von GT-SUITE V7.5 erlaubt den Export und Import von Modellen als FMU.

Durch die Kopplung von GT-SUITE und CarMaker können neben der Motordrehzahl und Lastanforderung via Fahrpedalwert zusätzliche Variablen im Transientbetrieb aus der 3D-Umgebung an die GT-Modelle übergeben werden. Als Beispiele sind hier unter anderem die Fahr- und Windgeschwindigkeit sowie Umgebungstemperatur und Luftdruck oder sämtliche sonstige im Gesamtfahrzeug- und Fahrermodell vorliegende Größen zu nennen. Die Kombination aus prädiktivem Motor- und Kühlkreislaufmodell zusammen mit dem 3D-Reifen- und Fahrzeugmodell erlauben dem Anwender hier komplett neue Untersuchungsansätze. Im folgenden Kapitel werden einige Ergebnisse von Untersuchungen mit dem gekoppelten Simulationsmodell vorgestellt.

3 Untersuchungen mit dem gekoppelten Simulationsmodell

Mit Hilfe des zuvor beschriebenen Ansatzes lassen sich zum Beispiel auf einfache Weise die Auswirkungen von Anhängerbeladung, Fahrerverhalten, Außentemperatur oder auch der Windverhältnisse auf die Belastung des Antriebsstranges und des Kühlsystems untersuchen. Anhand eines Fallbeispiels wurden entsprechende Untersuchungen durchgeführt und im Folgenden diskutiert. Wie bereits in Kapitel 2.1 beschrieben, basieren alle gezeigten Untersuchungsergebnisse auf Bergfahrten mit Anhänger am Stilfser Joch. Die Strecke ist geprägt von vielen Kurven und einem fast durchgehenden Anstieg bis zur Passhöhe. Das Höhenprofil des für die Simulationen genutzten Streckenabschnitts ist in Abbildung 7 dargestellt.

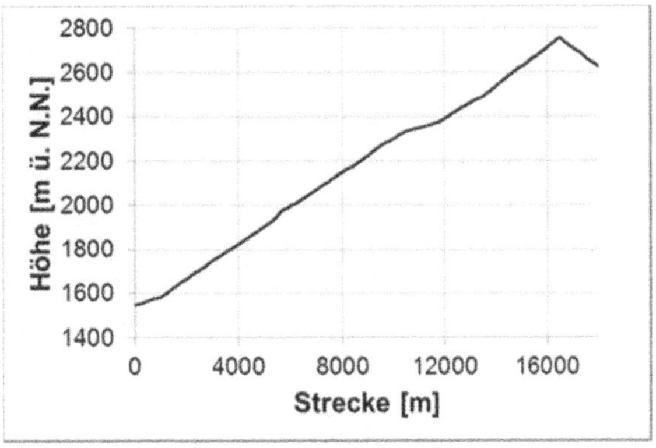

Abbildung 7: Höhenprofil der virtuellen Teststrecke

Im Umgebungsmodell des CarMaker ist die Höhenabhängigkeit von Außentemperatur und Luftdruck berücksichtigt. Ein Offset der Außentemperatur kann dabei zusätzlich sowohl in Abhängigkeit von der Tageszeit als auch entlang der Strecke berücksichtigt werden. In den folgenden Variationsrechnungen wurde jeweils mit einem höhenabhängigen Außentemperaturoffset von -0.0065 K/m gearbeitet.

3.1 Variation der Anhängerbeladung

Die Variation der Anhängerbeladung wurde in Schritten von je 500 kg ausgehend von einem unbeladenen Anhänger bis hin zu einem Anhänger mit einer Ladung von 2500 kg durchgeführt. Abbildung 8 stellt den Verlauf von Motordrehzahl, indiziertem Mitteldruck und Ladedruck im Vergleich zwischen unbeladenem und voll beladenem Anhänger in den ersten 200 Sekunden der Bergfahrt dar. In beiden Fällen zeigt sich der transiente Motorbetrieb, wobei sich mit steigendem Hängergewicht eine erhebliche Zunahme des Motorlastniveaus und ein damit verbunden höheres Ladedruckniveau ergeben. Dieses Verhalten ist zwar nicht verwunderlich, es wird anhand der Simulationsergebnisse jedoch deutlich, wie stark bereits eine Veränderung des Gespanngewichts sowie der Gewichtsverteilung die Belastung des Antriebes und des Kühlsystems beeinflusst. Der Vorteil des virtuellen Fahrversuchs mit Fahrermodell in „closed-loop" besteht hier insbesondere darin, dass die Untersuchungsergebnisse sehr einfach mit der Variation von nur einem Parameter erzielt werden können.

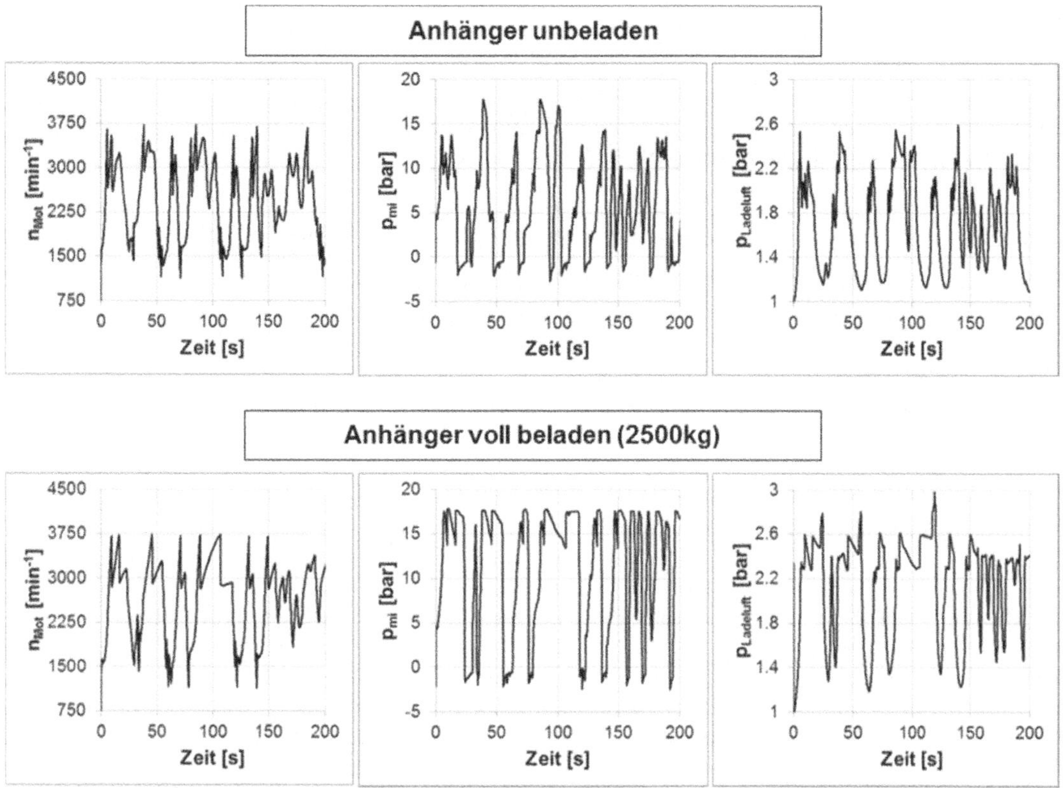

Abbildung 8: Motordrehzahl, indizierter Mitteldruck und Ladedruck im Vergleich zwischen unbeladenem und voll beladenem Anhänger in den ersten 200 Sekunden der Bergfahrt

Die Auswirkungen der Anhängergewichtsvariation auf die Motorkühlmittelaufheizung und den absoluten Kraftstoffverbrauch veranschaulicht Abbildung 9.

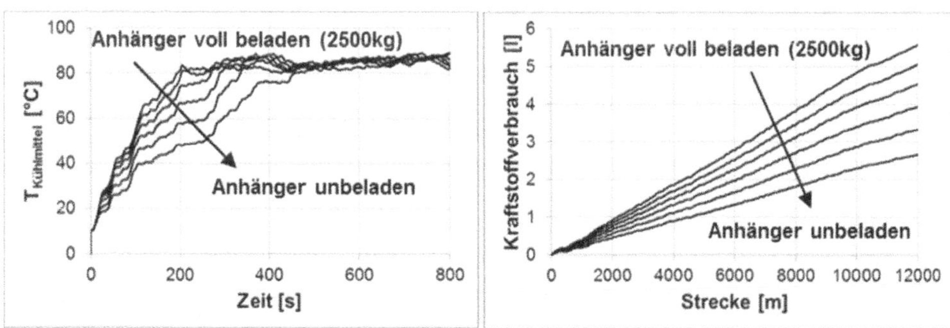

Abbildung 9: Kühlmitteltemperaturentwicklung und absoluter Kraftstoffverbrauch in Abhängigkeit von der Anhängerbeladung

Es zeigen sich hier aufgrund der Lasterhöhung mit steigendem Anhängergewicht eine deutlich verkürzte Aufheizphase des Motors sowie ein deutlich erhöhter Kraftstoffverbrauch, der mit einem Anhängergewicht von 2500 kg auf über den doppelten Wert der

Referenz mit unbeladenem Anhänger ansteigt. Aufgrund der teilweise niedrigen Fahrzeuggeschwindigkeiten stellt die hohe Motorlast eine besondere Belastung des Kühlsystems dar.

3.2 Variation des Fahrerverhaltens

Um beispielhaft und im Vergleich zur Anhängergewichtsvariation auch den Einfluss des Fahrerverhaltens auf die Lastkollektive sowie die Kühltemperaturentwicklung und den Kraftstoffverbrauch zu untersuchen, wurde eine Variation der Parameter des Fahrermodells durchgeführt (vgl. Kapitel 2.1), welche die Dynamik des Fahrers beschreiben (u. a. maximale Längs- und Querbeschleunigung sowie deren Superposition, Pedal- und Gangwechselgeschwindigkeit und Bremsverhalten). Den Einfluss auf Motorlast und -drehzahl zeigt Abbildung 10. Die Variation wurde bei einer konstanten Anhängerbeladung von 500 kg durchgeführt.

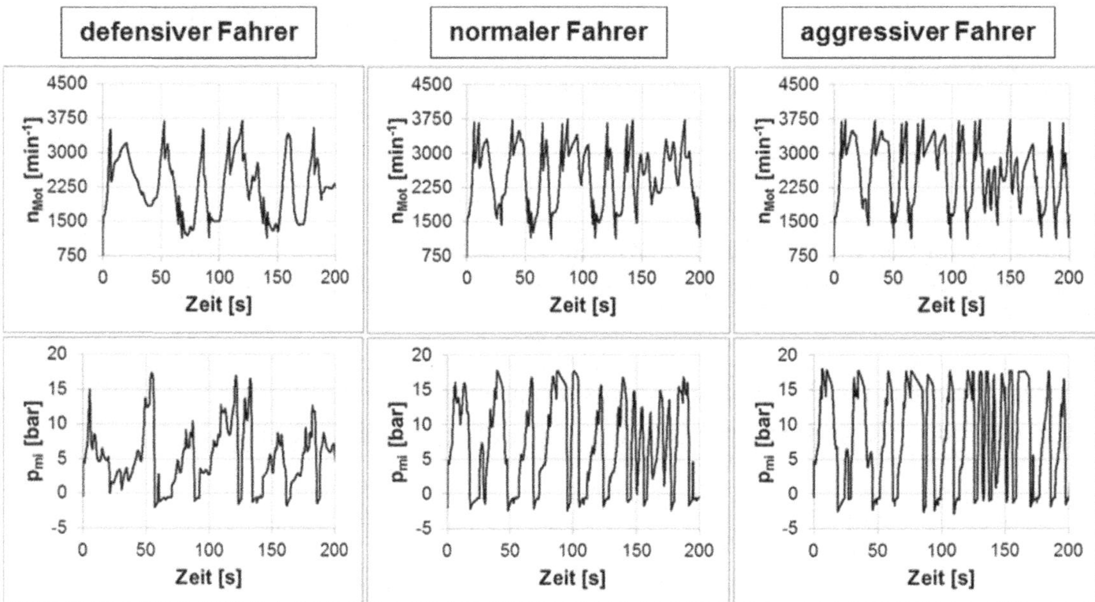

Abbildung 10: Motordrehzahl und indizierter Mitteldruck in Abhängigkeit vom Fahrerverhalten

Die Ergebnisse verdeutlichen, wie stark die Lastkollektive beziehungsweise die dynamische Belastung des Motors vom Fahrerverhalten abhängen. Das Fahrerverhalten ist vor allem vor dem Hintergrund der Betrachtung und Beurteilung von Realemissionen (RDE) und Realverbrauch eine entscheidende Größe, die zu erheblichen Streuungen und Abweichungen führen kann. Dies zeigen auch die Auswirkungen auf den Kühlmittelwärmeeintrag und den Kraftstoffverbrauch (vgl. Abbildung 11).

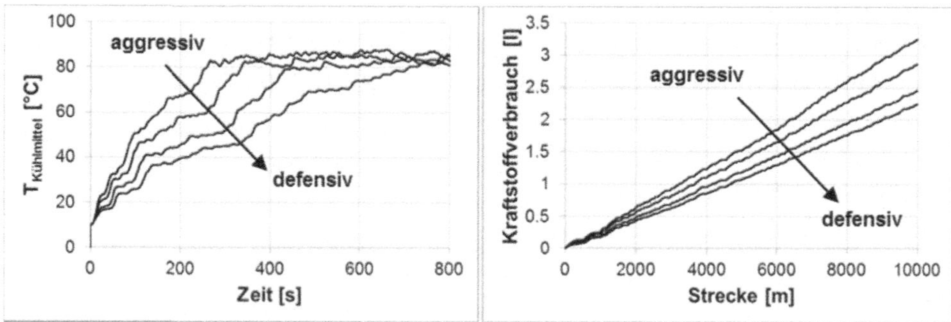

Abbildung 11: Kühlmitteltemperaturentwicklung und absoluter Kraftstoffverbrauch in Abhängigkeit vom Fahrerverhalten

Während bei dynamischer Fahrweise das Kühlmittelthermostat bereits circa 300 Sekunden öffnet, ist die Betriebstemperatur des Motors bei defensiver Fahrweise erst nach rund 800 Sekunden erreicht. Dennoch spart der defensive Fahrer unter den genannten Randbedingungen gegenüber dem aggressiven Fahrer circa 30 Prozent Kraftstoff ein.

3.3 Variation der Umgebungstemperatur und der Windverhältnisse

Abschließend wurde im Rahmen der Variationsuntersuchungen noch der Einfluss der Umgebungstemperatur und Windgeschwindigkeit auf das Kühlsystem untersucht. Hierbei hat sowohl die veränderte Starttemperatur bei den Umgebungstemperaturvariationen (Motor und Kühlmittel hatten zu Beginn jeder Simulationsrechnung das jeweils in der Schrittweite von 10°C vorgegebene Umgebungstemperaturniveau von -10°C bis +30°C) als auch die veränderten Anströmungsbedingungen am Fahrzeugkühler einen Einfluss auf die Kühlmitteltemperaturentwicklung. Abbildung 12 stellt zunächst die aufgrund der Höhenveränderung entlang der Strecke sinkenden Umgebungstemperaturen und Luftdichten über die ersten 600 Sekunden der Bergfahrt dar.

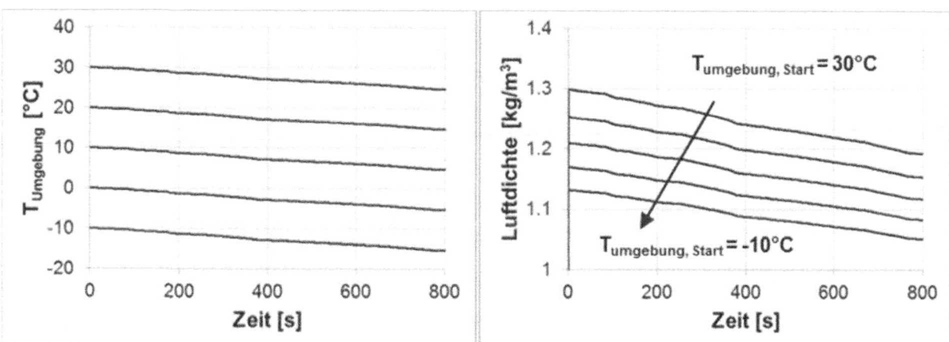

Abbildung 12: Entwicklung der Umgebungstemperatur und der Luftdichte im Verlauf der Bergfahrt

Entsprechend der veränderten Starttemperaturen ergibt sich eine veränderte Kühlmittelaufheizung sowie eine verzögerte Thermostatöffnungscharakteristik. Abbildung 13 veranschaulicht die Verläufe in Abhängigkeit von den Umgebungstemperaturen.

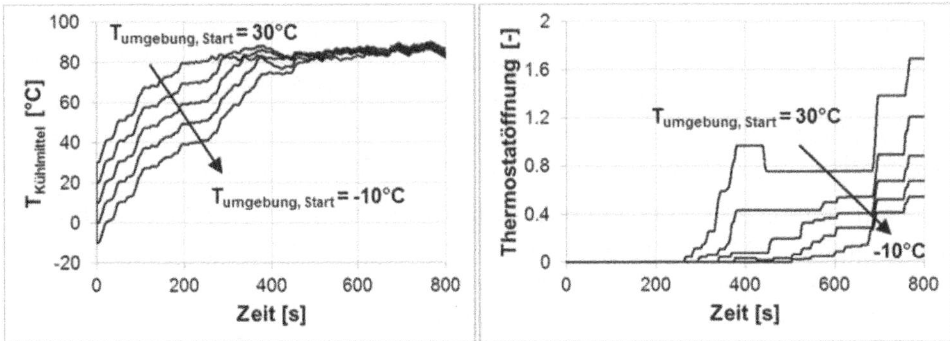

Abbildung 13: Motorkühlmitteltemperaturentwicklung und Thermostatöffnung im Verlauf der Bergfahrt bei unterschiedlichen Umgebungstemperaturen

Die in diesem Fallbeispiel gewählten Modelle für Motor und Kühlkreislauf verfügen weder über ausreichend detaillierte Reibleistungsmodelle noch über eine Berücksichtigung der Motorraumdurchströmung. Es lassen sich daher die Kraftstoffverbrauchsunterschiede bis hin zu tiefen Temperaturen nur eingeschränkt bewerten. Die Untersuchungsergebnisse zeigen jedoch, wie stark die Motorstart- und die Umgebungslufttemperatur sowie deren Entwicklung über die gefahrene Strecke hinweg das thermische Verhalten des Motors beeinflussen. Ein wesentlich geringerer Einfluss auf das thermische Verhalten lässt sich anhand der Variation der Windgeschwindigkeit im Bereich von 0 km/h bis 60 km/h beobachten (vgl. Abbildung 14).

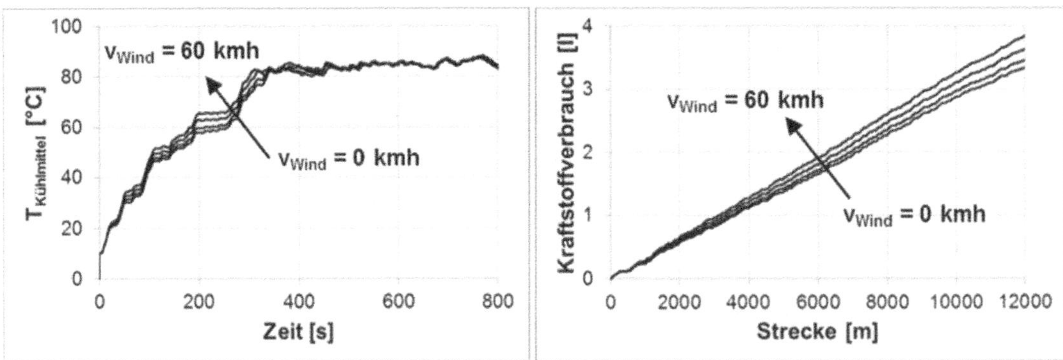

Abbildung 14: Motorkühlmitteltemperaturentwicklung und absoluter Kraftstoffverbrauch in Abhängigkeit von der Windgeschwindigkeit

Für die Untersuchungen wurde jeweils eine konstante Windgeschwindigkeit direkt entgegengesetzt der Fahrtrichtung zu Beginn der Simulation gewählt. Aufgrund des kurvenreichen Streckenverlaufes ergeben sich dadurch auch immer wieder Abschnitte, in denen Rückenwind herrscht. Da sich die Hauptfahrtrichtung im Verlauf der Bergfahrt jedoch nur geringfügig ändert, herrscht überwiegend Gegenwind mit den jeweils vorgegebenen Windgeschwindigkeiten. Die Untersuchungsergebnisse zeigen die durch den erhöhten Luftwiderstand steigende Motorlast sowie den damit verbundenen Mehrverbrauch, der sich im Bereich von maximal 15 Prozent bewegt. Gleichzeitig sind unter Berücksichtigung des limitierten Detaillierungsgrades der für diese zum Aufzeigen des Potentials der Methode des virtuellen Fahrversuchs für Thermomanagementuntersuchungen gewählten Modelle nur vergleichsweise geringe Auswirkungen der Windverhältnisse auf die Kühlmitteltemperaturentwicklung zu erkennen.

4 Zusammenfassung und Ausblick

Die in diesem Beitrag vorgestellte Methode beschreibt die integrierte Verwendung eines detaillierten Motor- und Kühlkreislaufmodells in einem umfassenden Gesamtfahrzeugmodell. Unter Einbeziehung eines Fahrer- und Umgebungsmodells zur Abbildung der virtuellen Strecke können Motor und Kühlsystem im virtuellen Fahrversuch unter realistischen Betriebsbedingungen untersucht werden. Beispielhaft wurde für die Untersuchungen das Szenario einer Bergfahrt mit Anhänger ausgewählt und verschiedene Fahrzeug-, Fahrer- und Umgebungsparameter variiert. Die Untersuchungsergebnisse zeigen, wie stark die Belastung und der Betriebszustand von Motor und Kühlsystem auf ein und derselben Strecke von den verschiedenen Fahrzeug-, Fahrer und Umgebungsparametern abhängen. Im Rahmen der hier dargestellten Untersuchungen mit einem echtzeitfähigen thermischen Motormodell hat sich das große Potential der Methode gezeigt, welches zukünftig durch die Verwendung von detaillierteren Modellen des Motors, Antriebsstranges und der verschiedenen im Fahrzeug vorhandenen thermischen Systeme komplett gehoben werden kann und wodurch sehr gute Vorausberechnungen des thermischen Verhaltens in verschiedensten Realfahrszenarien durchgeführt werden können.

Aufgrund der Echtzeitfähigkeit der gewählten Integrations- und Testplattform inklusive der umfassenden Fahrzeug-, Fahrer- und Umgebungssimulation kann die Methode direkt auch an Prüfständen verschiedenster Art eingesetzt werden, um die Simulation mit realen Komponenten zu verbinden. Besonders vielversprechend ist dabei der Einsatz dieses modellbasierten Testens an voll konditionierten (Temperatur, Druck und Luftfeuchte) Motor-, Antriebsstrang- oder Fahrzeugprüfständen. Somit können Extremtemperaturuntersuchungen oder Höhenerprobungsfahrten, die mit realen Prototypen in der Regel sehr aufwändig und mit hohen Kosten verbunden sind, am Prüfstand unter reproduzierbaren Bedingungen durchgeführt werden. Ein weiterer interessanter Anwendungsfall ist beispielsweise das modellbasierte Testen am transienten Motorprüfstand [5], bei dem wie im hier beschriebenen Fall ein echtzeitfähiges Kühlkreislaufmodell zum Einsatz kommt. Mit Hilfe der am Prüfstand online zur Verfügung stehenden und mit der realen Komponente interagierenden Simulationsergebnisse kann das thermische Systemverhalten realitätsgetreu in verschiedensten Realfahrszenarien abgebildet werden, ohne dass dafür das reale Motorkühlsystem am Prüfstand aufgebaut werden muss.

Zusammenfassend kann festgehalten werden, dass aufgrund der Durchgängigkeit der Methode in einem ersten Schritt gewonnene Simulationsdaten direkt mit Messergebnissen von virtuellen Testfahrten unter exakt gleichen Randbedingungen am Prüfstand abgeglichen und das Systemverhalten untersucht beziehungsweise validiert werden können. Dies wird möglich, da die Methode es ausgehend von rein simulativen Untersuchungen erlaubt, Simulationsmodelle (beispielsweise von Motor oder Kühlkreislauf) ganz oder teilweise durch reale Komponenten zu ersetzen und die Systeme am Prüfstand „in-the-Loop“ [5] auf den gleichen Teststrecken mit identischen Umgebungsrandbedingungen sowie Fahrerverhalten wie zuvor in der Simulation zu testen.

Der Abgleich dieser modellbasierten Prüfstandstests mit realen Straßentests sowie die entsprechende Parametrierung von Fahrzeug- und Fahrermodell passend zum Verhalten des realen Testfahrzeugs und Testfahrers ist abschließend ein wichtiges Instrument, um die genutzten Simulationsmodelle von Motor und Kühlkreislauf weiter zu verbessern und die finale Systemoptimierung und -freigabe durchzuführen.

Bibliographie

1. Ghebru, D.: Modellierung und Analyse des instationären thermischen Verhaltens von Verbrennungsmotor und Gesamtfahrzeug, Dissertation, Karlsruher Institut für Technologie, 2013.

2. N.N.: http://www.fmi-standard.org, Modelica Association, 2015.

3. Wurster, U.; Schick, B.: Substantial Progress of Virtual Driver Skills in Interaction with Advanced Control Systems to meet the new Challenges of Vehicle Dynamics Simulation. AVEC 2010, 10th International Symposium on Advanced Vehicle Control, Loughborough, UK, 2010.

4. Donn, C.; Folie, M.; Bensch, V.; Friebe, J.; Spike, J.; Goossens P.; Schwarz, C.: Concept Analysis & System Design of a Hybrid Electric Vehicle with Virtual Test Driving. 15. Internationales Stuttgarter Symposium, Automobil und Motorentechnik, Stuttgart, 2015.

5. Disch, C.; Koch, T.; Spicher, U.; Donn, C.: Engine-in-the-Loop als Entwicklungswerkzeug für die Emissionsreduzierung im Hybridkontext, Motortechnische Zeitschrift MTZ 10/2014, 2014.

Motor-Thermomanagement – Detaillierte Simulation der Auswirkungen auf Bauteiltemperaturen und Verbrauch im Realbetrieb

Jürgen Knauf, Rüdiger Beykirch, Jörg Lehmann FEV GmbH

1

J. Liebl und C. Beidl (Hrsg.), *VPC – Simulation und Test 2015*,
Proceedings, https://doi.org/10.1007/978-3-658-20736-6_10

1 Einleitung

Wie allgemein bekannt, hat der Gesetzgeber die Verbrauchs- bzw. CO_2-Emissionszielwerte stark reduziert. Dem entsprechend werden große Anstrengungen unternommen, den Kraftstoffverbrauch hinsichtlich des relevanten Fahrzyklus, aktuell der NEFZ für PKW, zu optimieren.

Zur Erfüllung der Zielwerte, werden zunehmend umfangreiche Maßnahmen zur Reibungsreduzierung sowie zur Optimierung des Motor und Fahrzeug-Thermomanagements eingesetzt. Dominierend sind Maßnahmen zur Beschleunigung des Warmlaufs und zur Anhebung der Systemtemperaturen. Die häufigsten Komponenten und Konzepte sind geregelte Wasserpumpen, Split-Cooling-Konzepte und geregelte Thermostate.

Aktuelle Untersuchungen zeigen, dass gemessene Realverbräuche immer stärker von den bislang seitens der Hersteller auf Basis des NEFZ zertifizierten Kraftstoffverbräuchen, abweichen.

In wie weit Thermomanagementmaßnahmen zu einer Kraftstoffverbrauchsreduzierung im Realbetrieb beitragen oder lediglich zu einer Optimierung der Herstellerverbrauchsangaben führen, analysiert die FEV GmbH mit Hilfe simulativer Vergleiche standardisierter und realer Zyklen.

Als Referenz dienen Simulationsergebnisse auf Basis des aktuellen NEFZ und des zukünftigen WLTP. Diese Ergebnisse werden mit einem kurzen, niedriglastigen Zyklus und einem langen, hochlastigen Zyklus (AMS) verglichen. Hauptaugenmerk liegt hierbei auf dem Verglich von Fluid- und Strukturtemperaturen, der Reibungsverläufen einzelner Motorkomponenten und den sich daraus ergebenen Kraftstoffverbräuchen.

2 Aufbau des Thermomanagementmodells

Das ganzheitliche Thermomanagementmodell ist modular aufgebaut und umfasst den gesamten Antriebsstrang, eine detaillierte Beschreibung des Getriebes und alle relevanten Fahrzeugparameter, welche die benötigte Antriebsleistung des Motors beeinflussen. Alle Module bzw. Teilsysteme basieren auf der gleichen Softwareumgebung.

Bild 2.1.1 zeigt die Struktur des Thermomanagementmodell. Es besteht aus den folgenden Teilsystemen:

- Motorprozess
- Motorinternes Kühlsystem inkl. Motormassenmodell
- Fahrzeug Kühlsystem inkl. Kühlerpaket und Luftführung
- Detailliertes Schmiersystem
- Getriebe

- Fahrzeug
- Motorreibung

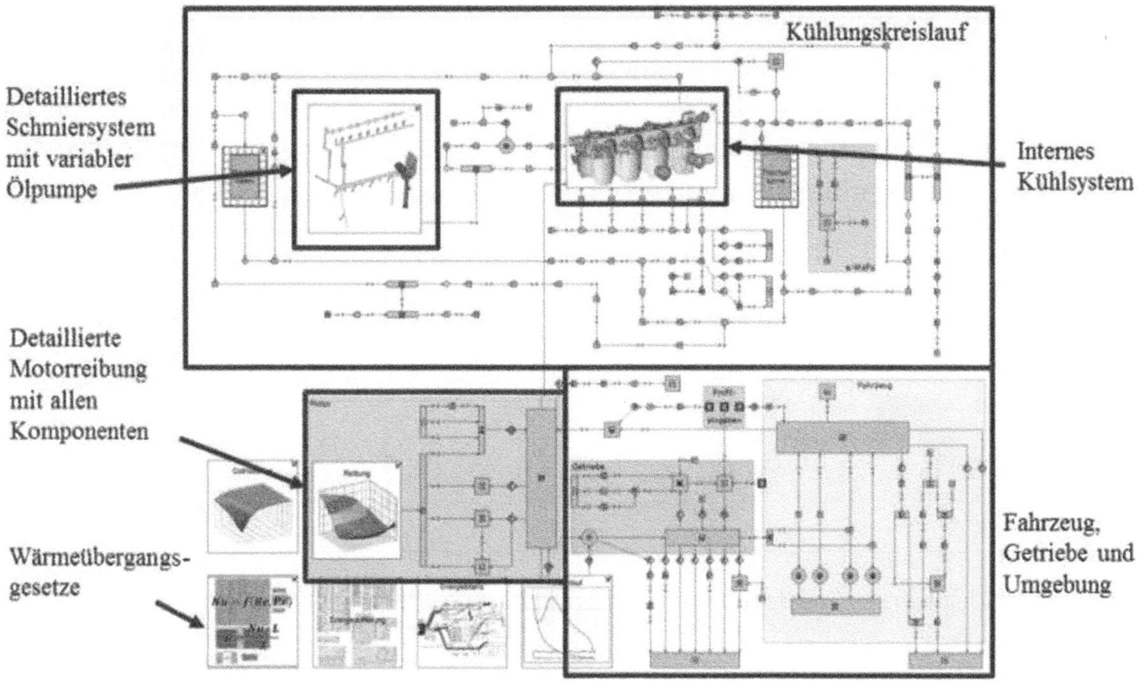

Bild 2.1.1: Modellübersicht inkl. der Teilmodelle

Alle benötigten Parameter und Eingabegrößen jedes Teilsystems werden zentral eingegeben und verwaltet. Hierbei können nicht nur Werte sondern ganze Tabellen hinterlegt werden. Auch lassen sich dort mathematische Zusammenhänge zwischen den Parametern beschreiben. Beim Start der Simulation werden alle Sub-Modelle mit den benötigten Eingangsgrößen zentral versorgt und zeitgleich simuliert. Da die Zeitschrittweite vorgegeben werden muss, verfügen alle Ergebnisse einer Simulation über die gleiche Zeitschrittweite. Mit nur einem Knopfdruck können mehrere Modellvariationen sequentiell berechnet werden. So ist es möglich die Einflüsse unterschiedlicher Fahrzyklen, Fluidstarttemperaturen, Thermomanagement-Maßnahmen oder Regelstrategien innerhalb einer Berechnung zu analysieren. Die Verwendung der gleichen Zeitschrittweite vereinfacht den Vergleich der Ergebnisse unterschiedlicher Simulationen.

Das Teilsystems Motorprozess dient der Berechnung der Gastemperaturen und Wärmeübergangskoeffizienten im Brennraum in Abhängigkeit von der jeweiligen Motorlast, Drehzahl und Zylindergeometrie. Es basiert auf der Simulationsoberfläche „GT-Power©". Die Ergebnisse werden an das Thermomanagementmodell übermittelt und liefern so basierend auf den zeitlich veränderlichen Last- und Drehzahlrandbedingungen die notwendigen thermischen Randbedingungen für die mechanischen Motorkomponenten.

Es hat sich gezeigt, dass zur genauen Berechnung der Energieströme aus dem Brennraum die Abbildung der Komponenten Kolben, Zylinderrohr, Flammdeck und Auslasskanal als Punktmassen nicht ausreichend ist. Die in der Realität existierenden Temperaturgradienten machen eine diskretisierte Beschreibung der Hauptwärmequellen notwendig. Aus diesem Grund beinhaltet das Modell 3D Finite-Elemente Strukturen. Es wird eine Diskretisierung der finiten Elemente verwendet, die eine ausreichend genaue Beschreibung der Wärmeverteilung erlaubt, jedoch zur Bestimmung von lokalen Hot Spots oder zur Überprüfung der zulässigen Bauteiltemperaturen nicht fein genug aufgelöst ist.

Auslasskanal	Flammdeck	Kolben	Zylinderrohr
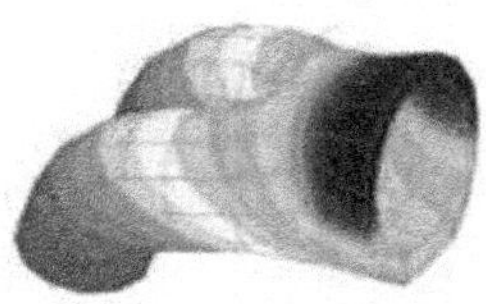	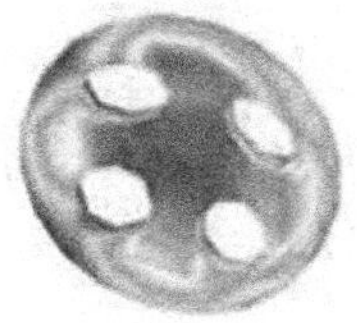		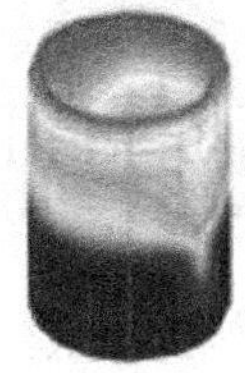

Bild 2.1.2: Beispielhafter Temperaturverlauf der 3D Finite-Elemente Strukturen

Für die übrigen Massen des Motorblocks und des Zylinderkopfes konnte anhand von Rechnungs-Messungsvergleichen gezeigt werden, dass sich eine ausreichend gleichmäßige Erwärmung einstellt, welche die Verwendung von Punktmassen erlaubt.

Für die thermische Interaktion zwischen den Fluiden und den Motormassen, aufgeheizt durch die motorinterne Verbrennung, werden im Modell in Abhängigkeit von den Fluidtemperaturen, Materialtemperaturen, der Temperaturdifferenz und der Strömungsgeschwindigkeit die benötigten Wärmeübergangskoeffizienten berechnet.

Das Teilsystem zur Simulation des Schmiersystems ist in hoher Modellierungstiefe dargestellt und in das Modell eingebettet. Das detaillierte Modell des Schmiersystems umfasst für jeden Ölverbraucher bzw. für jede durchströmte Komponente thermisch variable Druckverlustcharakteristiken. Dies ermöglicht die Berechnung des Öldurchsatzes basierend auf der resultierenden Öltemperatur und Motor- bzw. Ölpumpendrehzahl für den jeweiligen berechneten Zeitschritt. Dadurch ist es möglich, den Einfluss von geregelten Ölpumpen und weiterer Variabilitäten auf den Öldurchsatz zur Bestimmung der hydraulischen und mechanischen Ölantriebsleistung zu berechnen, sowie deren thermische Interaktion mit den Motorstrukturmassen und den anderen Motorfluiden. Schnittstellen zu den Motorstrukturmassen sind die Gleitlager, die die Ölbohrungen umgebenen Motorblock- und Zylinderkopfmassen, der Motorölkühler, das Zylinderrohr, der Kolbenunterboden mittels des Öls aus den Kolbenkühldüsen, die Ölwanne und das Öldeck des Zylinderkopfes.

Die gewonnenen Informationen über die optimale Regelung von variablen Ölpumpen oder Kolbenkühldüsen können bei der Motorinbetriebnahme am Prüfstand verwendet werden und können so zur Reduzierung von Prüfstandzeiten und zur Kostenreduzierung beitragen.

Besonderes Augenmerk verdient der verwendete Ansatz zur Bestimmung der Kolbenbodentemperaturen in Abhängigkeit des Kühlölvolumenstroms aus den Kolbenkühldüsen. Der Kolbenboden ist in mehrere Temperaturbereiche unterteilt und der direkte Wirkungsbereich des Spritzöls von den indirekten Bereichen abgegrenzt. Hinzu kommt, die Abhängigkeit des direkten Wirkungsbereichs des Spritzöls von verschiedenen veränderlichen Parametern wie z.B. der Viskosität oder der Reynoldszahl /5,6/. Für die verschiedenen Bereiche finden im Modell unterschiedliche thermische Gesetze Anwendung, wodurch sich die benötigten Wärmeübergangskoeffizienten zur Bestimmung der Energieflüsse berechnen lassen.

Dies ermöglicht Untersuchungen zur Regelstrategie der Kolbenkühldüsen und deren Einfluss auf die Ölerwärmung während des Fahrzyklus bei gleichzeitiger Betrachtung der erhöhten Ölpumpenantriebsleistung.

Mit dem Thermomanagementmodell lässt sich in Echtzeit für unterschiedliche Fahrzyklen der Einfluss von Thermomanagementmaßnahmen, Regelstrategien, Umgebungstemperaturen oder Veränderung beliebiger Parameter berechnen.

Ergebnisse des Modells sind Kraftstoffverbrauch, Fluidtemperaturen, Bauteiltemperaturen, Wärmeübergangskoeffizienten, Reibungsverläufe, Volumenströme, Systemdrücke und weitere Signale. Alle Ergebnisse werden transient über den gewünschten Zyklus betrachtet und ausgewertet werden. Beispielhaft seien hier Temperaturverteilungen am Zylinderrohr dargestellt (Bild 2.1.3).

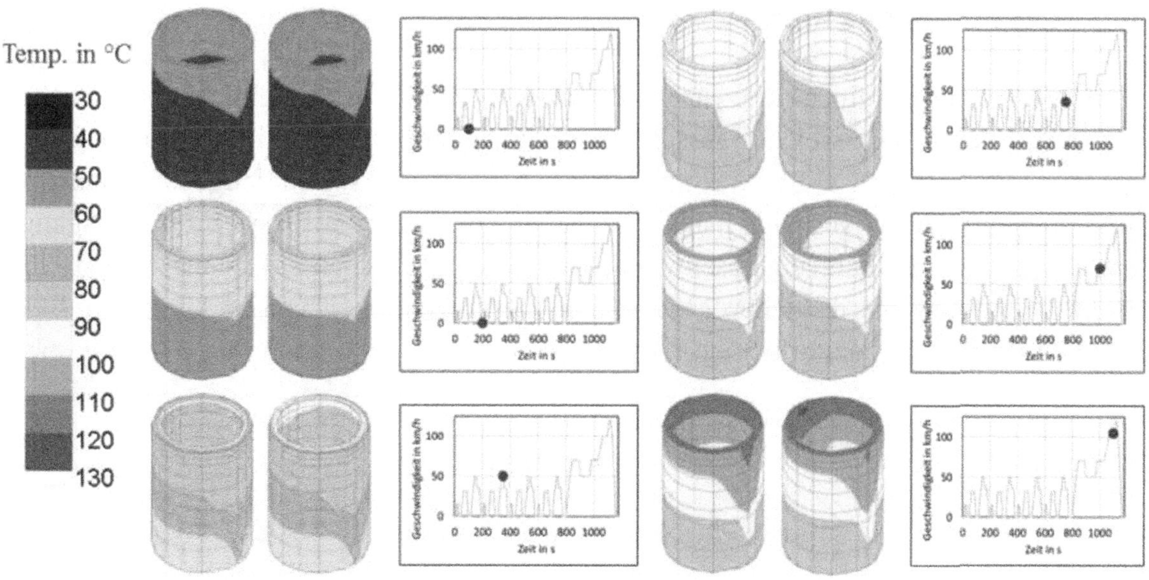

Bild 2.1.3: Beispielhafter Zylinderrohrtemperaturen im NEFZ

3 Fahrzyklen zwischen Theorie und Kundennutzen

3.1 Fahrzyklen als Beurteilungsgrundlage

Als Referenz dienen Simulationsergebnisse auf Basis des aktuellen NEFZ und des zukünftigen WLTP. Diese Ergebnisse werden mit einem kurzen, niedriglastigen Zyklus und einem langen, hochlastigen Zyklus (AMS) verglichen. Start und Umgebungstemperatur der beiden Zyklen ist 20°C.

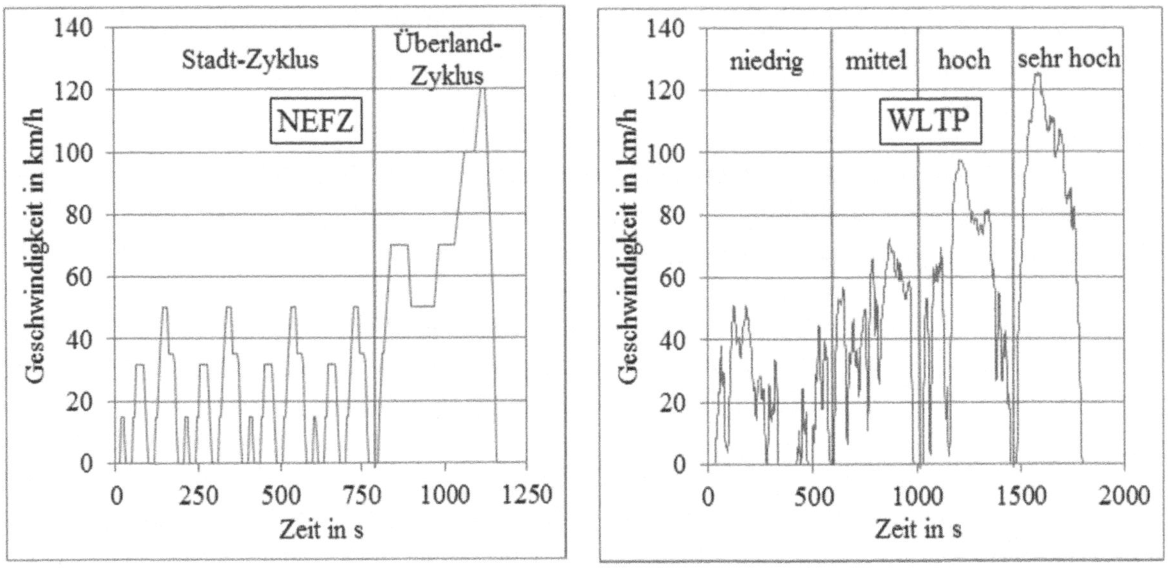

Bild 3.1.1: NEFZ, WLTP

3.2 „Bäcker-Zyklus“

Zum Vergleich mit einem kurzen, niedriglastigen Zyklus wurde ein alltägliches Streckenprofil vermessen, welches ausschließlich innerstädtische stattfindet. Dieser Zyklus hat eine kurze Dauer von 812 Sekunden und umfasst einen 2.2 km langen Teil zum Bestimmungsort, eine 5 Minütige Pause und das umgekehrte Profil zurück zum Ausgangsort. Die zulässige Fahrzeuggeschwindigkeit beträgt über eine Distanz von 1075m 30 km/h und über die restlichen 1125 m eine Geschwindigkeit von 50 km/h. Die Start- und Umgebungstemperatur beträgt 20°C.

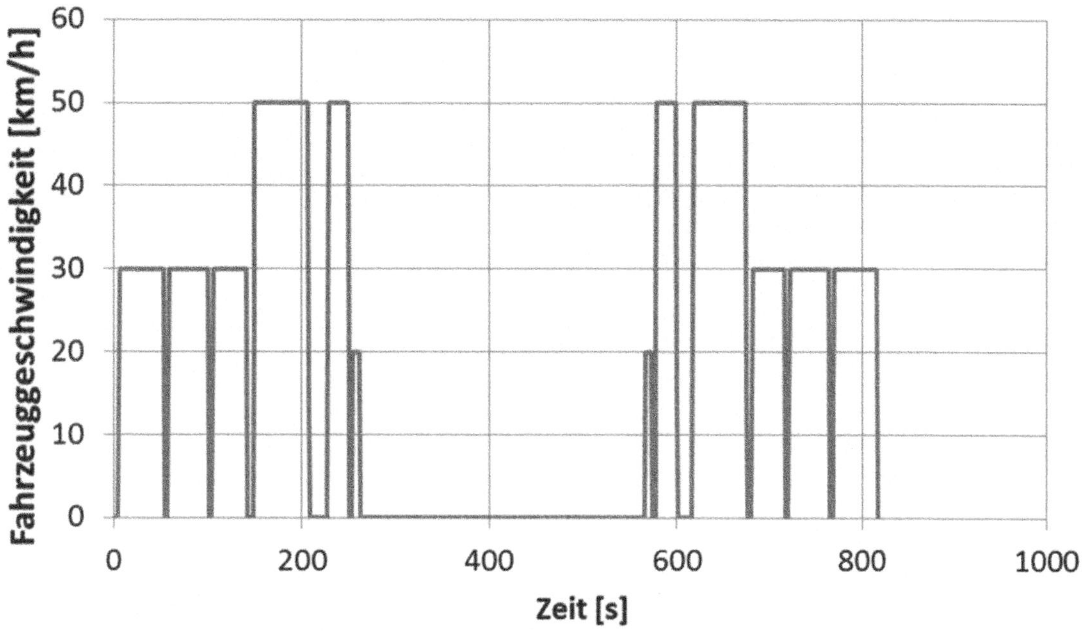

Bild 3.2.1: Geschwindigkeitsverlauf des „Bäcker“ Zyklus

3.3 Auto Motor Sport Zyklus

Als Gegenstück zum niedriglastigen „Bäckerzyklus“ wurde der 87 Minuten andauernde und 98,73 km lange „Auto Motor Sport“ Zyklus betrachtet. Der Zyklus basiert auf einer Strecke, welche in Stuttgart startet und endet. Da die Strecke kaum innerstädtische Anteile hat und in erster Line auf Landstraßen und Autobahnabschnitten basiert, stellt der Zyklus neben seiner längeren Dauer auch höhere Anforderungen bezüglich Leistung und Last an den Motor.

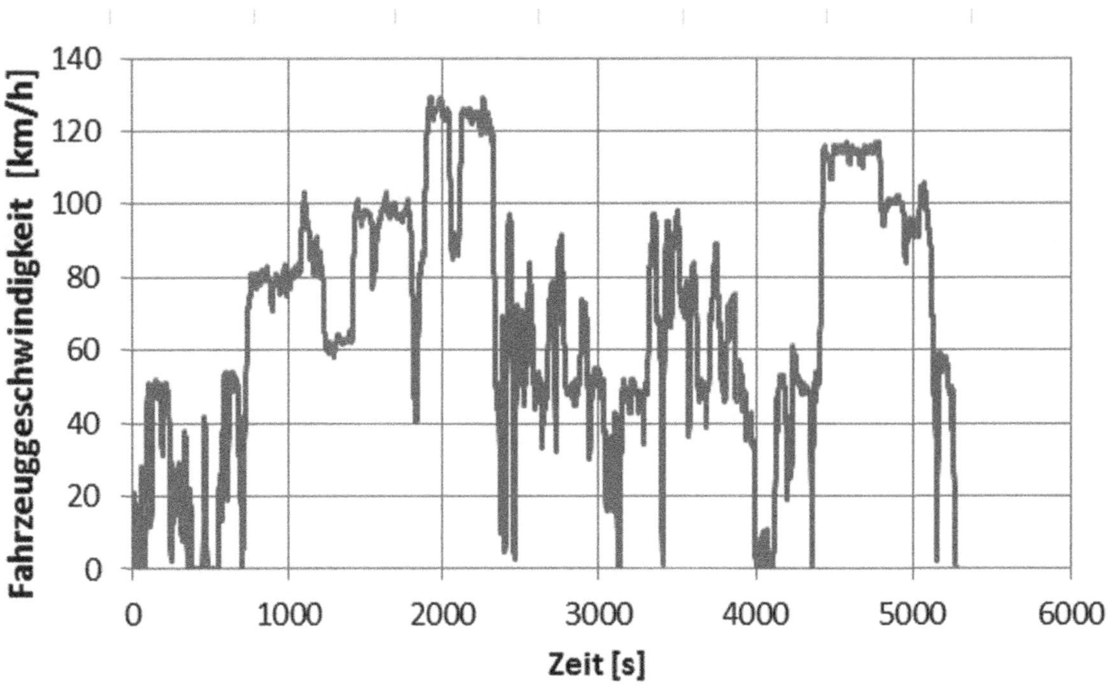

Bild 3.3.1: Geschwindigkeitsverlauf des „AMS“ Zyklus

Neben der Fahrzeuggeschwindigkeit beinhaltet der AMS Zyklus auch ein Höhenprofil, welches ebenfalls Einfluss auf die simulierte Leistungs- und Lastanforderung des Motors hat. Die Start und Umgebungstemperatur für diese Zyklussimulation betrug, wie bei den anderen Zyklen, 20°C.

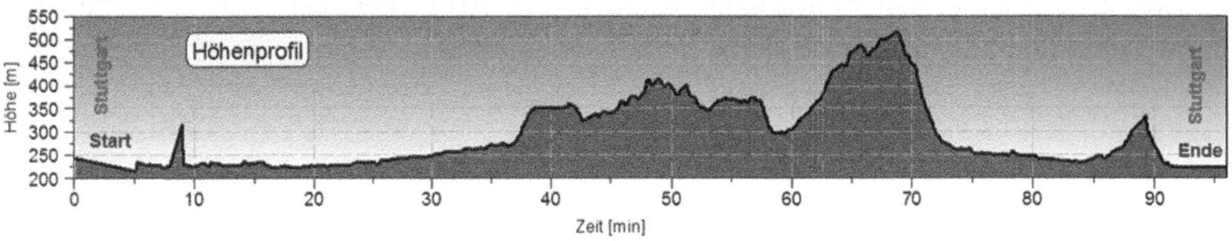

Bild 3.3.2: Höhenprofil des AMS Zyklus

4 Fahrzeugklasse und Motorleistung

Beispielhaft wurde ein Mittelklassefahrzeug mit einer Masse von 1430 kg verwendet. Das Fahrzeug verfügt über einen aufgeladenen 4 Zylinder Ottomotor mit einem Hubraum von 1.8 l und einer maximalen Leistung von 135 kW. Weiterhin kommt ein manuelles 6-Gang Getriebe zum Einsatz.

Thermomanagement durch Modifikationen am Kühlsystem

Im Folgenden werden unterschiedliche verbrauchsreduzierende Thermomanagement-Maßnahmen untersucht, und mit den Basisvarianten NEDC und WLTP verglichen:

- Elektrisch geregeltes Thermostat
- Geregelte Wasserpumpe
- Split Cooling
- Start-Stopp (Ab 60°C Wassertemperatur)

Die detaillierte Auswertung wird auf nachfolgende Auswahl aussagekräftiger Untersuchungskriterien beschränkt:

- Relativverbrauch in %
- Komponentenreibung in bar
- Aufheizkurven für Fluide und Materialien in °C über Zeit

5 Regelstrategien

Bei der Regelstrategie für das Kühlsystem muss die für moderne Downsizing-Motoren immer größere werdende spezifische Belastung von Zylinderkopf und Zylinderkurbelgehäuse berücksichtigt werden. Es ist ein Kompromiss zwischen maximaler Effizienz der Thermomanagementmaßnahmen und zulässiger Bauteilbelastung gefragt.

5.1 Elektrisch geregelter Thermostat

Für die Untersuchungen mit einem elektrischen Thermostaten wird ein System simuliert, welches in Abhängigkeit von Motordrehmoment und Drehzahl die Motorausgangstemperatur (TW1) regelt. Ziel ist es hierbei durch eine Erhöhung der Systemtemperaturen den bestmöglichen Kompromiss zwischen Reibungsreduzierung und negativen Einflüssen auf das Brennverfahren hinsichtlich Klopfen und Verschiebung des Zündzeitpunkts zu erzielen. Auf dieser Basis sind die Zieltemperaturen, dargestellt in Tabelle 5.1.1, entwickelt worden.

Tabelle 5.1.1: Wasserzieltemperaturen des Hauptthermostaten

Drehmoment in Nm	Motordrehzahl in 1/min									
	0	**600**	**1200**	**1800**	**2400**	**3000**	**3600**	**4200**	**4800**	**5400**
0	105	105	105	105	105	105	105	90	90	90
25	105	105	105	105	105	105	100	90	90	90
50	105	105	105	105	105	105	100	90	90	90
75	105	105	105	105	105	100	100	90	90	90
100	105	105	105	105	105	100	95	90	90	90
125	105	105	105	100	100	100	95	90	90	90
145	105	105	100	100	100	95	95	90	90	90
150	100	100	95	95	95	95	90	90	90	90
170	100	95	95	95	95	95	90	90	90	90
175	95	95	90	90	90	90	90	90	90	90
200	95	90	90	90	90	90	90	90	90	90
225	90	90	90	90	90	90	90	90	90	90

Simuliert wurde ein elektrisches Thermostat mit sehr hohem Reaktionsvermögen. Zeitversätze auf Grund von thermischer Trägheit, wie z.B. bei Thermostaten auf Wachsbasis, wurden hierdurch eliminiert. Bild 5.1.2 zeigt exemplarisch die Funktion des verwendeten Ventils.

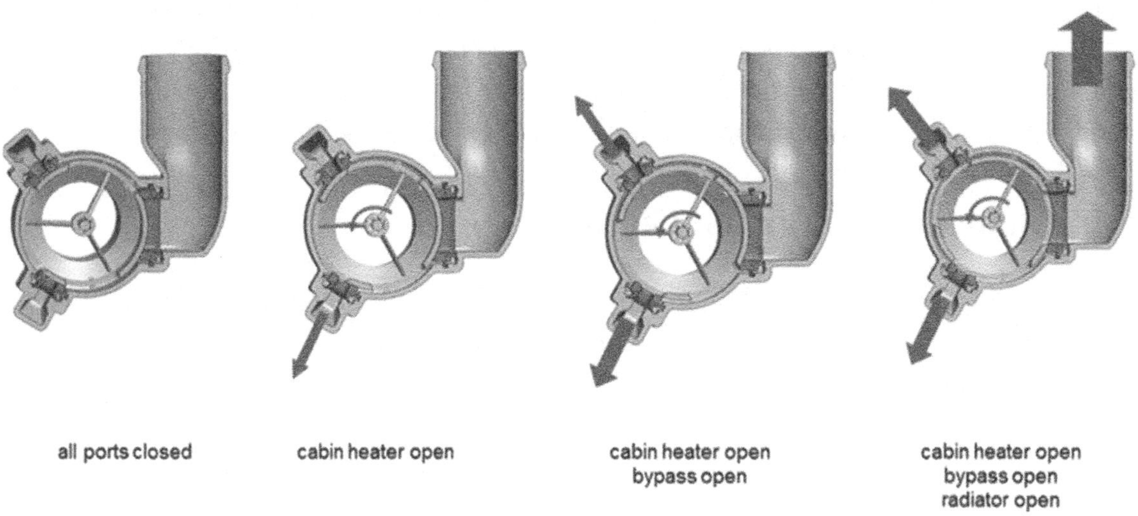

Bild 5.1.2: Exemplarische Darstellung eines elektrischen Thermostaten / 7/

5.2 Split-Cooling

Ziel des Split-Cooling ist die Reduzierung der Kolbenreibung durch Erhöhung der Zylinderrohrtemperatur. Bild 5.2.1. zeigt den Reibungsverlauf des Zielmotors und verdeutlicht den Zusammenhang zwischen Zylinderrohrtemperatur und Kolbenreibung.

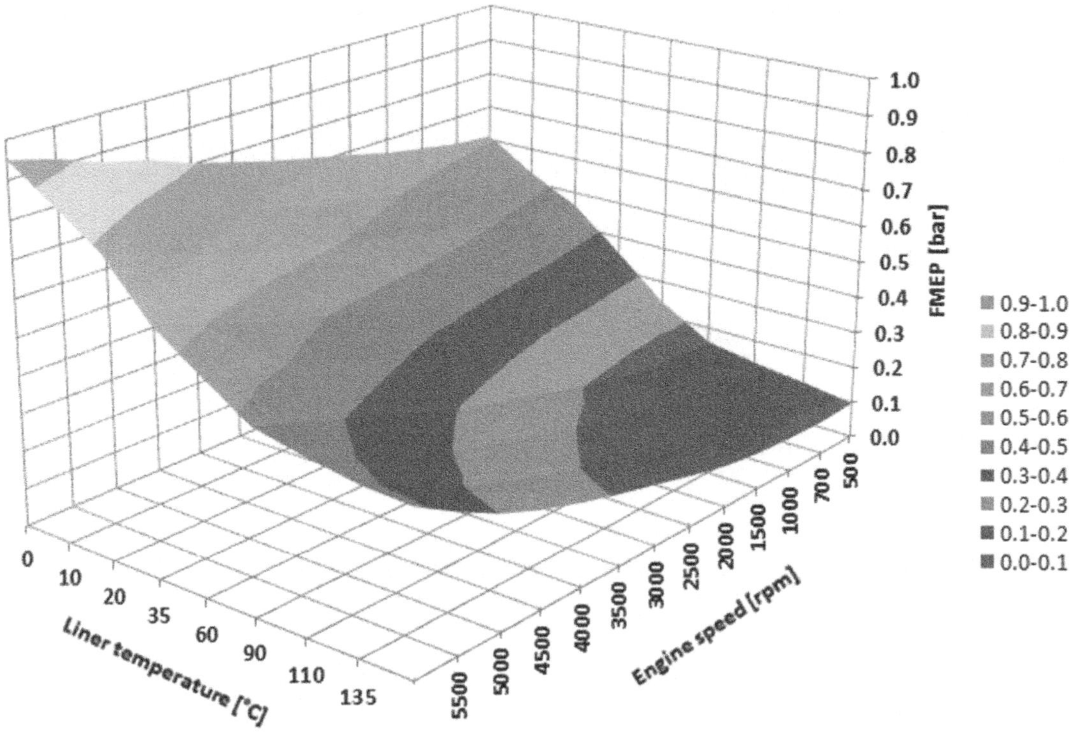

Bild 5.2.1: Kolbenreibung in Abhängigkeit von Temperatur und Drehzahl

Die Darstellung verdeutlicht dass eine Erhöhung der Zylinderrohrtemperatur bis zu ca. 135°C zu einer kontinuierlichen Reduzierung der Reibung führt. Die Erhöhung der Temperatur über 135°C hinaus führt dagegen nur noch zu marginalen Reibungsvorteilen und bei kleinen Drehzahlen, auf Grund von Mischreibungseffekten, sogar zu einem erneuten Anstieg der Reibung.

Die Komplexität sowie das Verbrauchsreduktionspotential von Split-Cooling-Konzepten, stellen sich abhängig von den verwendeten Komponenten sehr unterschiedlich dar.

Bild 5.2.2 zeigt den Vergleich eines einfachen Split-Cooling-Konzeptes auf Basis eines ungeregelten Wachskörperthermostaten mit einem komplexen System mit elektrischem Regelventil und Materialtemperatursensoren.

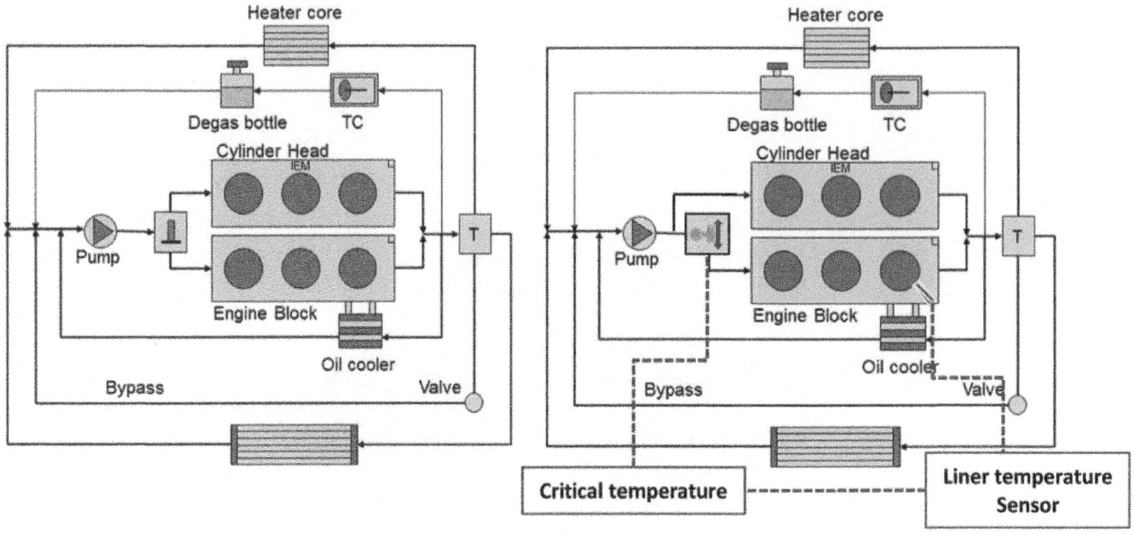

Bild 5.2.2: Split-Cooling-Konzepte unterschiedlicher Komplexität

Die Regelung des Blockventils im einfachen Fall erfolgt ausschließlich auf Basis der Wassertemperatur am Wachskörper. Im Fall eines Blockventils in Form eines elektrisch geregelten Ventils kann auf Basis von Materialtemperaturen und weiterer Signale z.B. Last oder Drehzahl eine direkte und bedarfsgerechte Regelung erfolgen.

Da mittels des komplexen Split-Cooling-Konzeptes die höchsten Verbrauchsreduktionspotentiale erzielt werden können, wurde dieses Konzept für die Simulationen verwendet. Als Regelgröße dient die gemittelte Zylinderrohrtemperatur.

Ähnlich wie auch beim Hauptthermostaten kann die Zylinderrohrtemperatur den Wirkungsgrad des Brennverfahrens beeinflussen. Deshalb wurden Zieltemperaturen des Zylinderrohrs in Abhängigkeit von Drehmoment und Motordrehzahl ermittelt, welche zu keiner negativen Beeinflussung des Brennverfahrens und somit der Kraftstoffverbrauchs führen.

Tabelle 5.2.3. enthält die Zieltemperkennfeld für das Zylinderrohr in Abhängigkeit von Drehmoment und Drehzahl.

Tabelle 5.2.3: Zylinderrohrtemperaturzielwerte für das verwendete Split-Cooling-Konzept

Drehmoment in Nm	Motordrehzahl in 1/min									
	0	600	1200	1800	2400	3000	3600	4200	4800	5400
0	130	130	130	130	130	130	130	130	130	130
25	130	130	130	130	130	130	130	130	130	130
50	130	130	130	130	130	130	130	130	130	130
75	130	130	130	130	130	130	130	130	130	130
100	130	130	130	130	130	130	130	130	130	130
125	130	130	130	130	130	130	130	130	130	130
145	125	125	125	130	130	130	130	130	130	130
150	120	120	120	125	130	130	130	130	130	130
170	115	115	115	120	125	130	130	130	130	130
175	110	110	110	115	120	125	130	130	130	130
200	105	105	105	110	115	120	125	130	130	130
225	100	100	100	105	110	115	120	125	130	130

5.3 Geregelte Kühlmittelpumpe

Wesentlicher Vorteil geregelter Kühlmittelpumpen ist die bedarfsgerechte Kühlmittelversorgung des Motors. Hauptziel ist dabei die Reibungsreduzierung durch Beschleunigung des Motorwarmlaufs. Zusätzlich ergibt sich im Teillastbetrieb eine Reduzierung der Pumpenantriebsleistung. Im Vergleich zum thermischen Effekt ist dieser Aspekt jedoch von untergeordneter Bedeutung. Die Regelstrategien stellen sich im Fall von Wasserpumpen komplexer dar, als im Fall von Split-Cooling oder geregelten Hauptthermostaten. Im Fall geregelter Wasserpumpen werden mehrere Regelgrößen verwendet. Hierbei muss der Bedarf des gesamten Kühlsystems hinsichtlich kritischer Zustände überprüft werden. Im Normalfall bedeutet dies eine Regelung auf die Flammdeck- und Zylinderrohrtemperatur. Je nach Kühlsystem können jedoch zusätzliche Anforderungen von Wärmetauschern, wie z.B. Fahrzeugheizungen oder AGR Kühlern, hinzukommen.

Als Regelgrößen konnten anhand des Simulationsmodells Flammdeck und Zylinderrohrtemperaturen als ausreichend ermittelt werden. Bezüglich der Zylinderrohrtemperaturen wird die gleiche Zielwerttabelle wie beim Split-Cooling verwendet.

Tabelle 5.3.1: Zusätzliche Flammdecktemperaturzielwerte für Wasserpumpenregelung

		Motordrehzahl in 1/min									
		0	600	1200	1800	2400	3000	3600	4200	4800	5400
Drehmoment in Nm	0	125	125	125	125	120	120	115	110	110	110
	25	125	125	125	120	120	115	110	110	110	110
	50	120	120	120	120	115	115	110	110	110	110
	75	120	120	120	115	115	110	110	110	110	110
	100	120	115	120	115	110	110	110	110	110	110
	125	115	115	115	110	110	110	110	110	110	110
	145	115	115	110	110	110	110	110	110	110	110
	150	110	110	110	110	110	110	110	110	110	110
	170	110	110	110	110	110	110	110	110	110	110
	175	110	110	110	110	110	110	110	110	110	110
	200	110	110	110	110	110	110	110	110	110	110
	225	110	110	110	110	110	110	110	110	110	110

Die Zieltemperaturen für das Flammdeck sind ebenfalls so ausgelegt, dass die Systemtemperaturen soweit wie möglich angehoben werden können, ohne jedoch das Brennverfahren negativ zu beeinflussen. Die genauen Zielwerte in Abhängigkeit von Drehmoment und Motordrehzahl sind in der Tabelle 5.3.1 dargestellt.

6 Simulationsergebnisse

Als Referenz werden die Verbrauchsreduktionspotentiale der einzelnen Thermomanagementmaßnahmen auf Basis des NEFZ und des WLTP berechnet und nachfolgend mit den Potentialen des AMS- und „Bäcker“-Zyklus verglichen.

6.1 NEFZ

Basierend auf den Simulationsergebnissen des NEFZ ergeben sich für die einzelnen Verbrauchsreduzierenden Maßnahmen unterschiedliche Potentiale. Die prozentualen Verbrauchspotentiale sind in Diagramm 6.1.1 dargestellt.

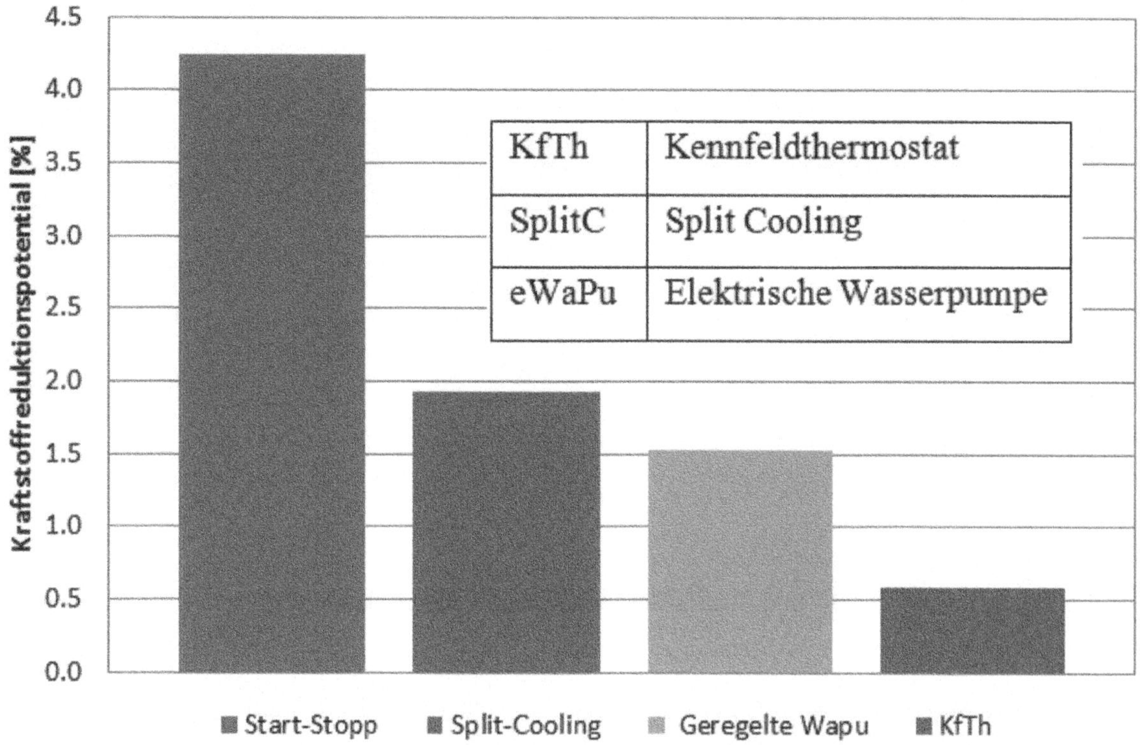

Bild 6.1.1: Verbrauchsvorteile im NEFZ

Auf Grund der hohen Leerlaufanteile im NEFZ ergibt sich für Start-Stopp mit über 4% das größte Reduktionspotential. Die Vorteile des Split-Cooling liegen dagegen mit 1.93% auf leicht höherem Niveau als die der geregelten Kühlmittelpumpe mit 1,53%. Der Kennfeldthermostaten zeigt mit 0,58% das geringste Potential auf. Dies ist dadurch zu erklären, dass das Kennfeldthermostat erst nach Beendigung des Motorwarmlaufs (644 Sekunden in der Basisvariante) eine Erhöhung der Systemtemperaturen und somit eine Reibungsreduzierung erreichen kann. Auf Grund der geringen Zyklusdauer von 1180 Sekunden ergibt sich für den Kennfeldthermostaten lediglich eine Wirkungsdauer von 536 Sekunden.

Die resultierenden Kühlmittel-, Öl- und Strukturtemperaturen sind in Diagramm 6.1.2 dargestellt. Entsprechend der Regelstrategien der Thermomanagementkomponenten ergeben sich große Unterschiede bezüglich der Struktur- und Kühlmitteltemperaturen.

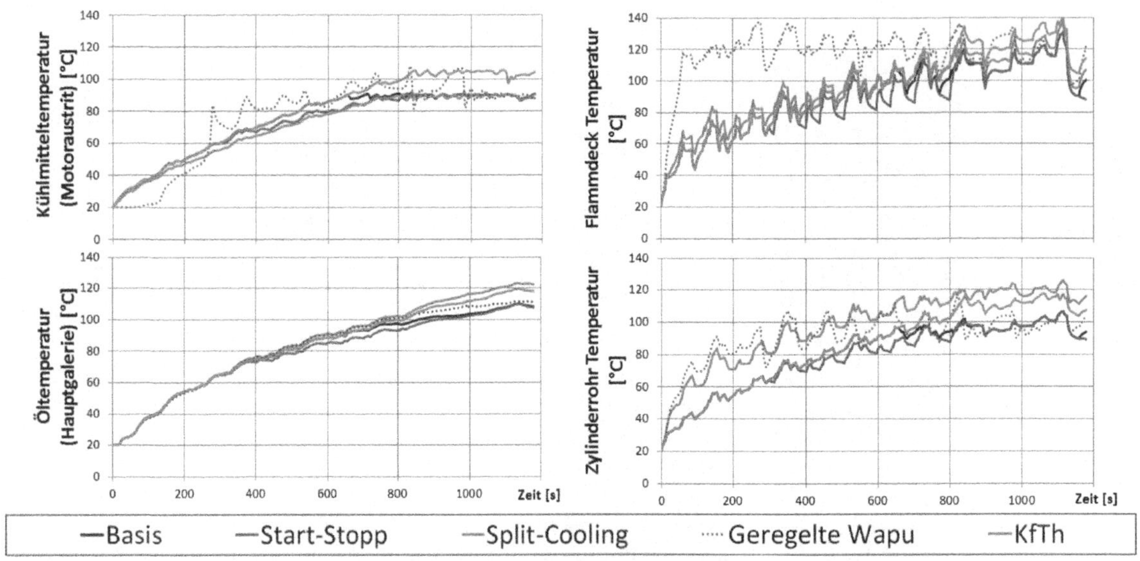

Bild 6.1.2: Kühlmittel-, Öl- und Strukturtemperaturen während des NEFZ

Am auffälligsten sind die Temperaturen im Fall der geregelten Kühlmittelpumpe, da es durch eine Komplettabschaltung während der ersten 124 Sekunden zu einer extrem schnellen Erwärmung kommt. Im Fall des Split-Cooling erfolgt eine erste Öffnung des Blockventils erst nach 704 Sekunden. Beim Vergleich mit der geregelten Kühlmittelpumpe fällt auf, dass in der Abschaltungsphase höhere Flammdeck aber auch Zylinderrohrtemperaturen erreicht werden können. Jedoch kann das Split-Cooling über die Dauer des Zyklus die Zylinderrohrtemperatur weiter steigern und so die Kolbenreibung während der gesamten Dauer reduzieren.

Entsprechend der Fluid- und Strukturtemperaturen ergeben sich unterschiedliche Reibungsniveaus. Bild 6.1.3. zeigt die Gesamtmotorreibung und die Reibung der Kolbengruppe über die Dauer des Zyklus.

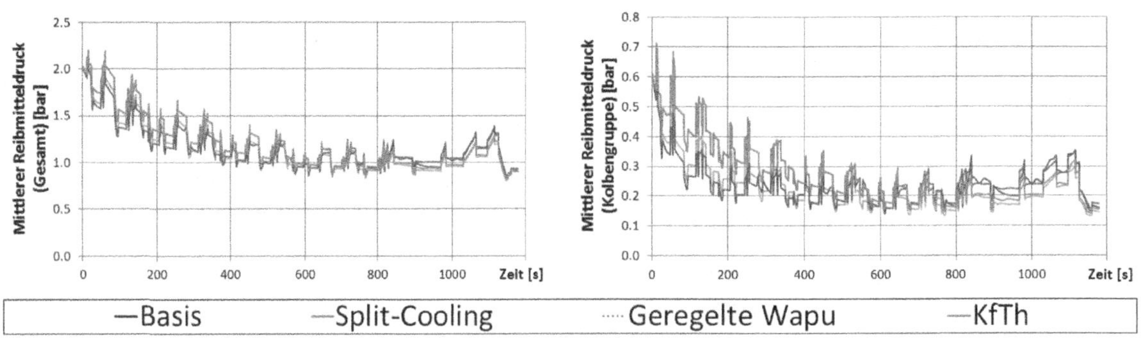

Bild 6.1.3: Gesamtmotorreibung und Kolbengruppenreibung während des NEFZ

Auffällig ist, dass die Trends der einzelnen Thermomanagementmaßnahmen bezüglich der Gesamtmotorreibung und der Kolbengruppe identisch sind. Zu erklären ist dies an dem großen Anteil der Kolbenreibung von ca. 25 – 30% an der Gesamtmotoreibung. Anhand des Kolbenreibungsverlaufs wird deutlich, dass die geregelte Kühlmittelpumpe zu Beginn des Zyklus das höchste Potential zur Reibungsreduzierung besitzt. Über die Zyklusdauer vermögen die übrigen Thermomanagementmaßnahmen die Reibung kontinuierlich weiter zu reduzieren.

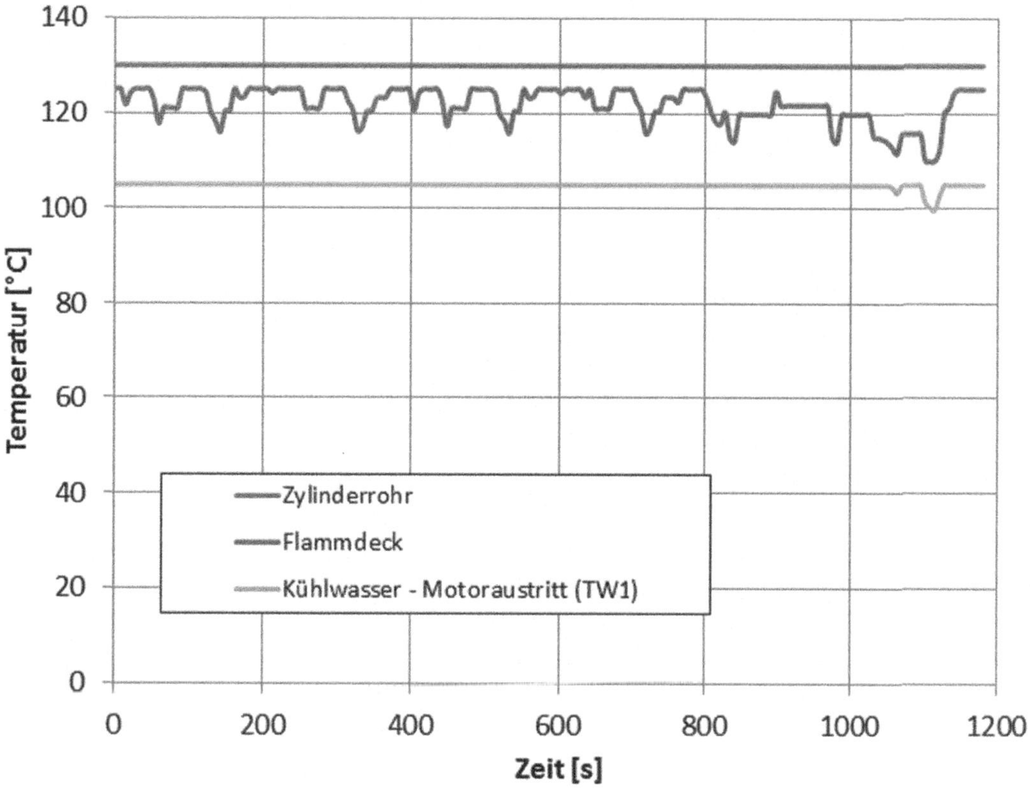

Bild 6.1.4: Regeltemperaturen während des NEFZ

Anhand der NEFZ Ergebnisse lässt sich bereits erkennen, dass die Dauer des Zyklus und somit der Zeitrahmen, in welchem die Thermomanagementmaßnahme aktiv den Wärmehaushalt des Motors beeinflusst, von entscheidender Bedeutung hinsichtlich des Verbrauchspotentials ist.

Ein weiterer Indikator hinsichtlich Verbrauchsoptimierung sind die Temperaturniveaus der Regelgrößen. Bild 6.1.4. zeigt die Zieltemperaturen während des gesamten Fahrzyklus. Auffällig ist, dass die Zieltemperaturen im Fall des Splitt-Cooling und Kennfeldthermostaten fasst unverändert auf dem maximalen Niveau gehalten werden können, wogegen die Flammdecktemperaturen schon bei geringen Laständerungen, zur Vermeidung von negativen Effekten bezüglich des Brennverfahrens, reduziert werden müssen.

6.2 WLTP

Der WLTP Zyklus ist im Vergleich zum NEFZ etwas höherlastiger und 620 Sekunden länger. Bei der Betrachtung der Verbrauchsreduktionspotentiale, dargestellt in Bild 6.2.1, fällt auf, dass das Potential des Split-Cooling auf einem ähnlich hohem Niveau liegt, wie im Fall des NEFZ. Dagegen zeigen sich für den Kennfeldthermostaten und die geregelte Kühlmittelpumpe gegenläufige Veränderungen.

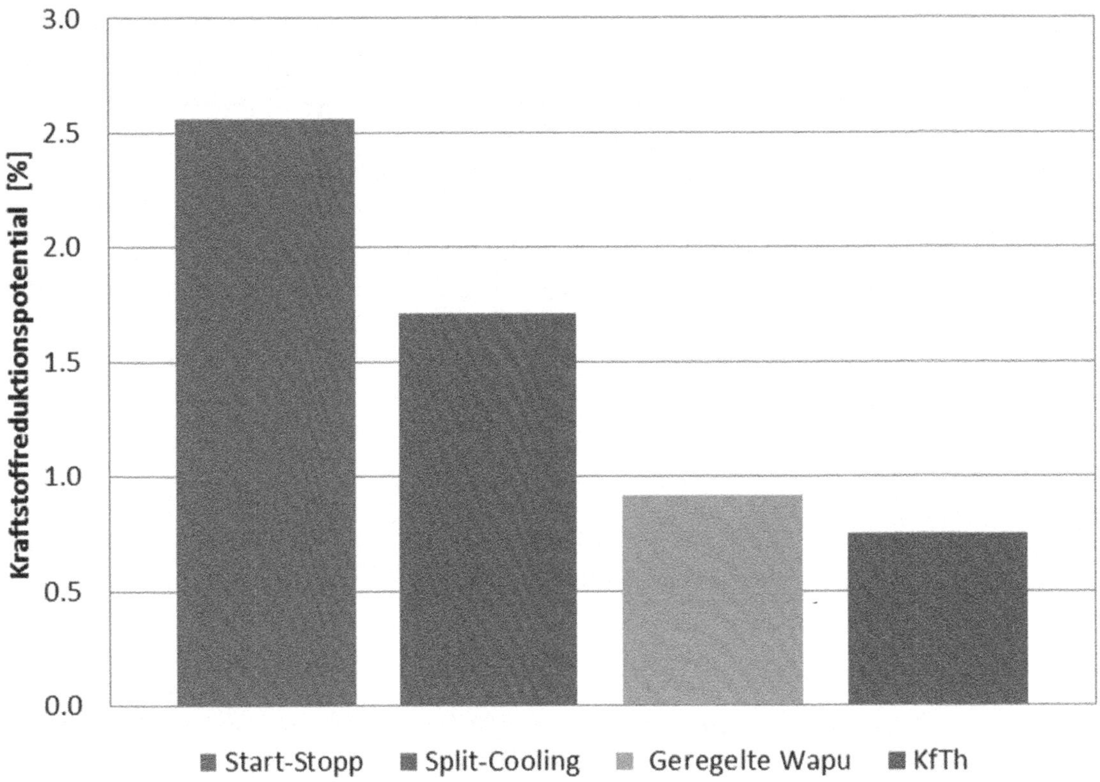

Bild 6.2.1: Verbrauchsvorteile im WLTP

Die Temperaturverläufe der Motorfluide und Strukturen zeigen im Verglich zum NEFZ, auf Grund der ähnlichen Lasten zu Anfang des Zyklus, einen sehr ähnlichen Motorwarmlauf. Im Warmlauf der Basisvariante tritt ein erstes Öffnen des Hauptthermostaten nach 692 Sekunden auf. Bild 6.2.2. beschreibt die Öl, Kühlmittel, Flammdeck und Zylinderrohrtemperaturen über der Zyklusdauer von 1800 Sekunden.

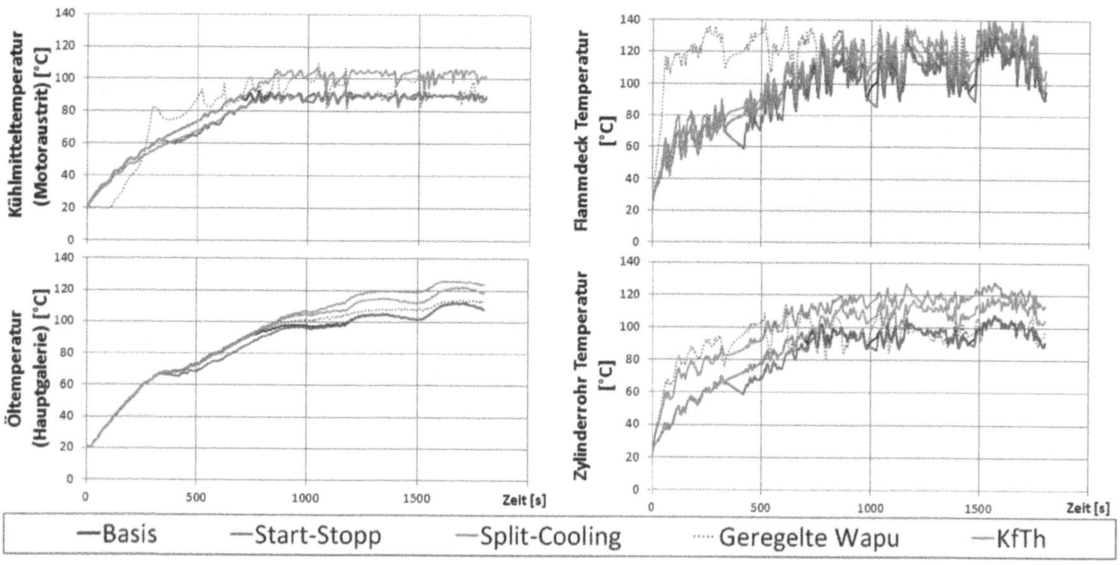

Bild 6.2.2: Kühlmittel-, Öl- und Strukturtemperaturen während des WLTP

Die Simulationsergebnisse zeigen im Fall der geregelten Kühlmittelpumpe eine mögliche Abschaltdauer von 112 Sekunden. Während dieser Zeit ergeben sich, ähnlich wie beim NEFZ, sehr schnell hohe Flammdeck- und Zylinderrohrtemperaturen. Im Fall des Split-Cooling zeigt sich eine erste Öffnung des Blockwassermantels nach 617 Sekunden. Während dieser Zeit treten am Motoraustritt reduzierte Kühlmitteltemperaturen im Vergleich zur Basis auf. Nach dem Öffnen des Blockventils gleichen sich die Kühlmitteltemperaturen jedoch wieder an. Zusätzlich ergibt sich ein beschleunigter Warmlauf der Zylinderrohre, wodurch die Kolbenreibung über die gesamte Dauer des Zyklus reduziert werden kann.

Auf Grund der längeren Zyklusdauer, erweitert sich die Wirkungsdauer des Kennfeldthermostaten auf 1108 Sekunden. Hierdurch ergibt sich eine zusätzliche Verbrauchsreduzierung von 0,16% auf 0,75%.

6.3 Bäcker Zyklus

Der Bäckerzyklus beschreibt ein sehr kurzes, niedriglastiges Fahrprofil mit einer 5- minütigen Unterbrechung. Dies spiegelt die Situation eines Kurzeinkaufs, z.B. beim Bäcker, wieder. In der 5-minütigen Unterbrechung ist der Motor ausgeschaltet und verliert Energie an die 20°C warme Umgebung.

Die Simulationsergebnisse bezüglich der Fluid- und Strukturtemperaturen, dargestellt in Bild 6.3.1, zeigen, dass während des gesamten Zyklus die Öffnungstemperatur des Hauptthermostaten nicht erreicht wird. Dementsprechend ergibt sich keine Beeinflussung der Motortemperaturen durch den Kennfeldthermostaten.

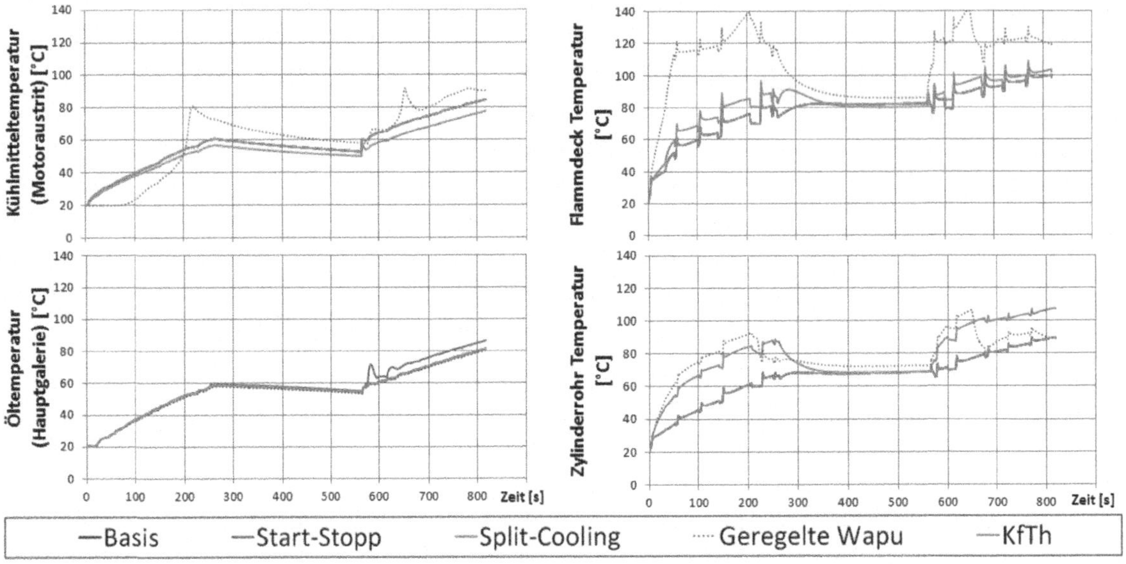

Bild 6.3.1: Kühlmittel-, Öl- und Strukturtemperaturen während des Bäcker-Zyklus

Durch die geringen Kühlmitteltemperaturen und einer benötigten Starttemperatur von 60°C, kann Start-Stopp erst ab der 251ten Sekunde verwendet werden. Es zeigt sich, dass im Fall des Bäcker-Zyklus lediglich durch die geregelte Kühlmittelpumpe und Split-Cooling die Strukturtemperaturen beeinflusst werden können.

Durch die geringen Lasten kann die geregelte Kühlmittelpumpe für 197 Sekunden gänzlich abgeschaltet werden und erreicht ähnliche Flammdecktemperaturen wie auch während des NEFZ oder des WLTP. Die resultierenden Zylinderrohrtemperaturen erreichen dagegen auf Grund der geringen Lasten und der kurzen Zyklusdauer deutlich niedrigere Werte.

Im Fall des Split-Cooling ergeben sich über den gesamten Zyklus geringere Kühlmitteltemperaturen am Motoraustritt. Auch ist ein Öffnen des Blockventils erst ab der 680 Sekunde notwendig. Durch die späte Öffnung kann sich die Kühlmitteltemperatur nicht mehr dem Basisniveau angleichen.

Während der 5-minütigen Pause verlieren die Motorstrukturen bereits gespeicherte Energie an den Wassermantel im Zylinderkopf und Motorblock und gleichen sich den dortigen Kühlmitteltemperaturen an.

Bild 6.3.2. zeigt die Potentiale der Thermomanagementmaßnahmen hinsichtlich ihrer Verbrauchsreduzierung. Entsprechend der Strukturtemperaturen ergibt sich für den Kennfeldthermostaten kein Vorteil. Das Reduktionspotential durch Start-Stopp fällt mit ca. 1,5% deutlich geringer aus als für die vorherigen Zyklen. Auffällig ist das mit 2,3% große Reduktionspotential der geregelten Kühlmittelpumpe. Das Potential des Split-Cooling ist dagegen auf ähnlichem Niveau wie im NEFZ.

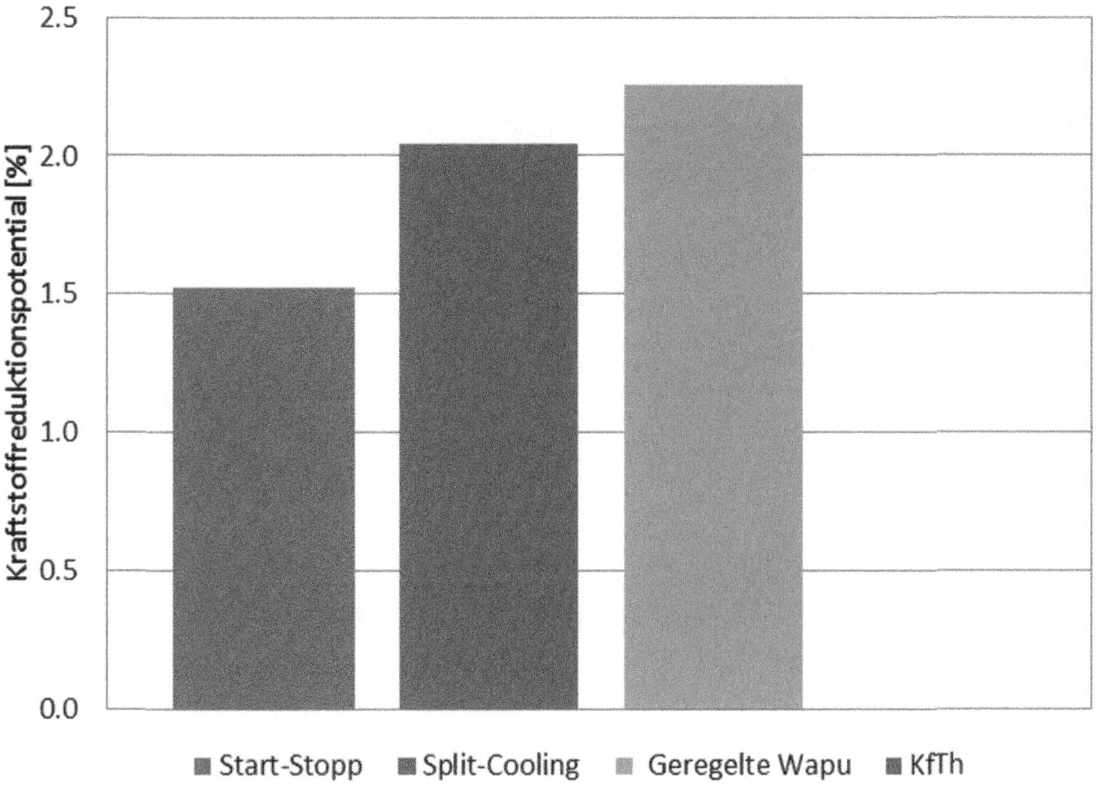

Bild 6.3.2: Verbrauchsvorteile im Bäcker-Zyklus

Ein weiteres Ergebnis ist die kumulierte Energieverteilung über den gesamten Zyklus in Form eines Sankey Diagramms.

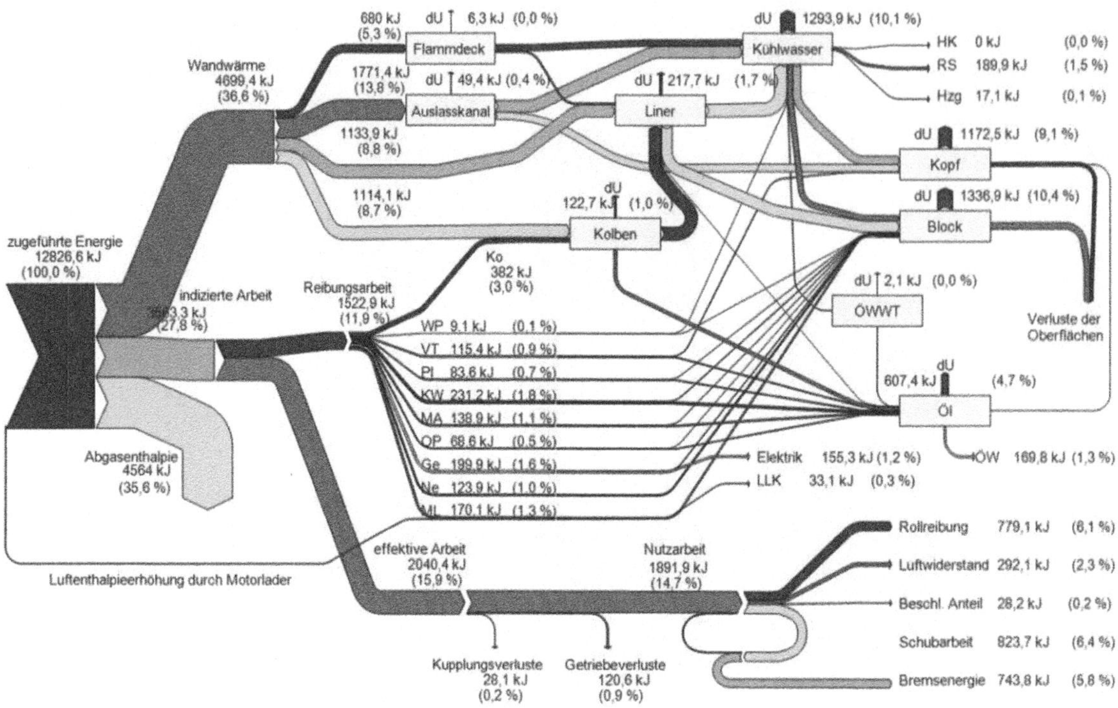

Bild 6.3.3: Basis-Energieverteilung im Bäcker-Zyklus (Sankey Diagramm)

Für den kurzen Zyklus ergeben sich ein auffallend hoher Anteil an Wandwärmeverlusten und ein geringer Anteil an effektiver Arbeit. Grund hierfür ist die Warmlaufphase, welche über den gesamten Zyklus nicht abgeschlossen werden kann. Dementsprechend ergibt sich ein großer Reibungsanteil an der induzierten Arbeit.

6.4 Auto Motor Sport Zyklus (AMS)

Der AMS Zyklus zeichnet sich im Vergleich zum NEFZ und WLTP Zyklus durch höhere Lasten, eine deutlich längere Strecke und eine dem entsprechend größere Dauer aus. Zusätzlich ist der Leerlaufanteil deutlich reduziert. Der AMS-Zyklus beschreibt eine etwa 1,5-stündige Überlandfahrt mit Autobahnanteilen. Dieser Zyklus entspricht einer typischen Reise zwischen zwei größeren Städten ohne Pause.

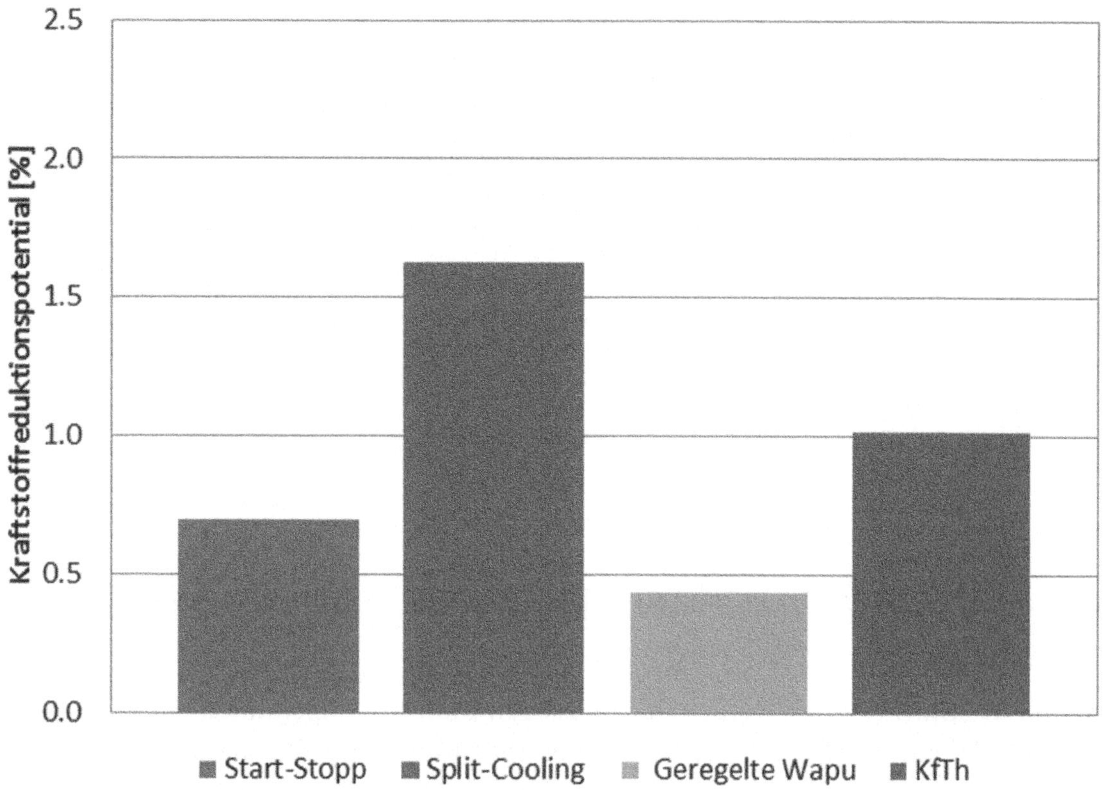

Bild 6.4.1: Verbrauchsvorteile im AMS-Zyklus

Die simulierten Verbrauchsvorteile zeigen deutlich reduzierte Niveaus für die geregelte Kühlmittelpumpe und Start-Stopp. Split-Cooling erreicht dagegen ein dem WLTP ähnliches Niveau. Das zweithöchste Reduktionspotential ergibt sich mit mehr als 1% für den elektrisch geregelten Hauptthermostaten. Ausschlaggebend für das hohe Potential ist die sehr lange Wirkungsdauer. Entsprechend der Kühlmitteltemperatur in Bild 6.4.2 ergibt sich ein erstes Öffnen des Basisthermostaten nach 767 Sekunden und somit eine Wirkungsdauer von 4508 Sekunden für den elektrisch geregelten Thermostaten.

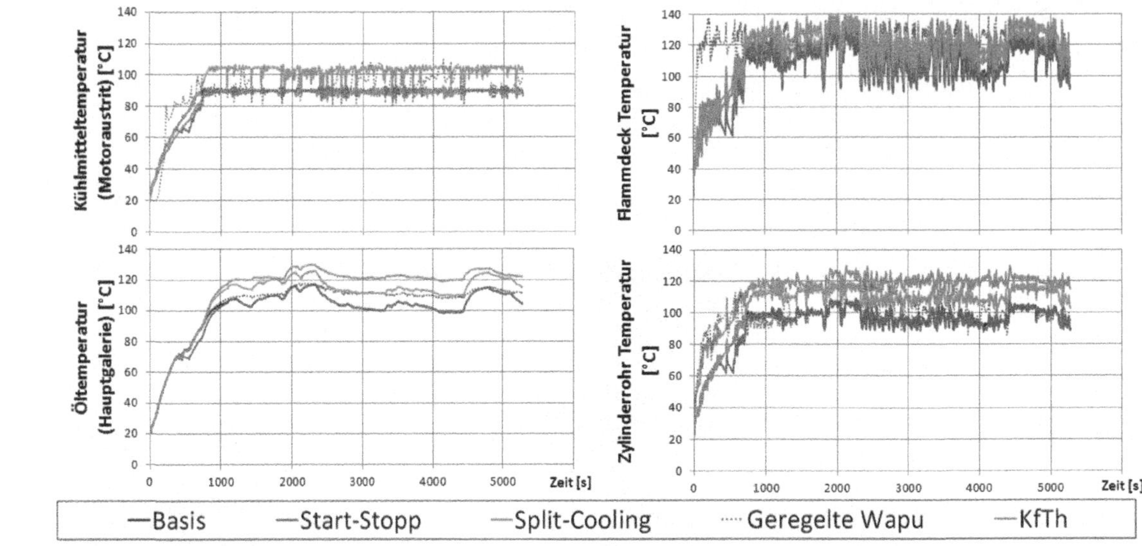

Bild 6.4.2: Kühlmittel-, Öl- und Strukturtemperaturen während des Bäcker-Zyklus

Im Fall des Split-Cooling werden die zulässigen Materialtemperaturen nach 582 Sekunden erreicht und es erfolgt ein erstes Öffnen des Blockventils. Zusätzlich zum beschleunigten Warmlauf kann mittels des Split-Cooling die Zylinderrohrtemperatur erhöht und über einen großen Anteil des Zyklus gehalten werden. Sie übertrifft dabei auch die resultierenden Zylinderrohrtemperaturen bei Nutzung des geregelten Thermostaten.

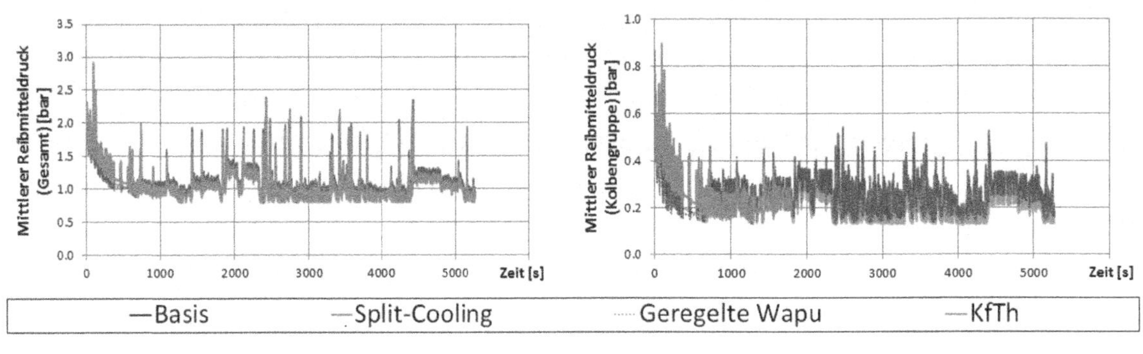

Bild 6.4.3: Gesamtmotorreibung und Kolbengruppenreibung während des AMS-Zyklus

Entsprechend der annährend konstanten Zylinderrohrtemperaturen nach Beendigung des Warmlaufs ergeben sich auch flache Reibungsniveaus des Gesamtmotors und der Kolbengruppe, siehe Bild 6.4.3. Hier zeigt sich, dass die geregelte Kühlmittelpumpe lediglich während der Warmlaufphase eine Reduzierung der Kolbenreibung im Vergleich zur Basis Variante erzielen kann. Der geregelte Thermostat kann dagegen erst nach Beendigung der Warmlaufphase die Kolbenreibung reduzieren. Lediglich mittels des Split-Cooling lässt sich zu jedem Zeitpunkt des Zyklus eine Reibungsverbesserung erreichen.

Bild 6.4.4 zeigt die kumulierte Energie des Basis AMS-Zyklus. Im Vergleich zum Bäckerzyklus ergibt sich die typische Aufteilung zwischen Wandwärmverlusten, der Abgasenthalpie und der induzierten Arbeit.

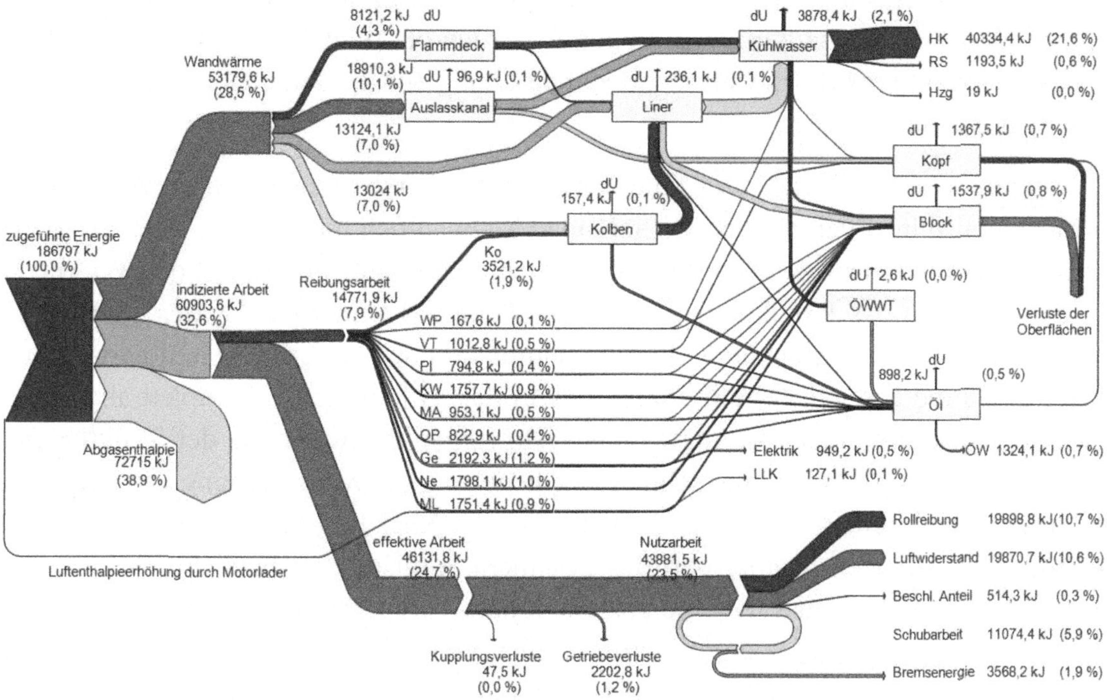

Bild 6.4.4: Energieverteilung im AMS-Zyklus (Sankey Diagramm)

Auf Grund der im Verhältnis zur Zyklusdauer kurzen Warmlaufphase ergibt sich ein geringer Reibungsanteil an der induzierten Arbeit. Dementsprechend hoch ist die effektive Arbeit im AMS Zyklus. Auffällig ist hier, dass auch im warmen Zustand die Kolbengruppe einen Anteil von 24% an der Gesamtreibung aufweist.

7 Zusammenfassung

Die FEV GmbH hat auf Basis eines Thermomanagementsimulationsmodells die Maßnahmen Split-Cooling, geregelte Kühlmittelpumpe, geregelter Hauptthermostat und Start-Stopp hinsichtlich ihres Verbrauchs- und Reibungsreduktionspotentials untersucht.

Als Vergleich zwischen Realbetrieb und gesetzlich vorgeschriebenem Fahrzyklus (NEFZ bzw. WLTP) wurden zusätzlich ein kurzer, niedriglaster Zyklus mit einer 5-minütigen Pause (Bäcker-Zyklus) und ein 1,5-stündiger, hochlastiger Zyklus (AMS) simuliert.

Der Bäckerzyklus soll die Situation eines Kurzeinkaufs, z.B. beim Bäcker, darstellen. In der 5-minütigen Unterbrechung ist der Motor ausgeschaltet und verliert Energie an die

20°C warme Umgebung. Dagegen beschreibt der AMS eine typische Reise zwischen zwei größeren Städten ohne Pause, welche sich hauptsächlich auf Überlandfahrten bzw. Autobahnen beschränkt.

Als Simulationsergebnisse ergaben sich transiente Kühlmittel-, Motoröl-, Flammdeck- und Zylinderrohrtemperaturen. Des Weiteren wurden die transienten Kraftstoffverbräuche und die resultierende Einzelkomponentenreibung für die unterschiedlichen Zyklen verglichen und ausgewertet.

Die Ergebnisse auf Basis der sehr unterschiedlichen Fahrzyklen zeigen große Differenzen für die einzelnen verbrauchsreduzierenden Maßnahmen hinsichtlich ihrer Effizienz. Es hat sich gezeigt, dass die Dauer des Zyklus einen großen Einfluss auf den Wirkungsbereich und somit das Reduktionspotential hat. Von der Dauer des Zyklus sind vor allem die Potentiale der geregelte Kühlmittelpumpe und des geregelte Hauptthermostaten abhängig. Da die geregelte Kühlmittelpumpe in der Anfangsphase komplett abgeschaltet werden kann, ergibt sich anfänglich eine sehr schnelle Erwärmung der Struktur- und Fluidtemperaturen. Dies hat eine schnelle Reduzierung der Motorreibung zur Folge. Da die geregelte Kühlmittelpumpe jedoch nicht nur von einer Regelgröße abhängig ist und den Bedarf des ganzen Motors und des gesamten Kühlsystems hinsichtlich kritischer Zustände sicherstellen muss, ist eine gezielte lokale Temperaturoptimierung nicht möglich. Aus diesem Grund können in kurzen Zyklen hohe Verbrauchsreduzierungen erreichet werden, in langen Zyklen fallen die Potentiale dagegen deutlich geringer aus. Die geringsten Vorteile ergeben sich für die geregelte Kühlmittelpumpe für den AMS mit 0,42% und die besten Ergebnisse für den Bäckerzyklus mit 2,3%.

Bei geregelten Thermostaten ergeben sich die besten Ergebnisse im Fall von langen Zyklen und keine Vorteile bei sehr kurzen Zyklen z.B. beim Bäcker-Zyklus. Da der geregelte Thermostat das Thermomanagement des Motors erst nach Beendigung der Warmlaufphase aktiv beeinflussen kann, zeigen sich die höchsten Einsparpotentiale im AMS-Zyklus. In diesem Fall kann der Verbrauch um etwas mehr als 1% verringert werden.

Potentiale unabhängig von der Zyklendauer ergeben sich im Fall des Split-Cooling. Hier hat sich gezeigt, dass die Zieltemperatur des Zylinderrohrs nur selten vom Maximalniveau gesenkt werden muss. Jedoch wurde für die simulativen Untersuchung eine Regelung auf Basis der Zylinderrohrtemperaturen verwendet. Sollte die Regelung des Split-Cooling anhand der Wassertemperaturen erfolgen, müssen Sicherheitsabstände einkalkuliert werden, welche eine Reduzierung der Potentiale zur Folge haben. Für die unterschiedlichen Zyklen haben sich für das Split-Cooling, geregelt auf Zylinderrohrtemperaturen, Potentiale zwischen 1,6% und 2% ergeben. Diese Potentiale konnten in den zertifizierten Zyklen, aber auch in den realen Fahrprofilen, ermittelt werden.

Es hat sich gezeigt, dass die Thermomanagementmaßnahmen in jedem untersuchten Zyklus zu einer Reduzierung des Kraftstoffverbrauchs geführt haben. Jedoch ist das prozentuale Niveau stark vom Fahrverhalten abhängig. Lediglich mit dem Split-Cooling konnte für alle Zyklen ein ähnlich hohes Niveau erreicht werden. Dieses wurde jedoch im Fall des kurzen Bäcker-Zyklus vom Potential der geregelten Kühlmittelpumpe übertroffen.

Das FEV Thermomanagement-Modell stellt ein sehr hilfreiches Werkzeug dar, um für jegliche Art von Zyklus eine optimale Regelung der Thermomanagementmaßnahmen hinsichtlich Verbrauchsreduzierung zu erreichen. Da das Modell die Reibung für jede Motorkomponente einzeln, in Abhängigkeit der relevanten lokalen Temperaturen, berechnet, ist ein gezieltes Motorenergiemanagement möglich. Durch die schnelle simulative Entwicklung von Regelstrategien, welche für Prüfstands- und Fahrzeuguntersuchungen als Basis verwendet werden können, kann eine Reduzierung teurer Prüfstandszeiten erreicht werden.

Ein weiteres Ergebnis ist die Darstellung der Energieverteilung über einen Zyklus in Form von Sankey Diagrammen. Diese Darstellung ermöglicht es auf einen Blick, Potentiale hinsichtlich Energiemanagements und somit zur Verbrauchsoptimierung aufzuzeigen.

8 Literatur

1. The International Council on Clean Transportation, Passenger Vehicle Greenhouse Gas and Fuel Economy Standards: A Global Update

2. Andrew Fulbrooke: “Global Powertrain Evolution: A Focus on PEV and PHEV Developments”, Fluid Technology Conference, 17.06.2010 (Lindau)

3. F.G. Haubner: “Bauteilbelastungsgeregeltes Kühlsystem für verbrauchsoptimierte Verbrennungsmotoren“, Dissertation, VKA, RWTH Aachen, 2002

4. M. André: "Real-world driving cycles for measuring cars pollutant emissions", Part A: The ARTEMIS European driving cycles, Report INRETS-LTE 0411, Juni 2004

5. J. Beulshausen: “Thermomanagement als Maßnahme zur Reibungsreduktion von Verbrennungsmotoren“, Dissertation in Vorbereitung, VKA, RWTH Aachen, voraussichtlich 2013

6. J. Beulshausen, J. Geiger, K. Moser, K. Michaelis, “Simulation Verluste Gesamtantriebsstrang,” final report of the FVV project 980 as part of the research cluster“Low Friction Powertrain”, Frankfurt, 2013

7. Gustav Wahler GmbH und Co. KG // BorgWarner

Einsatz von Simulationstools zur zielgerichteten, effizienten Entwicklung von Motorkomponenten und -funktionen

Dipl.-Ing. Christian Lensch-Franzen, Dipl.-Ing Morten Kronstedt,
B.Eng Michael Wittemann, Prof. Dr.-Ing. Jens Hadler
(alle APL Group – APL GmbH)

J. Liebl und C. Beidl (Hrsg.), *VPC – Simulation und Test 2015*,
Proceedings, https://doi.org/10.1007/978-3-658-20736-6_11

Versuche und Testprozeduren, von der Gesamtfahrzeugerprobung über Analysen auf Antriebstrang-, Motor- und Komponentenprüfständen bis hin zu Experimenten auf physikalischer Ebene, bilden seit jeher die Basis erfolgreicher Triebstrangentwicklung. Parallel haben sich rechnergestützte Simulationsmethoden als zeit- und kosteneffiziente Werkzeuge etabliert. In der APL Group werden beide Verfahren nicht nur eigenständig eingesetzt, sondern zusätzlich Prozessketten entwickelt, die hochmoderne Messtechnik und Simulationstools verknüpfen, um bisher verborgene Potentiale zu erschließen.

Einleitung

Getrieben durch strenger werdende Emissionsrichtlinien sowie gestiegene Kundenanforderungen haben sich die Entwicklungsziele im Fahrzeugbau und insbesondere im Bereich Antriebstrang in den letzten Jahren bei kürzer werdenden Entwicklungszyklen stetig hin zu niedrigen Kraftstoffverbräuchen und Emissionen verschoben. Gleichzeitig steht dem Entwickler heute eine Vielzahl von Tools, Auslegungsmerkmalen und Variabilitäten zur Verfügung, um die kontinuierlich steigenden Anforderungen zu erfüllen. Infolgedessen ergeben sich bei der Neuauslegung oder Anpassung eines Aggregats in einem mehrdimensionalen Suchraum nahezu unendlich viele Hardwarevarianten, Funktionen und im Weiteren Parametrierungsmöglichkeiten (Bild 1). Unter Berücksichtigung der gegenseitigen Wechselwirkungen aller Maßnahmen gilt es in kurzer Zeit Konfigurationen zu entwickeln, die zuvor definierte Engineering Targets abdecken. Aufgrund der komplexen Anforderungsmatrix ist eine termingerechte Entwicklung, die neben der Einhaltung der Grenzwerte auch die bestmögliche Potentialhebung der eingesetzten Variabilitäten gewährleistet, allein mit kosten- und zeitintensiven Prüfstandsversuchen nicht mehr zu bewältigen. Daher gewinnen, auch vor dem Hintergrund stetig steigender verfügbarer Rechenleistung, simulative Ansätze zur Vorauslegung, Variantenauswahl und Bewertung von Konzepten beständig an Relevanz. Neben der Reduzierung der Anzahl von Feld- und Prüfstandsversuchen, werden in der frühen Entwicklungsphase allgemeine Modelle für physikalische Phänomene und Mechanismen der motorischen Systeme abgeleitet und so die Komponenten-, Funktions- und Gesamtantriebskonzepte modellbasiert bewertet und optimiert. Die Kombination von hochmoderner Messtechnik und rechnergestützter Simulation erweist sich hierbei als zielführend.

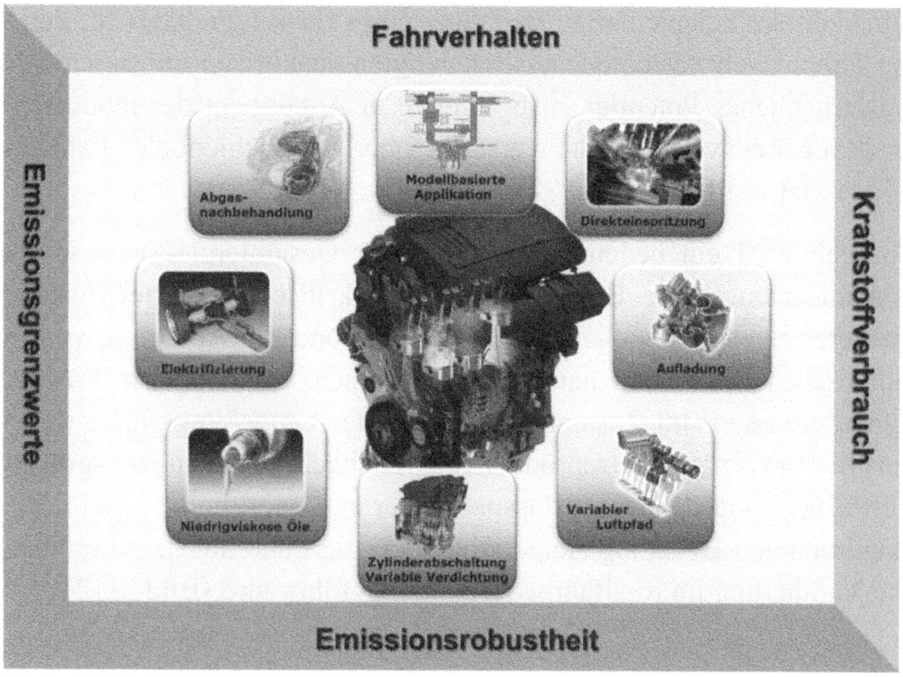

Bild°1: Herausforderungen für die Entwicklung von Antrieben

Realfahrtabbildung zur Entwicklung eines RDE-fähigen Antriebs

Eine sehr direkte Kopplung von Versuch und Simulation stellt die Abbildung von Realfahrten in der Prüfstandsumgebung dar. Vor dem Hintergrund des neuen Zulassungszyklus WLTC und des zukünftig zu erbringenden Nachweises der Einhaltung der Emissionsgrenzen im Realfahrbetrieb (RDE) gewinnt das Betriebsverhalten des Aggregats in der Fahrzeugumgebung unter realen Bedingungen stetig an Bedeutung [1]

Um effiziente Entwicklung, Applikation und Validierung zu betreiben ist es notwendig, Realfahrten reproduzierbar auf Rollen-, Antriebsstrang- und Motorenprüfständen abzubilden, ohne die entsprechenden Fahrzeugeinflussparameter zu vernachlässigen. Es werden daher Modelle eingesetzt, um verschiedene Komponenten der Fahrzeugumgebung wie Reifen, Antriebsstrang, Bremsanlage oder Fahrbahn sowie verschiedene Fahrerprofile zu simulieren.

Die Möglichkeit der beispielhaften Bedatung eines Basisaggregates für den simulierten Einsatz in Fahrzeugen verschiedener Schwungmassenklassen auf einem Motorenprüfstand birgt erhebliches Potential, insbesondere in Anbetracht der modularen Antriebskonzepte (Baukastensysteme), die verstärkt über unterschiedliche Fahrzeugsegmente hinweg eingesetzt werden.

Im Realbetrieb wird ein bedeutender Anteil der Gesamtemissionen in dynamischen Fahrzuständen erzeugt. Die Bestimmung dieser kritischen Betriebszustände aus den Daten mehrerer eigens entwickelter RDE-Runden und die Ableitung von repräsentativen, synthetischen Prüfzyklen hat sich als geeignete Methode zur Abstraktion realer Fahrzustände erwiesen. Im Zusammenspiel mit der Umgebungssimulation werden die Betriebsprofile am Prüfstand reproduzierbar nachgebildet, Eingangsgrößen und Systemantwort erfasst und daraus Einflussparameter extrahiert und beurteilt. Im Anschluss werden Funktion und Bedatung zielgerichtet optimiert und auf dem Prüfstand bewertet, bevor eine Validierung im Realfahrbetrieb durchgeführt wird (Bild 2) [2].

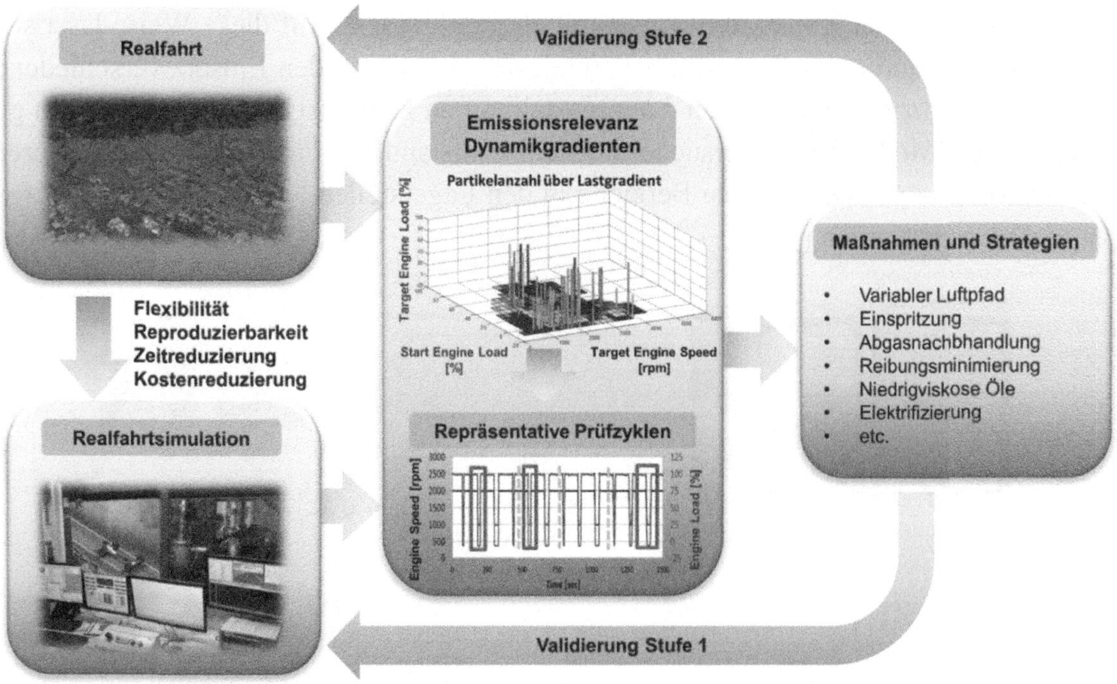

Bild°2 APL RDE Entwicklungsmethode

Reibungsoptimierte Mechanikentwicklung

Eine wichtige Maßnahme zur Verringerung von CO_2- sowie in der Regel auch der limitierten Emissionen ist die Reduzierung von Reibung im Antriebsstrang. Am Beispiel des Kurbeltriebs kann dies effektiv durch die Reduzierung der Lagerdimensionen, den Einsatz von Motorölen aus Klassen mit geringer Viskosität sowie einer bedarfsgerechten Ölkreisregelung mit betriebspunktabhängiger Minimalmengenschmierung erreicht werden. Der Effekt einer Maßnahme wird sowohl am geschleppten als auch am befeuerten Prüfstand über Differenzbetrachtung als Reibleistungsvorteil quantifiziert. Ohne ergänzende Optimierung sinkt bei Einsatz der genannten Maßnahmen jedoch gleichzeitig die Lagerrobustheit, da der Schmierfilm aufgrund der geringeren Viskosität bzw. der geringeren belasteten Fläche weniger tragfähig ist, was verstärkt zu Mischreibung und damit zu erhöhtem Verschleiß der tribologischen Systeme führt. Das Auftreten eines kritischen Betriebszustands kann mit Hilfe von hochauflösenden RNT Messungen zuverlässig detektiert und im Verbund mit Öl- sowie Oberflächenanalytik bewertet werden [3]. Bild 3 (links) zeigt deutlich den erhöhten Verschleiß eines Radialgleitlagers bei Betrieb mit Motoröl der Klasse SAE 0W-20 anstatt SAE 5W-30, insbesondere bei hohen Lasten.

Ergänzend zu Versuchen am Prüfstand werden Reibungsfragestellungen unter Verwendung von gekoppelter EHD/MKS Simulationssoftware bearbeitet. Mithilfe dieser Tools wird die Reibleistung in hydrodynamischen Kontakten berechnet und in einen hydrodynamischen und einen Kontaktreibungsanteil aufgeschlüsselt. Auf diese Weise lässt sich sehr genau bestimmen, welches Reibleistungspotential durch den Einsatz verschiedener Ölviskositäten bzw. Varianten der Lagergestaltung zu heben ist (Bild 3 rechts). Ein gut abgestimmtes Modell kann Versuche auf dem Prüfstand auf ein Minimum reduzieren. Des Weiteren können gefährdete Bereiche in den Lagerstellen auch sehr fein ortsaufgelöst identifiziert werden [4].

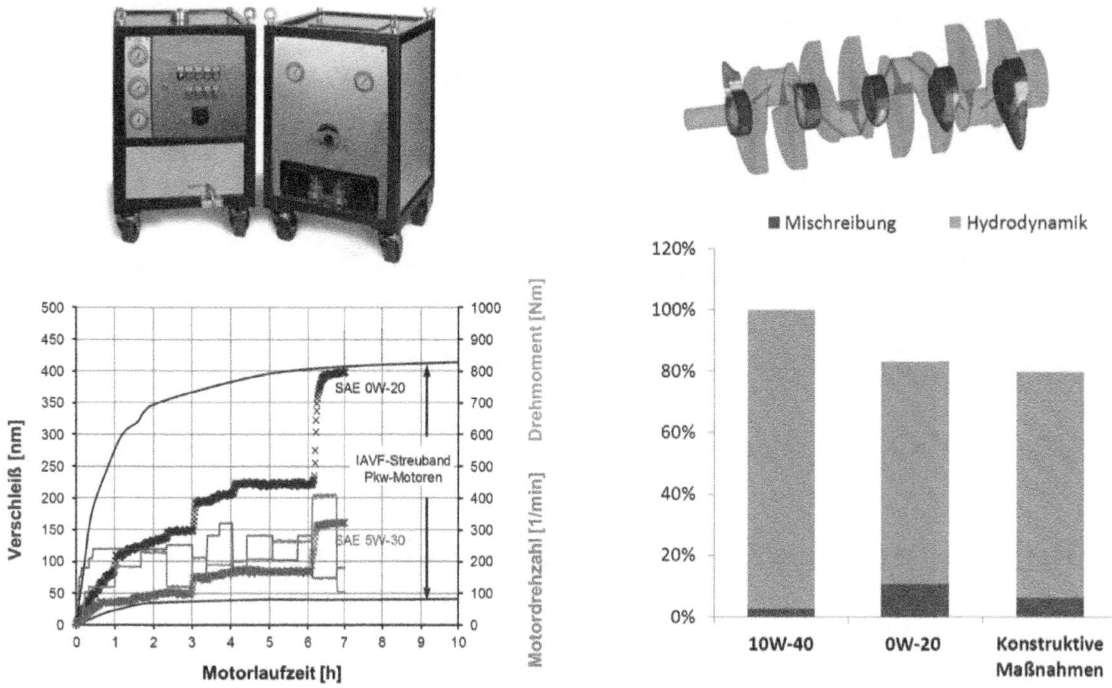

Bild°3: Verschleißrisiken und Reibleistungspotentiale beim Einsatz von niedrigviskosem Motorenöl

Neben der Reibungsreduzierung in bestehenden Systemen ist die Zielsetzung oftmals, Komponenten für gesteigerte Anforderungen zu befähigen. So können beispielsweise durch die Erhöhung des Einspritzdrucks erfolgreich die Rußemissionen sowie in der Folge durch frei gewordenes thermodynamisches Potential die Stickoxidemissionen eines Aggregats effizient abgesenkt werden. Die erhöhte Belastung der Hochdruckeinspritzpumpe kann im Vorfeld durch EHD Berechnungen gezielt bestimmt werden (Bild 4), um Maßnahmen zum Erreichen der erforderlichen Robustheit und Senkung der gestiegenen Reibleistung erarbeiten zu können.

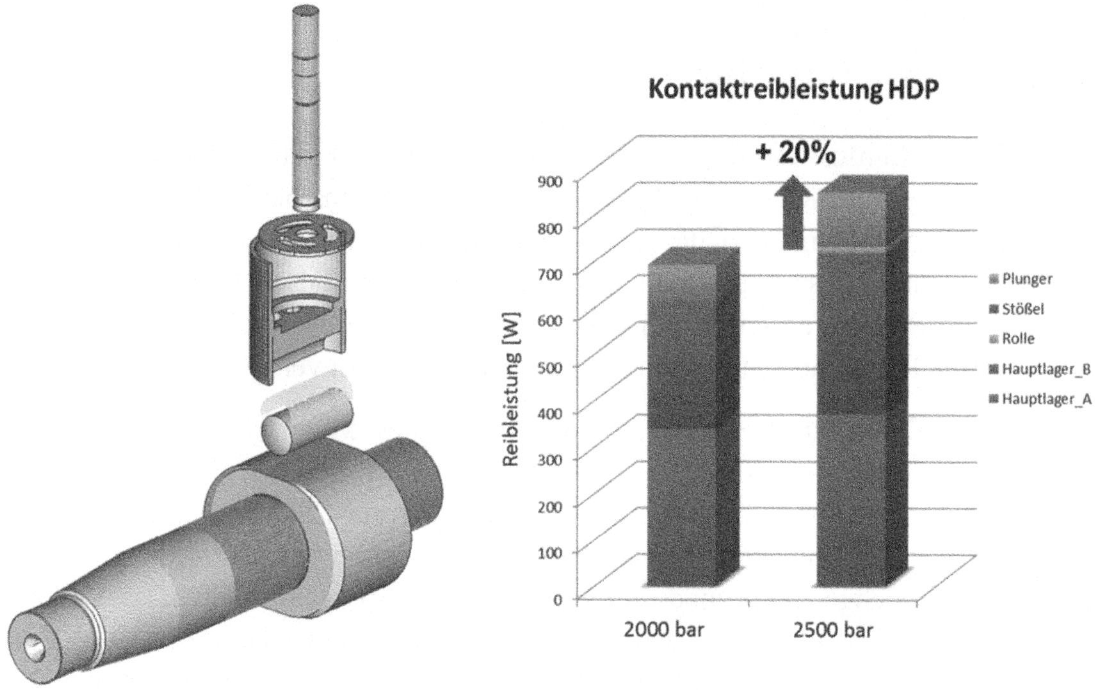

Bild°4: Kontaktreibleistung an einer Hochdruckpumpe bei gesteigerter Maximaldruckanforderung

Eine Kombination von RNT und EHD ermöglicht eine umfassende und tief greifende Analyse von tribologischen Problemstellungen. Mit EHD wird eine schnelle Berechnung vieler Varianten zur Vorauswahl durchgeführt, deren Robustheit im Realbetrieb am Prüfstand mittels RNT verifiziert wird. Parallel werden beim RNT Verfahren viele simulatorisch schwer erfassbare Einflussgrößen wie Alterungseffekte des Öls, Ruß- oder Kraftstoffeintrag, Werkstoffveränderungen, Brennverfahrensparameter und dynamische Effekte erfasst. Mit RNT ermittelte, kritische Betriebspunkte werden wiederum mit EHD analysiert, um die Schwachstelle im System gezielt zu identifizieren und Entstehungsmechanismen zuzuordnen.

Eine simulatorische Vorhersage von Verschleißgeschwindigkeiten und -volumina ist derzeit nicht möglich, da in aktuellen kommerziellen Berechnungstools kein Algorithmus implementiert ist, welcher der berechneten Kontaktreibleistung zuverlässig zeitaufgelöst eine Verschleißgeschwindigkeit zuweist. Weiterhin müssen Werte für Reibkoeffizienten für jede Materialpaarung aufwendig auf Prüfständen generiert werden. Einen vielversprechenden Ansatz zur Berechnung von Reibkoeffizienten, Verschleißgeschwindigkeiten und –volumina stellt die energetische Betrachtungsweise dar. Eine Berechnungsmethodik auf Basis dieses Ansatzes wird derzeit in der APL Group entwickelt und ermöglicht eine qualitative Verschleißvorhersage für tribologische Kontakte. Die Generierung erforderlicher Eingangsgrößen sowie die Validierung des Tools werden wiederum durch RNT Messungen sichergestellt.

Gemischbildung, Verbrennung und Abgasnachbehandlung

Entscheidenden Einfluss auf die Entstehung von Emissionen hat der Verbrennungsprozess. Daher ist eine gezielte Entwicklung des Brennverfahrens beginnend mit Ladungswechsel und Einspritzung über die Gemischaufbereitung und die eigentliche Verbrennung bis hin zur Abgasnachbehandlung unumgänglich. In diesem Bereich stellen vor allem CFD Anwendungen sowie optische Analysemethoden wertvolle Instrumente dar, um auftretende Phänomene im Brennraum zu erfassen und zu verstehen.

Ein wichtiges Entwicklungsziel bei direkteinspritzenden Motorkonzepten ist die Abstimmung von Einspritzstrahl, dessen Interaktion mit der Zylinderinnenströmung und des sich ergebenden Spray Targets. Die Vorauslegung via CFD Software beginnt bei der Ladungswechselsimulation mit Bewertung von Zylinderinnenströmung, Abstimmung der Spritzlochgeometrie und der Simulation des Sprayaufbruchs. Das Verhalten im Realmotor wird mit in den Brennraum integrierter optischer Messtechnik wie PIV/LIF, Mie-Streulich, Lichtleiterkerzen oder Lichtleiterendoskopen erfasst und abgeglichen (Bild 5). Ziel ist, eine definierte Charakteristik und Verteilung des Sprays im Brennraum sicherzustellen, ohne Kolben und Zylinderwand übermäßig zu benetzen [5].

Die Durchmischung von Frischgas und Kraftstoff während und nach dem Einspritzvorgang wird maßgeblich durch das Bewegungs- und Geschwindigkeitsprofil der Ladung bestimmt. Um die Geschwindigkeitsgradienten zu visualisieren und zu bewerten, werden LES Simulationen und die optische High Speed PIV Messmethode eingesetzt.

Eine saubere und stabile Verbrennung hat sowohl vor dem Hintergrund der zu begrenzenden Abgasemissionen als auch der Systemrobustheit oberste Priorität. Optische Messungen auf Basis von Lichtleitertechnik und Berechnungen der Reaktionskinetik geben Aufschluss über den Brennverlauf.

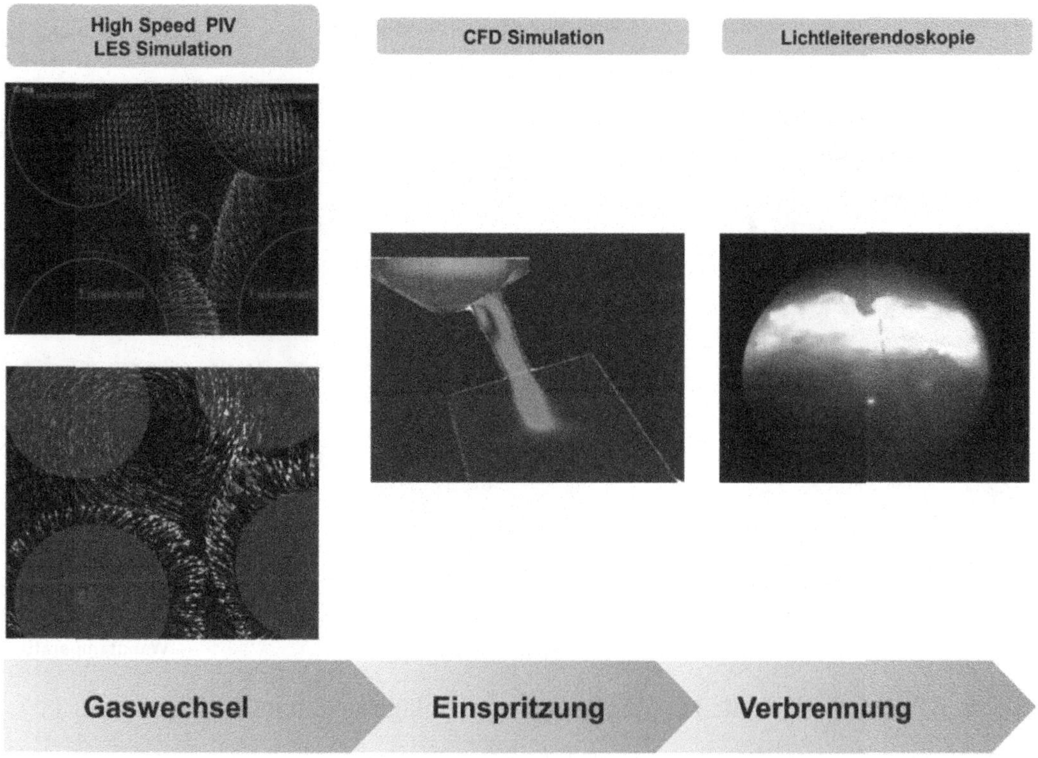

Bild°5: Prozesskette zur messtechnischen und simulatorischen Erfassung von innermotorischen Phänomenen

Neben der Optimierung der Thermodynamik im Brennraum spielen ebenso Fragestellungen aus dem Bereich der Abgasnachbehandlung eine wichtige Rolle. Der Wirkungsgrad von in dieselmotorischen Anwendungen in zunehmendem Maße eingesetzten SCR Systemen ist in starkem Maße von der Güte der NH_3-Verteilung am Eintritt des Katalysators abhängig. Mittels CFD Simulation lässt sich diese Gleichverteilung für verschiedene Abgasstranggeometrien und Mischerkonzepte gegeneinander bewerten

Des Weiteren neigen mit dieser Technologie ausgestattete Abgasanlagen im Betrieb unter ungünstigen Strömungs- und Temperaturbedingungen zur Ablagerungsbildung [6]. Zur Untersuchung dieses Phänomens wird eine variable SCR-Strecke an einem Heißgasprüfstand betrieben und unter definierten Betriebsbedingungen werden Ablagerungen an einem Prüfkörper erzeugt und mittels Thermogravimetrie quantifiziert. Darauf basierend wird ein CFD-Berechnungsmodell abgestimmt und der Ablagerungsaufbau simuliert. Anschließend werden Parameter wie Partikelgröße, Temperatur oder Strömungsgeschwindigkeit variiert, um den jeweiligen Einfluss auf die Ablagerungsbildung zu untersuchen (Bild 6). Aus den gewonnenen Erkenntnissen lässt sich die Ablagerungswahrscheinlichkeit für definierte Betriebszustände vorausberechnen.

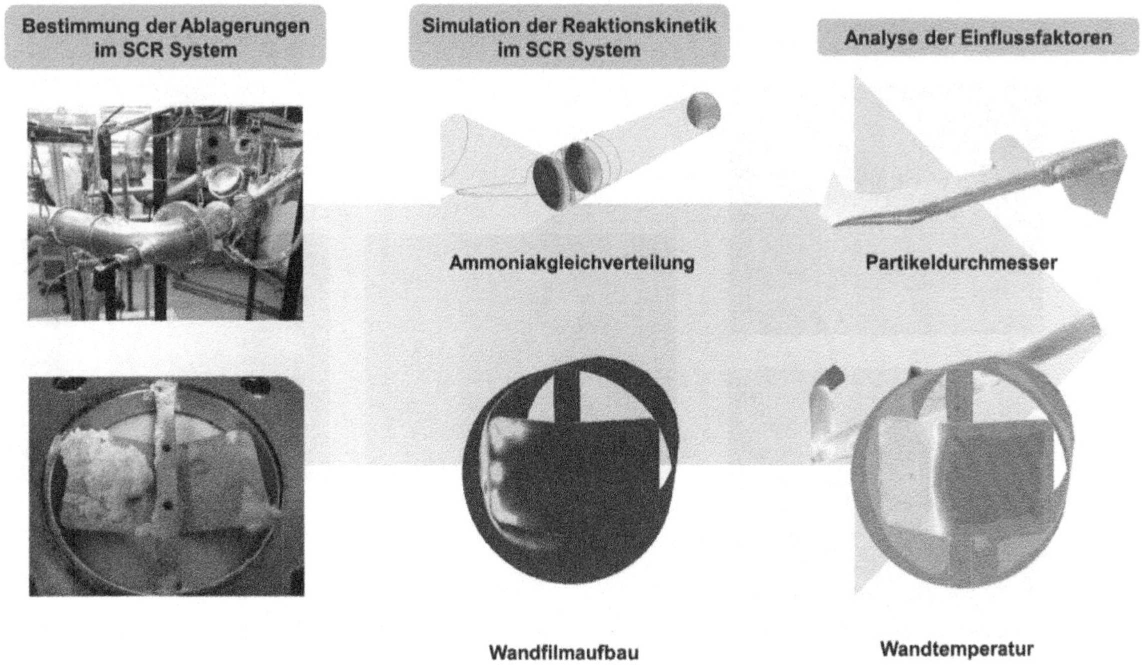

Bild°6: APL Methodenkette zur Voraussage von Ablagerungen in SCR Systemen

Zusammenfassung und Ausblick

Die steigenden Anforderungen und hohe Komplexität in der Automobil- und speziell in der Antriebsstrangentwicklung erfordern neben klassischen Prüfstands- und Feldversuchen vermehrt Entwicklungsmethoden auf simulativer Basis. Mit rechnergebundenen Tools können nicht nur Zeit und Kosten durch eine gezielte Vorentwicklung von Varianten und Konzepten gespart werden, sondern es wird auch ein Grundverständnis für Effekte und Phänomene im Motor aufgebaut, die ohne Simulation nicht oder nur mit erheblichem Aufwand visualisierbar sind. Zielgrößen können orts- und sehr hoch zeitaufgelöst ausgewertet werden.

Gleichzeitig sind Simulationen stets eine Nachbildung der Realität in einem abgegrenzten Raum. Die Qualität der Berechnung ist eng an die Güte der vorhandenen Randbedingungen und der verwendeten physikalischen Modelle geknüpft und es ist derzeit nicht realisierbar, sämtliche Einflussparameter einer Problemstellung in einem Modell abzubilden. Nur auf dem Prüfstand können, abhängig vom betriebenen Aufwand, annähernd alle an Prozessen teilnehmenden Parameter unter realen Bedingungen zeitgleich berücksichtigt werden. Sowohl Simulation als auch praktische Versuche sind in der Entwicklung moderner Motorenkonzepte von enormem Nutzen. Ziel darf es nicht sein, eine Methode durch die andere zu substituieren zu wollen, sondern auf Basis der jeweiligen Stärken symbiotische Entwicklungsstrukturen zu schaffen, mit denen gezielt termingerechte und robuste Lösungen erarbeitet werden können.

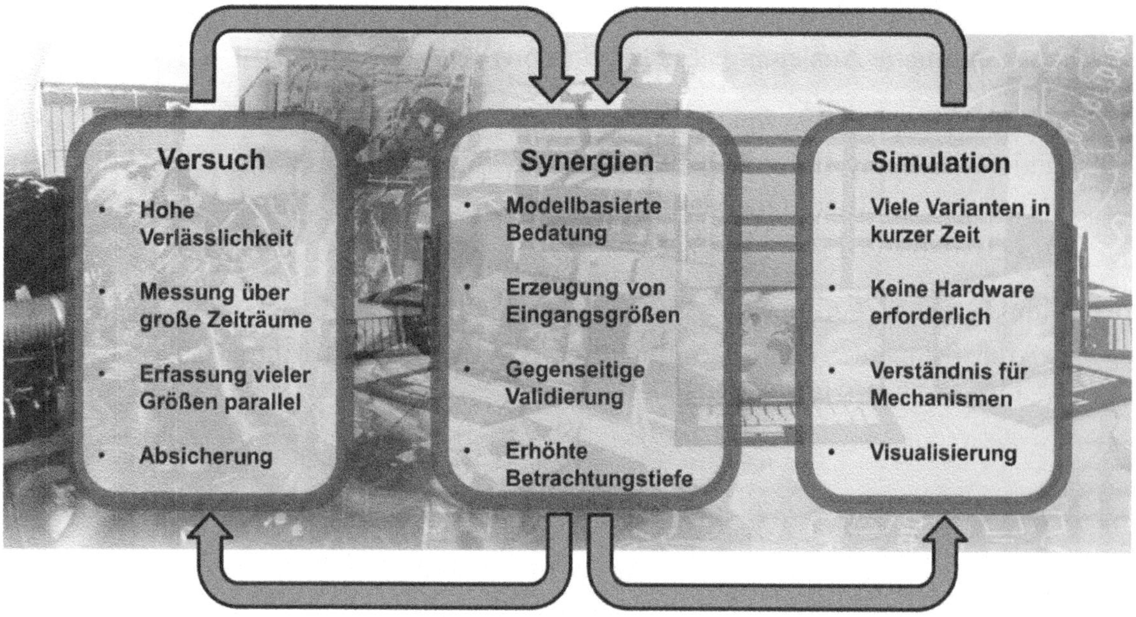

Bild°7: Übersicht der Vorteile von Versuch, Simulation und deren Synergiepotentiale

Die APL Group hat auf Basis dieses Gedankens eine Vielzahl integrierter Methodenketten zur zielgerichteten und effizienten Antriebsentwicklung geschaffen, mit denen zukünftige Herausforderungen, ausgehend von der physikalischen Ebene über Komponenten und Systeme bis hin zum Gesamtfahrzeug, erfolgreich bearbeitet werden können. Mit den vorgestellten Prozessen aus den Bereichen RDE-fähiger Antrieb, Mechanikentwicklung und Brennverfahren beziehungsweise Abgasnachbehandlung und den damit erzielten Ergebnissen trägt die APL Group einen weiteren Teil zur Vision des „Zero Impact Emission Vehicle" bei.

Literaturverzeichnis

[1] Weiss, M., Bonnel, P., Hummel, R., Steininger, N.: „A complementary emissions test for light-duty vehicles: Assessing the technical feasibility of candidate procedures", Joint Research Centre (JRE) Scientific and Policy Reports, EUR 25572 EN, 2013

[2] Hadler, J., Lensch-Franzen, C., Kehrwald, B., Spicher, U., Kirsten, K., Gohl, M., Guhr, C.: „Methoden für die Entwicklung eines RDE-fähigen Antriebs", 36. Wiener Motorensymposium, 2015

[3] Gohl, M.; Kehrwald, B.: Optimierung von Ölverbrauch, Reibleistung und Verschleiß durch Simulation und dynamische Messverfahren. In: Zylinderlaufbahn, Kolben, Pleuel – Innovative Systeme im Vergleich, VDI-Bericht, ISBN 978-3-18-091994-2, 2008

[4] Hadler, J, Gohl, M., Knoll, G., Backhaus, K.: „Entwicklungswerkzeuge für die reibungsoptimierte Auslegung des Grundtriebwerks“, MTZ 03/2014, S.56-61, 2014

[5] Disch, C., Kubach, H., Spicher, U., Pfeil, J. Altenschmidt, F., Schaupp, U.: „Investigations of Spray-Induced Vortex Structures during Multiple Injections of a DISI Engine in Stratified Operation Using High-Speed-PIV”, SAE Technical Paper 2013-01-0563, 2013

[6] Munnannur, A., Chiruta, M., Liu, G.: „Thermal and Fluid Dynamic Considerations in Aftertreatment System Design for SCR Solid Deposit Mitigation”, SAE Technical Paper 2012-01-1287, 2012

Einsatz von Spezialmesstechnik im Mechanik-Testing am Beispiel detaillierter Untersuchungen druckdynamischer Effekte im Kolbenringpaket

Dipl.-Ing. **D. Henaux**, Lehrstuhl für Verbrennungskraftmaschinen VKA, RWTH Aachen University; Dr.-Ing. **K. Orlowsky**, FEV GmbH, Aachen;
Dr.-Ing. **M. Plettenberg**, FEV GmbH, Aachen;

Kurzfassung

Effizienzsteigerung und Emissionsreduzierung gehören zu den Hauptentwicklungszielen moderner Verbrennungsmotoren. Die Reduktion der mechanischen Verluste liefert dazu einen signifikanten Beitrag. Betriebspunktabhängig werden 30 bis 50 % der Gesamtmotorreibung vom Tribosystem Kolben – Kolbenring – Zylinder verursacht. Ölverbrauch und HC-Emissionen werden maßgeblich von der Dichtwirkung des Kolbenringpaketes beeinflusst, welche für unterschiedlichste Betriebsbedingungen sichergestellt werden muss. Reibungsreduktion und hohe Dichtwirkung stellen dabei mitunter einen Zielkonflikt dar. Daher kommt besonders vor dem Hintergrund zukünftiger Emissionsziele der Optimierung dieses Tribosystems eine große Bedeutung zu. Um den Entwicklungsprozess zeit- und kosteneffizient gestalten zu können, kommen komplexe Simulationsmodelle zum Einsatz. Zeitlich hochaufgelöste Messdaten bilden dabei eine unverzichtbare Grundlage zur Validierung dieser Modelle und ermöglichen eine hohe Simulationsgüte und verlässliche Vorhersagegenauigkeit. Zur Analyse und zum tieferen Verständnis der dynamischen Effekte im Kolbenringpaket von Verbrennungsmotoren wurde am Lehrstuhl für Verbrennungskraftmaschinen VKA der RWTH Aachen University in Kooperation mit der FEV GmbH eine Spezialmesstechnik entwickelt. Diese ermöglicht die Erfassung des axialen und radialen Bewegungsverhaltens der Kolbenringe sowie der dynamischen Druckausbreitung im gesamten Kolbenringpaket. Darüber hinaus kann das dynamische Deformationsverhalten der Kolbenringe untersucht werden. Eine beanspruchungsgerechte Auslegung der Messtechnik sowie der Signalübertragung ermöglicht dabei die Untersuchung im gesamten Betriebskennfeld typischer Verbrennungsmotoren für PKW Anwendungen. Die ermittelten Messdaten zeigen verschiedenste Einflüsse auf das dynamische 3D-Bewegungsverhalten und die damit verbundene Druckkaskade entlang des Kolbenringpaketes sehr detailliert auf. Dieser Beitrag zeigt am Beispiel der Kolbenringdynamik das Potential von Spezialmesstechniken sowohl hinsichtlich Troubleshooting Anwendungen im konkreten Problemfall als auch hinsichtlich des Aufbaus von notwendigen Detailkenntnissen zur Validierung von Berechnungsergebnissen und zur Weiterentwicklung der Simulationswerkzeuge im modernen Entwicklungsprozess von Verbrennungsmotoren auf.

J. Liebl und C. Beidl (Hrsg.), *VPC – Simulation und Test 2015*,
Proceedings, https://doi.org/10.1007/978-3-658-20736-6_12

1. Einleitung

Die Reduzierung des Kraftstoffverbrauchs und der Emissionen stellt einen Schwerpunkt bei der Entwicklung moderner Verbrennungsmotoren dar. In Verbindung mit einer Verkürzung der Entwicklungszyklen gewinnen belastbare Simulationsergebnisse vor allem in den frühen Phasen der Entwicklung zunehmend an Bedeutung. Die für niedrigste Verbrauchs- und Emissionsziele erforderliche, hinsichtlich Gewicht und Funktion beanspruchungsgerechte Bauteilauslegung setzt kalibrierte und abgesicherte Simulationsmodelle voraus. Für die erforderliche, derart exakte Abstimmung der Simulationsmodelle sind aussagekräftige Messergebnisse unumgänglich. Neben dem klassischen Troubleshooting zur Identifikation direkter Abhilfemaßnahmen im Problemfall gewinnt daher der Einsatz von Spezialmesstechnik an bewegten Bauteilen zunehmend auch als Werkzeug für den Messungs-Rechnungsabgleich und zur Identifikation relevanter in der Simulation zu berücksichtigender Randbedingungen an Bedeutung. Bild 1 zeigt einige Einsatzmöglichkeiten für Spezialmesstechniken im Mechanik Testing.

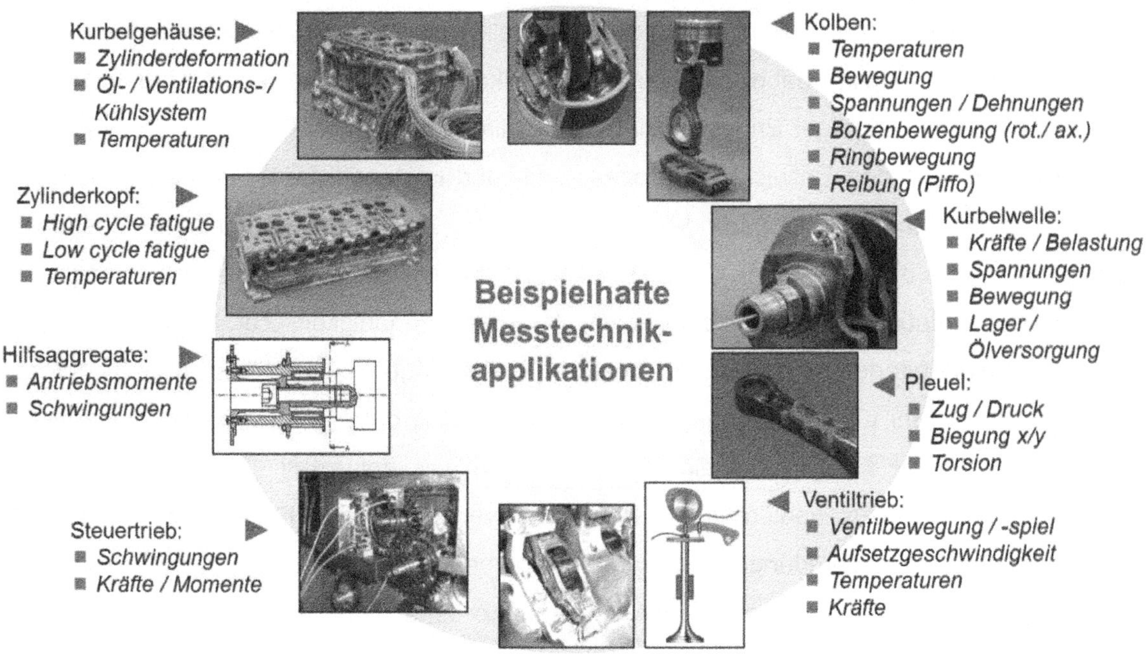

Bild 1: Einsatzmöglichkeiten von Spezialmesstechniken im Mechanik-Testing

Der Fokus der abgebildeten Messtechniken liegt überwiegend auf der Erfassung von Belastungen, Deformationen, Positionen, Drücken und Temperaturen an rotierenden und oszillierenden Bauteilen. Der Trend zum Downsizing führt für den gesamten Kurbeltrieb zu signifikant erhöhten spezifischen Belastungen. Neben dem Downsizing liefert auch die Reibungsminimierung als weiterer Entwicklungsschwerpunkt einen wichtigen Beitrag zur

Verbrauchsreduktion. Für alle Motorenkonzepte gilt gleichermaßen, dass durch eine Reduzierung der Motorreibung, also der mechanischen Verluste des Verbrennungsmotors, der mechanische Wirkungsgrad verbessert und damit der Kraftstoffverbrauch gesenkt werden kann. Die vor diesem Hintergrund häufig umgesetzte Reduktion der Gleitlagerdimensionen führt zu einem weiteren Anstieg der spezifischen Bauteilbelastungen. In Bezug auf die Kurbelwelle bietet eine entsprechende Messtechnikapplikation die Möglichkeit, die Bauteilbelastungen und diesbezüglich insbesondere die dynamische Überhöhung durch Resonanzen in Lage und Amplitude zu erfassen und damit die zugrundeliegende Berechnung abzusichern, zu validieren und bei Bedarf zu kalibrieren und weiterzuentwickeln. Auch weitere steuer- oder abtriebsseitig eingebrachte, dynamische Anregungen der Kurbelwelle lassen sich mit dieser Messtechnik sicher erfassen und bewerten.

Spezialmesstechniken wie die hochdynamische Druckmessung direkt in der Pleuellageröl-versorgungsbohrung und die detaillierte Ermittlung des Temperaturfeldes am Kolben durch Kolbentemperaturmessungen tragen ebenfalls dazu bei, durch eine betriebspunktabhängig optimale Auslegung der Gleitlagerölversorgung und der Kolbenkühlung den Leistungsbedarf der Ölpumpe und damit die mechanischen Verluste zu reduzieren.

Bild 2 zeigt anhand eines beispielhaften Motors eine typische Verteilung der Reibmitteldruckanteile über der Motordrehzahl im geschleppten Betrieb. Zu erkennen ist der sehr große Anteil der Kolbengruppe von über 30 %, der in einigen Betriebspunkten bis zu 50 % betragen kann [01]. Die Reduktion der Reibung im Bereich dieser Komponenten bietet also die Möglichkeit signifikante Verbrauchspotentiale zu heben [02], [03], [04].

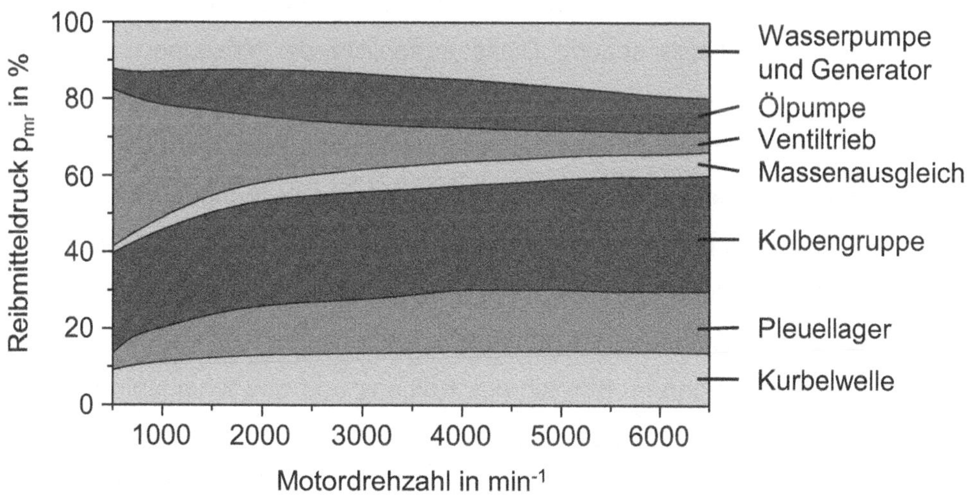

Bild 2: Beispielhafte Verteilung der Reibmitteldruckanteile über der Drehzahl [05]

Dabei ist zu beachten, dass reibungsreduzierende Maßnahmen im Bereich des Tribosystems Kolben – Kolbenring – Zylinder wie etwa verringerte Vorspannkräfte der Kolbenringe einen negativen Einfluss auf die Funktionswerte Ölverbrauch und Blow-by-Menge haben können. Zielkonflikte wie dieser belegen die Wichtigkeit weiterer Forschung und Entwicklung gerade im Bereich dieses Tribosystems. Um den Entwicklungsprozess des Ringpakets möglichst zeit- und kosteneffizient zu gestalten, kommen vermehrt komplexe Simulationsmodelle als Ersatz für Untersuchungen auf dem Motorenprüfstand zum Einsatz [06], [07], [08], [09], [10]. Dabei hängt die Simulationsgüte und Genauigkeit der Vorhersage dieser Werkzeuge nicht nur vom Detaillierungsgrad der hinterlegten mathematischen und physikalischen Modelle ab, sondern auch von der exakten Kenntnis der relevanten Systemrandbedingungen. Genau in diesem Aspekt bietet der Einsatz von Spezialmesstechniken großes Potential.

Die detaillierte messtechnische Erfassung der dynamischen Vorgänge im Kolbenringpaket ermöglicht es im Gegensatz zur Berechnung, ohne jegliche Annahmen das Systemverhalten aufzuzeigen, zu analysieren und daraus relevante und zwingend in der Simulation zu berücksichtigende Randbedingungen abzuleiten. Erst durch die geschickte Kombination aus Simulation und Experiment wird die realitätsnahe Beschreibung dieses Systems ermöglicht und so die zielorientierte Lösung von Problemstellungen in diesem Bereich erlaubt [11].

Neben der thermischen und mechanischen Belastung der Sensorik stellt bei derartigen Messtechnikapplikation die Signalübertragung eine Herausforderung dar, welcher entweder mit telemetrischen Übertragungstechniken oder kabelgebunden unter Zuhilfenahme von mechanischen Schwingensystemen begegnet werden kann.

Am Lehrstuhl für Verbrennungskraftmaschinen VKA der RWTH Aachen University wurde in Kooperation mit der FEV GmbH eine Messtechnik entwickelt, welche Messungen der dynamischen Vorgänge im Bereich der Kolbenringe im gesamten Betriebskennfeld eines schnelldrehenden PKW-Motors erlaubt. Diese ermöglicht die Messung des axialen Bewegungsverhaltens des 1. und 2. Kompressionsringes sowie die radiale Bewegung des 2. Ringes relativ zum Kolben. Die Radialwegmessung am 2. Ring gestattet gleichzeitig die Analyse des Deformationsverhaltens dieses Ringes bis zur 2. Verzugsordnung sowie über ein neues Verfahren die Lokalisierung des Kolbenringstoßes. Außerdem kann der gesamte Pfad der Druckausbreitung vom Zylinderdruck über die Drücke hinter und zwischen den Kolbenringen bis hin zum Druck im Zylinderkurbelgehäuse messtechnisch erfasst werden. Zusätzlich werden Temperaturmessungen im Bereich des Kolbens und des Zylinderliners durchgeführt. Da das dynamische Tribosystem sehr empfindlich auf Änderungen der Randbedingungen reagiert, werden alle angegebenen Messgrößen simultan ermittelt und aufgezeichnet, um Quereinflüsse identifizieren zu können. Die Signalübertragung der im Kolben applizierten Sensoren erfolgt kabelgebunden mittels eines mechanischen Leichtbau-Schwingensystems, welches speziell für hochdrehende Ottomotoren entwickelt wurde.

Beim eingesetzten Versuchsträger handelt es sich um einen repräsentativen modernen Saug-Ottomotor. Dieser zeigt im Versuch ein charakteristisches Blow-by-Verhalten bei hohen Drehzahlen und niedrigen Lasten [06]. Dieses kann nur auf dynamische Vorgänge im Bereich des Kolbenringpaketes zurückzuführen sein. Ein Einsatz von gängigen messtechnischen Untersuchungen konnte jedoch keine eindeutige Klärung für dieses Phänomen liefern.
Die hier in Auszügen dargestellten messtechnischen Untersuchungen, die das gesamte Motorkennfeld abdecken, sollen das Grundverständnis für die Vorgänge und Zusammenhänge im Tribosystem verbessern. Die durchgeführten Messungen erlauben dabei auch die Identifikation von für die Funktionalität der Kolbenringe ungünstigen Betriebsbedingungen am eingesetzten Versuchsträger. Die hierdurch nachgewiesenen Mechanismen sind grundsätzlich auf andere PKW-Motoren übertragbar. Durch die Bestimmung der Zwischenringdrücke sind zudem die für die Verschleiß- und tribologischen Auslegungen wichtigen Lasten bekannt. Die Analyse der dynamischen Vorgänge und Einflussgrößen im Tribosystem macht es außerdem möglich, die Zulässigkeit von Vereinfachungen und Vernachlässigungen verschiedener Randbedingungen für Simulationsmodelle, wie z.B. der Ringstoßposition, zur Verkürzung der Rechenzeiten in heutigen Simulationsmodellen zu überprüfen. Somit können die ermittelten Ergebnisse im Anschluss an die messtechnischen Untersuchungen zur Erweiterung und Verfeinerung von Simulationsmodellen dienen, um einen verlässlicheren Einsatz dieser Modelle im Entwicklungsprozess zu ermöglichen.

2. Der Versuchsträger

Bei den messtechnischen Untersuchungen kam ein nicht aufgeladener, direkteinspritzender Ottomotor mit sechs Zylindern in V-Bauweise und einem Bankwinkel von 60 ° zum Einsatz. Mit einer spezifischen Nennleistung von über 60 kW/l repräsentiert der Versuchsträger einen modernen Hochleistungs-Saug-Ottomotor.
Der eingesetzte Motor wurde während seiner Entwicklungsphase in vielen Bereichen hinsichtlich Reibungsminimierung optimiert. Das Aluminium-Druckguss-Kurbelgehäuse in Open-Deck-Bauweise verfügt über eingegossene GJL-Raugussbuchsen mit einer speziellen Feinhonung. Der Aluminium-Kolben ist zur Gewichtsreduzierung mit einer sehr geringen Kompressionshöhe versehen. Als Schmierstoff wird ein synthetisches Öl der Viskositätsklasse SAE 5W-30 verwendet.
Das Kolbenringpaket trägt durch das spezielle Kolbenringdesign und die reduzierten Tangentialkräfte zur Reduzierung der Reibleistung bei. Bild 3 zeigt die Umfangs- und Querschnittsgeometrien der Kolbenringe des Versuchsträgers.

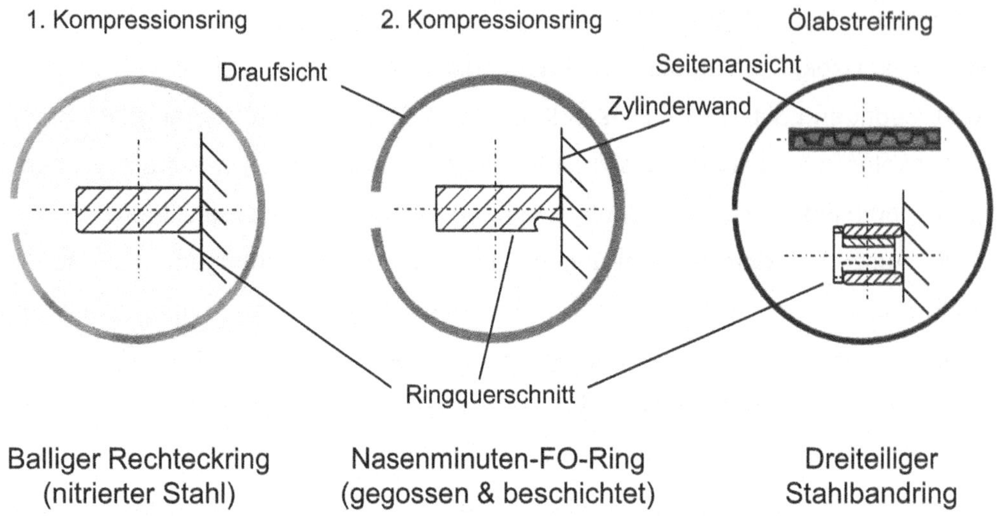

Bild 3: Geometrien der Kolbenringe des Versuchsträgers

Der 1. Kompressionsring ist ein balliger Rechteckring aus nitriertem Stahl. Beim 2. Kompressionsring handelt es sich um einen sogenannten FO-Ring mit einer speziellen Ringinnenkontur (über dem Umfang variierende Ringbreite) zur gezielten Beeinflussung der realen Anpressdruckverteilung im eingebauten Zustand [12]. Dieser Ring ist als gegossener Nasenminutenring mit einer reibungsreduzierenden Beschichtung ausgeführt. Als Ölabstreifring kommt ein dreiteiliger Stahlbandring mit Expanderfeder zum Einsatz. Die Ringhöhen und -breiten wurden für den Versuchsträger ausgelegt und liegen in einem für Ottomotoren typischen Bereich.

Neben der Reibleistungsreduzierung konnten auch die Funktionswerte, wie Ölverbrauch und Blow-by-Menge, im Vergleich zum Vorgängermotor verbessert werden. In einigen Betriebspunkten zeigt der Motor allerdings ein charakteristisches Blow-by-Verhalten, welches auf dynamische Vorgänge im Bereich der Kolbenringe zurückzuführen ist und von den in der Entwicklung eingesetzten Simulationsmodellen nicht exakt abgebildet wird. Um die Ursachen für dieses Verhalten genauer analysieren und das generelle Verständnis für das dynamische Kolbenringverhalten verbessern zu können sowie eine breite Datenbasis zur Validierung der Simulationsmodelle zu schaffen, wurde die im folgenden Kapitel beschriebene Messtechnik entwickelt und am Versuchsträger eingesetzt.

3. Messtechnik am Versuchsträger

Bild 4 zeigt die am Kolben des Versuchsträgers eingesetzten Sensoren sowie deren Position und Gehäuseausführung. Für die messtechnischen Untersuchungen kommen induktive Wegsensoren zum Einsatz, die nach dem Wirbelstromprinzip funktionieren. Bei den

Wirbelstromsensoren zur Erfassung der axialen Kolbenringbewegung handelt es sich um eine Sonderbauform, bei der die Messspule axial ausgerichtet in ein Metallgehäuse integriert ist. Die durch die Bearbeitung in den Nutflanken geöffnete Kolbenringnut wird durch das Sensorgehäuse wieder vollständig verschlossen, wodurch sich die Nutgeometrie nicht ändert. Dies ist vor dem Hintergrund der möglichst geringen Beeinflussung der Axialbewegung aber auch des Dichtverhaltens der Kolbenringe an der Nutflanke ein sehr wichtiges Kriterium. Aufgrund der speziellen Positionierung der Messspule kann ein Einfluss der Radialbewegung auf das Axialbewegungssignal ausgeschlossen werden.

Die axialen Wegsensoren sind sowohl für den 1. als auch für den 2. Kompressionsring im Steg zwischen diesen beiden Ringen im Bereich der Druck- und Gegendruckseite untergebracht. Dadurch können auch lokale Bewegungsabweichungen auf Druck- und Gegendruckseite erfasst werden.

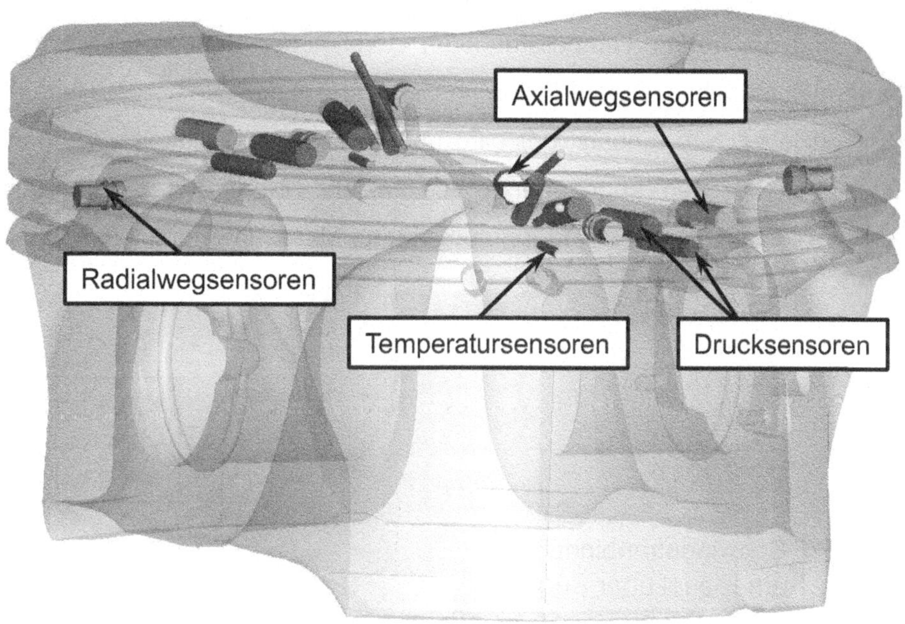

Bild 4: Sensoren am Kolben des Versuchsträgers

Die radialen Wegsensoren am 2. Kompressionsring sind Standard-Wirbelstromsensoren in einem keramischen Gehäuse. Die Positionen der vier Sensoren liegen genau in der Sekundär- und Tertiärebene des Kolbens. Durch diese Sensorkonfiguration lassen sich sowohl die radiale Relativbewegung zwischen Kolben und 2. Kompressionsring als auch die Deformation dieses Ringes bis zur 2. Verzugsordnung ermitteln.

Zur Messung der Druckdynamik im Kolbenringbereich werden piezoresistive Miniaturdruckaufnehmer eingesetzt. Wo notwendig, werden Druck-Zuführbohrungen im Kolben integriert.

Eine möglichst horizontale Ausrichtung der Drucksensoren ist für die Signalqualität sehr wichtig. Die Sensoren erlauben die Messung des Druckes im gesamten Ringbereich auf Druck- und Gegendruckseite. Um die hohe Sensoranzahl im Bereich der Druck- und Gegendruckseite zu ermöglichen, befinden die axialen Wegsensoren und die Drucksensoren in unterschiedlichen, leicht zur Sekundärrichtung des Kolbens verdrehten Ebenen.

Als Temperatursensoren kommen Miniatur-Thermoelemente vom Typ K zum Einsatz. Die Messpositionen liegen dabei im Feuersteg, im Steg zwischen 1. und 2. Kompressionsring sowie im Steg zwischen 2. Kompressionsring und Ölabstreifring sowohl im Bereich der Druck- als auch im Bereich der Gegendruckseite jeweils 1 mm unterhalb der Kolbenaußenfläche. Mit Hilfe dieser Temperaturmessstellen kann ein guter Überblick über die thermischen Verhältnisse im Bereich der Kolbenringe gegeben werden. Außerdem können die Signale zur Temperaturkompensation der benachbarten Druck- und Wegsensoren herangezogen werden.

Die sehr hohen Beschleunigungen am Kolben von bis zu 2600 g bei Motordrehzahlen von bis zu 6500 min^{-1} und die hohen Temperaturen im Bereich der Sensorpositionen von bis zu 200 °C erfordern eine hochbelastbare Fixierung der eingesetzten Sensoren. Hierfür kommt ein spezieller Epoxidkleber zum Einsatz, der eine maximale Scherfestigkeit von über 25 N/mm^2 aufweist und auch bei den angegebenen maximalen Temperaturen eine ausreichende Festigkeit bietet. Die zur Signalübertragung ausgeführte Messschwinge ist in Bild 5 dargestellt.

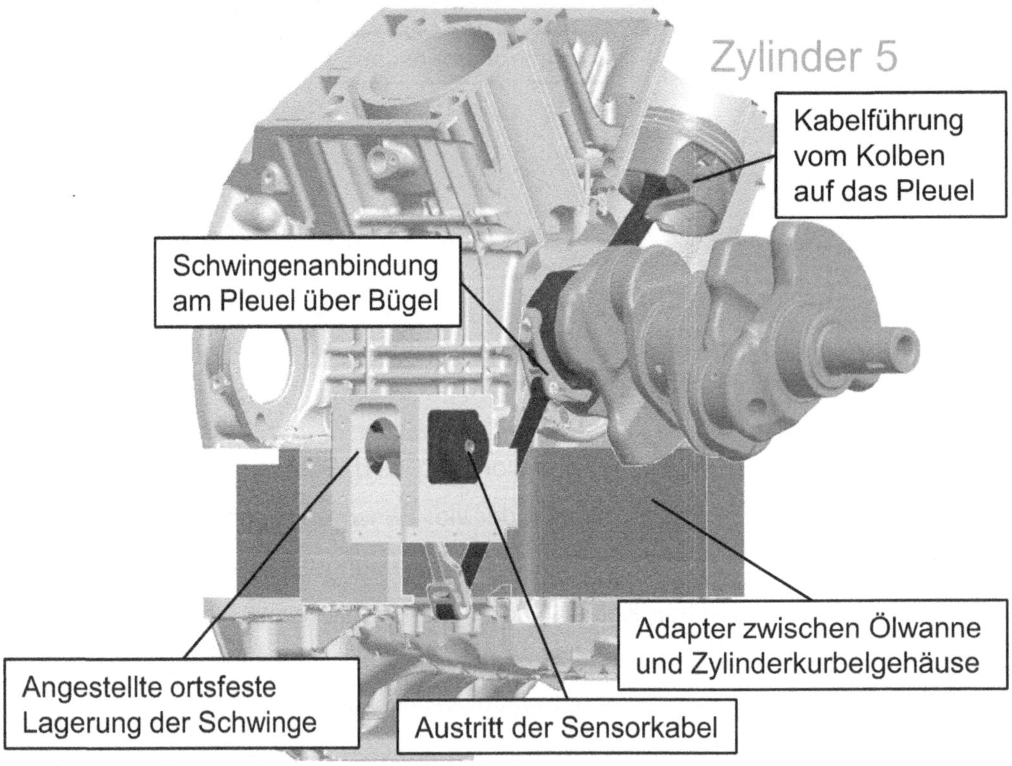

Bild 5: Schwingenkonstruktion am Versuchsträger

Die Signalübertragung von den im bewegten Kolben applizierten Sensoren erfolgte kabelgebunden mittels eines mechanischen Leichtbau-Schwingensystems. Ein wichtiges Auslegungskriterium für das Schwingensystem ist die optimierte Krafteinleitung zur möglichst geringen Beeinflussung der über das Pleuel auf den Kolben wirkenden Kräfte. Mit Hilfe dieser Signalübertragung lässt sich die große Anzahl an Signalen bei ausreichender Signalbandbreite realisieren. Sie erlaubt Messungen im gesamten Betriebskennfeld des Versuchsmotors. Alle am Versuchsträger applizierten Sensoren müssen vor den messtechnischen Untersuchungen im gefeuerten Motorbetrieb umfangreich kalibriert werden, um unerwünschte Quereinflüsse auf die Sensorsignale zu erfassen und kompensieren zu können und damit die Qualität der aufzuzeichnenden Messgrößen sicherzustellen.

4. Exemplarische Ergebnisse der messtechnischen Untersuchungen

Dieses Kapitel soll exemplarisch einen kleinen Auszug aus den im gesamten Betriebskennfeld des Versuchsmotors ermittelten Messdaten darstellen und damit die Analysemöglichkeiten zeigen, die sich durch den Einsatz der Messtechnik eröffnen.

Bild 6 zeigt die Druck- und Axialdynamik am 2. Kolbenring bei einem Betriebspunkt mit einer Drehzahl von $n = 3650\ min^{-1}$ und einer Last von $p_{me} = 1{,}8$ bar.

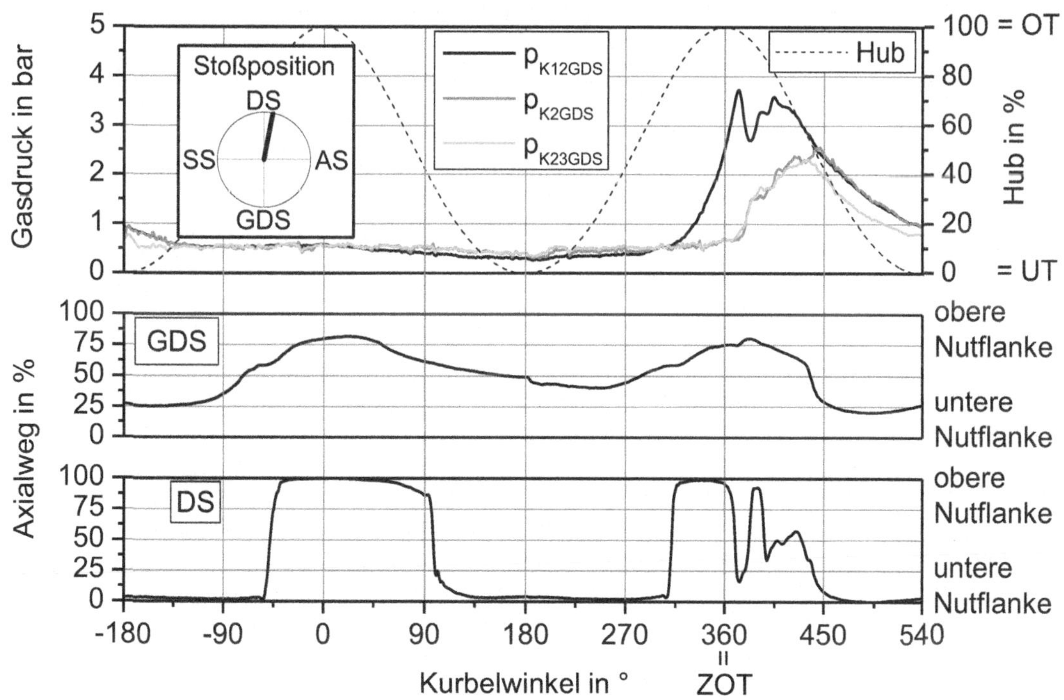

Bild 6: Druck- und Axialdynamik am 2. Kolbenring bei $n = 3650\ min^{-1}$ und $p_{me} = 1{,}8$ bar, p_{K12GDS} zwischen 1. und 2. Ring, p_{K2GDS} hinter 2. Ring, p_{K23GDS} zwischen 2. und 3. Ring

In diesem Betriebspunkt erfüllt der nicht dargestellte 1. Kompressionsring seine Dichtwirkung sehr gut. Im gesamten Hochdruckbereich liegt dieser gleichmäßig auf der unteren Nutflanke an. Am 2. Kompressionsring hingegen zeigt sich ein mehrfaches Abheben des Ringes von der definierten Anlage an der Ringnut im Bereich hohen Zylinderdruckes. Dabei tritt dieses axiale Flattern nur in der Nähe der Stoßposition des 2. Ringes auf der Druckseite auf. Auf der dem Stoß abgewandten Gegendruckseite ergibt sich auf Grund der großen Twistwinkel in diesem Bereich eine sehr stark gedämpfte axiale Bewegung, die im Trend allerdings der Bewegung auf der Druckseite entspricht. Durch die während des Anlagewechsels in Stoßnähe frei werdenden Querschnitte strömt das Gas aus dem oberen Stegbereich am Ring vorbei in den unteren Stegbereich. Dies begründet den bei ca. 15 °KW nach Zünd-OT beginnenden Druckabfall über dem Ring bei gleichzeitigem Druckanstieg hinter und unter dem Ring. Verstärkt wird dieser Druckabfall durch ein kurz nach Beginn des axialen Flatterns auftretendes radiales Kollabieren des 2. Kolbenringes in Sekundärrichtung. Der Beginn des radialen Kollabierens fällt dabei mit einem schnellen Anlagewechsel des Kolbens von der Gegendruck- auf die Druckseite zusammen, was ein Indiz dafür ist, dass der Druckangriff auf die Ringaußenfläche durch die Kolbenquerbewegung begünstigt wird.

Bild 7 zeigt ebenfalls die Druck- und Axialdynamik am 2. Kolbenring diesmal bei einem Betriebspunkt mit einer Drehzahl von $n = 5000\ min^{-1}$ und einer Last von $p_{me} = 0,9$ bar.

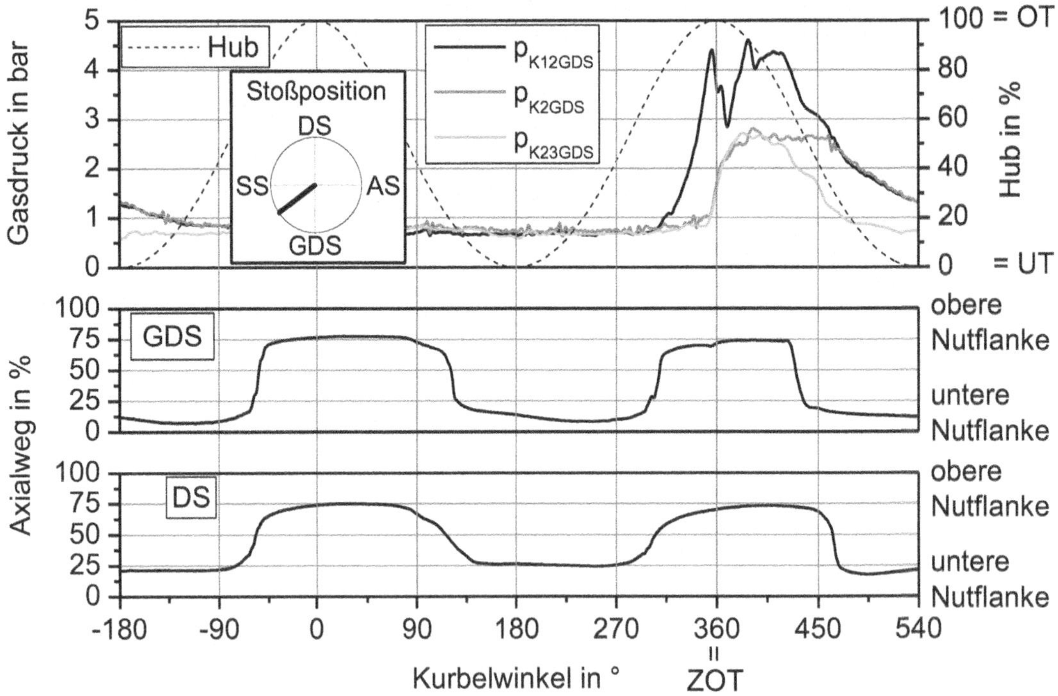

Bild 7: Druck- und Axialdynamik am 2. Kolbenring bei $n = 5000\ min^{-1}$ und $p_{me} = 0,9$ bar, p_{K12GDS} zwischen 1. und 2. Ring, p_{K2GDS} hinter 2. Ring, p_{K23GDS} zwischen 2. und 3. Ring

Wiederum zeigt sich ein ausgeprägter Druckabfall über dem Ring bei gleichzeitigem Druckanstieg hinter und unter dem Ring diesmal genau im Zünd-OT. Die axiale Bewegung des 2. Ringes liefert hierfür keine Erklärung, da zum Zeitpunkt, an dem der Druckabfall im 1. Stegbereich stattfindet, der 2. Kolbenring stabil an der oberen Nutflanke anliegt.

Um den Grund für den Druckabfall über dem 2. Kolbenring im Zünd-OT zu finden, muss auch das Deformationsverhalten des Ringes betrachtet werden. In Bild 8 ist daher die Deformation des 2. Ringes über dem Kurbelwinkel aufgetragen.

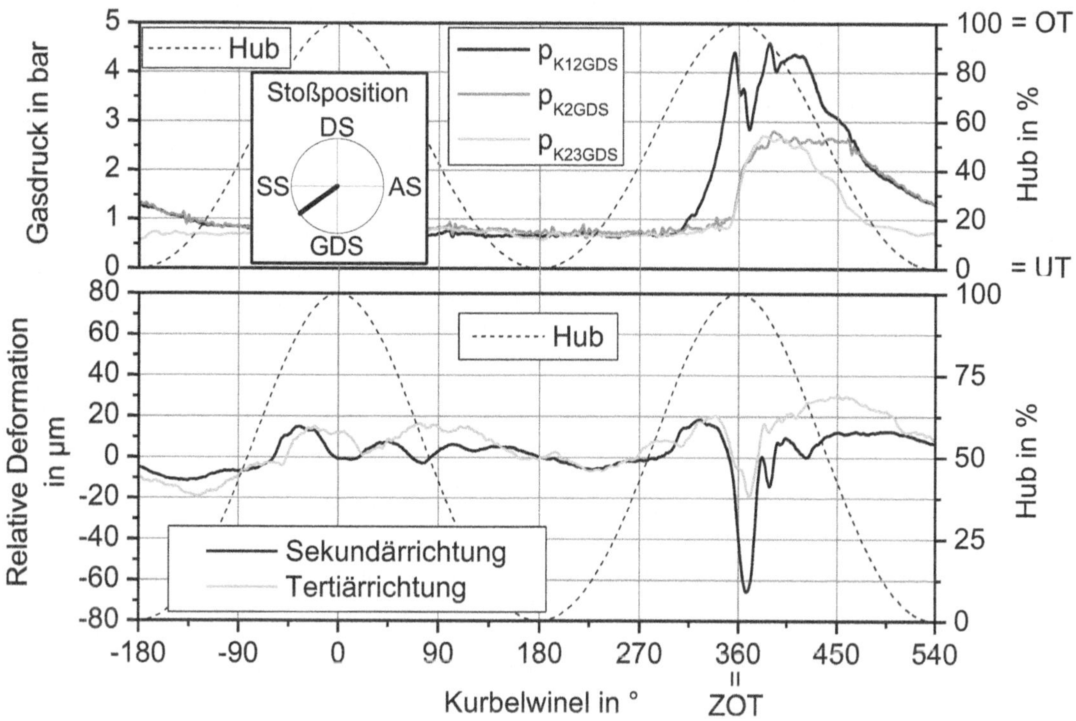

Bild 8: Relative Deformation des 2. Kolbenringes bei n = 5000 min^{-1} und p_{me} = 0,9 bar, p_{K12GDS} zwischen 1. und 2. Ring, p_{K2GDS} hinter 2. Ring, p_{K23GDS} zwischen 2. und 3. Ring

Hier ist zu erkennen, dass es sowohl in Sekundär- als auch in Tertiärrichtung ca. 10 °KW vor dem Zünd-OT zu einem radialen Kollabieren des Ringes kommt. In Sekundärrichtung fällt der Ring um ca. 80 µm, in Tertiärrichtung noch um ca. 40 µm zusammen. Dadurch bläst das Gas an der Ringaußenflanke vorbei, was den Beginn des Druckausgleiches markiert. Verursacht wird das Kollabieren durch die hohe Druckdifferenz zwischen dem Bereich über und hinter dem Ring, der durch die obere axiale Anlage des Ringes hervorgerufen wird. Die in der Folge des Kollabierens sinkende Druckdifferenz und die steigenden absoluten Drücke hinter dem Ring legen diesen wiederum an die Zylinderkontur an, wodurch er seine Dichtwirkung wieder erfüllt. Daraus resultieren ein erneuter Anstieg der Druckdifferenz und ein wiederholtes Kollabieren mit nun deutlich geringerer Amplitude. Es tritt also ein radiales Flattern des Ringes in diesem Betriebspunkt auf, wobei Auswirkungen auf das axiale Bewegungsverhalten nicht zu erkennen sind.

Ein solches Betriebsverhalten wird zu einem Anstieg der Blow-by-Menge führen. Durch das Durchblasen an der Ringaußenflanke über den kompletten Umfang des Ringes kann es außerdem zu Brandspurbildung kommen.

Der untersuchte Versuchsträger zeigt bei höchsten Drehzahlen und niedrigen Motorlasten ein sehr charakteristisches Blow-by-Verhalten. Bei einer Drehzahl von 6500 min^{-1} steigt die Blow-by-Menge mit sinkender Motorlast bis zu einem Maximum bei einer Last von 0,9 bar an. Dabei ist trotz der in diesem Betriebspunkt sehr geringen Zylinderfüllung die Blow-by-Menge sogar größer als im Volllastbetrieb mit höchsten Zylinderfüllungen und -drücken. Eine der Ursachen wird bei Betrachtung der axialen Bewegung des 1. Kompressionsringes in Bild 9 sofort offensichtlich.

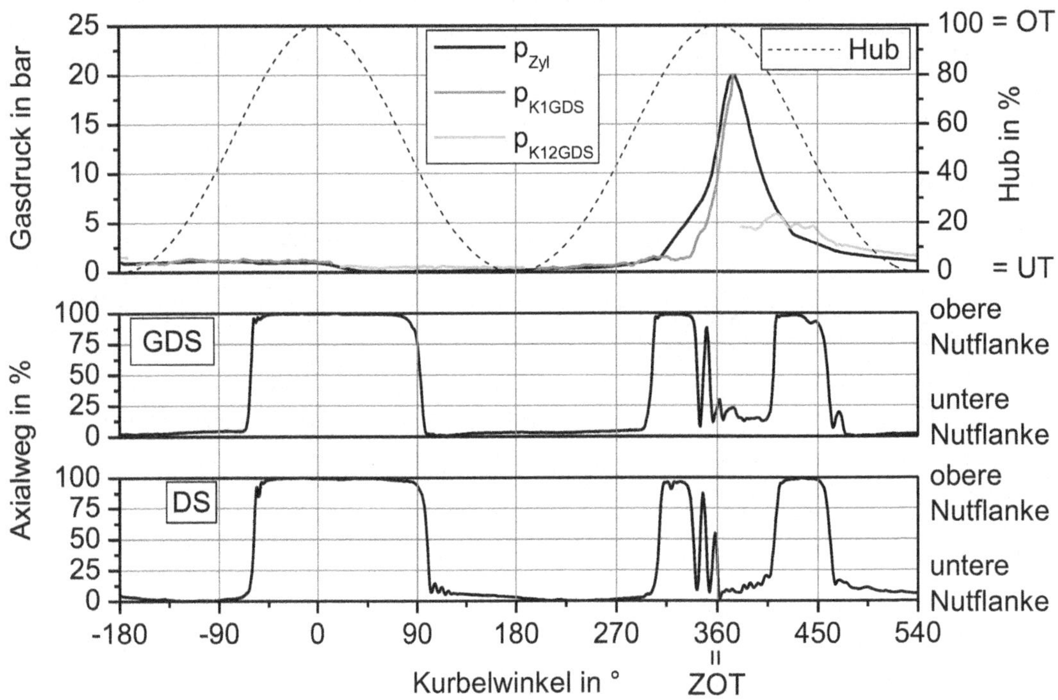

Bild 9: Druck- und Axialdynamik am 1. Kolbenring bei n = 6500 min^{-1} und p_{me} = 0,9 bar, p_{Zyl} Zylinderdruck, p_{K1GDS} hinter 1. Ring, p_{K12GDS} zwischen 1. und 2. Ring

Der schon ca. 50 °KW vor dem Zünd-OT massenkraftbedingt an der oberen Nutflanke anliegende Ring wird durch den steigenden Zylinderdruck bei ca. 335 °KW zu einem Anlagewechsel angeregt. Daraus wird ein schneller Druckanstieg im 1. Stegbereich resultieren, der auf Grund von Ausfällen des Drucksignals in einigen Bereichen des Zyklus nicht dokumentiert werden kann. Der steile Druckanstieg hinter dem 1. Ring gibt jedoch Hinweise auf die Richtigkeit dieser Vermutung. Die in der Folge sinkende Druckdifferenz und das daraus resultierende Kräftegleichgewicht regt, wie schon vorher beim 2. Kolbenring beschrieben, eine axiale Schwingung des Ringes an. Dieses axiale Flattern tritt sowohl auf der Druck- als auch auf der Gegendruckseite auf. Zwischen den Schwingungen auf Druck- und Gegendruckseite liegt ein Phasenversatz von 2 °KW vor, was die mechanischen Belastungen auf den Ring deutlich erhöht, da er sich durch den zeitlichen Versatz verwindet. Die Dichtfunktion des Ringes wird durch das axiale Flattern stark heruntergesetzt. Zum Ende des Expansionstaktes ergibt sich ein hinsichtlich Reverse-Blow-by ungünstiges Verhalten, was zu erhöhten HC-Emissionen führen kann, da sich das unter dem Ring ausgebildete Druckpolster wieder in den Brennraum entleert. Die erhöhte Anlagewechselzahl mit hohen Aufschlagimpulsen kann zusätzlich einen größeren Flankenverschleiß nach sich ziehen. Das axiale Flattern des 1. Kompressionsringes alleine kann jedoch den ungewöhnlichen Anstieg der Blow-by-Menge nicht erklären, da ein gut dichtender 2. Kompressionsring ein Durchblasen der Verbrennungsgase vermeiden müsste. Die Betrachtung der Druckverhältnisse am 2. Kolbenring zeigt allerdings, dass sich trotz der wiederum gegebenen stabilen Anlage an der oberen Nutflanke sehr große Druckanstiege unter und hinter diesem Ring ergeben. Die Ursache ist auch in diesem Fall in der radialen Deformation des Kolbenringes zu finden. Etwa 10 °KW vor dem Zünd-OT kollabiert dieser sowohl in Sekundär- als auch in Tertiärrichtung um 60 - 70 µm im Durchmesser und es bildet sich wiederum ein radiales Flattern des Ringes aus, was zu einem massiven Durchblasen von Gas an der Ringaußenflanke führt. Da auch der Ölabstreifring nur eine begrenzte Dichtwirkung zu Beginn des Expansionstaktes erfüllen kann, werden große Teile der über den 1. Kolbenring strömenden Gase ungehindert in den Kurbelraum des Motors gelangen.

5. Zusammenfassung

Mit der in diesem Beitrag beschriebenen und am Versuchsträger erfolgreich eingesetzten Messtechnik kann sowohl die Druck- als auch die Bewegungsdynamik im Kolbenringbereich während des gefeuerten Motorbetriebs umfassend messtechnisch analysiert werden. Die speziellen Druck-, Axialweg-, Radialweg- und Temperatursensoren in Kombination mit der Signalübertragung über eine mechanische Schwinge erlauben eine verlässliche Ermittlung der Vorgänge im gesamten Motorbetriebskennfeld. Dabei können sowohl die Anregungsmechanismen für dynamische Vorgänge identifiziert als auch auftretende Funktionsstörungen und deren Ursachen erklärt werden. Mit Hilfe der Messtechnik können diverse Zusammenhänge im Bereich der Kolbenringdynamik nachgewiesen werden. Der bislang mit Hilfe von gängigen Messverfahren nicht erklärbare extreme Anstieg der Blow-by-Menge bei niedrigen Lasten und höchsten Drehzahlen, der sogar die Volllast-Blow-by-Menge übersteigt, kann eindeutig auf das gleichzeitige Auftreten von axialem Flattern am 1. Kompressionsring und radialem Flattern am 2. Kompressionsring zurückgeführt werden. Auch andere Detailvorgänge, wie ein erhöhtes Reverse-Blow-by und ein infolge dessen gesteigerter Ölverbrauch, können durch die Messungen erklärt werden.

Die vorliegenden Ergebnisse bilden eine umfangreiche Datenbasis, um bereits vorhandene komplexe Simulationsmodelle zu validieren und zur Analyse der Kolbenringdynamik einzusetzen. Die Ergebnisanalyse zeigt, dass ein realitätsnahes Simulationsmodell die folgenden Randbedingungen berücksichtigen muss:

- Reale Zylinderdeformation im gefeuerten Betrieb
- Ringdrehung und die sich daraus ergebende zeitlich veränderliche Ringstoßposition
- Reale Anpressdruckverteilung der Kolbenringe abhängig von der Ringgeometrie, der vorliegenden Zylinderdeformation und der Ringstoßposition
- Bei Ringen unsymmetrischer Querschnitte den über Umfang variierenden Ringtwist
- Radiale Anlage der Ringaußenflanke am Zylinder abhängig vom Ringtwist
- Über dem Umfang veränderliche axiale Bewegung der Ringe abhängig von den angreifenden Kräften inklusive Ringtwist
- Radiale Deformation der Kolbenringe abhängig von den angreifenden Kräften
- Druckdynamik im gesamten Kolbenringbereich abhängig von den freiliegenden Querschnitten, die zum Überströmen des Gases führen
- Reale Kolbenquerbewegung (sekundär und tertiär) sowie daraus resultierende Relativbewegungen zwischen Kolben und Kolbenringen

Daraus ergibt sich gleichzeitig die Unzulässigkeit von Vereinfachungen, wie beispielsweise die symmetrische Betrachtung eines halben Kolbenringes, die Vernachlässigung der Kolbentertiärbewegung, der Ringdrehung sowie der Dichtfunktion des Ölabstreifringes, die Berücksichtigung ausschließlich statischer Zylinderverzüge ohne Betriebseinflüsse sowie die Annahme einer gleichmäßigen Anpressdruckverteilung über den Kolbenringumfang.

Die dargestellten Ergebnisse und identifizierten Einflussfaktoren verdeutlichen das Potential, welches die am Lehrstuhl für Verbrennungskraftmaschinen VKA in Zusammenarbeit mit der FEV GmbH entwickelten Spezialmesstechniken sowohl für Troubleshooting-Fragestellungen als auch für den Messungs-Rechnungsabgleich und für die Weiterentwicklung der Simulationstools bieten. Die weitere Verbesserung der Simulationstechniken mit exakterer Abbildung der realen Vorgänge und der anschließende Einsatz dieser im Entwicklungsprozess, sollte das zukünftige Ziel sein.

6. Literaturverzeichnis

[01] Halsband, M. / *Messung und Optimierung der Reibungsverluste der Kolbengruppe – Teil 1* / MTZ 55, Nr. 11, 1994

[02] Dohmen, J. / *Untersuchungen zum Reibungsoptimierten Triebwerk an Pkw-Verbrennungsmotoren* / Dissertation, RWTH Aachen, 2003

[03] Schommers, J.; Doll, G.; Weller, R.; Behr, T.; Scheib, H.; Löffler, M.; Böhm, J.; Hartweg, M.; Bosler, A. / *Optimizing Friction: The Basis for Safeguarding the Future of Combustion Engines* / 33rd International Vienna Motor Symposium, 2012

[04] Schommers, J.; Scheib, H.; Hartweg, M.; Bosler, A. / *Reibungsminimierung bei Verbrennungsmotoren* / MTZ Ausgabe 07-08/2013, Seite 566-573

[05] FEV GmbH / *Reibungsdatenbank* / Stand 02/2013

[06] Tian, T.; Noordzij, L. B.; Wong, V. W.; Heywood, J. B.; / *Modeling Piston-Ring Dynamics, Blow-by, and Ring-Twist Effects* / ASME J. Eng. Gas Turbines Power, 120, pp. 843–854, 1998

[07] Tian, T. / *Modeling the Performance of Piston Ring-Pack in IC Engines* / Ph.D. thesis, MIT, Cambridge, MA, 1997

[08] Ortjohann, T.; Voncken, A.P.J.; Pischinger, S. / *Simulation der Kolbenringdynamik mittels FEM-Software* / MTZ 12/2008 Jahrgang 69

[09] Mittler, R. / *Detaillierte 3D-Ringpaketanalyse* / MTZ 07-08/2010 Jahrgang 71

[10] Yamada, T.; Kobayashi, H.; Kusama, K.; Sagawa, J. / *Development of a Technique to Predict Oil Consumption with Consideration for Cylinder Deformation - Prediction of Ring Oil Film Thickness and Amount of Oil Passing Across Running Surface under Cylinder Deformation* / SAE Paper 2003-01-0982, 2003

[11] Maaßen, F.; Dohmen, J.; Rebbert, M.; Orlowsky, K.; Krahnen, U.; Ortjohann, T. / *Simulation und Messung am Kurbeltrieb* / 13. Aachener Kolloquium für Fahrzeug- und Motorentechnik, 2004

[12] Mierbach, A.; Mittler, R. / *Einfluss der Auslegung von Kolbenringen auf das Formfüllvermögen in thermisch und mechanisch hochbeanspruchten Motoren* / MTZ 01/2006 Jahrgang 67

[13] Plettenberg, M. / *Messtechnische Untersuchungen am Tribosystem Kolben – Kolbenring – Zylinder* / Dissertation, RWTH Aachen, 2014

Simulation of a High-Pressure Fuel Pump under Thermo-Elastohydrodynamic Conditions

Jochen Lang*, Gunter Knoll*, Richard Schönen*, Dirk Jaitner**, Hans-Josef Schiffgens***, Stephan Schlüter***

* IST Ingenieurgesellschaft für Strukturanalyse und Tribologie mbH, Schloss-Rahe-Str. 12, D-52072 Aachen, E-Mail: jochen.lang@ist-aachen.com

** Institut für Antriebs- und Fahrzeugtechnik, Universität Kassel, Mönchebergstraße 3, D-34125 Kassel

*** Delphi Automotive Systems Luxembourg S.A., Avenue de Luxembourg, L-4940 Bascharage

J. Liebl und C. Beidl (Hrsg.), *VPC – Simulation und Test 2015*, Proceedings, https://doi.org/10.1007/978-3-658-20736-6_13

1 Introduction

Analyzing hydrodynamic bearing systems, in many applications thermal effects as the temperature distribution of the fluid and the thermal distortion plays an important role. Especially for high speed bearings and for high loaded bearings these effects cannot be neglected. For a standard EHD bearing simulation these effects are considered by the definition of boundary conditions like a constant fluid viscosity based on measured bearing temperatures and thermal distortions of the running surfaces coming from previous simulations. However, on one the hand such system information are often not available and on the other hand strong temperature gradients can occur on a running surface which significantly influence the bearing behavior. In such cases it is necessary to consider the generated energy input into the bodies produced by friction power loss or external heat sources. Within the presented TEHD algorithm, the calculated viscosity distribution and thermal distortion of the running surfaces stands in mutual dependency with the pressure distribution and the friction power loss. In the following, the theoretical and algorithmic basics are presented. With the application of the TEHD algorithm to a high pressure fuel pump a tribological system with high temperature gradients in the bearing and challenging material properties is analyzed.

2 Basic Theory of TEHD Simulation

In a standard EHD simulation the solution of Reynolds Equation and a mixed lubrication algorithm is sufficient to calculated pressure distribution and friction power loss. For a TEHD simulation the additional solution of the transient heat conduction equation for the elastic bodies (Eq. 1) is necessary:

$$\underbrace{\rho\, c_p \frac{\partial \theta}{\partial t}}_{\substack{Transient \\ inner\ energy}} \underbrace{- \frac{\partial}{\partial x}\left(\lambda_x \frac{\partial \theta}{\partial x}\right) - \frac{\partial}{\partial y}\left(\lambda_y \frac{\partial \theta}{\partial y}\right) - \frac{\partial}{\partial z}\left(\lambda_z \frac{\partial \theta}{\partial z}\right)}_{Heat\ conduction} = \underbrace{\dot{q}}_{Heat\ source} \tag{1}$$

Herein, the relation between the transient change of the inner energy, the heat conduction in the body and the acting heat sources inside and on the surface of the body is described. Eq. 2 shows the Finite Element formulation of this differential equation:

$$\underbrace{\boldsymbol{C}}_{\substack{Spec.\ heat \\ matrix}} \cdot \dot{\boldsymbol{\theta}} + \underbrace{\boldsymbol{K}}_{\substack{Conductivity \\ matrix}} \cdot \boldsymbol{\theta} = - \underbrace{\dot{\boldsymbol{q}}}_{\substack{Heat\ source \\ vector}} \tag{2}$$

For the numerical solution of this ODE, a time integration scheme is necessary to determine the local body temperatures in every time step. To reduce the number of thermal degrees of freedom the reduction scheme known from structural dynamics is applied. For the application on the temperature distribution, the transformation matrix will be mounted with so-called "thermal modes" (T-Modes), which have to be calculated for each body in advance. [SCH14, SCH14-2, WAL13]. Using the transformation matrix, a reduced mode-based heat conductivity equation can be derived from the nodal-based heat conductivity equation (Figure 1). The reduced thermal degrees of freedom will be calculated and integrated together with the mechanical degrees of freedom. Based on a so-called temperature deformation matrix the thermal distortions can be calculated from the modal temperature distribution.

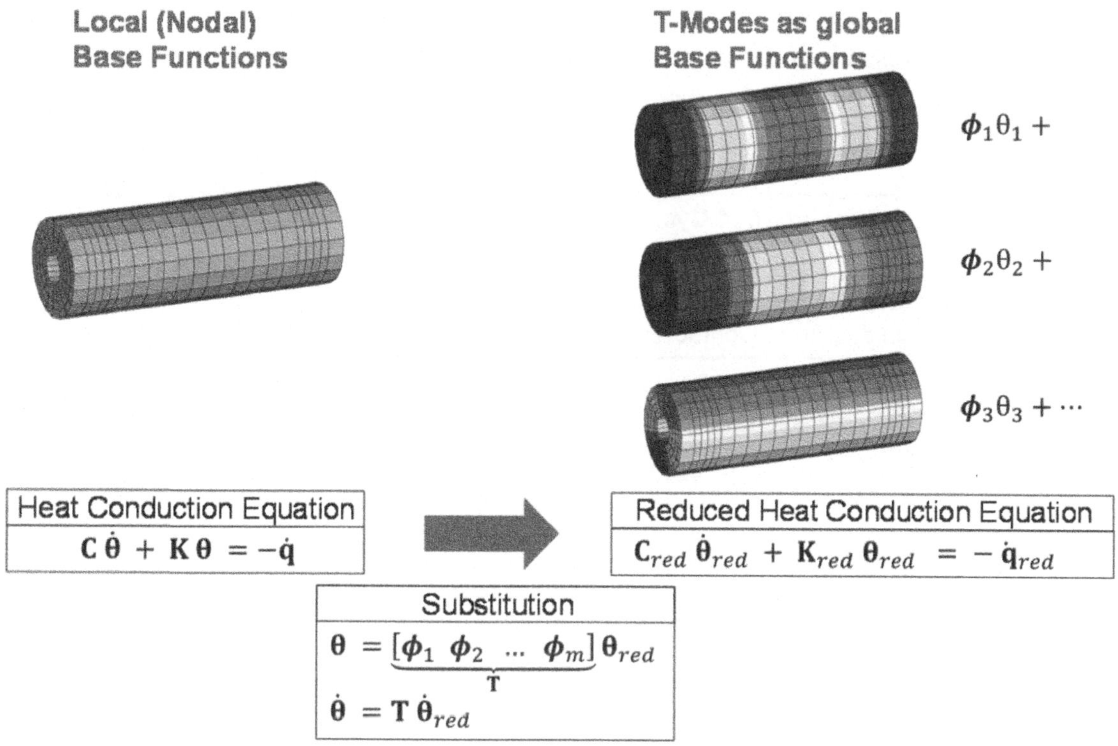

Figure 1: Principle of Thermal Modes

3 Energetic Wear Model

The wear model used in this work is based on the energetic wear model by Fleischer [FE80]. In this model, a linear relation between friction work and wear volume is assumed when a critical contact pressure limit is exceeded. The relation is defined by the so-called apparent friction power density e_R^*:

$$V_V = \frac{W_R}{e_R^*} \tag{3}$$

The apparent friction power density e_R^* is a system specific parameter, depending on the surface properties (roughness, hardness, composition, etc.) as well as the lubricant (viscosity, additives, etc.) and must be determined by experiments for each tribological pairing.

In [WOL14] the algorithm of a wear simulation is described and realized for a FIRST simulation [FIR14]. First, one work cycle is calculated and parameters like friction work, nominal contact area and slide way are evaluated. After that, for every FEM node, the critical contact pressure limit is checked and the local wear is calculated on the basis of the local friction work resulting from the EHD calculation. In addition, the roughness parameters of the surfaces are modified. With this new worn contour and roughness the next work cycle is simulated and the new worn contour for the next iteration step is determined by the wear model. In this way, the algorithm proceeds until the critical contact pressure limit is reached or the shape of the wear contour does not change any more. (s. Figure 2).

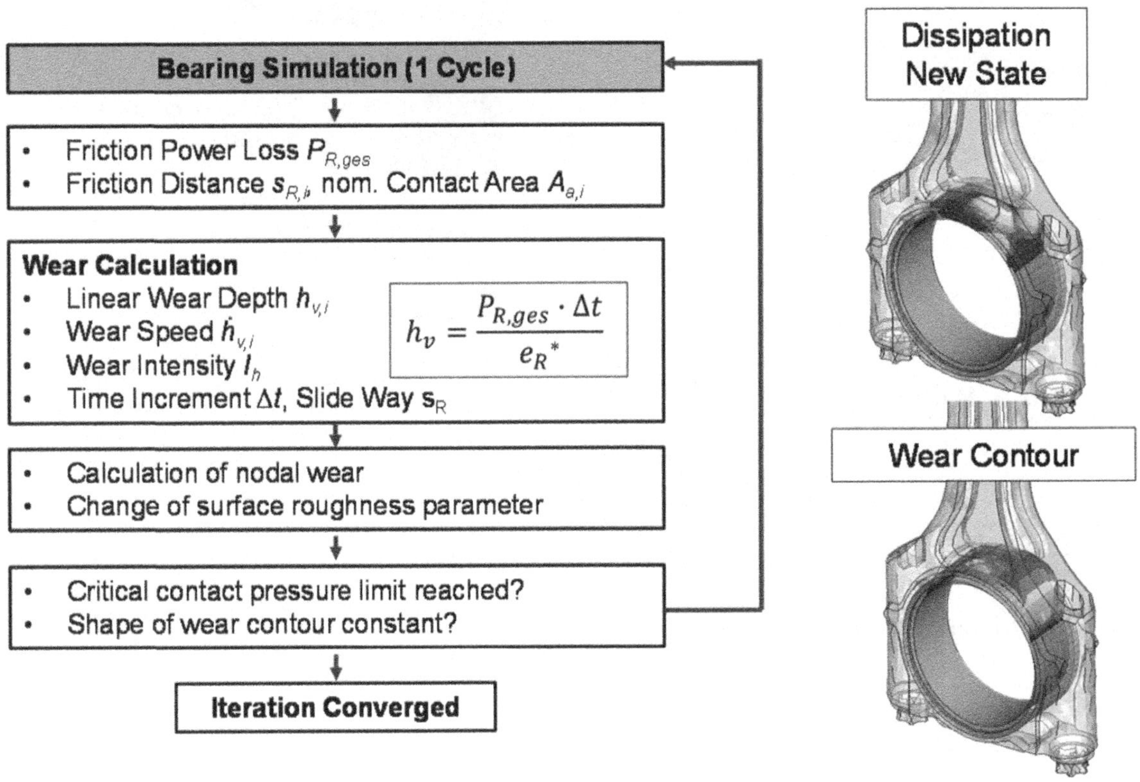

$$e_R^* = \frac{W_{R,sum}}{V_V} = \text{pairing specific parameter}$$

Figure 2: Energetic Wear Model

4 TEHD Modelling of a High-Pressure Fuel Pump

The overall model of the Delphi High Pressure Pump DFP6.1 is shown in Figure 3. Housing and shaft are modeled as elastic bodies, roller, roller shoe and plunger are modeled as rigid bodies as their elasticities do not influence the main bearing behavior significantly. To limit the model complexity, only the main bearings are modeled as TEHD bearings with local elasticity of the bushings and the pin surface. The coupling of the other bodies is realized by spring-damper elements. The outer loads acting on the systems are the drive, the belt force and the fuel compression. The pump system is analyzed at 5000 rpm, full load. Beside the typical structural parameters and boundary conditions like Young's Modulus, density and Poisson's ratio, for a TEHD analysis a large additional number of thermal structural boundary conditions have to be defined. This includes heat conductivity, specific heat capacity, thermal expansion coefficient and heat transfer coefficient. Figure 4 shows exemplarily the heat transfer coefficients chosen for the housing, Figure 5 the once chosen for the shaft. In both cases, there are surface areas which have contact to the ambient air (lower heat transfer coefficient) and areas which have contact to the cam chamber, filled with fuel (higher heat transfer coefficient).

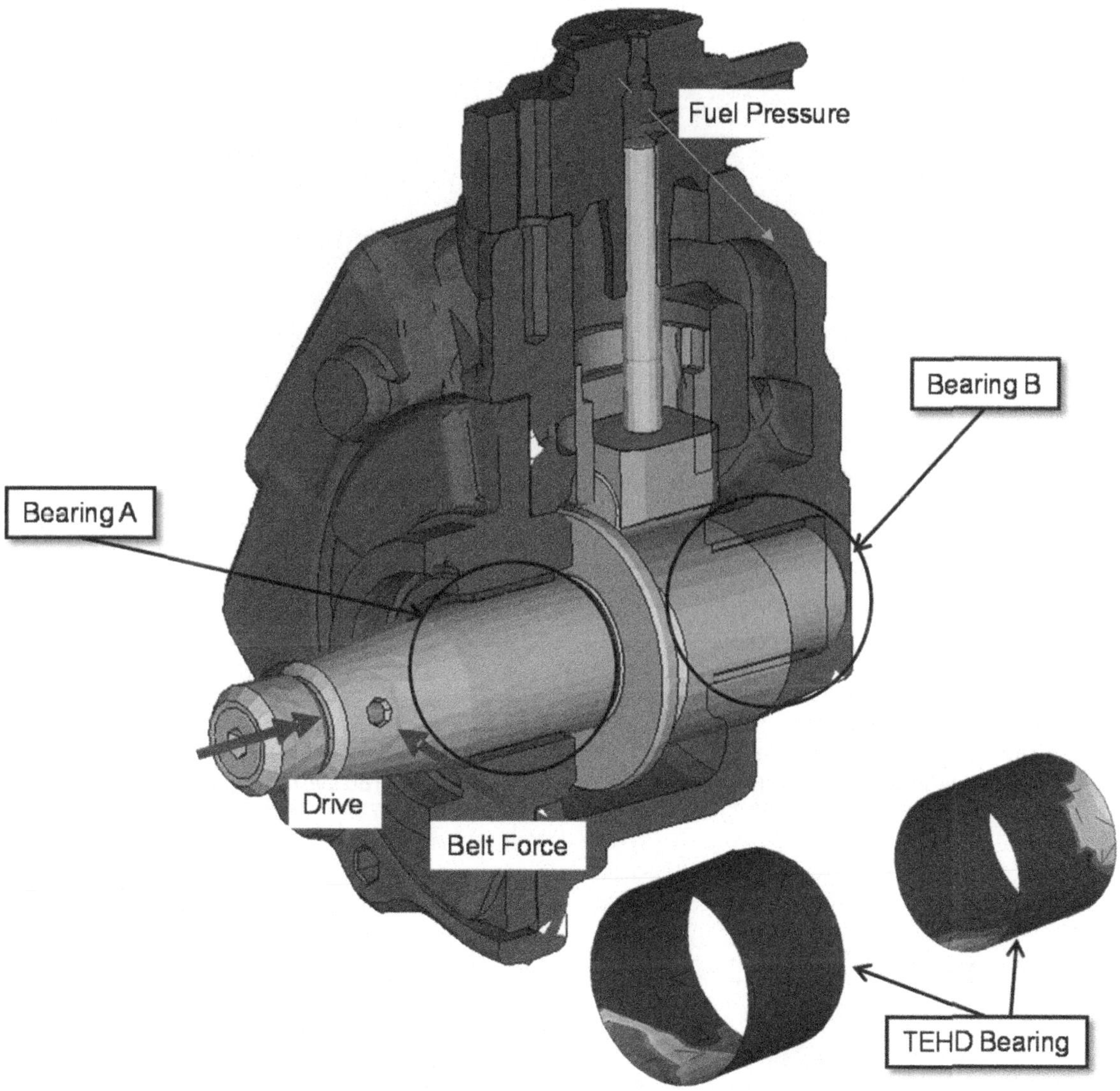

Figure 3: Overall Modell of the High Pressure Pump

The inner edges of both main bearings have contact to the cam chamber in get the transient cam chamber pressure as boundary condition. The outer edges of both bearings get the ambient pressure. The temperature dependency of the fuel is defined by a given table, the pressure dependency is included by using Roelands law.

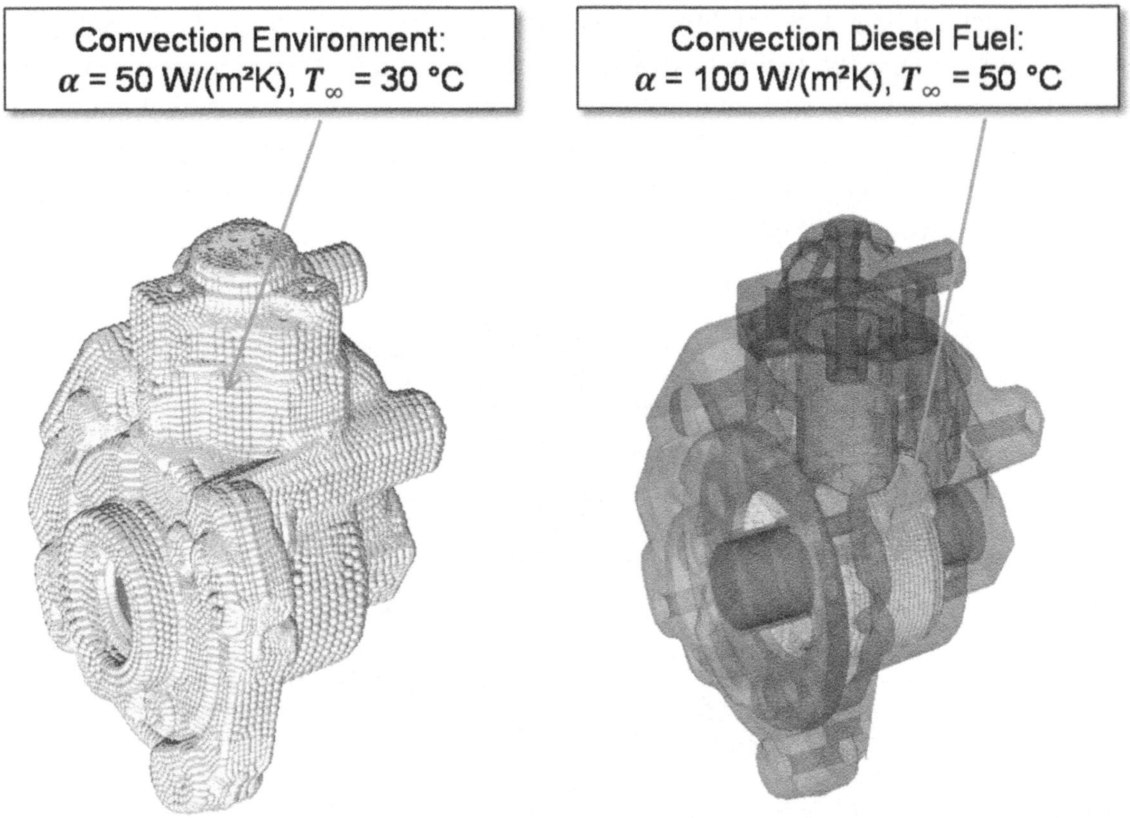

Figure 4: Heat Transfer Coefficients for the Housing

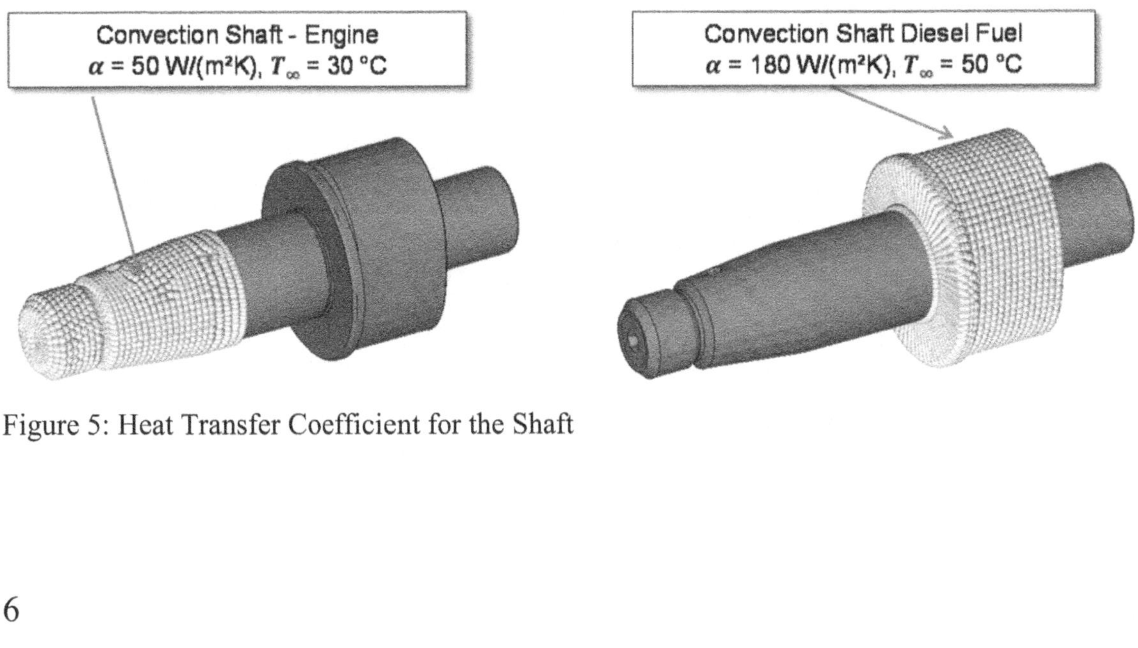

Figure 5: Heat Transfer Coefficient for the Shaft

5 Wear Simulation Results

During the first simulation attempts it turned out that a TEHD analysis based on the new, cylindrical contours of the main bearings leads to a strong overestimation of the local temperature, especially at bearing A. This is due to the strong edge carrying caused by the belt force and the low heat conductivity of the PEEK layer material. To come to more realistic results a wear simulation step was carried out to get run-in contours of the bearings with strongly reduced local energy input into the surface and hence reduced maximum temperatures. The basis of the wear simulation is an apparent friction power density e_R^* of 5.29e5 J/mm^3.

Figure 6 shows the maximum pressure in Bearing A and B and the gap distribution of bearing A exemplarily. The same type of picture is shown in Figure 7 for the minimum gap. Both pictures show a good convergence after ca. 2 h run-in time. The wear volume in Figure 8 again shows, that the run-in process has almost finished. The resulting run-in contour for bearing A and B (Figure 8) is used as a starting contour for the TEHD simulation.

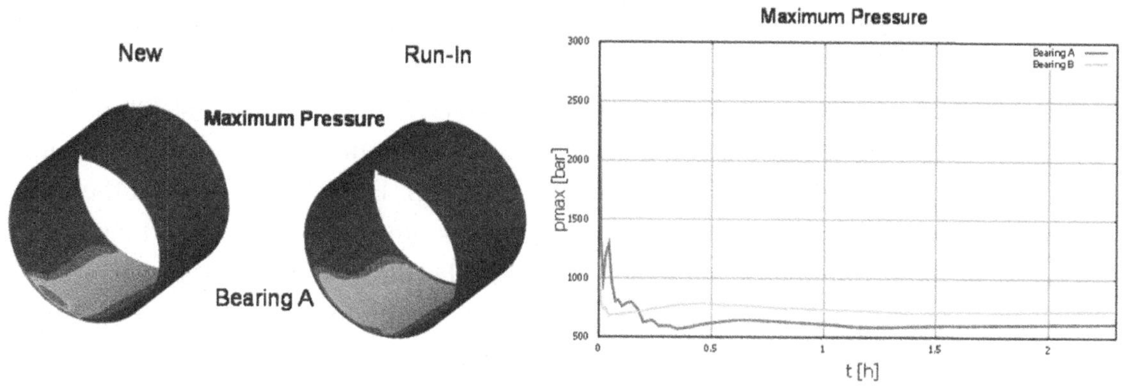

Figure 6: Maximum Pressure vs. Run-In Time

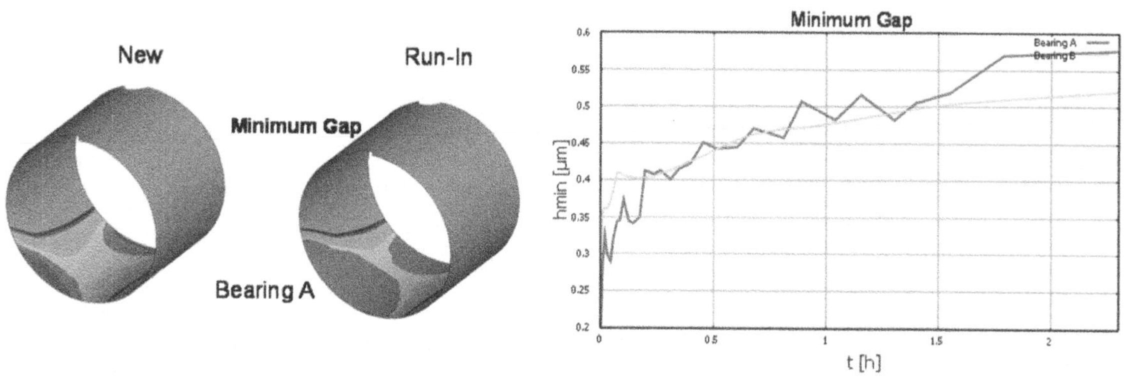

Figure 7: Minimum Gap vs. Run-In Time

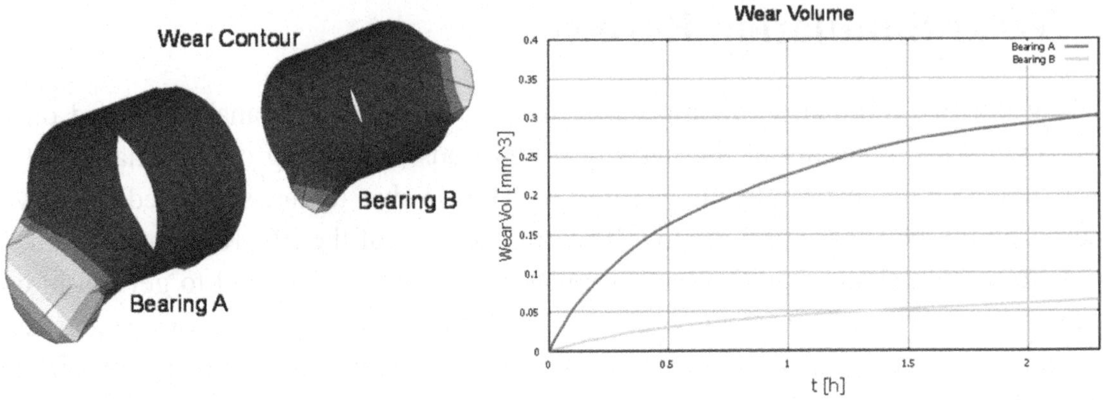

Figure 8: Wear Contour and Wear Volume

6 TEHD Simulation Results

Figure 9 shows the general process of the THED simulation over time based on the mean temperature of the bearing bushings and the shaft surface in the bearings. Starting with an initial temperature for housing, shaft and fluid film, in a first step the mechanical system is analyzed in a conventional EHD step. Based on this, the local energy input into housing and shaft is evaluated to calculate the local body temperatures and thermal distortions. With the new resulting bearing contours and the new local viscosity, the subsequent EHD step leads to a new steady state situation and energy distribution on the bearing surface, necessary for the next temperature step. Both, the EHD- and the T-Step run on different time scales as mechanical processes develop much faster than thermal processes. In the beginning of the simulation, both bodies are switched to a rigid mode which runs fast and leads to a steady state situation from which the bodies are switched to elastic. The iteration process is than continued until again a steady state is reached. Figure 9 shows that beginning with the initial temperature the shaft gets warmer and the bearings cool down which is due to the different material properties of bushing and shaft. The bushing has a PEEK layer, which is a good isolator and hence most of the energy flows into the shaft.

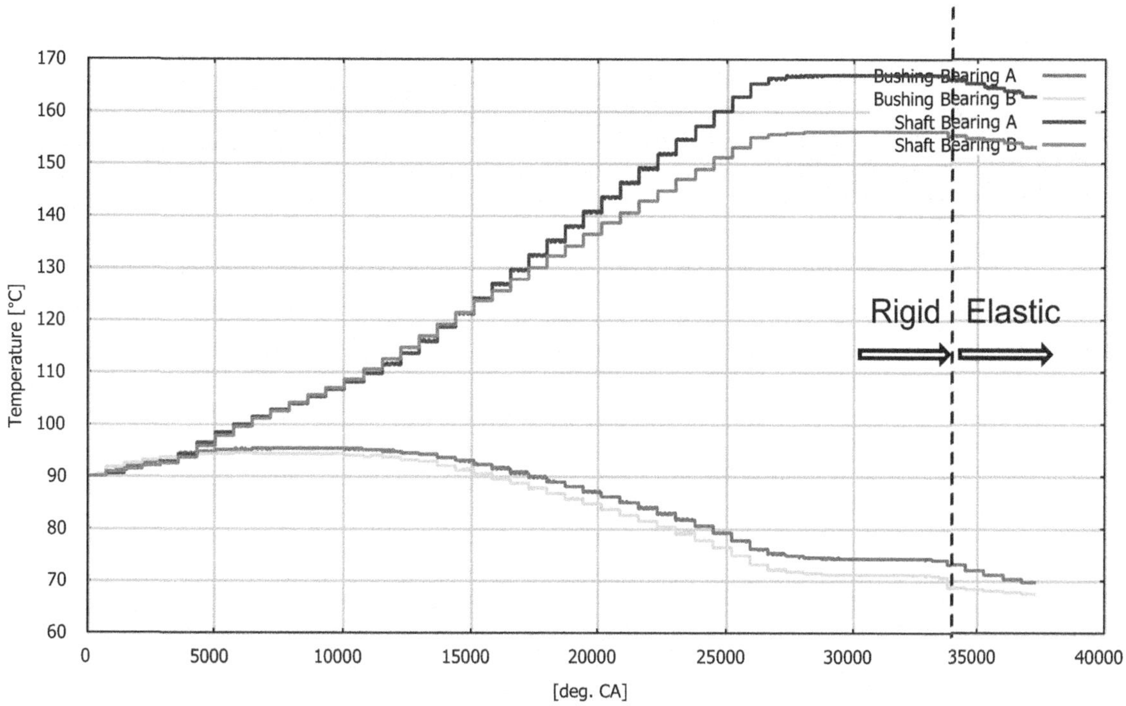

Figure 9: Simulation Process TEHD Simulation

In contrast to the mean temperatures of bearing and shaft surface, the local maximum temperatures show a considerably different behavior (s. Figure 10). In the steady state situation at the end of the rigid simulation, the maximum bushing temperatures are very high because strong edge carrying with mixed lubrication occurs due to the belt forces and the bearing structure cannot deform in the rigid case. When switching to the elastic mode, the maximum pressure falls down due to elasticity, the mixed lubrication decreases and local energy input falls. Hence, the maximum temperature drops abruptly under the temperature of the shaft. For the shaft, the effect of elasticity is not so strong because the temperature can better distribute in the body. It turns out that for a system with strong edge carrying and local bearing deformation the local temperature distribution is totally different for the rigid and the elastic case. This makes the iteration process for the TEHD simulation difficult and leads to longer calculation time for the achievement of an elastic steady state situation.

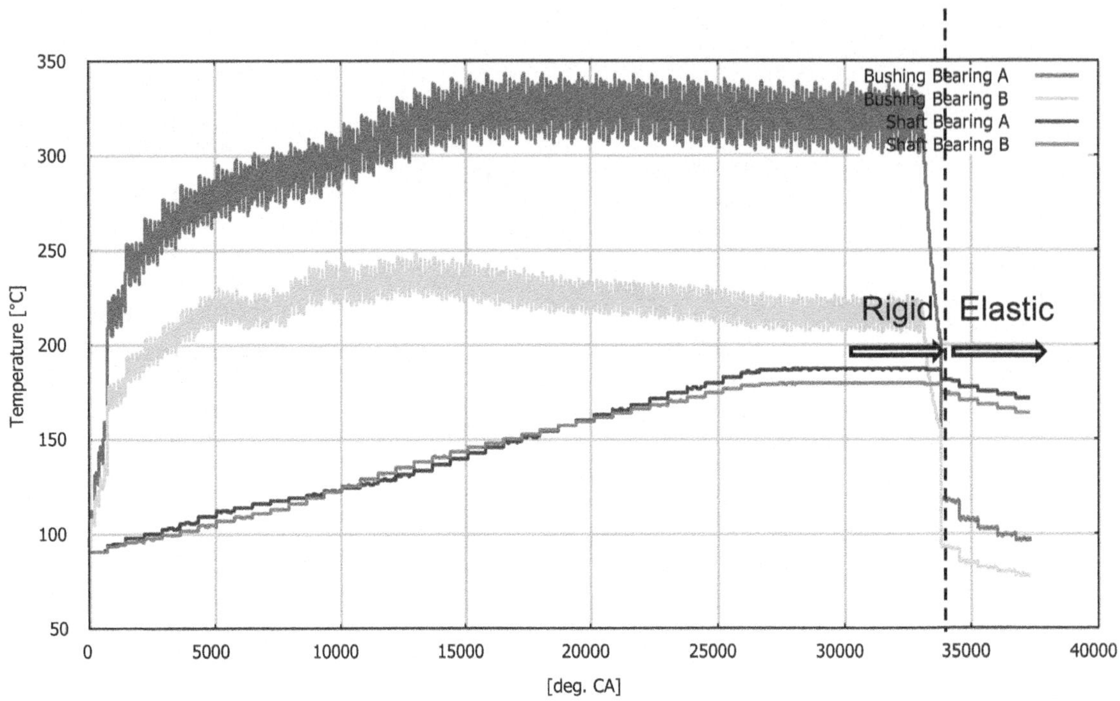

Figure 10: Maximum Temperature on Running Surface

Figure 11 shows the temperature distribution of the housing at the end of the iteration process. As the PEEK layer of the bushing is a good isolator, there is a strong temperature gradient from the bushing into the housing. Due to the good heat conductivity of the aluminum the temperature gradient of the rest of the housing structure is low. Surely, a bushing with a different coating (e.g. white metal) would show a significantly different temperature distribution.

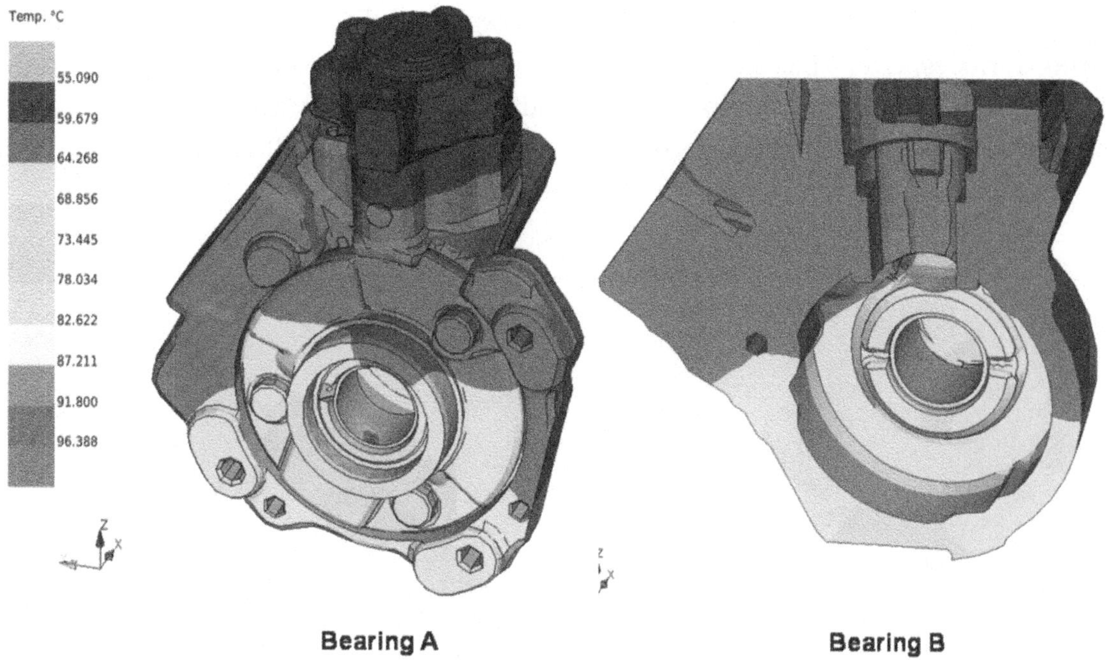

Figure 11: Local Temperature Distribution of Housing

The temperature distribution of the shaft (s. Figure 12) shows a very different characteristic then the housing. The shaft is made of steel with an approx. 20 times higher heat conductivity so that the heat can penetrate much deeper into the body. As the shaft is rotating, the temperature distribution is almost rotationally symmetric.

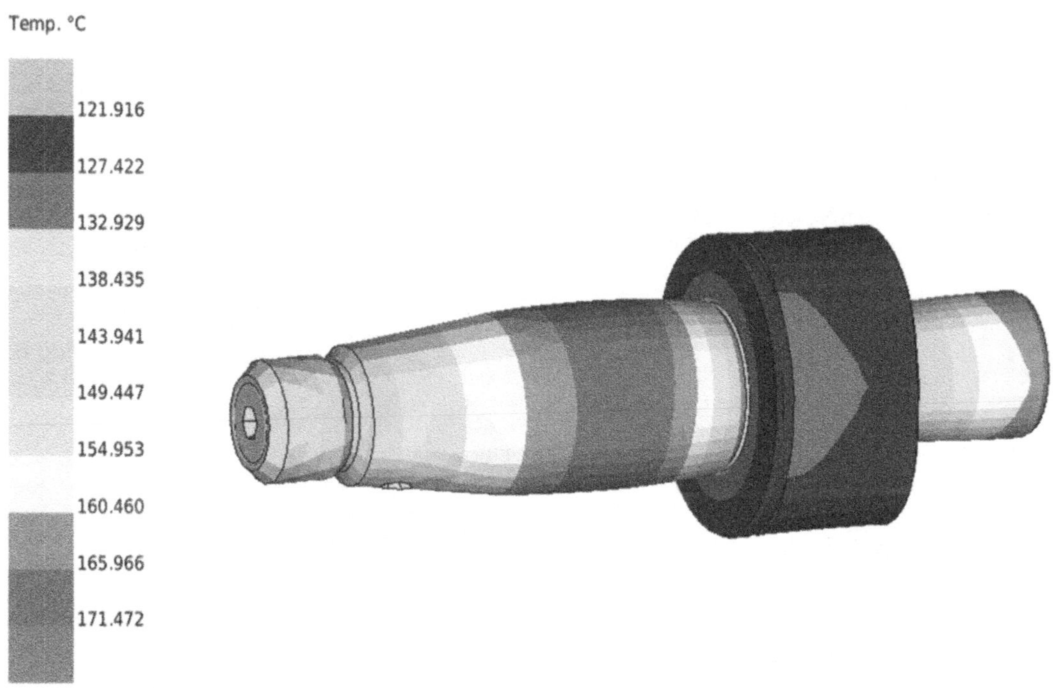

Figure 12: Local Temperatur Distribution of Shaft

The following pictures show the tribological results of the TEHD simulation on the bearing surfaces. Every picture shows the accumulation of the values over one load cycle. The minimum gap distribution for one load cycle (Figure 13) shows a rather smooth distribution in bearing B where as in bearing A the change of belt force and cam force can be seen.

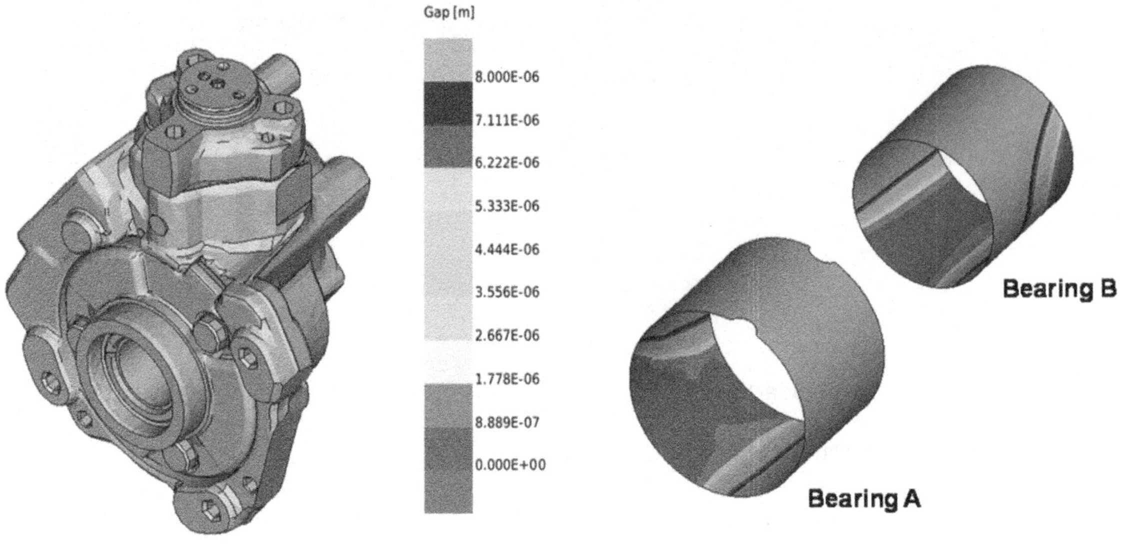

Figure 13: Minimum TEHD Gap Distribution

The maximum pressure distribution for a load cycle is shown in Figure 14. The edge load due to the belt force has completely vanished as a consequence of the previously calculated wear contour.

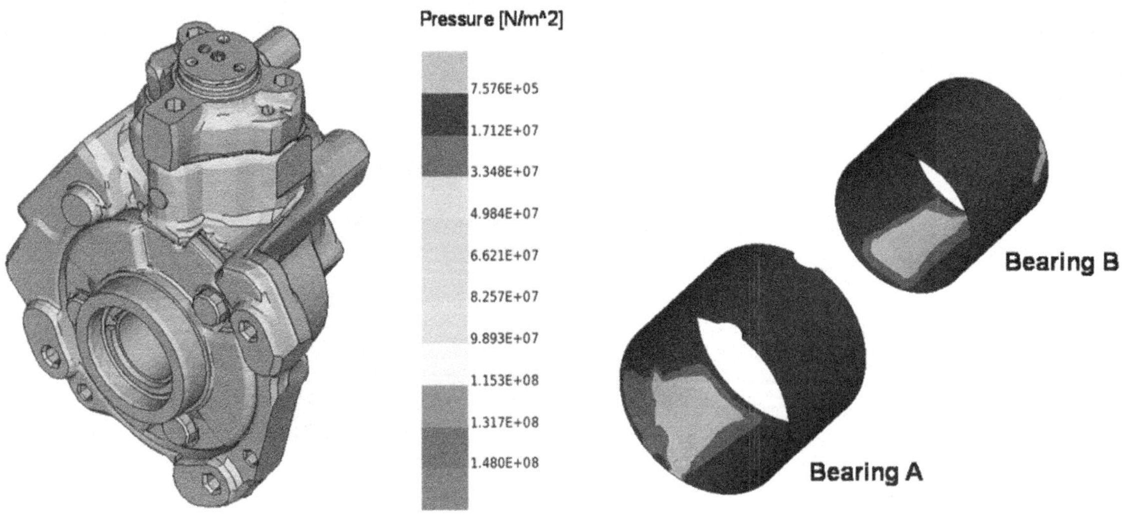

Figure 14: Maximum TEHD Pressure Distribution

The local distribution of the friction power loss (Figure 15) shows the maximum energy input at the point of the highest temperature (s. Figure 11). As mentioned above, the relation between energy input and PEEK material removal is defined by the apparent friction power density e_R^* which will be subject to future tribometer measurements.

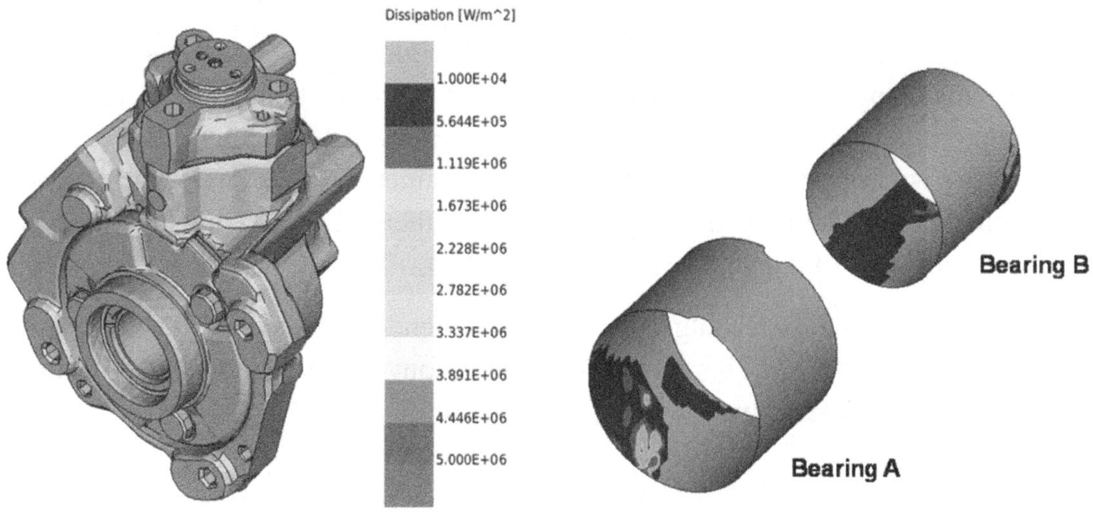

Figure 15: TEHD Friction Power Loss

Finally, Figure 16 shows the viscosity distribution over one load cycle. The position of the maximum viscosity depends on the pressure and temperature dependency of the fuel. At locations of small gaps and high pressures often the temperature is also high so that both effect are counter-rotating and the maximum viscosity occurs in another place.

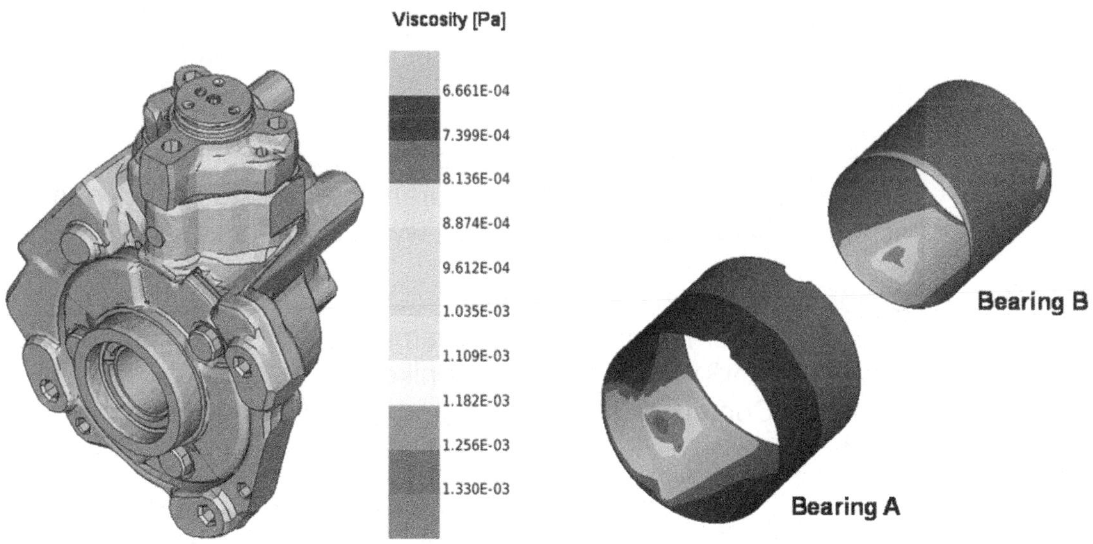

Figure 16: TEHD Viscosity Distribution

7 Conclusion, Outlook

A new TEHD algorithm was presented, considering the temperature distribution and thermal distortion of the elastic bodies for the calculation of the fluid film and the mixed lubrication. In a previous step, the wear contours of the bearings were calculated as the new state leads to extreme high, local temperatures. Based on this wear contour, the TEHD simulation was carried out, starting with rigid bodies until convergence was reached. Switching to elasticity, the mean und maximum temperatures significantly change due to the local edge deformation of the bearings. After convergence, the iteration process was stopped and the tribological parameters were analyzed. The results show that the consideration of wear contour and thermal effects are necessary for a tribological analysis of a high-pressure pump system.

In the near future, the TEHD algorithm will be extended by the solution of the energy equation in the fluid film. This includes the heat convection in the fluid film and will probably lead to a faster convergence of the algorithm.

8 References

[LAN14] Lang, J., Knoll, G., Thornthwaite, I., Soteriou, C., Lensch-Franzen, C., Kronstedt, M.:
Simulation Methods for Elastohydrodynamically Coupled Hydraulic Components.
In: Tagungsband VPC.plus, Hanau, 2014

[WAL13] Waldo, A.:
Modellreduktion thermischer Zustandsvariablen zur Einbindung in elasto-mechanisch gekoppelte Mehrkörpersysteme auf Basis strukturerhaltender Unterraum-Verfahren. IMK, Universität Kassel, Dissertation, 2013

[FIR14] FIRST: Programmsystem zur Berechnung gekoppelter Mehrkörpersysteme mit elastischen Strukturen unter elastohydrodynamischen Bedingungen (EHD/EMKS), www.IST-aachen.de

[SCH14] Schönen, R., Lang, J., Knoll, G.:
Transiente thermo-elastohydrodynamische MKS-Simulationen auf Basis von ANSYS-Reduktionstechniken.
In: Ansys Conference & 32. Cadfem Users' Meeting, Nürnberg. 2014

[SCH14-2] Schönen, R., Jaitner, D.:
TEHD – effiziente energetische Kopplung auf Basis thermischer Moden.
In: FIRST User Meeting, Aachen 2014

[FLE80] Fleischer, G., Gröger, H., Thum, H.: Verschleiß und Zuverlässigkeit, Berlin: VEB Verlag Technik, 1980.

[WOL14] Wolf, C.: Reibungs- und Verschleißsimulation instationär belasteter Gleitlager unter elastohydrodynamischen Bedingungen, Dissertation Universität Kassel, 2014.

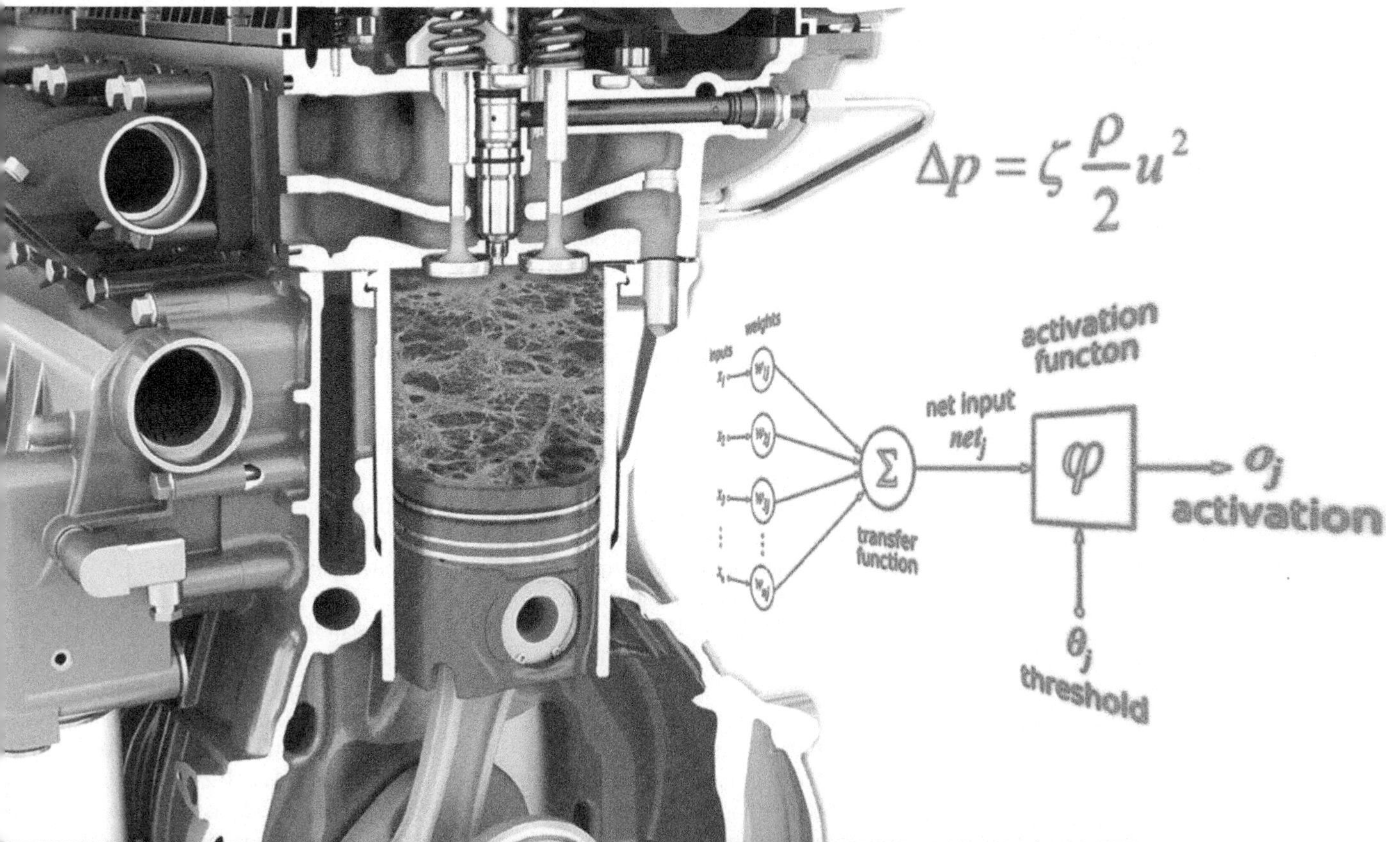

DoE und darüber hinaus – Evolution des modellbasierten Entwicklungsansatzes

Mit Aufkommen der RDE-Gesetzgebung, also der Begrenzung der Real Driving Emissions, muss die Bedatung im gesamten Kennfeldbereich eines Verbrennungsmotors bei einer Vielzahl von Fahrmanövern Bestand haben – und das bei den verschiedensten Umgebungsbedingungen. Es ist mit dieser hohen Zahl von Testfällen nicht mehr möglich, alle Varianten am realen Motor zu testen. AVL zeigt, wie daher der modellbasierte Entwicklungsansatz auf Basis des Design of Experiments (DoE) weiterentwickelt werden kann und wie gesetzliche Vorgaben die Methodik verändern.

J. Liebl und C. Beidl (Hrsg.), *VPC – Simulation und Test 2015*,
Proceedings, https://doi.org/10.1007/978-3-658-20736-6_14

AUTOREN

Dipl.-Ing. Tiziana Fortuna
ist Projektmanager für Kalibriertechnik im Bereich Integration Software-Produkte bei der AVL List GmbH in Graz (Österreich).

Dipl.-Ing. Dr. Hans-Michael Koegeler
ist Leitender Ingenieur für Kalibriertechnik im Bereich Integration Software-Produkte bei der AVL List GmbH in Graz (Österreich).

Dipl.-Ing. Dr. techn. Michael Kordon
ist Abteilungsleiter für Methodik für Entwicklung, Kalibrierung und Versuch im Bereich Engineering und Technik Antriebssysteme bei der AVL List GmbH in Graz (Österreich).

Dipl.-Ing. Gianluca Vitale
ist Segmentleiter für Kalibriertechnik im Bereich Integration Software-Produkte bei der AVL List GmbH in Graz (Österreich).

HERAUSFORDERUNG RDE-ABBILDUNG

Die bevorstehende Gesetzgebung, praxisnahe Emissionsdaten in den Prospekten darzulegen, also Real Driving Emissions (RDE) abzubilden, fordert die Automobilindustrie erneut. Bereits in den letzten 20 Jahren wurde zunehmend auf das Thema „Modellbasierte Entwicklung" gesetzt, um die notwendige Effektivitätssteigerung im Bereich der Kalibrierung von Verbrennungsmotoren darzustellen.

Die Modellierungstechnik wurde entscheidend verbessert, um die Modellgenauigkeit mit möglichst geringem Messaufwand zu erhöhen. Damit konnten einerseits die immer strenger werdenden gesetzlichen Grenzwerte der Abgasemissionen mit minimalem Kraftstoffverbrauch eingehalten und andererseits die stetig steigende Komplexität von zu bedatenden Freiheitsgraden des Antriebsstrangs beherrscht werden. Bisher lag der Fokus der Emissionsreduktion allerdings innerhalb des Kennfeldbereichs des gesetzlich definierten Emissionszyklus – außerhalb waren Kraftstoffersparnis und Fahrbarkeit vorrangige Themen.

Um die Komplexität zu beherrschen, muss der modellbasierte Entwicklungsansatz in Richtung extrapolationsfähiger Modelle weiterentwickelt werden. Dies gelingt nur mit einer speziellen Kombination aus physikalischen mit empirischen Modellen und kann als Erweiterung des aktuellen DoE-Ansatzes (Design of Experiments, statistische Versuchsplanung) verstanden werden. Der neue Entwicklungsansatz wird bei AVL als Mobeo-Methode bezeichnet: Diese ermöglicht die Vorbedatung von emissionsrelevanten Korrekturen in Umgebungen wie Hardware-in-the-Loop (HiL) beziehungsweise Software-in-the-Loop (SiL) in der frühen Entwicklungsphase.

Durch Modellverbesserungen während der Messphasen stehen diese virtuellen Entwicklungsumgebungen (SiL und HiL) vom Beginn der Applikationsphase an bis zum Serienanlauf (SoP) als vollwertige Kalibrierumgebung zur Verfügung. Speziell die Extrapolationsfähigkeit der Modelle in Hinblick auf Hardwareänderungen, dynamisches Motorverhalten, und unterschiedliche klimatische Bedingungen stellen einen Schlüssel zum Erfolg dar. Die drei Hauptanforderungen der RDE-Gesetzgebung sind, **BILD 1**:

- Die Einschränkung auf einen definierten Fahrzyklus (zum Beispiel der NEFZ für Europa) gilt künftig nur noch für die Ermittlung der CO_2-Emission – unter Verwendung des weltweit harmonisierten WLTP-Zyklus mit etwas höheren Motorlasten.
- Es wird beim Schadstoffausstoß praktisch der gesamte Bereich des Motorkennfelds emissionsrelevant.
- Bei „normalem Betrieb" darf der Fahrer beliebige transiente Manöver bei unterschiedlichsten Umgebungsbedingungen und beliebigen Fahrzeugbeladungen durchführen, und dabei dürfen die RDE-Werte zu keiner Zeit überschritten werden.

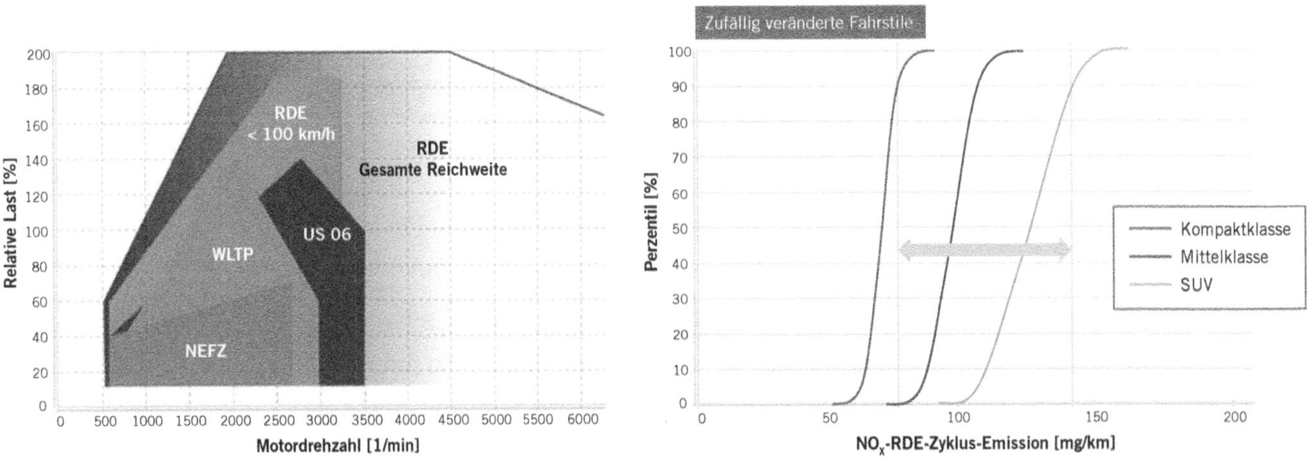

BILD 1 Last-Drehzahl-Bereiche der alten und neuen Fahrzyklen (links) und Auswirkung der RDE-Gesetzgebung auf die NO_x-Emission als Beispiel (rechts)

Durch unterschiedliche Fahrstile und Fahrzeugbeladungen kann sich der RDE-Emissionswert in [mg/km] im Bereich eines Faktors 2 ändern, **BILD 1** (rechts). Diese Ergebnisse stammen aus 500.000 zufällig variierten Emissionsfahrzyklen für drei unterschiedliche Fahrzeuggewichtsklassen mit demselben gleich bedateten Motor.

Wie bereits in anderer Literatur [1, 2, 3] festgestellt, ist ein Modellierungsansatz für Motorbetrieb und Abgasnachbehandlung notwendig, der RDE-Emissionswerte unter realen Fahrzuständen vorhersagen kann. Aber: „Was ist ein Modell?“ Dazu zeigt **BILD 2** eine Strukturierung dieses häufig verwendeten, mehrdeutigen Begriffs. Der Schweizer Mathematiker Werner Furrer definiert es wie folgt: „Ein Modell ist ein Abbild der Wirklichkeit“. Für das Folgende sind zwei Modelltypen wichtig:

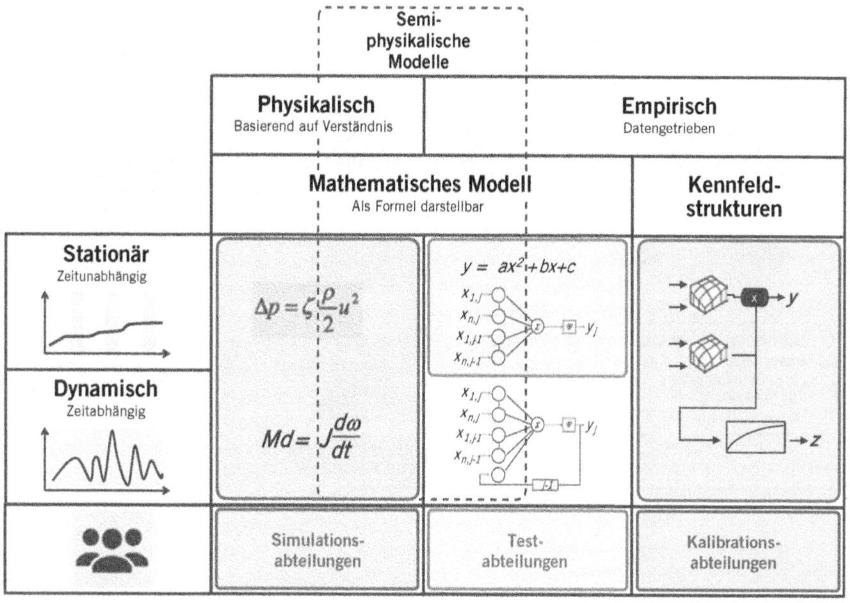

BILD 2 Strukturierung des häufig verwendeten mehrdeutigen Begriffs „Modell“

- Physikalisch basierte, mathematische Modelle werden typischerweise in Simulationswerkzeugen in den frühen Phasen des Entwicklungsprozesses eingesetzt, beispielsweise zur Konzeptauslegung des Ladungswechsels mit dem Abgasnachbehandlungssystem. Solche Modelle nutzen gut abgesicherte, allgemeingültige Zusammenhänge, können sehr detailliert sein und besitzen eine gute Vorhersagequalität. Echtzeitfähigkeit stellt hier oft eine Herausforderung dar.
- Für sehr komplexe Zusammenhänge, beispielsweise Verbrennungsvorgänge, werden oft empirische Ansätze verwendet; ein System wird für genau definierte verschiedene Eingangsbedingungen beobachtet. Die statistische Versuchsplanung (Design of Experiments, DoE) ermöglicht die Identifikation von empirischen, zeitfreien, mathematischen Modellen der Systemantworten als Funktion der variierten Eingangsparameter. Dabei wird die Anzahl der erforderlichen Messungen klein gehal-

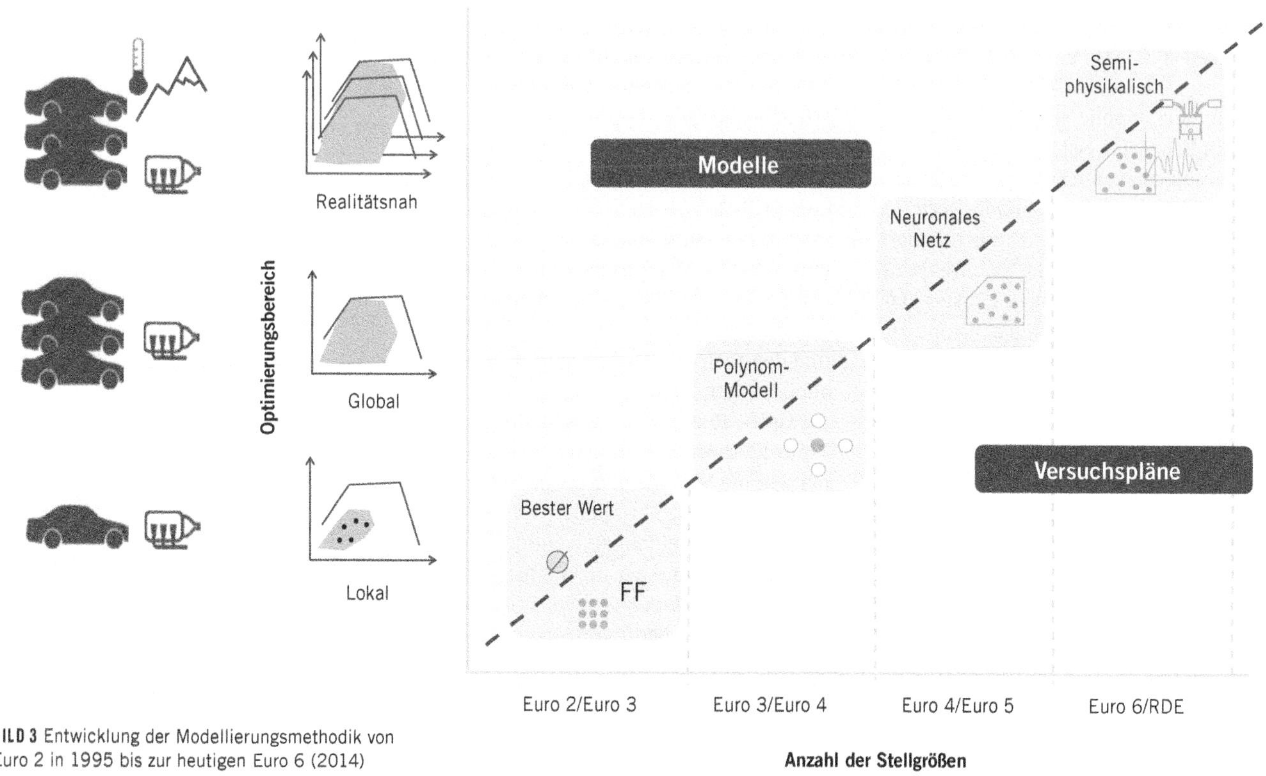

BILD 3 Entwicklung der Modellierungsmethodik von Euro 2 in 1995 bis zur heutigen Euro 6 (2014)

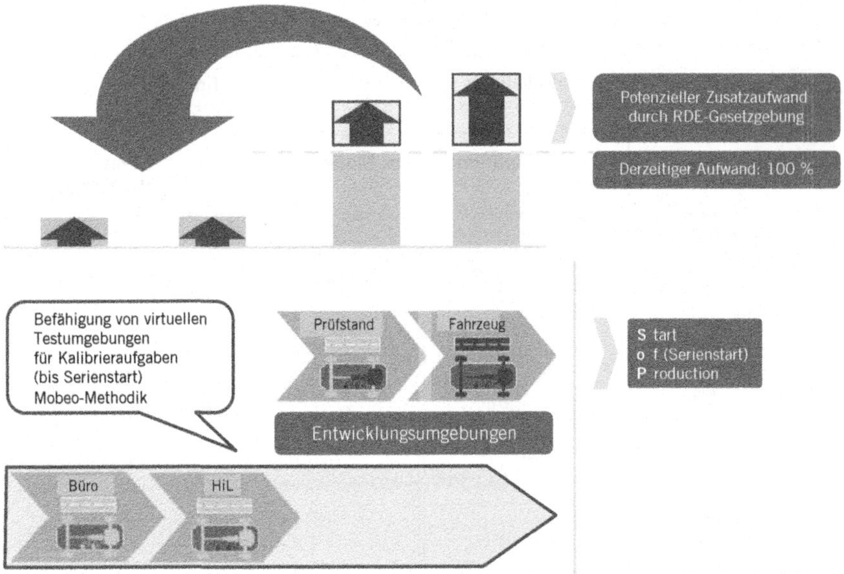

BILD 4 Mehr Agilität im Kalibrierprozess erfordert eine Erweiterung der virtuellen Testumgebungen

ten. Solche Modelle rechnen in der Anwendung sehr schnell (mehrfache Echtzeit), können aber nur sehr eingeschränkt Aussagen außerhalb des vermessenen Gebiets leisten.

EVOLUTION IN DER MODELLBASIERTEN ENTWICKLUNG

Im Jahr 1995 wurde ein Motor typischerweise für ein bestimmtes Fahrzeug entwickelt, das der Euro-2-Gesetzgebung genügen soll. Das benötigte Verbrennungssystem ist einfach (in Bezug auf die freien zu applizierenden Parameter); es gibt beispielsweise nur zwei verbrennungsrelevante Steuergeräte-Parameter (Einspritzbeginn und Einspritzdruck). Industrielle Praxis war es, an wenigen abgasrelevanten Motorbetriebspunkten ein voll faktorielles Raster dieser Parameter am Motorenprüfstand zu vermessen. Die Optimierung besteht in der Auswahl der „besten Messungen", **BILD 3** (unten).

In den späteren Jahren steigt mit weiter abgesenkten Emissionsgrenzwerten (Euro 3 bis Euro 5) die Komplexität der Motoren. Es ist zeitlich nicht mehr möglich „alle möglichen" Einstellkombinationen (beispielsweise von sechs verbrennungsrelevanten Steuergeräte-Parametern) in mehreren Betriebspunkten am Motorenprüfstand rasterförmig zu vermessen. Alternativ werden empirische Modelle für Kraftstoffverbrauch, NO_x, Zylinderspitzendruck oder Klopfverhalten als Funktion der zu kalibrierenden Steuergeräte-Parameter eingeführt. Hierzu wird DoE eingesetzt – und zwar zunächst für betriebspunktspezifische (lokale) Modelle [4] und später auch für betriebspunktübergreifende (globale) Modelle [5, 6].

Globale Motormodelle ermöglichen dabei die Anpassung eines Motors an verschiedene Lastkollektive, wie sie sich bei unterschiedlichen Fahrzeugvarianten ergeben. Zur Modellbildung selbst werden weiterentwickelte polynominale Modelle aber auch neuronale Netzwerke [7] eingesetzt, um die starke Nichtlinearität zu beherrschen. Zusätzlich steht mit dem COR-DoE-Ansatz [8] ein adaptiver, interaktiver Onlineprozess zur Verfügung, der die Messpunkte in den Bereich der starken Nichtlinearität konzentriert und damit in Summe Messaufwand spart und dennoch extremste Nichtlinearitäten abbilden kann, wie sie beispielsweise bei der Größe Ruß auftreten, **BILD 3** (Mitte).

Für RDE-Anforderungen heutzutage müssen die Modelle allerdings auf Umweltzustände extrapoliert werden können, die an einem konventionellen Motorenprüfstand gar nicht einstellbar sind, da die RDE-Werte auch für Höhen-, Hitze- und Kältebedingungen einzuhalten sind, **BILD 3** (oben).

Die Antwort auf diese Herausforderung ist ein semi-physikalischer Modellansatz für Motorbetrieb und Abgasnachbehandlung (Mobeo-Ansatz), der physikalische Modelle (beispielsweise für die Gasdynamik) mit semi-physikalischen Verbrennungsmodellen kombiniert. Die empirischen Anteile stützen sich auf die breite Projekterfahrung von AVL: Ergebnisse von unterschiedlichsten Motoren in verschiedener Größe und mit diversen Aufladekonzepten werden in vergleichbarer Weise genutzt, um ein generisches, empirisches Verbrennungsmodell mit wenigen Anpassungsparametern bereitzustellen. In Kombination ist dieser Ansatz der Schlüssel dazu, HiL- und SiL-Systeme für Bedatungsarbeiten auszurüsten.

ERWEITERUNG DER ENTWICKLUNGSUMGEBUNGEN

Die Simulation von RDE-Emissionen in einer HiL-SiL-Umgebung wird als kosteneffektiver und qualitätserhöhender Paradigmenwechsel vorgeschlagen [9], und zwar deshalb, weil

- die Validierung aller, für die RDE-Gesetzgebung notwendigen Testfälle mit den realen Fahrzeugen nicht umsetzbar wäre (große Anzahl kostenintensiver Testfahrten, Verfügbarkeit von Prototypfahrzeugen)
- die Anzahl an klimatisierten Motor-Prüfständen und Klima-Rollenprüfständen nicht finanzierbar wäre, welche zum Entwickeln einer Höhenkalibrierung mit realer Motorhardware benötigt würde.

Zusätzlich werden die Agilität und die Qualität des Kalibrierprozesses durch den Umstand gesteigert, dass Umgebungseinflüsse jederzeit simuliert und berücksichtigt werden können, **BILD 4**.

REALISIERUNG MIT ERWEITERTEN HIL/SIL-UMGEBUNGEN

BILD 5 zeigt Anwendungsfälle, welche durch HiL/SiL unter Verwendung der Mobeo-Methode unterstützt werden können. Es können sowohl eine hohe Anzahl transienter Spuren als auch beliebige Umgebungszustände untersucht werden. Dabei können die Abgasemissionen am Endrohr mit einer Genauigkeit von circa 10 % Fehler prognostiziert werden [9]. Weiters können die Datenstände auch unter Berücksichtigung von Alterungseffekten sowie Produktionsstreuungen kalibriert und validiert werden.

Weiterhin ist die durchgängige Bedienoberfläche für die Applikationsingenieure wichtig: Die gewohnte Werkzeugumgebung vom Motorprüfstand bleibt bestehen, damit kann auch die bewährte, modellbasierte Optimierungsmethode übernommen werden.

Zur Kalibrierung der Leistungsreduktion bei Höhenbetrieb werden DoE-Untersuchungen auf einem HiL-System durchgeführt. Es gilt sicherzustellen, dass die Dauerhaltbarkeitsgrenzen für Zylinderspitzendruck, Turboladerdrehzahl und Abgastemperatur nicht überschritten werden. Dort läuft das semiphysikalische Motormodell, das für einen bestimmten Motor abgestimmt wurde, in Echtzeitinteraktion mit dem realen Steuergerät. Das gesamte System wird wie ein Motorenprüfstand gesteuert und erlaubt auch eine Vermessung bei reduziertem Umgebungsdruck, wie er in 2200 m Höhe vorherrscht. Als Ergebnis sieht man zunächst die empirischen Meta-Modelle aus diesen Messungen für

- Zylinderspitzendruck
- Turboladerdrehzahl
- leistungsspezifische Emissionswerten am Endrohr für NO_x und Ruß

in Abhängigkeit der zwei Kalibrierparameter Einspritzmenge und Einspritzbeginn, **BILD 6** (oben). Die optimale Einstellung darf die maximal zulässigen Zielwerte für die Dauerhaltbarkeit der Bauteile nicht überschreiten und soll ein maximales Motordrehmoment (BMEP) bei gleichzeitig zu minimierendem Kraftstoffverbrauch (BSFC) ergeben, **BILD 6** (unten). Dazu wird dem Applikationsingenieur neben der Lage der möglichen Lösungen auch die Paretofront zwischen beiden Zielgrößen gezeigt. Damit kann er mit Blick auf die Emissionen eine bewusste Kalibrierentscheidung treffen und ein entsprechendes Optimum wählen.

ZUSAMMENFASSUNG UND AUSBLICK

Die RDE-Gesetzgebung erhöht die Anforderungen an die modellbasierte Entwicklung weiter. Die Extrapolationsfähigkeit von Modellen ist entscheidend, um die Auswirkung von transienten Vorgängen und geänderten Umgebungsbedingungen auf die RDE-Werte vorhersagen zu können. Die MoBEO-Methode von AVL befähigt HiL- und SiL-Umgebungen zu Kalibrieraufgaben und stellt damit eine reale Möglichkeit dar, RDE-Entwicklungen effektiv zu unterstützen. Es wird das Potenzial gesehen, die Robustheit der Systeme sogar noch zu steigern, indem Kalibrieraufgaben von realen zu virtuellen Entwicklungsumgebungen verlagert werden.

Insbesondere die Entwicklungsaufgaben unter Nicht-Standardbedingungen, wie sie für RDE-Untersuchungen benötigt werden, können nun in HiL/SiL-Umgebungen abgearbeitet werden. Für den Applikationsingenieur bleibt die

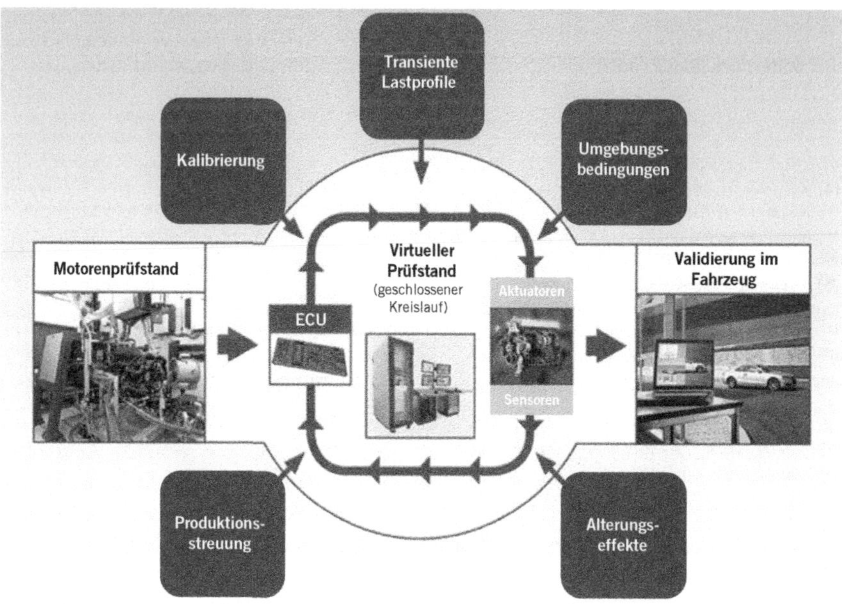

BILD 5 Kalibrieraufgaben in einer erweiterten HiL/SiL-Umgebung

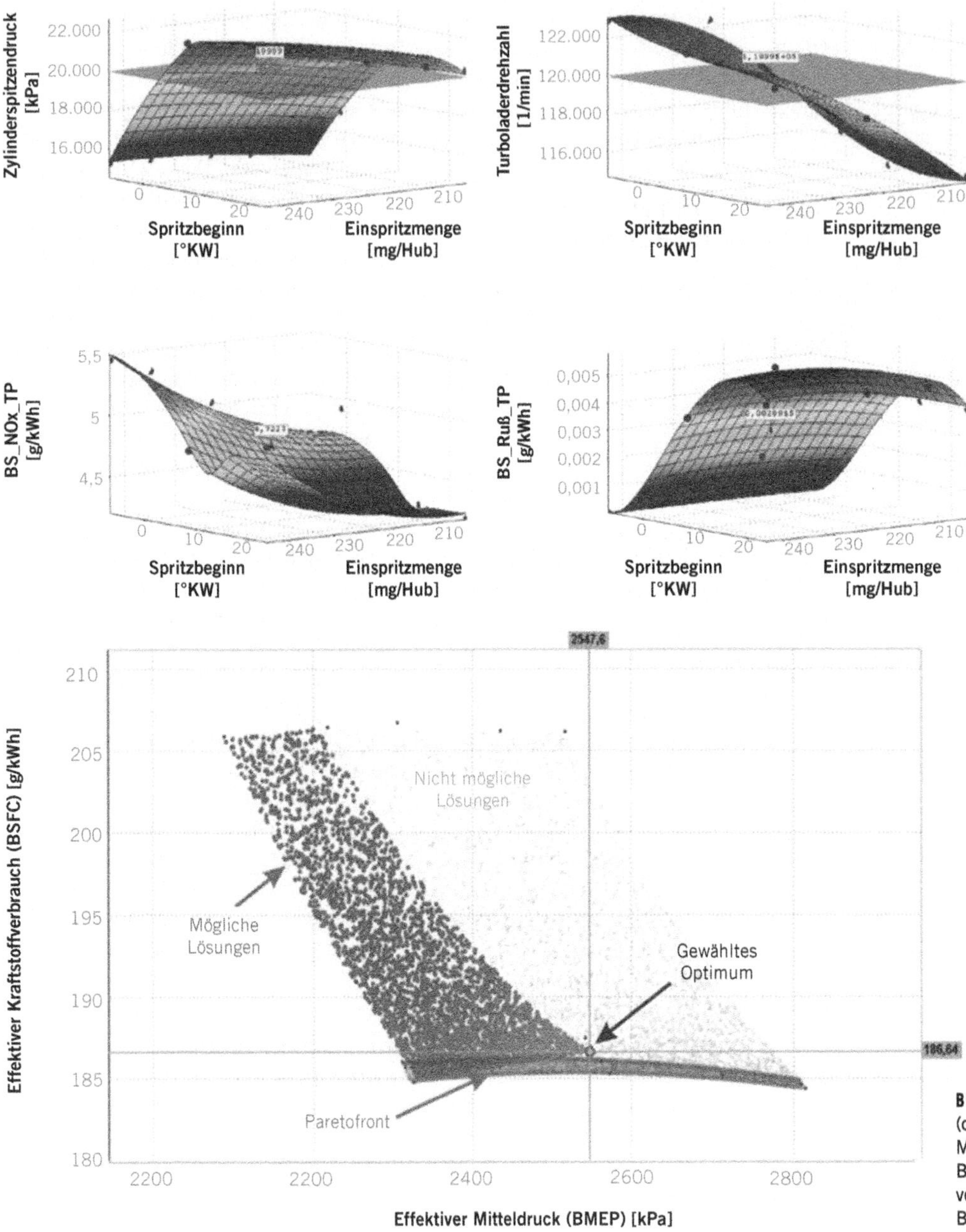

BILD 6 Abhängigkeit der Kalibrierparameter (oben) und Optimierung von maximalem Motordrehmoment (effektiver Mitteldruck, BMEP) bei zu minimierendem Kraftstoffverbrauch (effektiver Kraftstoffverbrauch, BSFC) zu gleicher Zeit (unten)

Bedienoberfläche vertraut, und er kann nach wie vor die bewährte DoE-Methodik nutzen – so wie sie sich bereits am Motorenprüfstand bewährt hat.

LITERATURHINWEISE

[1] Schüßler, M.; Allmer, I.; Hollauf, B.; Kordon, M.; Kozlik, Ch.; Seewald, G.; Hülser, H.: Modellbasierte Emissionsoptimierung auf Triebstrang-Ebene. 17. Aachener Kolloquium Fahrzeug- und Motorentechnik, Aachen, Oktober 2008

[2] Schüßler, M.; Decker, M.; Hohl, Y.; Kordon, M.: Modellbasierter Entwicklungsansatz für Partikelfilter. In: ATZoffhighway, Sonderausgabe, September 2010, S. 40-51

[3] Beer, W.; Hollander, M.; Kordon, M.; Kozlik, C.; Raser, B.: Vom virtuellen Prüfstand in die Serie. In: RealTimes, 02.2012

[4] Koegeler, H.-M.; Fürhapter, A.; Mayer, M.; Gschweitl, K.: DGI-Engine Calibration, Using New Methodology with Cameo. In: SAE NA, Capri, Italien, 23.-27. September 2001

[5] Bittermann, A.; Kranawetter, E.; Krenn, J.; Ladein, B.; Ebner, T.; Altenstrasser, H.; Koegeler, H.-M.; Gschweitl, K.: Emissionsauslegung des dieselmotorischen Fahrzeugantriebs mittels DoE und Simulationsrechnung. In: MTZ 65 (2004), Nr. 6, S. 466-474

[6] Castagna, E.; Biondo, M.; Cottrell, J.; Altenstrasser, H.; Beidl, Ch.; Koegeler, H.-M.; Schuch, N.: Tier-3-Motorabstimmung für unterschiedliche Fahrzeugvarianten mit globalen Modellen. In: MTZ 68 (2007), Nr. 6, S. 472-479

[7] Keuth, N.; Pflügl, H.: Intelligent Neuronal Networks (INN) – a New Modeling Approach for the Global Model Based Optimization of Combustion Engines and Powertrain. Conference, DoE in Engine Development, Berlin 5/2007

[8] Rainer, A.; Koegeler, H.-M.; Rogers, D.: Iterative DoE – Improved Emission Models and Better Optimisation Results Within a Shortened Measurement Time. 2nd Biennial International Conference on Powertrain Modelling and Control, Bradford, UK, 10.-11. September 2014

[9] Platner, S.; Kordon, M.; Fakiolas, E.; Atzler, H.: Modellbasierte Serienkalibrierung – der effiziente Weg für Variantenentwicklung. In: MTZ 74 (2013), Nr. 10, S. 754-761

Aufbau einer fahrzyklusfähigen Simulationsmethodik zur Modellierung der Partikelemissionen direkteinspritzender Ottomotoren

Stefan Frommater, M.Sc., Dr.-Ing. Jens Neumann, Prof. Dr.-Ing. Christian Hasse

1

J. Liebl und C. Beidl (Hrsg.), *VPC – Simulation und Test 2015*,
Proceedings, https://doi.org/10.1007/978-3-658-20736-6_15

1 Einleitung

Die Technologie der Direkteinspritzung moderner, turboaufgeladener Ottomotoren ermöglicht die Nutzung einer Reihe von effizienzsteigernden Effekten. Diese sind etwa die Erhöhung des Kompressionsenddruckes durch Ladungskühlung oder das Überspülen ohne zusätzlichen Kraftstoffverbrauch. Durch das direkte Einbringen des Kraftstoffs in den Brennraum kann es jedoch auch zu steigenden Emissionen von Rußpartikeln kommen, die zuvor in erster Linie von Dieselmotoren bekannt waren.

Die Bildung von ultrafeinen Partikeln stellt durch deren Lungengängigkeit ein Gesundheitsrisiko dar [1] und unterliegt global steigenden gesetzlichen Anforderungen und Reglementierungen. In der europäischen Abgasgesetzgebung ist die Partikelmasse und zugleich die Partikelanzahl bei Ottomotoren limitiert [2, 3]. Sowohl die europäischen Regulierungen als auch die weltweit existierenden Vorgaben und Messverfahren sind durch kontinuierliche Weiterentwicklungen gekennzeichnet.

Die wechselnden Anforderungen führen bei der Entwicklung von Ottomotoren zu einem erhöhten Mess- und Kostenaufwand bei der Beurteilung und Reduktion der Emissionen verschiedener Fahrprofile, Randbedingungen und Motorapplikationen. Als Konsequenz soll die Simulation dazu befähigt werden, den Messaufwand und die Entwicklungskosten durch unterstützende Aussagen über erwartete Partikelemissionen zu reduzieren. Die Beschreibung von emissionsrelevanten Prozessen in Fahrzyklen mittels dreidimensionaler Strömungssimulation (CFD) ist nach aktuellem Stand der Technik zu rechenintensiv. Daher wird vereinfachend ein quasidimensionaler Ansatz verfolgt, wobei physikalisch basiert wesentliche Partikelenstehungsmechanismen im Brennraum modelliert werden. Die Rechenzeit wird durch notwendige Vereinfachungen und partielle Modellkalibrierung reduziert. Die Validierung der Modellbestandteile erfolgt mit Hilfe von stationären CFD-Simulationen sowie stationären und transienten Motormessungen.

Nachfolgend werden zunächst die wesentlichen Einflussgrößen im Ottomotor sowie die physikalischen und chemischen Grundlagen der Partikelentstehung beschrieben. Anschließend erfolgt die Darstellung des in Entwicklung befindlichen gesamthaften Modellkonzeptes. Eine erste Modellvalidierung wird anhand von Partikelmessungen stationärer Kennfeldpunkte und einer Variation des Einspritzzeitpunktes (SOI) dargestellt. Abschließend wird die Einbindung des Modells in die Fahrzyklussimulationen erläutert und eine Zusammenfassung des aktuellen Modellstandes gegeben.

2 Partikelemissionen in Ottomotoren

Im nachfolgenden Kapitel werden die wesentlichen Entstehungsursachen von Partikelemissionen in Ottomotoren dargestellt und hinsichtlich ihrer Relevanz im Fahrzyklus eingeordnet. Anschließend erfolgt die Erläuterung grundsätzlicher Bildungsmechanismen in der Gas- und Feststoffphase.

2.1 Partikelquellen in direkteinspritzenden Ottomotoren

Für die Charakterisierung der Partikelquellen in Ottomotoren wurden bereits verschiedene messtechnische Untersuchungen durchgeführt [4–7]. Zur Erreichung eines global homogenen und stöchiometrischen Gemisches bei Direkteinspritzung ist eine ausreichend hohe Mischungszeit und Ladungsbewegung erforderlich. Ist dies aufgrund von später Einspritzung, hohen Lasten oder Anfettung nicht möglich, kann es im Brennraum zu lokal fetten Gebieten kommen, die unter Sauerstoffmangel verbrennen und zur Partikelentstehung führen (vgl. Kap. 2.2).

Weiterhin besteht bei der Direkteinspritzung das Risiko der Brennraumwandbenetzung. Hohe Einspritzdrücke, Einspritzzeitpunkte bei hoher Kolbenposition und kalte Brennraumwände begünstigen dies zusätzlich. Verdampft dieser flüssige Kraftstoff nicht bis zum Beginn der Verbrennung, führt dies ebenfalls zur Reaktion unter Sauerstoffmangel (Pyrolyse) und nachfolgend zur Partikelbildung. Bei der Einspritzung kann ein flüssiger Kraftstoffanteil am Injektor verbleiben, der bei unzureichender Verdampfung eine weitere Partikelquelle darstellt [8].

Die aus inhomogener Gemischbildung und flüssigem Kraftstofffilm resultierenden Partikel sind darüber hinaus abhängig von der Kraftstoffzusammensetzung und -qualität, wie etwa dem Ethanolanteil oder dem Anteil an Aromaten im Kraftstoff. Neben den kraftstoffinduzierten Partikeln bildet die Einbringung von Öl in den Brennraum eine zusätzliche Partikelquelle.

Die dargestellten Ursachen zeigen auf, dass je nach gewähltem Fahrprofil, Kraftstoff und Umgebungsbedingungen verschiedene Quellen einen Einfluss auf die Gesamtemissionen haben. Im Kaltstart und Warmlauf existiert ein erhöhtes Risiko für verbleibende Wandfilmmasse, während bei Lastsprüngen und hohen Einspritzmengen das Risiko für unzureichende Gemischaufbereitung zunimmt. Der verbleibende Kraftstofffilm am Injektor kann je nach Injektorzustand in allen Betriebspunkten zu den Partikelemissionen beitragen [8].

2.2 Grundlagen der Partikelentstehung

Die physikalischen und chemischen Abläufe bei der Entstehung von Partikelemissionen sind noch nicht vollständig verstanden und stellen ein aktuelles Forschungsfeld dar [9]. In der Literatur wird übereinstimmend dargestellt, dass polyzyklische aromatische Kohlenwasserstoffe (PAH) die Basis für die Entstehung von Primärpartikeln sind [9–11]. Diese PAH's, auch Rußvorläufer genannt, entstehen durch Gasphasenreaktionen bei der unvollständigen Verbrennung von Kohlenwasserstoffen [12]. Durch die Zersetzung der langkettigen Kohlenwasserstoffe (etwa C_8H_{18}) entsteht Ethin (C_2H_2), aus dem sich anschließend erste Benzolringe bilden (C_8H_8). Durch Abspaltung von Wasserstoff und Anlagerung von weiterem C_2H_2 wachsen diese Ringverbindungen weiter an und führen schließlich zur Entstehung von Pyren, welches als direktes Rußvorläufermolekül gilt ($C_{16}H_{10}$) [13, 14].

Der Zusammenstoß zweier Pyrenmoleküle, auch Nukleation genannt, führt schließlich zur Bildung erster Primärpartikel in der Feststoffphase (siehe Abb.1) [10, 11]. Eine Reihe von nachgelagerten Prozessen führt zur Veränderung in Form und Größe dieser Primärpartikel [15]. Die endgültige Form der Partikel hängt von der Häufigkeit der einzelnen Prozesse ab:

- Zusammenstöße von Partikeln (Koagulation)
- Anlagerung von kurzkettigen Kohlenwasserstoffen an die Partikeloberfläche (Oberflächenwachstum)
- Anlagerung von Pyrenmolekülen an die Oberfläche (Kondensation)
- Bildung von Partikelaggregaten (Agglomeration)
- Reduktion von Kohlenstoff durch Reaktionen mit Sauerstoff (Oxidation)

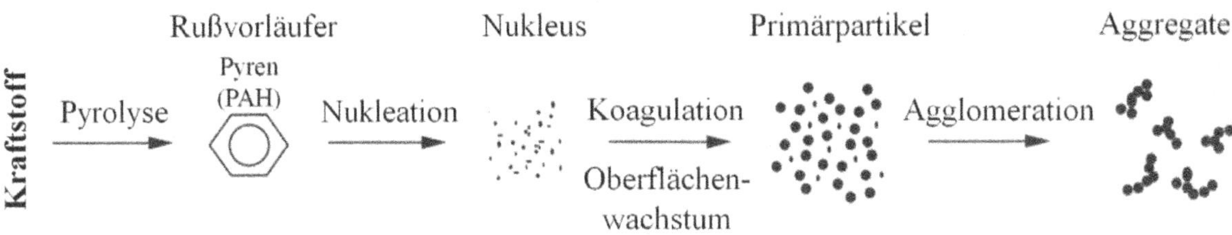

Abb.1: Bildung von Primärpartikeln und Partikelwachstum durch Koagulation, Oberflächenwachstum nach [16].

3 Modellkonzept und Struktur

In diesem Kapitel wird der entwickelte Modellansatz zur Beschreibung der ottomotorischen Partikelemissionen beschrieben. Dieser umfasst die Partikelquellen aus der Gasphase, der Flüssigphase durch Wandfilmbildung sowie der Flüssigphase durch Injektorfilm. Weiterhin erfolgt die detailliertere Vorstellung der Modellierung von Gemischinhomogenitäten in der Gasphase und des Injektorfilms.

3.1 Prozessschema Gesamtmodell

Das in Entwicklung befindliche Gesamtmodell berücksichtigt die Partikelemissionen, welche sich aus dem Kraftstoffpfad ergeben (siehe Abb.2). Vereinfachend wird als Vergleichskraftstoff Isooctan (C_8H_{18}) betrachtet. Der Großteil des eingebrachten Kraftstoffes verdampft nach der Einspritzung und es kommt zur Vermischung mit Frischluft und Restgas. Verbleiben dabei Gebiete mit Verbrennungsluftverhältnissen unterhalb der Rußgrenze, werden diese für die Berechnung der Emissionen aus der Gasphase verwendet. Eine detaillierte Vorgehensweise bei der Gasphasenmodellierung findet sich in Kap. 3.2. Ein Teil des Kraftstoffes verbleibt nach der Einspritzung am Injektor, es kommt zur Filmbildung und anschließenden Verdampfung [8]. Zum Zündzeitpunkt verbleibende flüssige Kraftstoffmasse geht in die Berechnung der Partikelemissionen aus der Flüssigphase ein. Das Vorgehen bei der Modellierung der Flüssigphase findet sich in Kap. 3.3. Trifft flüssiger Kraftstoff auf die Brennraumwände, kommt es abhängig Wandtemperatur und Spraygeschwindigkeit zum Abprallen oder Anhaften der Kraftstofftröpfchen. Anhaftende Kraftstoffmasse bildet einen Wandfilm, der bei mangelnder Verdampfung bis zum Zündzeitpunkt bestehen bleiben kann [4]. Dieser Film wird ebenfalls für die Partikelsimulation aus der Flüssigphase verwendet. Verdampfende Kraftstoffmasse aus dem Injektor- und Wandfilm wird der Gasphase zugeordnet.

Die Verarbeitung der Gebiete mit Sauerstoffmangel und der Gebiete mit flüssigem Kraftstoff erfolgt anschließend entsprechend der enthaltenen Kraftstoffmasse dimensionslos mit einem Multizonenansatz. Dazu werden homogene Reaktoren für das Gas in der Nähe der Flüssigphase (siehe Kap.3.3) und die Gasphase (siehe Kap.3.2) erzeugt. Die Reaktoren enthalten als Anfangsbedingung ein Speziesprofil, das sich aus Lambdawert und Restgasanteil ergibt. Das Temperatur- und Druckprofil der Reaktoren wird einer vorgelagerten Motorprozesssimulation entnommen und zeitlich aufgeprägt.

Für jeden erzeugten Reaktor erfolgt anschließend die Berechnung der Spezieserhaltungsgleichungen und der Massenerhaltungsgleichung ausgehend vom Zündzeitpunkt bis zum oberen Totpunkt in der Ladungswechselphase des Arbeitsspiels (LWOT). Verwendet wird dabei ein detaillierter Reaktionsmechanismus mit PAH-Bildung bis Pyren [12]. Die daraus resultierenden und zeitlich aufgelösten partikelrelevanten Speziesverläufe sowie die Druck- und Temperaturdaten können anschließend für die Mechanismen bei der Partikelentstehung verwendet werden. Die Simulation der Partikelbildung basiert auf dem Simulationstool SWEEP, einer Monte-Carlo Methode zur Berechnung von Nukleation, Koagulation, Oberflächenwachstum und Oxidation durch Lösen der Populationserhaltungsgleichung mit stochastischen Partikeln [17]. Ergebnis der Berechnung ist das zeitliche Profil der Partikelanzahl- und Massenkonzentration für jeden Reaktor. Weiterhin kann das gesamte Partikelensemble beschrieben werden, mit dessen Hilfe sich die Partikelgrößenverteilung bestimmen lässt. Partikel kleiner als 23nm werden nicht berücksichtigt, da diese beim verwendeten Messverfahren nicht erfasst werden.

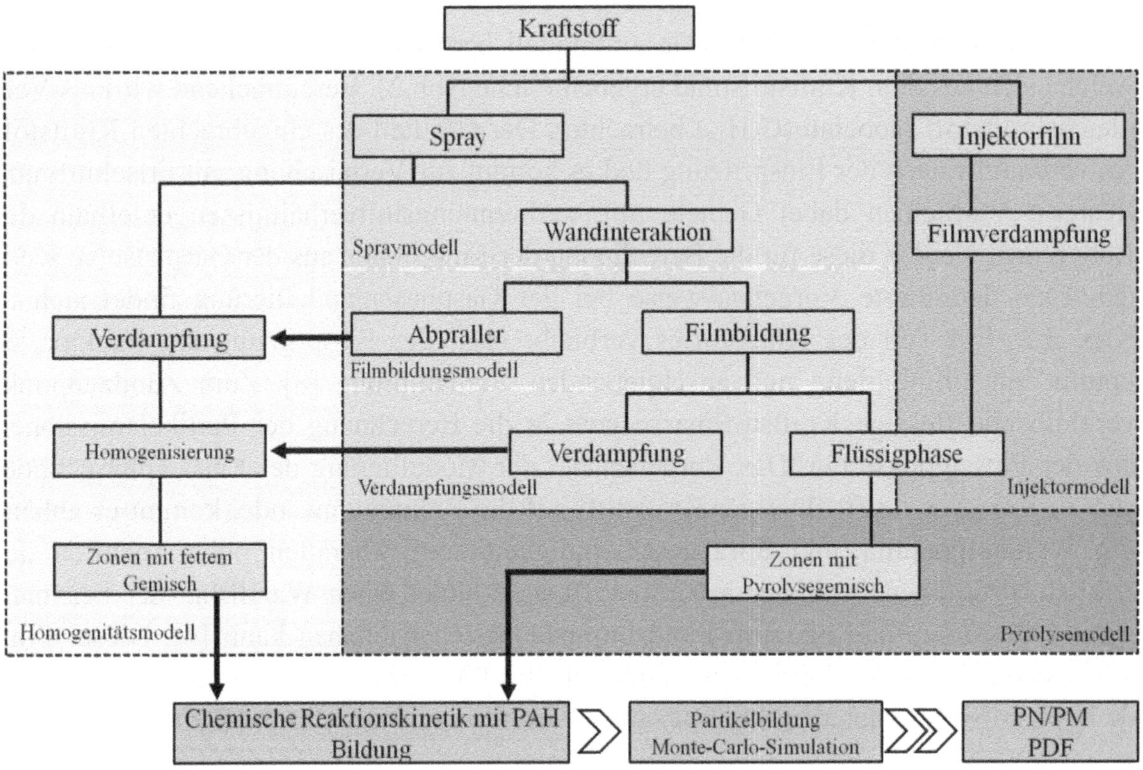

Abb.2: Gesamtmodellschema Partikelentstehung im Ottomotor mit Berücksichtigung von Inhomogenitäten der Gasphase, Injektorbenetzung, Wandbenetzung.

Die Partikelergebnisse zum LWOT werden anschließend mit Hilfe des Abgasvolumenstromes in Partikelströme umgerechnet. Die Anteile der betrachteten Reaktoren werden entsprechend der Reaktormasse auf den gesamten Brennraum zurückgerechnet und ergeben den resultierenden Gesamtpartikelstrom für einen Zylinder, der mit Messungen abgleichbar ist. Vereinfachend wird angenommen, dass sich alle Zylinder des betrachteten Motors gleich verhalten.

Zur Berechnung der Gemischhomogenisierung im Brennraum bis zum Zündzeitpunkt wird ein phänomenologisches Submodell entwickelt. Ziel ist es dabei, nach einmaliger, motorspezifischer Parametrierung anhand weniger CFD-Simulationen, für alle weiteren Betriebspunkte die Statistik der Lambdaverteilung im Brennraum prädiktiv zu berechnen. Ein weiteres Submodell wird für die vereinfachte Simulation der Spray-Wand-Interaktion entwickelt. Dies enthält Komponenten für die Sprayausbreitung, die Wandfilmbildung sowie die Wandfilmverdampfung. Dies ermöglicht vor allem im Bereich der Kaltstart- und Warmlaufphase eine Identifizierung von Wandfilmen im Brennraum.

Für die Definition der einzelnen Zonen werden während der Modellentwicklung Ergebnisse von CFD-Simulationen verwendet, um die Fehlerkette bei der Modellierung zu minimieren. Bei der späteren Modellverwendung werden keine CFD-Daten, bzw. nur in geringem Umfang für die Parametrierung der Submodelle, benötigt. Die Motorprozessdaten, wie etwa Brennverlauf und Druckverlauf, basieren im Rahmen der Modellentwicklung auf Messdaten in Verbindung mit einer Druckverlaufsanalyse. Dies reduziert ebenfalls die Fehlerkette. Die spätere Verwendung erfolgt zusammen mit einem thermodynamischen Motorvollmodell (inkl. zweizoniges phänomenologisches Verbrennungs- und Turbulenzmodell) [18–20].

Als Modellumgebung des Gesamtmodells wird eine objektorientierte Programmierung in MATLAB verwendet, die Berechnung der Reaktionsraten erfolgt mit Cantera [21].

3.2 Partikel durch Gemischinhomogenitäten

Ziel dieses Modellbereiches ist es, homogene Reaktoren zu erstellen und zu bedaten, mit deren Hilfe die Partikel aus Gemischinhomogenitäten in der Gasphase berechnet werden können. Die Schwelle, ab der es zur signifikanten Rußentwicklung kommt, hängt vom lokalen C/O Verhältnis ab. Ab einem C/O Verhältnis von C/O = 0,45 beginnt ein signifikanter Anstieg der Rußbildung [22]. Für die Betrachtung von Isooctan entspricht dies bei Verbrennung mit Luft einem Lambdawert von $\lambda = 0{,}71$, beziehungsweise einem Äquivalenzverhältnis $\varphi = 1/\lambda = 1{,}41$. Im Rahmen der Modellentwicklung werden zur Auswertung CFD-Simulationen verwendet, in denen alle Gitterzellen im Brennraum nach ihrem Äquivalenzverhältnis zum Zündzeitpunkt statistisch ausgewertet und als Wahrscheinlichkeitsdichtefunktion aufgetragen werden. Die Integration der Wahrscheinlichkeitsdichtefunktion führt zur Verteilungsfunktion, mit deren Hilfe der Brennraumanteil mit $\varphi > 1{,}41$ direkt ablesbar ist. Für die spätere Modellanwendung wird die Auswertung von CFD-Simulationen ersetzt durch das Submodell „Gemischhomogenisierung" (siehe Kap.3.1), welches die Verteilungsfunktion zeitlich aufgelöst bis zum Zündzeitpunkt mit Hilfe dimensionsloser Kennzahlen berechnet. Der Anteil im rußrelevanten Bereich wird anschließend in eine definierte Anzahl von Zonen unterteilt, von denen jede einen festen Massenanteil und ein mittleres Äquivalenzverhältnis besitzt (siehe Abb. 3). Außerhalb dieses Bereiches findet keine weitere Berechnung statt. Entsprechend dem globalen Restgasanteil und dem definierten Lambdawert kann anschließend für jede Zone das Speziesprofil zum Zündzeitpunkt bestimmt werden. Die Zonen werden darüber hinaus als „unverbrannt" gekennzeichnet.

Der Beginn der Gasphasenberechnung startet zum Zündzeitpunkt. Zur Berechnung wird zu jeder „unverbrannten" Zone eine weitere, „verbrannte" Zone erstellt, die über einen Massenstrom mit der unverbrannten Zone gekoppelt ist. Auf Basis des Brennverlaufs (=Kraftstoffumsatz) wird entsprechend dem Äquivalenzverhältnis für jedes Zonenpaar ein Massenstrom berechnet, der vom Unverbrannten ins Verbrannte fließt (Luft, Kraftstoff, Restgas). Innerhalb der verbrannten Zone werden vom Zündzeitpunkt bis zum LWOT die Spezieserhaltungsgleichungen (1) und die Massenerhaltungsgleichung (2) gelöst, mit deren Hilfe das komplette Speziesprofil bestimmt werden kann:

$$\frac{dY_i}{dt} = \frac{\dot{\omega}_i M_i}{\rho} + \frac{\dot{m}_{ub}}{m_b}\left(Y_{i,ub} - Y_i\right) \quad (1)$$

$$\frac{dm}{dt} = \dot{m}_{ub} = \dot{m}_{Kst} + \dot{m}_{Luft} + \dot{m}_{RG} \quad (2)$$

Y_i – Speziesmassenbruch [-]
$\dot{\omega}_i$ – Speziesproduktionsrate [mol/m^{3}s]
M_i – Molare Masse [kg/mol]
$\dot{m}_{ub}$ – Massenstrom aus Unverbranntem [kg/s]
m_b – Masse im Verbrannten [kg]

Der Druck und die Temperatur in der verbrannten Zone werden aus einer zuvor gerechneten Motorprozesssimulation vorgegeben. Das resultierende Temperaturprofil der verbrannten Zone aus der Motorprozesssimulation ($T_b(\varphi)$) wird dabei in der Form reduziert, dass es dem Verhältnis aus adiabater Flammentemperatur ($T_{adj,\lambda}$) bei gegebenem Lambdawert und adiabater Flammentemperatur bei $\lambda = 1$ ($T_{adj,\lambda=1}$) entspricht:

$$T(\varphi) = T_b(\varphi) * \frac{T_{adj,\lambda}}{T_{adj,\lambda=1}} \quad (3)$$

Das Ergebnis ist das zeitliche Speziesprofil, Temperaturprofil, Druckprofil und Volumenprofil aller verbrannten Zonen. Zum LWOT werden die Partikelinformationen abgerufen und weiterverarbeitet (siehe Kap.3.1). Zusätzlich wird die Rückkopplung von bereits entstandenen Partikeln auf die PAH-Speziesprofile unter Nutzung einer detaillierteren Partikelsimulationsmethode untersucht [23].

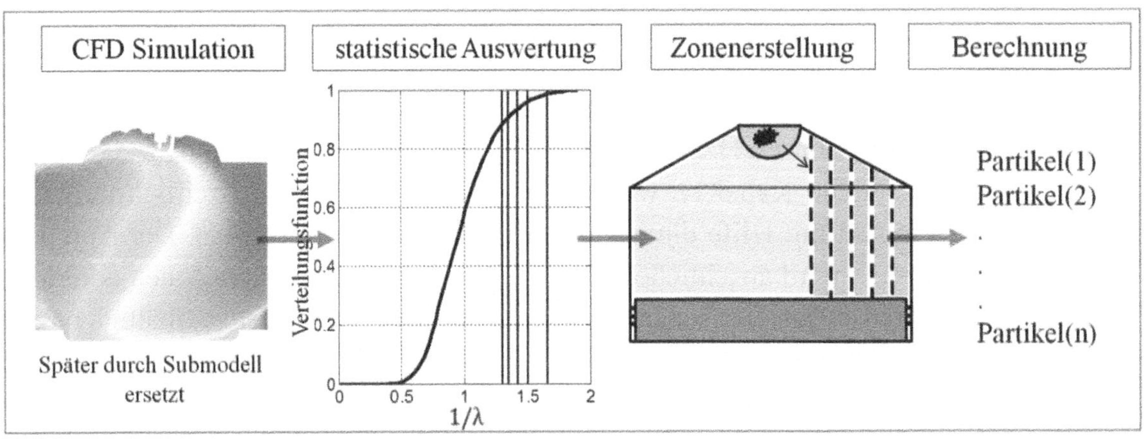

Abb.3: Mehrzonenansatz in der Gasphase mit Erstellung homogener Reaktoren auf Basis statistischer Brennraumauswertungen."Partikel" – Partikelanzahl, -masse, -größenverteilung.

3.3 Partikel durch Injektorfilm

Zur Bestimmung der Partikel aus dem Injektorfilm wird ebenfalls ein homogener Reaktor generiert, dessen Größe abhängig vom verbleibenden Kraftstofffilm zum Zündzeitpunkt ist. Über das Verhalten des Injektorfilms existieren bisher nur sehr wenige, meist ausschließlich optische Untersuchungen [8]. Zusätzlich verändert sich das Verhalten des Injektors während der Nutzungsdauer, wodurch eine Quantifizierung dieses Filmes äußerst schwierig ist. Grundsätzlich wird das Filmverhalten in diesem Modellansatz unterteilt in Filminitialisierung und Filmverdampfung. Für die Initialisierung wird angenommen, dass ein prozentualer Anteil des insgesamt eingespritzten Kraftstoffes als Film verbleibt. Diese vereinfachte Annahme wurde aufgrund der Lastabhängigkeit der Partikelemissionen bei homogenen Bedingungen und betriebswarmen Zustand gewählt. Die Modellierung der Filmverdampfung basiert auf Untersuchungen mit CFD-Simulationen [24] und wird als Exponentialfunktion für verschiedene Drehzahlen hinterlegt (siehe Abb.4). Bei abweichenden Drehzahlen erfolgt eine Interpolation. Der Wert zum Zündzeitpunkt definiert anschließend die Zonengröße.

Es wird angenommen, dass die Reaktion des Flüssigkeitsfilmes nach dem Durchlaufen der Flammenfront in der verbrannten Zone stattfindet [7]. Durch den Sauerstoffmangel kommt es zur Pyrolyse des flüssigen Kraftstoffes. Die Spezieserhaltungsgleichungen werden demnach für ein Gemisch aus der verbrannten Zone und Kraftstoff berechnet.

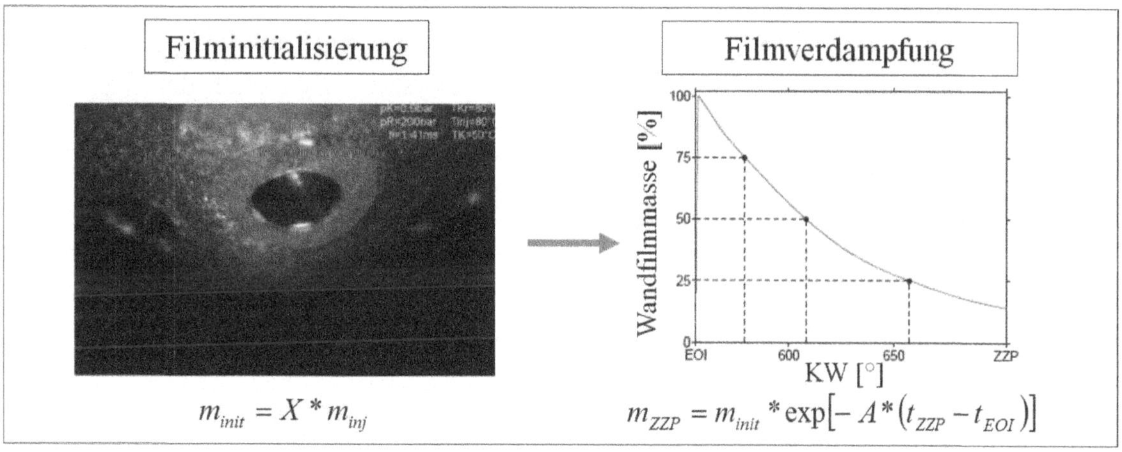

Abb.4: Injektorfilm und Verdampfungsverhalten bis zum ZZP, basierend auf optischen Untersuchungen und CFD-Simulationen [24]. Approximation durch Exponentialfunktion. m – Masse, t – Zeit, init – Initialisierung, ZZP – Zündzeitpunkt, EOI – Einspritzende, X – Massenanteil, A – Konstante.

Der Massenanteil des Kraftstoffes am Gesamtgemisch ist dabei nicht bekannt und stellt einen Parameter für den Modellabgleich dar. Druck und Temperatur werden ebenfalls aus Motorprozesssimulationen vorgegeben, die Gesamtmasse der Zone wird als konstant angenommen. Die weitere Berechnung erfolgt analog zum im Kap. 3.2 beschriebenen Vorgehen.

4 Validierung einzelner Teilmodelle

Die grundsätzliche Funktionsweise der vorgestellten Teilmodelle wurde mit vorhandenen Motormessungen anhand der Partikelemissionen überprüft. Um die Fehlerkette möglichst gering zu halten, wurden bei der Simulation Informationen aus Druckverlaufsanalyse und CFD-Simulationen verwendet.

Die Messdaten wurden am Motorprüfstand anhand eines 4-Zylinder Ottomotors mit Turboaufladung, Direkteinspritzung und vollvariablem Ventiltrieb durchgeführt (siehe Tab.1).

Tab.1: Übersicht Motordaten für durchgeführtes Messprogramm.

Hub / Bohrung	94,6 mm / 82 mm
Hubvolumen / Verdichtungsverhältnis	1998 cm^3 / 10,2:1
Brennverfahren / Einspritzdruck	homogen , spraygeführt / 200 bar
Leistung / Drehmoment	170 kW / 350 Nm

Für die Druckverlaufsanalyse ist der Motor sowohl im Zylinder als auch einlass- und ausslassseitig mit Druckindizierquarzen ausgestattet. Zur Messung der Partikelemissionen wurde ein Partikelzähler (HORIBA MEXA-2100SPCS) und ein Messgerät zur kontinuierlichen Bestimmung der Partikelmasse (AVL Micro Soot Sensor) verwendet. Die Messung erfolgte durch Probeentnahme aus dem unverdünnten Abgassystem, etwa 50cm nach dem motornahen Katalysator. Zwischen den Messungen wurde durch eine Haltezeit ein quasistationärer Zustand sichergestellt. Weiterhin wurde beachtet, dass der Zustand des Injektors sich während der Messungen nicht mehr signifikant verändert (keine Verwendung eines neuen Injektors). Wiederholmessungen in gleichen Betriebspunkten zu verschiedenen Zeiten zeigten mit Standardabweichungen der Partikelemissionen von etwa 20-30% um den Mittelwert dennoch eine ausgeprägte Streuung der Messwerte. Zum Abgleich mit Simulationsergebnissen wurden Einzelergebnisse der Messung verwendet.

Die isolierte Betrachtung einer Partikelquelle erfordert die gezielte Auswahl relevanter Bereiche im Kennfeld. Zu diesem Zweck wurden Kennfeldpunkte gewählt, die im betriebswarmen Zustand gemessen wurden und in der CFD ein homogenes Gemisch zum Zündzeitpunkt aufgewiesen haben. Es kann demnach vereinfachend angenommen werden, dass alle Partikel aus der Quelle „Injektorfilm“ resultieren. Experimente mit verschiedenen Injektorzuständen am Prüfstand bestätigen diese Annahme, da eine große Sensitivität auf die Partikelanzahl festgestellt werden konnte [8]. Zur Validierung im Kennfeld wurden die Partikelanzahl und die Partikelmasse mit Messdaten verglichen. Die Messungen erfolgten bei verschiedenen Drehzahlen und Lasten, sodass sowohl die

Injektorfilminitialisierung (lastabhängig), als auch Filmverdampfung (last- und drehzahlabhängig) betrachtet werden konnten.

Da der Zustand des Injektors im Vorfeld nicht vorhersagbar ist, ist eine globale Parametrierung des Modells bei gegebenem Injektorzustand notwendig. Sie beinhaltet die Einstellung des initial aufgeprägten Wandfilms und das Verdampfungsverhalten des Injektors (siehe. Kap.3.3). Die Parametrierung erfolgte durch Abgleich an die gemessene Partikelanzahl in ausgewählten Kennfeldpunkten verschiedener Lasten und Drehzahlen. Zusätzliche Parameter zum Abgleich sind zum einen der Gemischanteil des Kraftstoffes oberhalb des Flüssigphase (siehe Kap.3.3), zum anderen ein in SWEEP implementierter Parameter. Dieser als aktive Oberfläche der Partikel bezeichneter Parameter beeinflusst die Berechnung des Oberflächenwachstums der Partikel [17]. Beide Größen sind nicht bekannt und werden daher global parametriert. Der Abgleich der aktiven Partikeloberfläche erfolgt dabei anhand der Partikelmassenmessungen. Alle Parametrierungen sind konstant für alle untersuchten Kennfeldpunkte, weitere Parametrierungen wurden nicht durchgeführt.

Der Abgleich des Injektorfilmmodells erfolgte anschließend bis 3000 rpm in einem weiten Lastbereich, da bis zu dieser Drehzahl von einer vollständigen Homogenisierung ausgegangen werden konnte (Auswertung begleitender CFD-Simulationen).

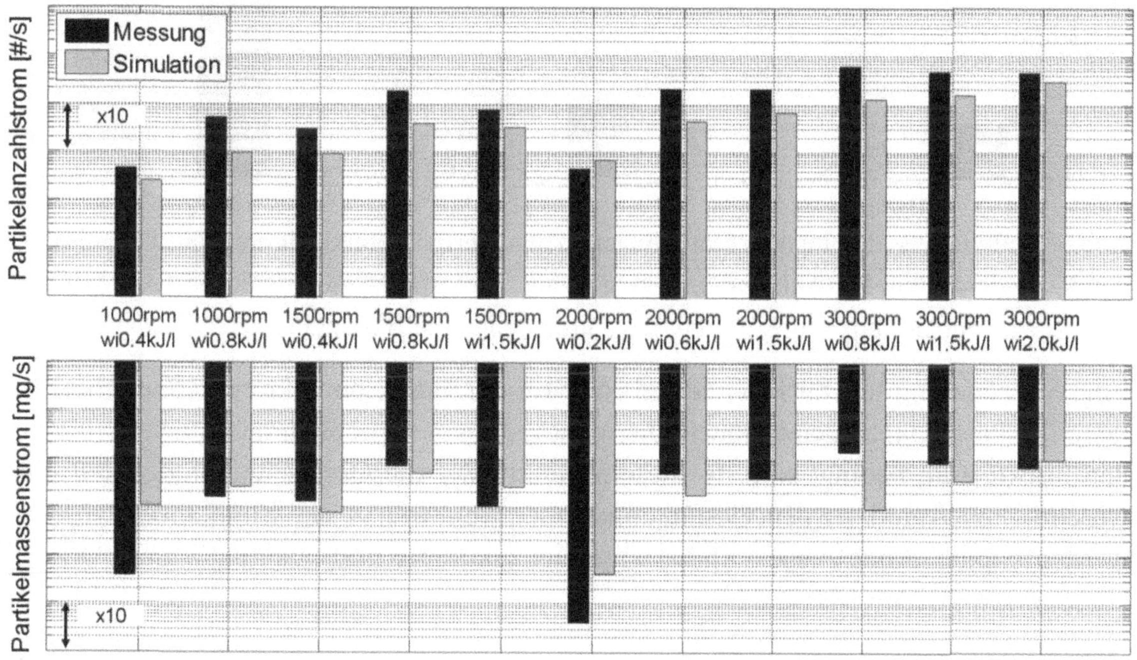

Abb.5: Validierung der injektorfilminduzierten Partikelemissionen durch Abgleich mit Partikelanzahl- und Partikelmassenmessungen aus Motorprüfstandsversuchen.

Es zeigt sich, dass der Trend durch die Simulation für die Partikelanzahl und die Partikelmasse sehr gut wiedergegeben werden kann (siehe Abb.5). Tendenziell unterschätzt die Simulation die Partikelanzahl, während die Partikelmasse überschätzt wird.

Da im dargestellten Kennfeldbereich ein homogenes Gemisch durch die entsprechende Motorapplikation gewährleistet werden konnte, erfolgte der Abgleich der Partikel aus Gemischinhomogenitäten anhand einer gezielten Parametervariation. Hierzu wurde, ausgehend von einem Basispunkt bei 2000 rpm, der Einspritzzeitpunkt in Richtung spät verschoben. Durch die späte Einspritzung ist die Zeit zur Gemischaufbereitung nicht mehr ausreichend, sodass partikelrelevante unterstöchiometrische Gemischanteile verbleiben. Das Resultat ist eine Kombination aus durch den Injektorfilm resultierenden Partikeln und Partikeln aus der Gasphase. In Abb.6 ist das Ergebnis der Einspritzvariation dargestellt. Es ist erkennbar, dass eine Verzögerung der Einspritzung um 50°KW und 80°KW eine Erhöhung der Partikelanzahlemissionen bewirkt. Die Simulation zeigt, dass die Erhöhung bei +50°KW ausschließlich auf die Veränderung des Injektorfilms zurückgeführt werden kann, da die zur Verfügung stehende Verdampfungszeit geringer ist. Die Partikel aus der Gemischinhomogenität tragen in diesem Punkt noch nicht signifikant zu den Gesamtemissionen bei, obwohl in der begleitenden CFD-Simulation bereits partikelrelevante Bereiche im Brennraum identifiziert werden konnten.

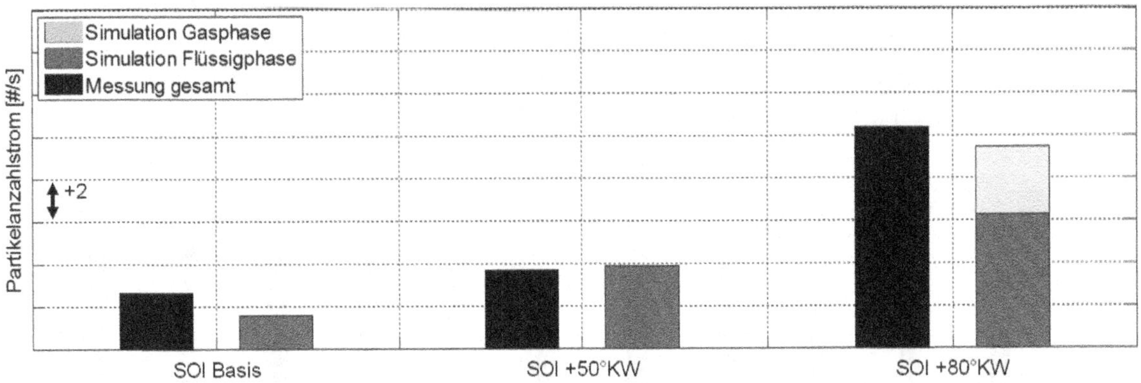

Abb.6: Validierung der injektorfilminduzierten und gasphaseninduzierten Partikelemissionen durch Abgleich mit Partikelanzahlmessungen aus Motorprüfstandsversuchen; Änderung des Einspritzzeitpunktes um +50°KW/+80°KW, ausgehend vom Basispunkt bei 2000rpm/wi1.0kJ/l.

Eine Verzögerung um 80°KW, ausgehend von der Basis, bewirkt eine deutliche Erhöhung der Partikelanzahlemissionen, die nicht mehr ausschließlich durch den verbleibenden Injektorfilm bedingt sind. In diesem Punkt trägt die Gemischinhomogenität einen wesentlichen Anteil zu den Gesamtemissionen bei, wie in der Simulation dargestellt werden konnte. Auch diese Validierung zeigt qualitativ und quantitativ gute Übereinstimmungen mit den Messdaten.

5 Einbindung des Partikelentstehungsmodells

Das in Kap.3 beschriebene Partikelmodell ist durch die Verwendung offener Schnittstellen und gleichem Modellinput für die Anbindung an verschiedene Simulationsumgebungen vorbereitet (siehe Abb.7). Je nach verfügbaren Daten und geforderter Genauigkeit ist sowohl die Verknüpfung mit Ergebnissen aus CFD-Simulationen und Druckverlaufsanalyse als auch die Verwendung von vollständig eigenständigen Motormodellen in Verbindung mit parametrierten Submodellen für Gas- und Flüssigphase möglich. Beide Möglichkeiten werden im stationären Betrieb für die Modellerstellung (Gewährleistung exakter Eingangsdaten) und Modellanwendung (weitgehend unabhängig von Messdaten und CFD-Simulationen) genutzt.

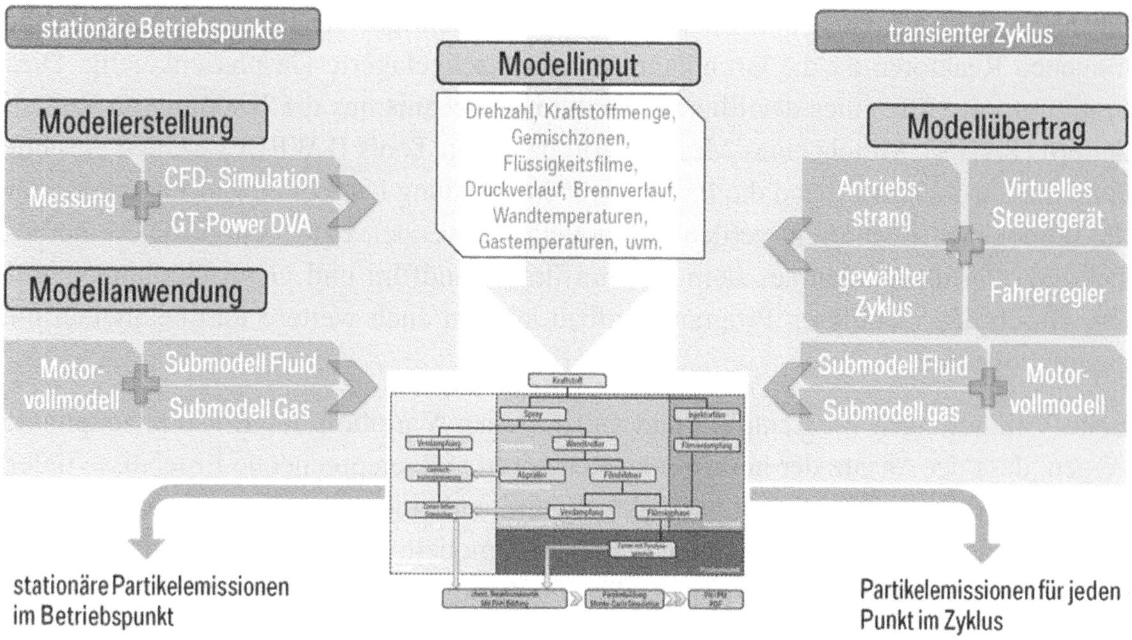

Abb.7: Darstellung der Einbettung des Partikelmodells in den gesamten Simulationsablauf; Unterscheidung zwischen Modellerstellung sowie stationärer und transienter Modellverwendung.

Ist die Verwendung der kompletten Modellkette für stationäre Betriebspunkte sichergestellt, erfolgt die Kopplung für die transiente Simulation. Hierzu wird ein bereits bestehendes Modell verwendet, bei dem zusätzlich der Antriebsstrang, ein virtuelles Steuergerät und ein Fahrerregler integriert sind [18–20]. Das Gesamtmodell zur Partikelbildung wird an dieses Transientprogramm angekoppelt. Das vollständige Modell soll somit in die Lage versetzt werden, sämtliche Informationen aus Motorsteuerung, dem thermodynamischen Motormodell sowie den partikelspezifischen Submodellen für die Partikelentstehung in jedem Arbeitsspiel im Fahrzyklus zu erhalten. Damit können letztlich Einflüsse der instationären Motorapplikation auf Partikelemissionen [25] simulativ analysiert werden.

6 Zusammenfassung

Die Abschätzung der Partikelemissionen in Fahrzyklen ist nicht durch einfaches Übertragen von stationären Kennfeldpunkten auf Fahrzykluspunkte möglich. Das Abfahren verschiedener Fahrzyklen bei wechselnden Randbedingungen und Motorapplikationen ist daher mit einem großen Messaufwand verbunden. Die Simulation soll dazu befähigt werden, durch qualitative und quantitative Aussagen den Messaufwand zu reduzieren. Dabei ist ein Kompromiss aus hoher Genauigkeit und geringer Rechenzeit notwendig, damit eine Vielzahl von Arbeitsspielen simuliert werden kann.

Hierzu wurde ein Multizonenansatz entwickelt, der basierend auf homogenen Reaktoren Partikelquellen aus Gas- und Flüssigphase berücksichtigt. Die Parametrierung der homogenen Reaktoren ist die Grundlage für eine nachgelagerte Gasphasenkinetik. Diese bestimmt mit Hilfe eines detaillierten Reaktionsmechanismus die Bildung von Rußvorläufern (PAH's). Mittels eines Monte-Carlo basierten Tools (SWEEP) werden anschließend die Partikelprofile und die Partikelgrößenverteilung berechnet. Zur Parametrierung der homogenen Reaktoren werden Submodelle verwendet, bzw. erstellt. Diese berücksichtigen Partikelquellen aus dem Injektorfilm, Wandfilm und Gemischinhomogenitäten. Durch den modularen Programmaufbau können auch weitere Partikelquellen hinzugefügt werden.

Erste Validierungen im Kennfeld und anhand einer Variation des Einspritzzeitpunktes zeigen, dass der Ansatz der homogenen Reaktoren vielversprechende Ergebnisse liefert. Die Rechenzeiten ermöglichen nach aktuellem Stand einen Übertrag auf Fahrzyklen. In den nachfolgenden Schritten werden weitere Submodelle implementiert und das Modell an ein Motorvollmodell angekoppelt. Abschließend erfolgt die Kopplung und der Abgleich an gemessenen Fahrzyklen.

Literatur

[1] Brüske-Hohlfeld, I.; Peters, A.; Wichmann, H.-E., Experten-Workshop Verkehrsbedingte Feinstäube, Leipzig (2005).
[2] Verordnung (EG) Nr. 715/2007 des europäischen Parlaments und des Rates (20. Juni 2007).
[3] Verordnung (EG) Nr. 692/2008 der Kommission (18. Juli 2008).
[4] Stevens, E.; Steeper, R., SAE Technical Paper 2001-01-1203 (2001).
[5] Sabathil, D.; Koenigstein, A.; Schaffner, P.; Fritzsche, J.; Doehler, A., SAE Technical Papers 2011-01-0143 (2011) 55–66.
[6] Chen, L.; Stone, R.; Richardson, D., Fuel 96 (2012) 120–130.
[7] Ketterer, J. E.; Cheng, W. K., SAE International 2014-01-1368 (2014) 986–994.

[8] Miklautschitsch, M.; Durst, B.; Henrici, S.; Unterweger, G.; Witt, A., 12. Tagung Motorische Verbrennung, Ludwigsburg (2015).
[9] Omidvarborna, H.; Kumar, A.; Kim, D.-S., Renewable and Sustainable Energy Reviews 48 (2015) 635–647.
[10] Frenklach, M., Chemical Engineering Science 57 (2002) 2229–2239.
[11] Singh, J.; Patterson, R. I.; Kraft, M.; Wang, H., Combustion and Flame 145 (2006) 117–127.
[12] Blanquart, G.; Pepiot-Desjardins, P.; Pitsch, H., Combustion and Flame 156 (2009) 588–607.
[13] Ishiguro, T.; Takatori, Y.; Akihama, K., Combustion and Flame 108 (1997) 231–234.
[14] Chen, H.; Dobbins, R., Combustion Science and Technology 159 (2000) 109–128.
[15] Appel, J.; Bockhorn, H.; Frenklach, M., Combustion and Flame 121 (2000) 122–136.
[16] Tree, D. R.; Svensson, K. I., Progress in Energy and Combustion Science 33 (2007) 272–309.
[17] Patterson, R. I.; Celnik, M., Sweep2: Cambridge Soot Simulator, http://como.cheng.cam.ac.uk (2006).
[18] Dorsch, M.; Neumann, J.; Hasse, C., FISITA 2014 World Automotive Congress, Maastricht (2014).
[19] Dorsch, M.; Neumann, J.; Hasse, C., 7. MTZ-Fachtagung Ladungswechsel im Verbrennungsmotor, Stuttgart (2014).
[20] Dorsch, M.; Neumann, J.; Hasse, C., Symposium for Combustion Control, Aachen (2015).
[21] Goodwin, D. G.; Moffat, H. K.; Speth, R. L., Cantera: An object-oriented software toolkit for chemical kinetics, thermodynamics, and transport processes. http://www.cantera.org (2015).
[22] Jiao, Q.; Reitz, R., SAE International 2014-01-1607 (2014).
[23] Salenbauch, S.; Cuoci, A.; Frassoldati, A.; Saggese, C.; Faravelli, T.; Hasse, C., Combustion and Flame 162 (2015) 2529–2543.
[24] Banholzer, M., TU München, Master's Thesis (2014).
[25] Disch, C.; Koch, T.; Spicher, U.; Donn, C., Motortechnische Zeitschrift 75 (2014) 70–78.

Untersuchung von Verbrennungsmotoren-Gleitlagern auf IAV-Modellprüfstand

Dr. Hubert Schultheiß, Reiner Großmann, Jens Päckert

J. Liebl und C. Beidl (Hrsg.), *VPC – Simulation und Test 2015*,
Proceedings, https://doi.org/10.1007/978-3-658-20736-6_16

1 Einleitung

Die Motorenentwicklung wird seit Jahrzehnten von zwei Zielen dominiert: der Senkung des spezifischen Kraftstoffverbrauches und der Verringerung der Abgasemissionen. Zur Erfüllung dieser Zielstellungen muss das Einsparpotenzial aller Motorkomponenten ermittelt und möglichst weit ausgeschöpft werden. Aus vielen Untersuchungen ist bekannt, dass ein Großteil der erzeugten Leistung eines Verbrennungsmotors in Form von Reibung verloren geht, bei Volllast etwa ein Drittel. Etwa 20 bis 40 % der mechanischen Verluste entfallen dabei auf die Lager des Kurbeltriebes [1]. Neben dem unmittelbaren Anteil der Lagerreibung beeinflussen die Lager über ihren Öldurchsatz auch den Leistungsbedarf der Ölpumpe und des gesamten Schmierölkreislaufes.

Die Entwicklung insbesondere von Pkw-Verbrennungsmotoren führt außerdem durch Maßnahmen wie z. B. Aufladung, Direkteinspritzung und Anhebung der Nenndrehzahl zu immer höheren Literleistungen und niedrigeren Masse-Leistungs-Verhältnissen. Weiterentwicklungen mit Steigerungen von Leistung und Drehmoment gehen häufig von vorhandenen Triebwerken aus, die in ihren Hauptabmessungen festliegen. Dadurch steigen die Anforderungen an alle Triebwerksteile, besonders an die Lagerung.

2 Stand der Technik

Die Auslegung einer Verbrennungsmotoren-Gleitlagerung stellt somit eine komplexe Aufgabe dar, bei der neben der reinen Tragfähigkeitsberechnung viele Gesichtspunkte beispielsweise bis hin zur Motorakustik zu beachten sind. Aus marktpolitischen Gründen werden sehr kurze Entwicklungszeiten für Verbrennungsmotoren angestrebt. Der Umfang der zeit- und kostenaufwendigen Prüfstands- und Feldversuche muss durch eine sichere Auslegung auf ein Minimum beschränkt werden.

Für die hydrodynamische Tragkraftberechnung von Gleitlagern stehen heute sehr leistungsfähige Verfahren zur Verfügung. Sie beruhen auf der Online-FEM-Berechnung der Reynoldsschen Differentialgleichung mit simultaner Kopplung zu modernen Methoden der elastischen Verformungsrechnung und können dabei die reale Lagergeometrie, Mischreibung, Oberflächenrauheiten, unvollständige Schmierspaltfüllung oder auch örtlich verteilte Schmierstoffviskositäten berücksichtigen.

Im Entwurfsstadium von Verbrennungsmotoren werden aber meist schnelle, relative einfache Rechenprogramme verwendet. In diesen Berechnungsverfahren müssen viele vereinfachende Annahmen getroffen und verfahrensbedingte Ungenauigkeiten in Kauf genommen werden. Das Verfahren der überlagerten Tragkräfte ist hierbei in der Praxis weit verbreitet, weil die programmtechnische Umsetzung verhältnismäßig einfach ist, schnelle Variantenanalysen möglich sind und die Rechenergebnisse durch langjährige Erfahrungen in der Anwendung sicher interpretiert werden können. Für die Auslegung von Verbrennungsmotoren-Gleitlagern werden diese Programme auch in Zukunft ihre Bedeutung behalten, weil die Eingangsgrößen für vollständige FEM-Berechnungen im Entwurfsstadium noch nicht vorliegen.

Ziel der Auslegung und Optimierung sind Lager mit möglichst geringer Verlustleistung, die bei allen Betriebszuständen und zulässigen Bauteiltoleranzen über die gesamte Lebensdauer eines Motors zuverlässig funktionieren. Hierbei ist die sichere Funktion auch für neuere Herausforderungen wie Start-Stopp-Systeme sicherzustellen, bei denen hohe Anforderungen an die Verschleißfestigkeit der Lager beim häufigen Durchlaufen des Mischreibungsgebietes bei gleichzeitig auftretender Schmierstoffverunreinigung mit Wasser und Kraftstoff gestellt werden.

Das wesentliche Potenzial konventioneller Optimierungsmaßnahmen von Kurbeltriebsgleitlagern ist heute weitgehend ausgeschöpft. In den meisten Motoren sind die Hauptabmessungen der Lager bereits gut ausgelegt. Die Größe des Lagerdurchmessers, die einen wesentlichen Einfluss auf die Lagerreibung hat, wird heute meist von der Festigkeit der Kurbelwelle und weniger von der Tragfähigkeit der Lager bestimmt. Die erhöhte Belastbarkeit der Lagerwerkstoffe hat hierzu einen erheblichen Beitrag geleistet. Auch der Umstieg auf bleifreie Lagerwerkstoffe ist inzwischen erfolgreich vollzogen.

Auch wenn das wesentliche Potenzial zur Verlustleistungsoptimierung von Verbrennungsmotoren-Gleitlagern in den zurückliegenden Jahrzehnten durch immer genauere und umfassendere Berechnungen stetig weiter ausgeschöpft wurde, sind auch heute noch Optimierungspotenziale vorhanden. Da die Lager des Kurbeltriebs einen erheblichen Anteil an der Motorgesamtreibung haben, können selbst kleinere Verbesserungen einen noch merklichen Beitrag zur Reduzierung der Motorgesamtverluste leisten.

Neben konventionellen Maßnahmen, wie die Anpassung der Motorhauptabmessungen und Lagermaterialien, rücken immer mehr bisher weniger betrachtete oder auch unkonventionelle Maßnahmen in den Fokus. Dies betrifft beispielsweise die Optimierung der Lager im Bereich der Teilungsebene, die Art, Lage und Abmessungen der Ölzuführung, Oberflächenstrukturen oder auch eine bewusste Abweichung von der idealen zylindrischen Zapfen- und Lagerkontur.

3 Bedarf an experimentellen Grundlagenuntersuchungen

Mit den zunehmenden Möglichkeiten der Simulation werden immer umfassendere Modelle erstellt und berechnet, wodurch neue Potenziale erschlossen werden können. Bei der Analyse und Optimierung bestimmter Einflussgrößen stehen aber bis heute keine geeigneten oder ausreichend genauen Berechnungsprogramme zur Verfügung. Deshalb werden experimentelle Untersuchungen auch in Zukunft eine wichtige Rolle spielen, um Einflüsse bewerten und neu erstellte Berechnungsansätze validieren zu können.

Aber auch bei zum großen Teil bewährten Ansätzen in den einfachen und komplexen Programmen ist trotz langjähriger erfolgreicher praktischer Anwendung die Berechnung dynamisch beanspruchter Gleitlager bisher nicht vollständig abgesichert. Ursache hierfür ist vor allem, dass einige Kenngrößen messtechnisch unter realen Bedingungen kaum oder nur mit begrenzter Genauigkeit ermittelt werden konnten.

So wurde beispielsweise die Reibleistung einzelner dynamisch belasteter Gleitlager bisher kaum untersucht. Auch für den Öldurchsatz einzelner Lager, insbesondere in hydraulisch gekoppelten Systemen, wie sie im Kurbeltrieb bei der Ölversorgung von Pleuellagern über ein Hauptlager auftreten, liegen bisher nur wenige Messergebnisse vor [2]. Des Weiteren ist das Messen von Spaltweiten und Schmierfilmdrücken im erforderlichen Umfang sowie in der erforderlichen Auflösung und Genauigkeit direkt im Motor kaum möglich.

Die Untersuchung dieser wichtigen Lagerkenngrößen direkt im Motor ist wegen begrenzter Platzverhältnisse, schlechter Zugänglichkeit und der gegenseitigen Abhängigkeit verschiedener Einflussfaktoren häufig nahezu unmöglich. Die Untersuchung von dynamisch belasteten Gleitlagern an Modellprüfständen bietet deshalb gegenüber Untersuchungen im gefeuerten und auch geschleppten Motor wesentliche Vorteile.

4 Gleitlagerprüfstand mit motorähnlicher Belastung

Zur wissenschaftlichen Untersuchung dynamisch belasteter Gleitlager stehen heute deutschland- und weltweit verschiedene Prüfstände in unterschiedlichen Komplexitäten und Ausführungen bereit. Einen der leistungsfähigsten Prüfstande stellt dabei der IAV-Gleitlagermodellprüfstand (**Abb. 1**) dar, der vor einigen Jahren von der Westsächsischen Hochschule Zwickau übernommen und gegenüber vorhergehenden Untersuchungen [3] [4] in wesentlichen Punkten weiterentwickelt wurde. Die im Weiteren beschriebenen experimentellen Untersuchungen wurden an diesem Modellprüfstand durchgeführt.

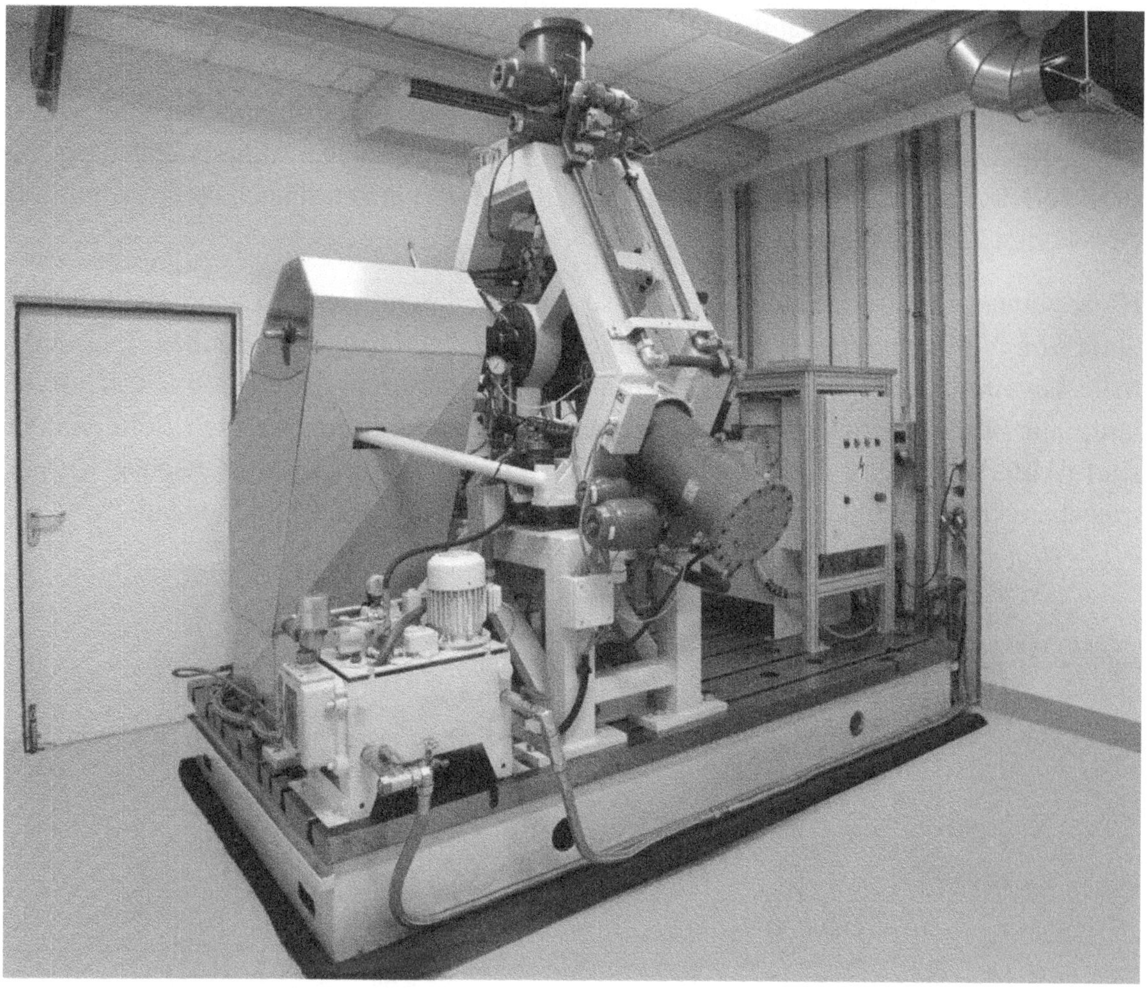

Abb. 1: Gleitlagerprüfstand der IAV

In **Abb. 2** sind der Grundaufbau des Prüfstandes und die Zuordnung der Bauteile und Baugruppen ersichtlich. Die rotationssymmetrische Prüfwelle des Prüfstandes wird von einem Elektromotor über einen Riementrieb angetrieben. Das Prüflager befindet sich in einem Belastungsring, über den die Belastung auf das Prüflager aufgebracht wird. Sie wird von drei um jeweils 120° am Lagerumfang versetzt angeordneten servohydraulisch gesteuerten Zylindern erzeugt.

Die Zylinder sind frei programmierbar, so dass die komplizierten Lagerbelastungsverläufe von Verbrennungsmotoren-Gleitlagern nachgefahren werden können. Die maximale Lagerkraft beträgt 100 kN. Durch iterative Optimierung ist es möglich, Kraftverläufe am Prüfstand zu erzeugen, die nahezu identisch mit angestrebten Sollverläufen sind (**Abb. 3**), welche in den meisten Fällen Ergebnisse aus kinetostatischen Kurbeltriebsberechnungen unter Berücksichtigung von Gas- und Massenkräften sind.

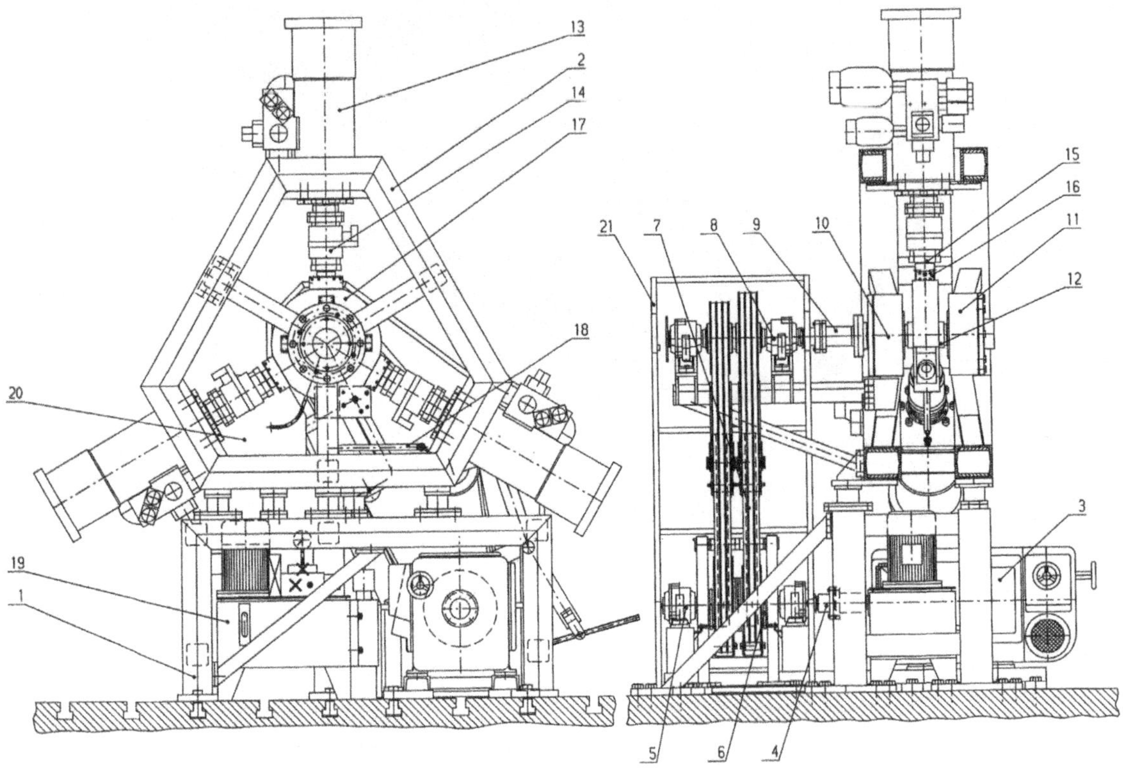

Abb. 2: Grundaufbau des Gleitlagerprüfstandes

1 Rahmenunterbau; 2 Rahmen; 3 Antriebsmotor; 4 elastische Bolzenkupplung; 5 Antriebswelle; 6 Kupplung, elektromagnetisch schaltbar; 7 Riementrieb, zweistufig mit Spann- und Führungseinrichtung; 8 Abtriebswelle; 9 elastische Bolzenkupplung; 10 Stützlager, innen; 11 Stützlager, außen; 12 Prüfwelle; 13 servohydraulischer Zylinder; 14 Kraftmessdose; 15 Axialgelenklager; 16 Rollenumlaufführung; 17 Belastungsring mit Lagerträger und Prüflager; 18 Drehmoment-Abstützung; 19 Hydraulikaggregat zur Schmierölversorgung des Prüflagers; 20 Wärmetauscher; 21 Verkleidung

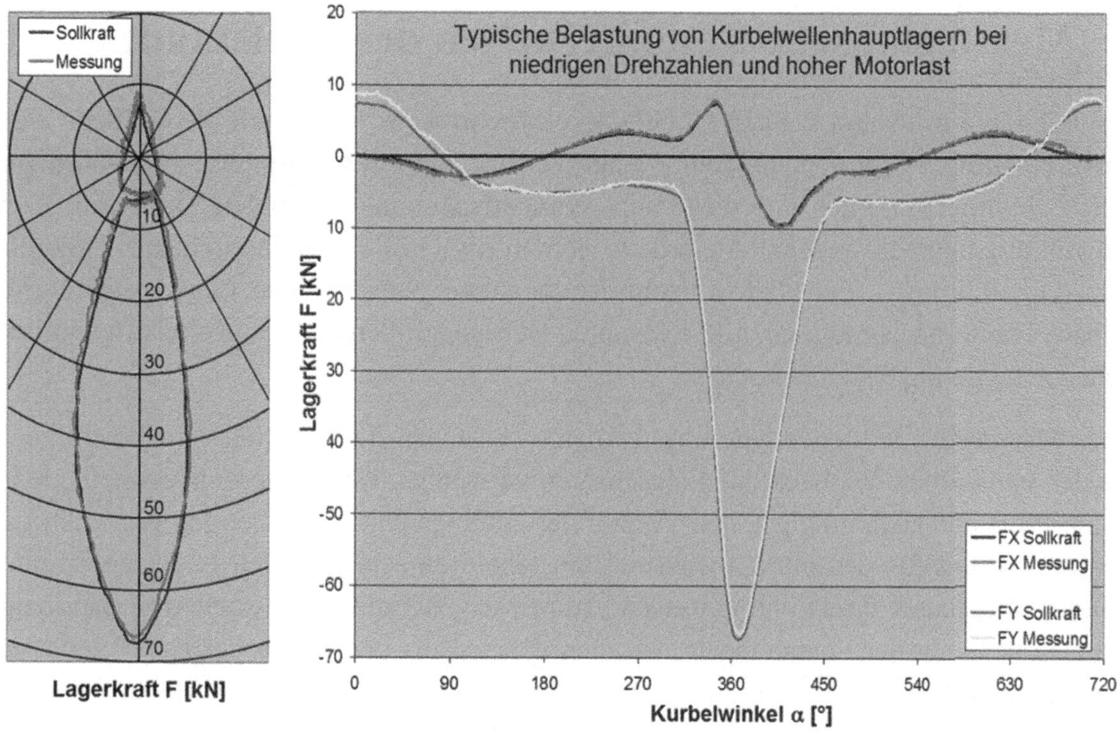

Abb. 3: Beispiel für angestrebten und am Gleitlagerprüfstand nachgefahrenen Kraftverlauf des ersten Kurbelwellenhauptlagers eines 4-Zylinder-Reihenmotors

links: Polardarstellung; rechts: Darstellung der x- und y-Komponenten

Damit bietet der Prüfstand die Möglichkeit, einzelne Radialgleitlager mit frei wählbarer, verbrennungsmotorentypischer Belastung zu untersuchen. Am Prüfstand wird üblicherweise angestrebt, die realen Bedingungen eines entsprechenden Verbrennungsmotoren-Gleitlagers abzubilden. Mit einer maximalen Kraftanstiegsgeschwindigkeit von ca. 11.000 kN/s erreichen die servohydraulischen Zylinder einen sehr hohen Wert, der hochdynamische Kraftverläufe ermöglicht, deren Dynamik aber bei üblichen Kurbeltriebsbelastungsverläufen auf eine maximale Prüfwellendrehzahl von ca. 3.000 U/min begrenzt ist. Höhere Drehzahlen sind am Prüfstand dennoch möglich, dann jedoch nur mit statischen oder einfacheren dynamischen Belastungen. Der Prüfstand wurde insbesondere zur Untersuchung von Kurbeltriebslagern von Nkw-Verbrennungsmotoren ausgelegt. Der kleinstmögliche Lagerdurchmesser bleibt aufgrund einer sonst zu großen Wellendurchbiegung auf ca. 48 mm begrenzt. Durch die hohe Variabilität aller anderen Parameter können trotz dieser Einschränkungen bei Bedarf Flächenlast, Umfangsgeschwindigkeit und quasistatische Sommerfeldzahl als dimensionslose Lagerkenngröße so eingestellt werden, dass sie bei den Untersuchungen am Gleitlagerprüfstand die gleiche Größenordnung aufweisen wie bei Haupt- und Pleuellagern von Pkw-Verbrennungsmotoren, wodurch eine gute Vergleichbarkeit und Übertragbarkeit der Ergebnisse gewährleistet wird.

5 Messtechnische Besonderheiten des Prüfstandes

Am Gleitlagerprüfstand können kurbelwinkelsynchron zur Lagerkraft die Größen: Wellenverlagerung, Schmierspaltweite, Lagerverformung, Reibmoment, Ölzuführungsdruck, Schmierfilmdruck und elektrische Kontaktspannung in Abhängigkeit vom Kurbelwinkel gemessen werden. Außerdem werden die Größen Wellendrehzahl, Öldurchsatz, Ölzuführungs- und Ölaustrittstemperatur sowie verschiedene Lagertemperaturen erfasst. Damit ist es möglich, alle relevanten Betriebsgrößen eines einzelnen dynamisch belasteten Gleitlagers zu messen.

Zum Messen der Wellenverlagerung werden zwei neben dem Prüflager senkrecht zueinander angeordnete Wirbelstrom-Wegsensoren verwendet. Neben dieser Messmethode ist es am Prüfstand auch möglich, den Verlauf der Schmierspaltweite über den gesamten Lagerumfang und das gesamte Arbeitsspiel mit einem einzelnen in den Lagerzapfen integrierten Wegsensor direkt und umfassend zu messen. Bei diesem speziellen Messprinzip, bei dem stets nur der Schmierspalt zwischen der Sensor- und Lageroberfläche gemessen wird, entstehen durch Drehung der Welle während des Versuchs Messwerte über den gesamten Lagerumfang. Da sich die Welle aber bei dynamischer Lagerbelastung im Bereich des Lagerspiels periodisch verlagert, erhält man mit dieser einzelnen Messung noch keine umfassende Information zum Schmierspaltverlauf im Lager. Da die Testwelle am Gleitlagerprüfstand aber im Gegensatz zu einer Kurbelwelle rotationssymmetrisch und ohne Kröpfung ausgeführt ist, kann die Anfangswinkelposition der Welle und damit des Sensors im Bezug zum zeitlichen Verlauf des Belastungsverlaufs beliebig verdreht werden. Durch mehrfache Wiederholung der Messung unter gleichen Randbedingungen, jedoch mit schrittweise geänderter Startposition des Wegsensors bezogen auf den Belastungsverlauf und anschließender Zuordnung der Messwerte zu Kurbelwinkelschritt und örtlicher Winkelposition im Lager ist es möglich, umfassende Informationen zum Spaltverlauf und sogar zur Verformung des Lagers über ein gesamtes Arbeitsspiel zu gewinnen, **Abb. 4**. Eine schrittweise Verschiebung der Startposition um jeweils 10° und daraus folgende 36 Einzelmessreihen pro Betriebspunkt haben sich hierbei als zweckmäßig und ausreichend hoch aufgelöst bewährt. Die Veränderung der Startposition der Testwelle erfolgt nicht mechanisch, sondern sehr schnell und komfortabel mit Hilfe der Prüfstandssteuerung durch eine zeitliche Verschiebung des Lagerkraftverlaufs.

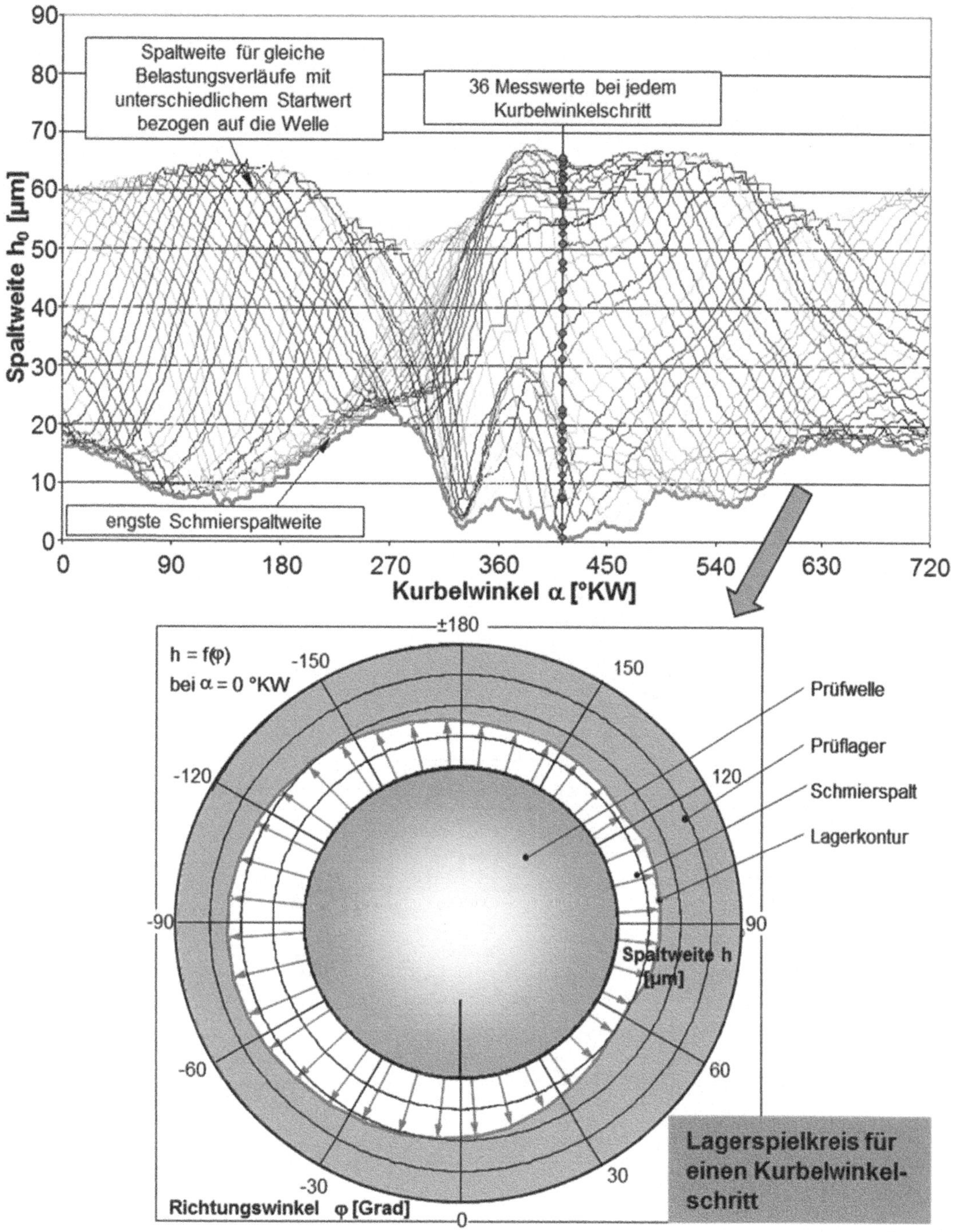

Abb. 4: Direkte und umfassende Spaltweitenmessung

oben: Aus 36 Einzelmessreihen bestehendes Schmierspaltweitenkennfeld. Die untere Begrenzungslinie des Feldes der Messwerte zeigt die Größe und den Verlauf der engsten Schmierspaltweite während eines Arbeitsspieles.

unten: Aus 36 Messwerten zusammengesetzte Lagerkontur für einen einzelnen Kurbelwinkelschritt. Aus dieser Darstellung werden sowohl die Wellenverlagerung, die engste Schmierspaltweite als auch Abweichungen von der ideal zylindrischen Lagerkontur ersichtlich.

Unter Verwendung eines in der Welle angeordneten dynamischen Miniaturdrucksensors wird die gleiche Messmethodik am IAV-Gleitlagerprüfstand auch zur umfassenden Schmierfilmdruckmessung im Lager angewendet.

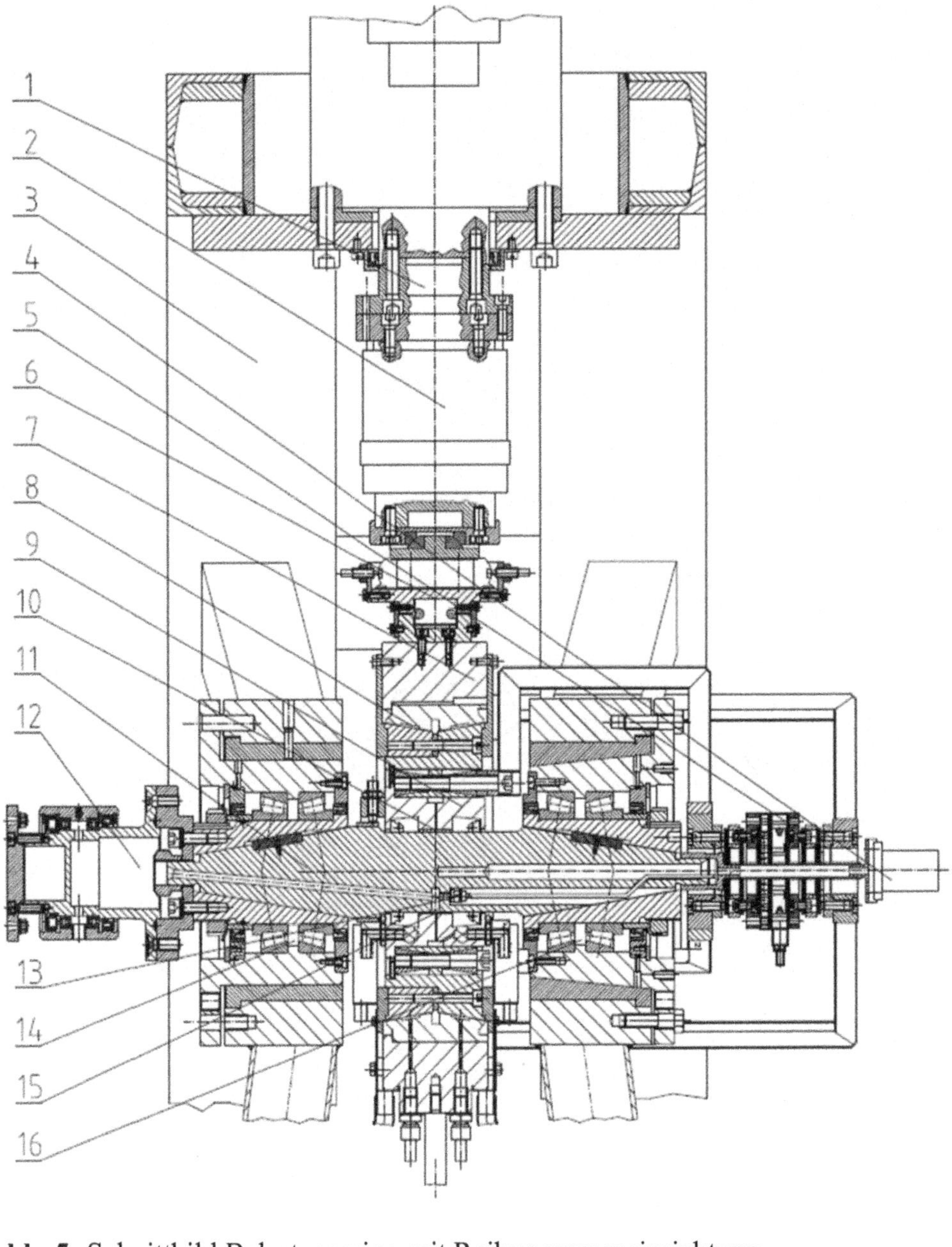

Abb. 5: Schnittbild Belastungsring mit Reibungsmesseinrichtung

1 servohydraulischer Zylinder zur Krafterzeugung; 2 Kraftmessdose zum Messen der Zylinderkraft; 3 Prüfstandsrahmen; 4 Schleifringübertrager; 5 Drehmomentaufnehmer; 6 Linearführung; 7 Belastungsring; 8 hydrostatische Lagerung; 9 Lagerträger; 10 obere Lagerschale des Prüflagers; 11 Prüfwelle; 12 Drehdurchführung zur Ölversorgung des Prüflagers über die Welle; 13 Drucksensor zum Messen des Ölzuführungsdruckes in der Prüfwelle; 14 inneres Stützlager der Prüfwelle; 15 untere Lagerschale des Prüflagers; 16 äußeres Stützlager der Prüfwelle

Der gegenüber [3] weiterentwickelte Belastungsring ermöglicht durch eine hydrostatische Lagerung die weitgehend reibungsfreie Aufnahme des Prüflagers und über das Messen des Abstützmomentes des Prüflagers gegen den Außenring die Ermittlung des kurbelwinkelabhängigen Reibmomentes. Hierzu wurden in den letzten 20 Jahren verschiedene Methoden getestet. Herausforderung hierbei ist das hochdynamische Messen des Abstützmomentes, wobei die dynamischen Lagerkräfte und radialen Verlagerungen des Lagers keine Störung des Messsignals bewirken dürfen. Nach verschiedenen angewendeten Abstützvarianten mit von Radialbewegung entkoppelten Hebeln, die sich auf Kraftmessdosen abstützen (z. B. [5]) wurde letztendlich eine Konstruktion mit Drehmomentaufnehmer entwickelt, die sich als die genaueste und stabilste Lösung erwies. **Abb. 5** zeigt den Grundaufbau des Belastungsrings mit dieser Reibungsmesseinrichtung in Form eines Schnittbildes.

6 Anwendungsbeispiele

Der IAV-Gleitlagerprüfstand bietet damit die Möglichkeit, ein einzelnes Verbrennungsmotoren-Gleitlager umfassend zu untersuchen und dessen Kenngrößen zu bewerten. Der Prüfstand nimmt durch seine Komplexität und messtechnischen Möglichkeiten eine herausragende und in einigen Punkten einmalige Rolle ein. Er wurde schon in verschiedenen wissenschaftlichen Arbeiten und Projekten erfolgreich genutzt. Dazu zählen u. a. Dissertationen, Diplomarbeiten, FVV- und EU-Projekte sowie viele nationale und internationale Kundenprojekte.

Die Ergebnisse des Gleitlagerprüfstandes dienen auch der Validierung von Berechnungsprogrammen der IAV [6], von Forschungs- und Entwicklungspartnern [2] und Kunden. Die Validierungen werden sowohl bei statischen, einfachen dynamischen als auch bei motorähnlichen Belastungen durchgeführt. Zu einer ersten, relativ einfachen aber aussagekräftigen Analyse des Laufverhaltens von Lagern beim Übergang zur Mischreibung und zur Bewertung der Genauigkeit entsprechender Berechnungsansätze hat sich der IAV-Gleitlagerprüfstand auch für das Aufnehmen von Stribeckkurven bewährt, **Abb. 6**.

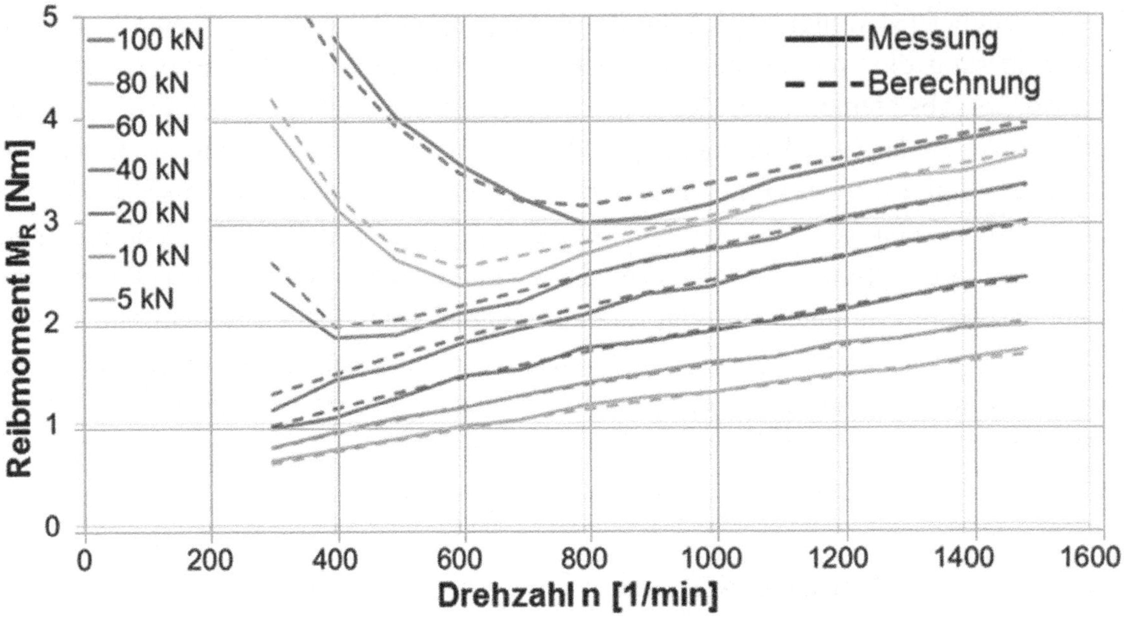

Abb. 6: Gemessene und berechnete Reibmomente in Form von Stribeckkurven für verschiedene Belastungsstufen [6]

Bei den Untersuchungen am Gleitlagerprüfstand wurden bereits verschiedenste Lagerparameter variiert und deren Einflüsse beispielsweise auf das Reibmoment ermittelt. Durch das kurbelwinkelabhängige Messen des Reibmomentes (nur im Versuchslager) in Verbindung mit einer Kontaktspannungsmessung zur Detektierung von Mischreibungszuständen kann bei motorähnlichen Belastungsverläufen hierbei sogar unterschieden werden, in welchen Bereichen des Arbeitsspiels günstige oder weniger günstige Reibungsverhältnisse vorliegen, **Abb. 7**. Dies kann dazu beitragen, konkrete Rückschlüsse auf die Wirksamkeit von Viskositätsänderungen und Öladditivierungen sowohl im Mischreibungsgebiet als auch im Bereich der Hydrodynamik zu ziehen.

Neben der Analyse verschiedener Ölsorten können am Prüfstand auch viele andere Einflussgrößen und Varianten untersucht werden. Dazu zählt beispielsweise die Analyse verschiedener Lagermaterialien, Beschichtungen und konstruktiver Parameter bis hin zur Möglichkeit, Wälzlager bei dynamischen Belastungen zu untersuchen.

Der Prüfstand wird dabei auch zur Lösung von praxis- und seriennahen Problemstellungen eingesetzt. Beispielsweise wurden Lagerschalen mit innovativem Design im Bereich der Teilungsebene untersucht, die inzwischen in Serienmotoren dazu beitragen, den Ölbedarf von Hauptlagern zu reduzieren, was insbesondere beim Einsatz in Aluminium-Zylinderkurbelgehäusen zur Reduzierung der Leistung der Ölpumpe beitragen kann.

Darüber hinaus wurden in den letzten Jahren Grundlagenuntersuchungen und Dauerläufe an Lagern mit spezieller U-förmiger Lagerkontur [7] durchgeführt. Mit derartigen

Lagern, bei denen der Lagerdurchmesser an den Lagerrändern mehrere Millimeter größer ist als in der Lagermitte, ist es möglich, die Festigkeit und Steifigkeit der Kurbelwelle zu erhöhen, ohne gravierende Änderungen an der Motorkonstruktion vornehmen zu müssen. Für die Untersuchung dieser speziellen Lager war der Gleitlagerprüfsand besonders wertvoll, da zum damaligen Entwicklungszeitpunkt noch kein Motor als Versuchsträger zur Verfügung stand, an dem die Untersuchungen hätten durchgeführt werden können und auch die Berechnungsgrundlagen an das spezielle Lagerdesign angepasst und validiert werden mussten.

Weiterhin wurden in jüngster Vergangenheit Lager mit innovativen Strukturierungen der Zapfenoberfläche und Formabweichungen des Lagerzapfens untersucht. Dazu zählen beispielsweise gezielt eingebrachte, nur wenige Mikrometer tiefe Taschen, schachbrettartige oder auch sägezahnähnliche, ebenfalls nur wenige Mikrometer tiefe Vertiefungen, die bei sehr kleinen Schmierspaltweiten dazu führen können, dass deren Reibwerte niedriger sind als bei ideal glatter Oberfläche.

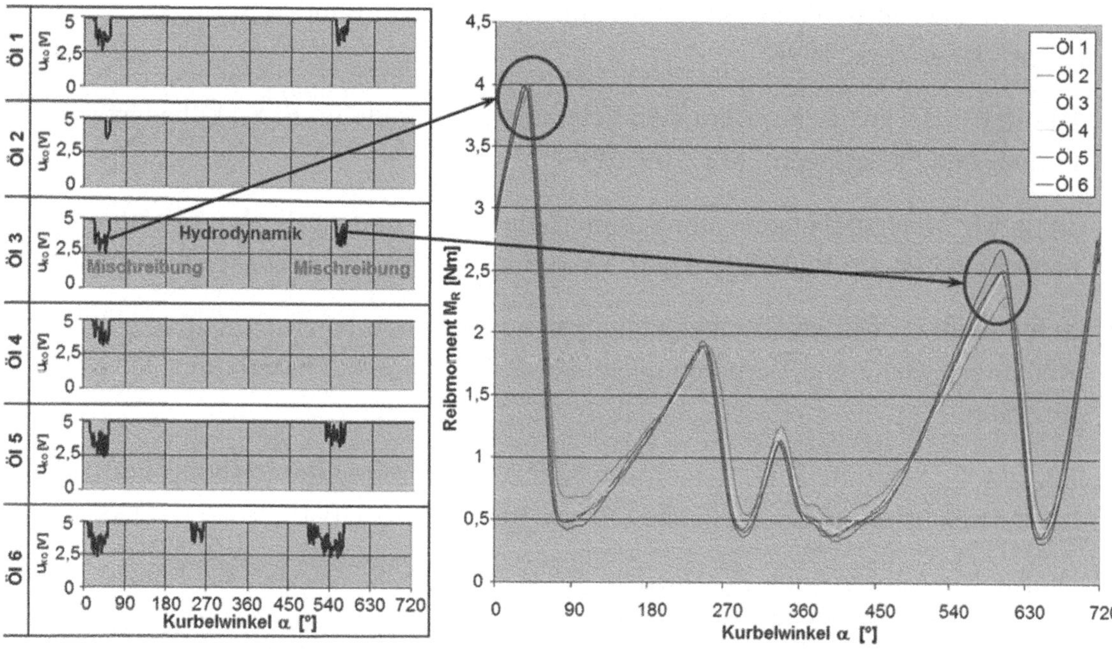

Abb. 7: Einfluss verschiedener Ölsorten auf Reibmoment und Mischreibung

7 Zusammenfassung

Verbrennungsmotoren-Gleitlager sind seit vielen Jahren Gegenstand wissenschaftlicher Untersuchungen und gelten in vielen Belangen als weitgehend erforscht. Mit den zunehmenden Möglichkeiten der Simulation können jedoch immer umfassendere Modelle erstellt und berechnet werden, wodurch weiteres Optimierungspotenzial genutzt werden kann. Wichtig bleibt dabei auch weiterhin der Abgleich der Berechnung mit Ergebnissen experimenteller Untersuchungen. Auch auf diesem Gebiet ist die Leistungsfähigkeit in den letzten Jahren gestiegen. Mit dem über viele Jahre kontinuierlich weiterentwickelten Gleitlagermodellprüfstand der IAV ist es möglich, ein einzelnes Verbrennungsmotoren-Gleitlager unter weitestgehend realen Motorbedingungen zu betreiben und dabei alle wesentlichen Größen des Gleitlagers hochgenau zu messen. Dazu zählt insbesondere das kurbelwinkelabhängige Reibmoment eines einzelnen dynamisch belasteten Lagers. Mit genauer Kenntnis dieser und anderer Lagerkenngrößen ist es möglich, detaillierte Variantenanalysen und weitere Lageroptimierungen vorzunehmen, welche teilweise auch von herkömmlichen Konzepten, Geometrien und Oberflächen abweichen. Beispiele aus vorangegangenen Untersuchungen zeigen, dass die speziellen messtechnischen Möglichkeiten des Prüfstandes hierbei einen wichtigen Beitrag leisten.

8 Literatur

[1] Affenzeller, J.; Gläser, H.: Lagerung und Schmierung von Verbrennungskraftmaschinen. Die Verbrennungskraftmaschine, Neue Folge, Band 8, Springer-Verlag, Wien · New York, 1996

[2] Knoll, G.; Backhaus, K.; Berg, M.; Schultheiß, H.; Ludwig, F.-S.: Ölbedarf von Grund- und Pleuellagern. MTZ 09/2006

[3] Berg, M.: Untersuchungen zum Schmieröldurchsatz und zur Reibungsleistung dynamisch belasteter Radialgleitlager. Dissertation, Universität Kaiserslautern, 1996

[4] Schultheiß, H.: Prüfstandsuntersuchungen zu Wellenverlagerung, Öldurchsatz und Reibungsleistung von Verbrennungsmotoren-Gleitlagern. Dissertation, TU Chemnitz, 2002

[5] Päckert, J.; Schultheiß, H.: Lagerprüfstand zur Ermittlung der Reibungskräfte für dynamisch belastete Lager. Patent Offenlegungsschrift DE 19 2010 011 158 A1

[6] Weise, M.; Neukirchner, H.; Hartwig, K.-H.; Franke, S.; Werler, A.: Engine dynamics simulation and calculation of friction. APL Tribologie Symposium, Landau, Juni 2015

[7] Galli, L.; da Cruz, R.; Schultheiß, H.; Päckert, J.: Innovative Lagergestaltung zur Optimierung von Kurbelwellen. MTZ 10/2012

Kontaktreibungssimulation an einer Nockenwelle

Carsten Schneider, Lehrstuhl für Verbrennungskraftmaschinen, TU München

Dr. Peter Klumpp, Teamleiter Simulation Mechanik Antrieb Ingolstadt, Audi AG

1

J. Liebl und C. Beidl (Hrsg.), *VPC – Simulation und Test 2015*, Proceedings, https://doi.org/10.1007/978-3-658-20736-6_17

Motivation

Immer kürzere Entwicklungszyklen, ständig steigende Literleistungen durch Downsizing und steigende Anforderungen an Leichtbau erfordern eine immer stärkere Einbindung und Vorhersagekraft der Simulationstechnik in der modernen Motorenentwicklung. Neue Lagerungskonzepte und Gewichtseinsparungen müssen exakt bewertet werden, um die Dauerhaltbarkeit der Bauteile nicht zu gefährden.

In diesem Artikel soll die Simulation von Reibung in Lagerstellen näher beleuchtet werden. Im Speziellen wurde hier die Nockenwellenlagerung eines Fünfzylinder-Ottomotors untersucht. Die Reibung in den Lagerstellen vorhersagen zu können ist einerseits wichtig, um das System vor Überhitzung und Zerstörung zu schützen, andererseits um die Leistungsverluste möglichst gering zu halten. Weiterhin können durch die Mischreibungssimulation auch Bereiche hohen Verschleißes prognostiziert und optimiert werden.

System zur Reibungsmessung an Nockenwellen

Fig. 1: Bewegliche Teile des Audi Fünfzylindermotors [1]

Um einen Messungs-/Rechnungsabgleich durchzuführen ist es selten sinnvoll, einen Abgleich zwischen den komplexesten Systemen zu machen. In diesem Fall wäre das ein vollständiger Verbrennungsmotor, in dem zu viele Quereinflüsse wirken, die nicht eindeutig zugeordnet werden könnten. Deshalb wurden in diesem Fall Messungen eines Komponentenprüfstands verwendet.

Am Prüfstand sind im Zylinderkopf je eine Ein- und eine Auslassnockenwelle, je Zylinder vier Ventile mit Ventilfedern, eine Zwischenwelle sowie eine Kette, welche die Nockenwellen über den Sekundärtrieb mit dieser verbindet, verbaut. Dieser Aufbau ist in Figur 1 in der oberen Hälfte des Bildes zu sehen. Der untere Teil mit Kurbelwelle, Pleuel und Kolben sowie der Primärtrieb waren nicht verbaut.

Der Zylinderkopf ist am Prüfstand nach unten offen, sodass kein Brennraumdruck sondern Umgebungsdruck auf die Ventilteller wirkt. Somit werden Störungen auf die Messung durch schwankende Brennraumdrücke vermieden, allerdings herrschen natürlich auch geringere Belastungen auf die Nockenwellenlager. Dies kann jedoch in der Simulation durch Verwendung der real wirkenden Lasten ausgeglichen und später auf einen Vollmotor hochskaliert werden.

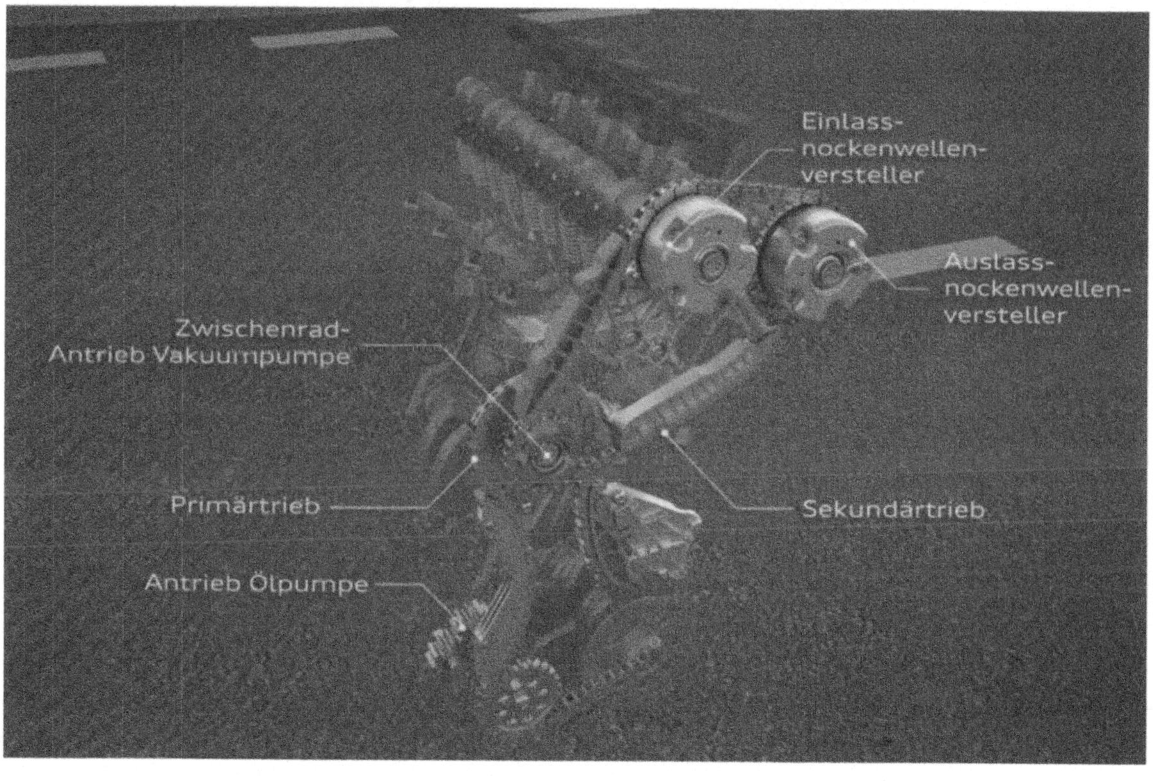

Fig. 2: Kettentrieb des Fünfzylindermotors mit Primär- und Sekundärtrieb [1]

Verbaut war ebenfalls ein variabler Ventiltrieb mit dem Audi Valvelift System (AVS), womit die Nockenstücke auf der Nockenwelle verschoben werden um unterschiedliche Steuerzeiten zu realisieren. Vermessen wurden beide Nockenkonturen, im Folgenden mit kleinem und großem Nocken bezeichnet.

Im Vollmotor werden die Nockenwellen über eine Kette von der Zwischenwelle angetrieben, in Figur 2 mit Sekundärtrieb bezeichnet. Die Zwischenwelle wiederum wird von der Kurbelwelle über den Primärtrieb angetrieben, welcher am Prüfstand entfällt. Stattdessen wurde die Zwischenwelle mittels eines Drehmomentmessflansches mit einem Elektromotor verbunden, welcher den Sekundärtrieb antreibt. Der Drehmomentmessflansch misst die Verlustleistung des Ketten- und Ventiltriebs sowie die Lagerreibung der Nockenwellen. Nebenaggregate wie Vakuum- oder Ölpumpe wurden nicht betrieben. Die Ölversorgung wurde extern gewährleistet und konditioniert.

Messergebnisse

Vermessen wurde der Zylinderkopf bei einer Öltemperatur von 35°C, 90°C und 105°C sowie Kurbelwellendrehzahlen von 700 U/min bis 6000 U/min. Die Ergebnisse sind in Figur 3 zu sehen. Bei allen Temperaturen ist ein Reibmomentensprung bei 3000 U/min zu sehen. Dieser entsteht, da an diesem Punkt im Motorbetrieb und am Prüfstand der Öldruck von einem niedrigen Level auf ein höheres angehoben wird. Durch diese Öldruckerhöhung werden die Nockenwellen stärker auf die der Öleintrittsbohrung gegenüberliegende Seite gedrückt, weshalb ein höheres Reibmoment entsteht. Der Grund für die Erhöhung des Öldrucks ist eine bessere Versorgung der Kurbelwellenhauptlager bei hohen Drehzahlen. Für den Ventiltrieb wäre der geringere Druck für das gesamte Drehzahlband ausreichend.

Bei 35°C Öltemperatur ist die Viskosität noch sehr hoch, weshalb die Nockenwellen von deren Lagerung auch bei niedrigen Relativgeschwindigkeiten noch vollständig getrennt bleiben. Dies ist erkennbar an dem so gut wie stetig steigenden Reibmoment mit steigender Drehzahl. Oberhalb von 3000 U/min erzeugt das kalte Öl mehr Reibverluste als heißere, und damit niedrigviskosere Öle, da es stärker abgeschert werden muss. Deshalb liegt das Reibmoment hier oberhalb der beiden anderen Messkurven.

Sowohl bei 90°C als auch bei 105°C Öltemperatur berühren sich die Körper bei niedrigen Drehzahlen und es entsteht Mischreibung. Dies ist eindeutig am steilen Anstieg der beiden Kurven zu niedrigen Drehzahlen hin zu erkennen. Bei 105°C entsteht offenbar sogar bei Drehzahlen oberhalb von 3000 U/min noch Mischreibung, würde reine Hydrodynamik herrschen müsste die Messkurve aufgrund der niedrigeren Viskosität unterhalb der von 90°C liegen.

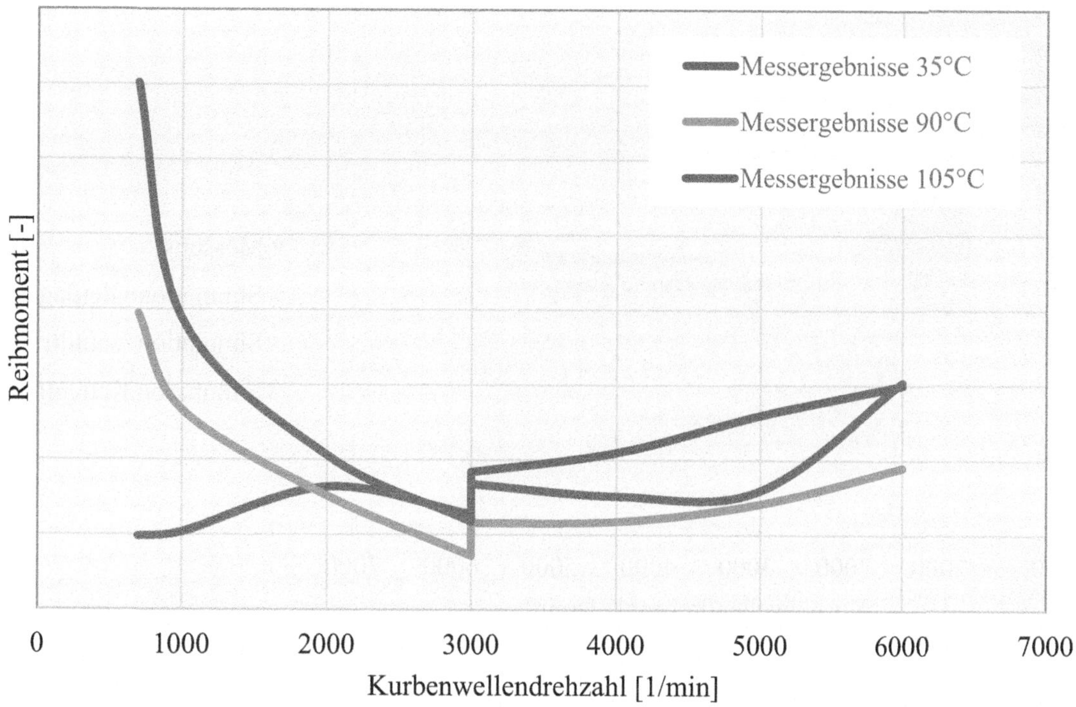

Fig. 3: Messergebnisse des Nockenwellenprüfstand bei 35°C, 90°C und 105°C Öltemperatur

Interpretation der Messergebnisse

Für die Abstimmung der Simulation mit den Messergebnissen müssen zu allererst die Messergebnisse aufbereitet und richtig interpretiert werden. Obwohl die Messungen an einem Komponentenprüfstand durchgeführt wurden, gibt es auch hier Quereinflüsse. So erzeugt beispielsweise die Kette zwischen Zwischenwelle und Nockenwellen ein Reibmoment, welches mitgemessen wird, jedoch für die hier abzustimmende Lagerreibung irrelevant ist. Diese Messgrößen müssen identifiziert und separiert werden.

Die Messergebnisse lassen sich auf drei Komponenten aufteilen, welche maßgeblich Reibverluste erzeugen – die Ventile mit ihren Federn und Schlepphebeln, der Kettentrieb samt Zwischenwelle und Führungsschienen sowie die Nockenwellenlagerung.

Die charakteristischen Verläufe der einzelnen Anteile sind sowohl aus Messungen als auch aus Simulationen bekannt. Die Reibverluste der Ventile sind näherungsweise drehzahlunabhängig, die des Kettentriebs steigen mit höheren Drehzahlen an, und die Lagerverluste der Nockenwelle steigen zu niedrigen Drehzahlen aufgrund der entstehenden Mischreibung an.

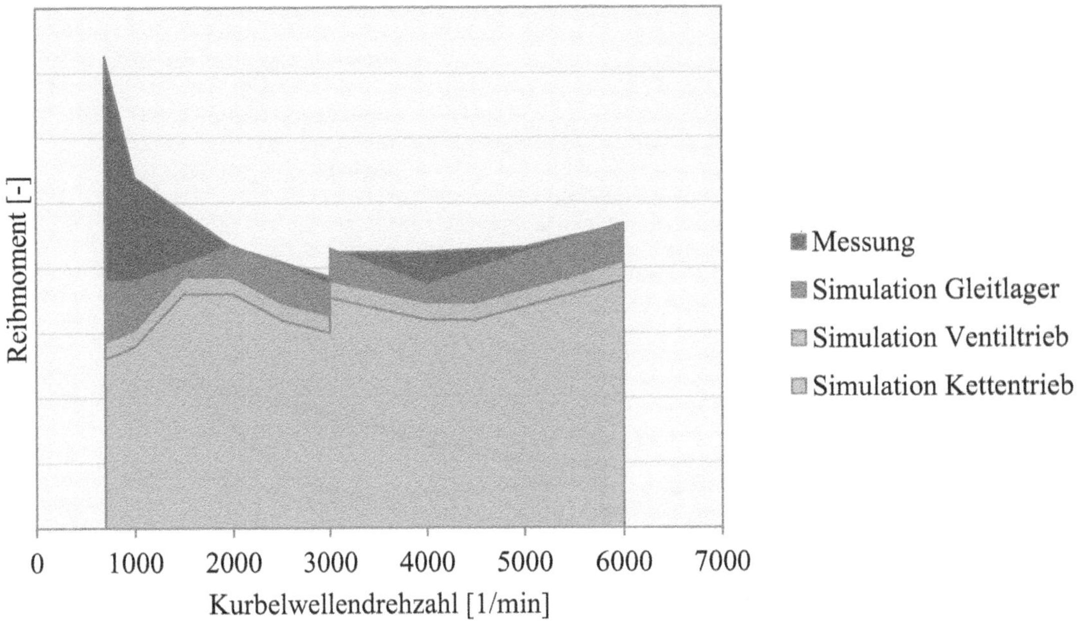

Fig. 4: Messergebnisse des Nockenwellenprüfstands bei 90°C Öltemperatur und qualitativer Verlauf der Simulationsergebnisse der einzelnen Komponenten

Wie aus Figur 4 ersichtlich wird, stimmen Messung und Simulation bei hohen Drehzahlen gut überein, bei Drehzahlen unter 3000 U/min wird der Reibmomentenanstieg aus der Messung in der Simulation jedoch nicht realistisch abgebildet. Dies ist der Bereich, in dem die Simulation verbessert werden soll. Um die Simulation verbessern zu können muss identifiziert werden, welcher der drei Anteile mangelhaft abgebildet wird.

Hierzu wurden drei separate Simulationen verwendet. Der Ventiltrieb wurde mit IAV ENGINE simuliert, der Kettentrieb mit SIMDRIVE und die Nockenwellenreibung mit AVL EXCITE. Jede Simulation für sich alleine muss mit Messungen abgestimmt werden.

Zuerst wird die Reibung des Ventiltriebs näher betrachtet. Hierbei sind die Kräfte, welche auf den Ventiltrieb wirken, sehr gut aus Messungen bekannt. Die Reibung im Ventiltrieb hingegen kann nicht einzeln vermessen werden, da ein Ventiltrieb ohne Nockenwellen nicht funktionstüchtig ist. Somit wurde die Reibung mit gemessenen Kräften simuliert, und zeigt über das gesamte Drehzahlband eine näherungsweise konstante Reibung. Lediglich bei sehr hohen Drehzahlen steigt diese minimal aufgrund der stärker werdenden Dynamik an. Da die Kräfte und die Bewegung bekannt sind, und die Reibung in der Simulation zu niedrigen Drehzahlen hin, wie in Figur 4 zu sehen, nicht ansteigt, kann davon ausgegangen werden, dass die Reibung im Ventiltrieb nicht für den Reibmomentenanstieg im Zylinderkopf verantwortlich ist.

Weiterhin wurde die Reibung des Kettentriebs näher betrachtet und in seine einzelnen Komponenten aufgelöst. Das Ergebnis eines Messungs-/Rechnungsabgleichs des Sekundärtriebs an einem gestrippten Vollmotor ist in Figur 5 zu sehen. Hierbei fällt auf, dass zu hohen Drehzahlen hin die Reibung der Kettengelenke ansteigt, was die Messungen am Nockenwellenprüfstand widerspiegelt. Zu niedrigen Drehzahlen hin jedoch steigen die Verluste nicht an, im Gegenteil, sie fallen sogar unterhalb von 1750 U/min wieder ab. Auch aus diesem abgestimmten Modell geht kein Reibmomentenanstieg zu niedrigen Drehzahlen hin hervor, weshalb dieses Simulationsmodell nicht weiter verändert werden muss um das Reibmoment des Nockenwellenprüfstandes richtig berechnen zu können.

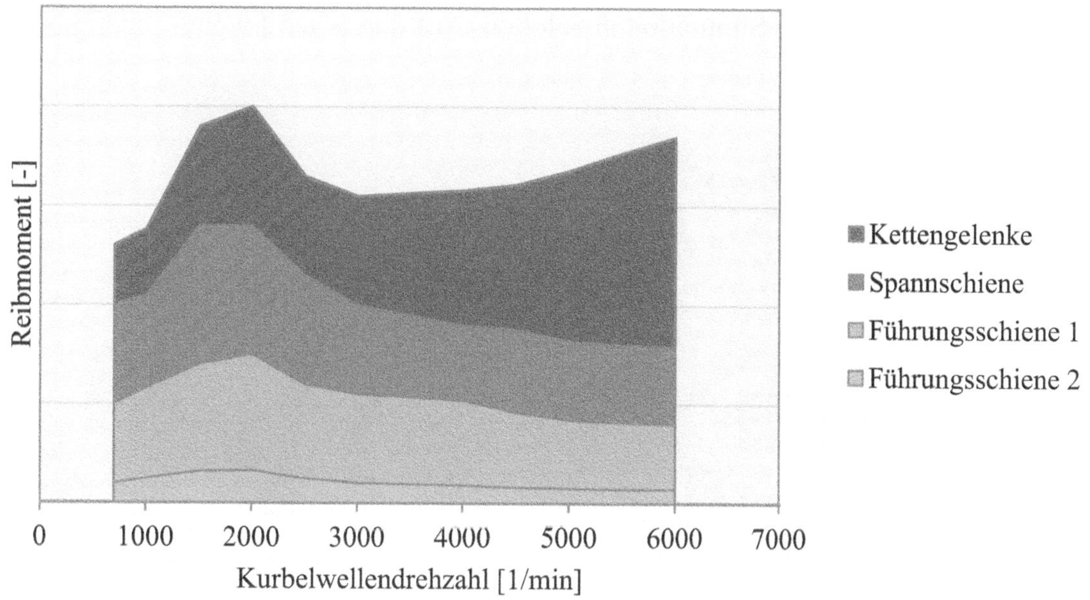

Fig. 5: Simulation des Reibmoments am Kettentrieb

Schließlich wurde die Simulation der Nockenwellenlagerung näher betrachtet. Wie in Figur 4 zu sehen ist, steigt das Reibmoment der Gleitlager zu niedrigen Drehzahlen leicht an, jedoch bei Weitem nicht so stark wie es in der Messung der Fall ist. Die Ursache hierfür ist ein mit sinkender Drehzahl steigender Kontaktdruck. Da in bisherigen Simulationen für jeden Kontaktdruck, egal welcher Größe, ein konstanter Reibkoeffizient angenommen wurde, könnte dies die Erklärung dafür sein, dass der Anstieg in der Simulation zwar vorhanden ist, aber deutlich unterschätzt wird.

Aufgrund dieser Bewertung der einzelnen Simulationsergebnisse soll im Folgenden näher auf die Gleitlagersimulation eingegangen werden.

Simulationsmodell der Nockenwellenlagerung

Für die Simulation wurde ein Elastohydrodynamisches (EHD) Lagerungsmodell verwendet. Dieses berücksichtigt die Steifigkeit des Zylinderkopfs, der Nockenwellen sowie die unterschiedlichen Lagerdimensionen. Die aufgebrachten Kräfte, welche zwischen Ventilen und Nockenwellen wirken stammen aus der oben genannten Berechnung.

Das Hauptaugenmerk liegt auf den Gleitlagern der Nockenwelle, weshalb diese möglichst exakt mit ihren realen Ölversorgungsbohrungen und den trapezförmigen Lagerflächen abgebildet werden sollen. Um die Simulation des Öls möglichst realistisch zu gestalten, wurde ein sowohl druck- als auch temperaturabhängiges Ölmodell verwendet. Weiterhin sind Lagerschalenoberflächen dreidimensional vermessen worden, um daraus ein Kontaktmodell für die Simulation abzuleiten. Auf dieses wird weiter unten noch näher eingegangen.

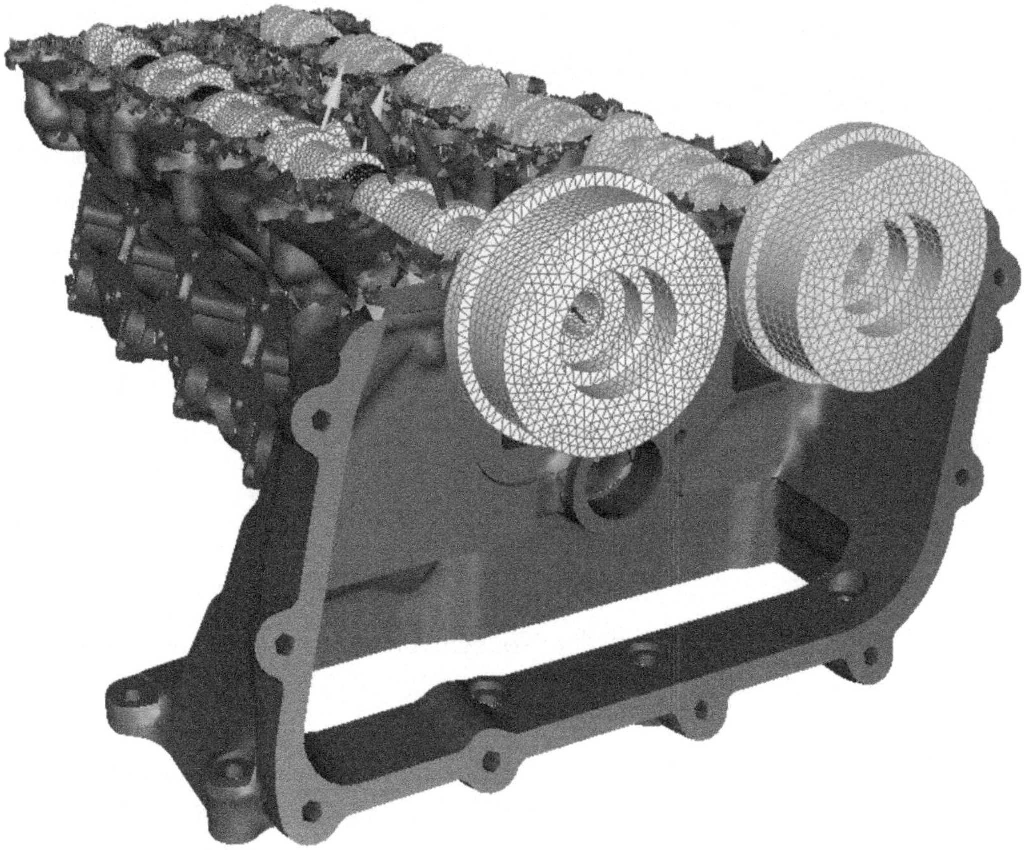

Fig. 6: Simulationsmodell des Zylinderkopfs im Aufbruch

Wie in Figur 6 zu sehen ist, wurden sowohl die Kette als auch die Ventile nicht in diesem Simulationsmodell betrachtet. Diese wurden vorher bereits separat betrachtet und bewertet.

Einbinden der Oberflächendaten in die Simulation

Einen großen Einfluss auf die Simulation der Reibung, vor allem im Festkörper- und Mischreibungsbereich, haben die Oberflächen der beiden Reibpartner. Hierbei spielen die Oberflächen, definiert durch die Materialhärte und die Oberflächentopographie, eine wichtige Rolle. Hierfür werden bis heute häufig die Näherungsformeln von Greenwood und Tripp verwendet [2]. Diese nähern die Oberflächenspitzen als Paraboloide an und berechnen den herrschenden Kontaktdruck nach der Formel von Hertz. Verfeinert und verbessert wurde diese Näherung von der AVL List GmbH durch das in Excite Power Unit implementierte Micro Contact Tool [3]. Dieses verwendet dreidimensional vermessene Oberflächen, ermittelt die Anzahl der vorhandenen Spitzen und berechnet darüber die Hertz'sche Pressung [4]. Das Ergebnis ist eine Funktion (Figur 7), welche den Zusammenhang zwischen dem Abstand der Oberflächen zueinander und dem Kontaktdruck repräsentiert:

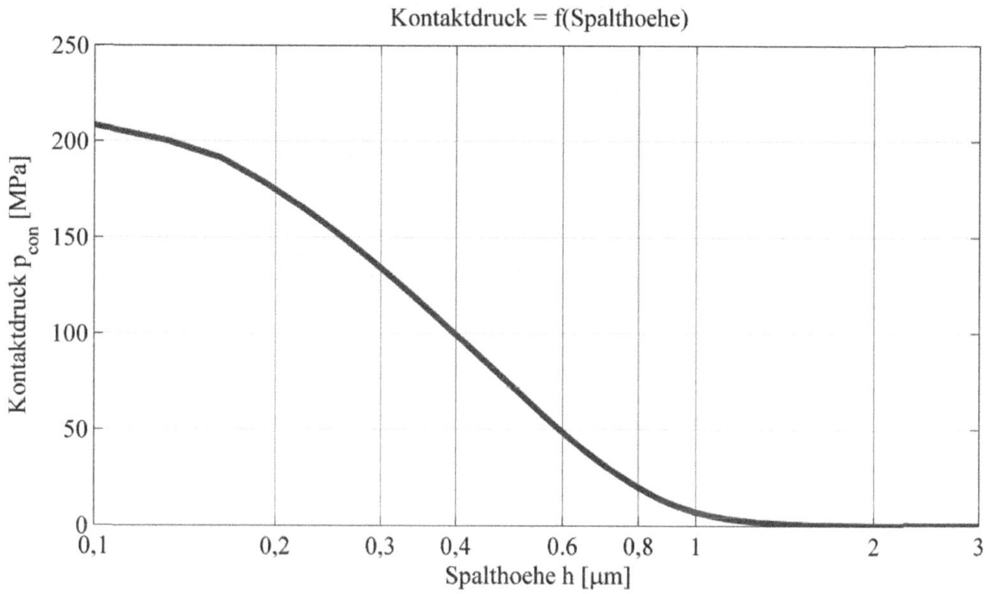

Fig. 7: Funktion zur Bestimmung des Kontaktdrucks über die Spalthöhe

Mithilfe dieser Funktion und einer EHD-Simulation wird die abzutragende Belastung des Lagers aufgeteilt in einen hydrodynamischen Druck und einen Kontaktdruck. Im Mischreibungsgebiet sind die beiden Drücke in derselben Größenordnung, im Festkörperkontakt dominiert der Kontaktdruck.

Simulation mit konstantem Reibkoeffizienten

Die Reibung an den Lagerstellen hängt maßgeblich von zwei Einflussgrößen ab. Einerseits ist dies der Kontaktdruck, welcher von der Oberflächenbeschaffenheit, den Materialien, aber auch dem Schmierfilmaufbau abhängig ist. Die Simulation des Kontaktdrucks mithilfe der oben beschriebenen Theorien gilt als sehr genau, weshalb an dessen Richtigkeit nicht gezweifelt wird.

Die zweite Haupteinflussgröße ist der Reibkoeffizient, der zwischen Nockenwellen und Zylinderkopf herrscht. Dieser wird standardmäßig als konstant mit einem Wert von μ_c=0,03 angenommen. Das bedeutet, dass an jedem Punkt, an dem Kontaktdruck herrscht, sei es 1 MPa oder 100 MPa, der identische Reibkoeffizient wirkt. Dieser ist für das dritte Lager der Auslassnockenwelle zum Zeitpunkt der höchsten Belastung in Figur 8 zu sehen. Weiterhin sind die hydrodynamischen und die Kontaktdrücke abgebildet. Diese Modellierung kann den Anstieg der Nockenwellenreibung für kleine Drehzahlen nicht erklären, wie in Figur 4 an dem roten Band zu erkennen ist.

Der nächste Schritt zur Verbesserung der Simulation ist, den weiterhin konstanten Reibkoeffizient μ_c absolut zu verändern. Dies verschiebt das Plateau des Reibkoeffizienten in Figur 8 nach oben oder nach unten. Hier wurde der Reibkoeffizient in einem Bereich zwischen 0,01 und 0,05 variiert. Dies führte jedoch nicht dazu, dass der Anstieg des Reibmoments gegen niedrige Drehzahlen steiler wurde, sondern lediglich zu einer parallelen Verschiebung. Somit kann auch diese Variation den Anstieg nicht abbilden.

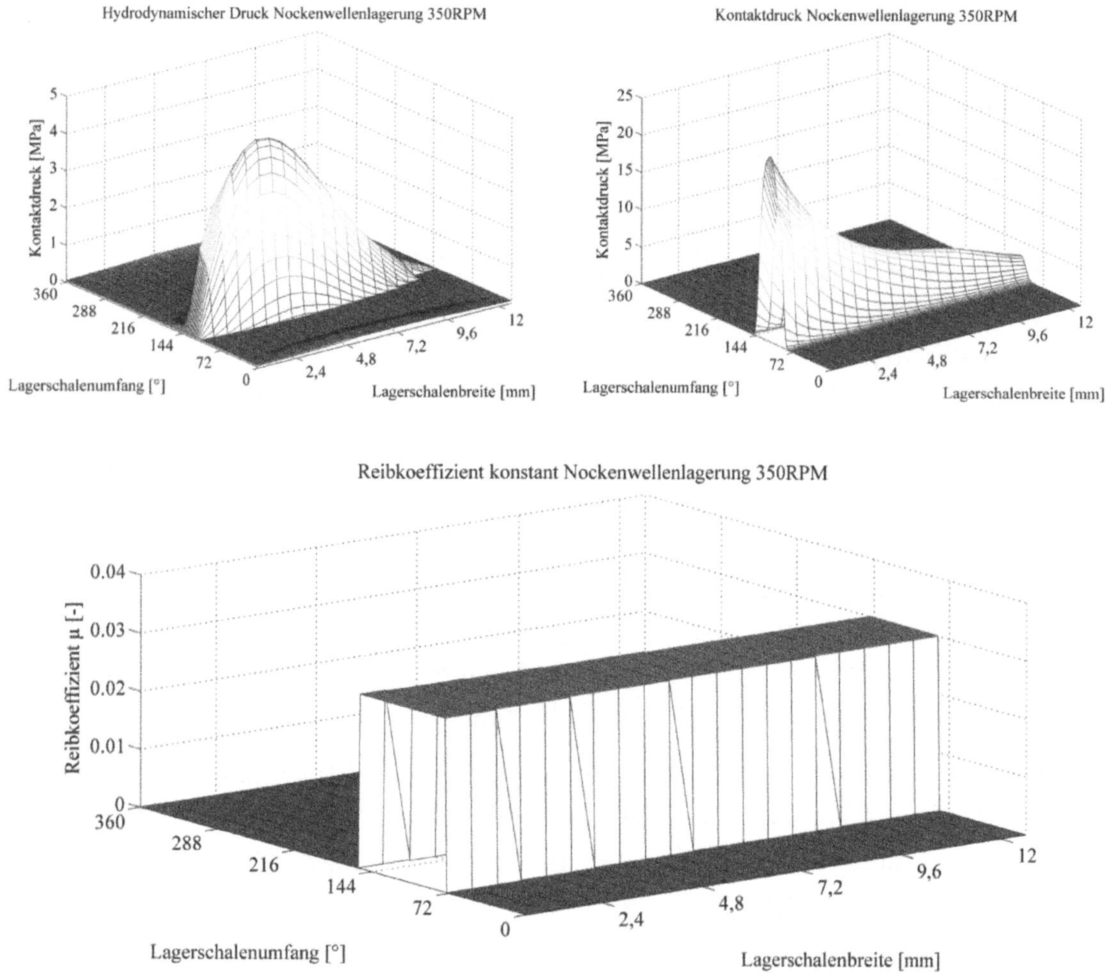

Fig. 8: Drücke und konstanter Reibkoeffizient μ_c=0,03 des 3. Lagers der Auslassnockenwelle

Als letzte Möglichkeit, den Reibmomentenanstieg richtig abbilden zu können, bleibt die Einführung eines weiteren Freiheitsgrades. Da das Verändern von μ_c nur eine Verschiebung bewirkt hat, kann versucht werden, den Reibkoeffizienten lokal variabel zu definieren. Dieser kann beispielsweise von Kontaktdruck, Ölviskosität, Lagerbelastung und weiteren Größen abhängig sein. Auf dessen Herleitung und Definition wird im Folgenden näher eingegangen.

Idee eines lokal variablen Reibkoeffizienten

Das Reibmoment lässt sich nach folgender Formel berechnen:

$$M_R = (\mu_c * P_{asp} + \tau_{Hss}) * A_{Lager} * r_{Lager} \tag{1}$$

$M_R = Reibmoment$
$\mu_c = Reibkoeffizient$
$P_{asp} = Kontaktdruck$
$\tau_{Hss} = hydrodynamische\ Scherspannung$
$A_{Lager} = Fläche\ eines\ Gleitlagers$
$r_{Lager} = Radius\ eines\ Gleitlagers$

Die Fläche A_{Lager} und der Radius r_{Lager} sind konstruktiv bedingte Größen, die in der Simulation konstant gehalten werden. Die hydrodynamische Scherspannung berechnet sich aus dem Ölmodell nach Vogel/Barus/Cross, und der Kontaktdruck wie weiter oben beschrieben. Diese Größen werden als hinreichend genau simulierbar angenommen. Demzufolge bleibt die einzige frei definierbare Größe, welche in die Berechnung des Reibmoments eines Gleitlagers eingeht, der Reibkoeffizient μ_c.

Die bis heute geltende Theorie zur Bewertung von Reibkoeffizienten wurde 1903 von Stribeck erforscht. Er untersuchte damals Gleitlager zur Lagerung von Eisenbahnwaggonachsen. Er ermittelte Reibkoeffizienten bei unterschiedlichen Drehzahlen und Belastungen, welche später Hersey [5] über folgenden dimensionslose Kennzahl auftrug:

$$Hersey\ Number = \frac{\eta * \omega}{P} \tag{2}$$

$\eta = dynamische\ Viskosität\ des\ Öls$
$\omega = Winkelgeschwindigkeit\ der\ Welle$
$P = Druck, der\ vom\ Lager\ abgetragen\ werden\ muss$

Durch das Auftragen über diese dimensionslose Kennzahl lagen alle gemessenen Kurven übereinander und es konnte ein einziger Reibkoeffizient für jeden Lagerzustand definiert werden. Der Lagerzustand ist definiert über das Verhältnis aus $\eta * \omega$ durch P.

Die hiermit definierten Reibkoeffizienten haben ihre Gültigkeit, wenn man das gesamte Lager als gleichmäßig belastet betrachtet. Das bedeutet, dass die abzutragende Lagerlast sich gleichmäßig auf die projizierte Lagerfläche verteilt und an jedem Punkt auf dieser Fläche der gleiche Kontaktdruck herrscht. Mit dieser vereinfachten Betrachtung als zweidimensionales Lager konnten die Messergebnisse sehr gut abgebildet werden. Jedoch geht aus der Literatur hervor, dass selbst damals in den Lagern kein gleichmäßiger Belastungszustand, sondern ein Kantentrag herrschte. Dieser produzierte wohl damals schon einen Großteil der Lagerreibung, konnte jedoch aufgrund fehlender technischer Ausstattung nicht exakt quantifiziert werden.

Mithilfe moderner Simulationsmethoden besteht heutzutage die Möglichkeit aus globalen, über die gesamte Lagerschale gemittelten Reibungsmessungen, lokale Effekte herauszuarbeiten. Im gleichen Zuge kann auch die Lagerkennzahl für jeden einzelnen Punkt auf der Lagerschale berechnet und ein Reibkoeffizient definiert werden.

Dargestellt ist diese Idee in Figur 9. Betrachtet wurde hier der Reibzustand eines rudimentären Gleitlagerprüfstandes, der einen starken Kantenträger erzeugt. Da die beiden im Zähler stehenden Größen der Hersey Zahl (Viskosität und Geschwindigkeit) an diesem betrachteten Punkt konstant sind, erfolgt die Definition des Reibkoeffizienten über den Kontaktdruck. Die lokale Verteilung des Kontaktdrucks ergibt sich aus der EHD-Simulation.

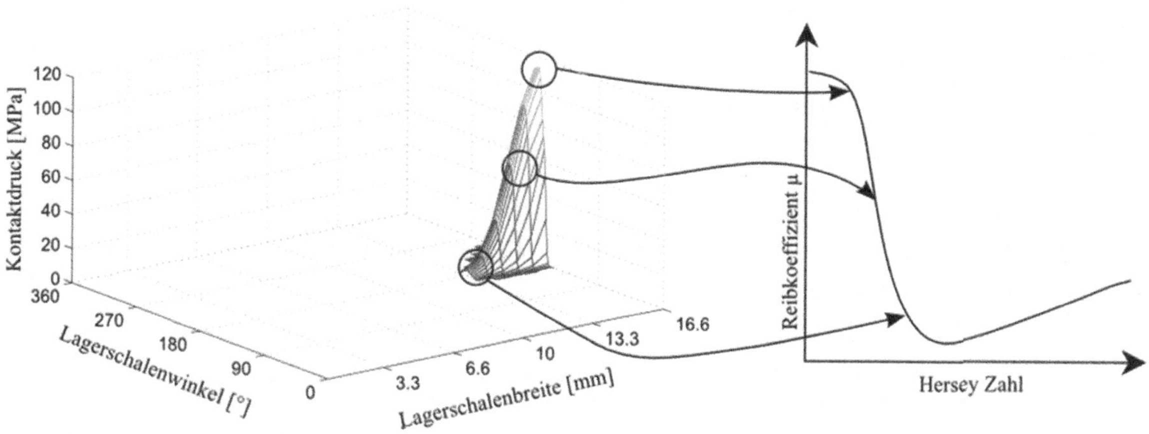

Fig. 9: Kontaktdruckverteilung eines Gleitlagerprüfstandes mit starkem Kantenträger und zugeordnetem lokalen Reibkoeffizienten

Verteilungsfunktion eines lokal variablen Reibkoeffizienten

Die Definition eines lokalen Reibkoeffizienten hängt sinnvollerweise von den gleichen oder ähnlichen Größen ab, welche in der Hersey Zahl definiert wurden. Diese beschreiben den Belastungs- und Reibzustand des Lagers. Für die Berechnung des Reibkoeffizienten ist in AVL Excite folgende Formel definiert [3]:

$$\mu_{local} = \mu_0 * \exp\left(-\sqrt{\frac{B*\eta*v}{P_{asperity}}}\right) \tag{3}$$

$\mu_{local} = lokal\ variabler\ Reibkoeffizient$
$\mu_0 = Reibkoeffizient\ bei\ reinem\ Festkörperkontakt$
$B = Variable\ zum\ Anpassen\ der\ Reibkoeffizientenverteilung$
$\eta = dynamische\ Viskosität\ des\ Öls$
$v = Geschwindigkeitsdifferenz\ der\ beiden\ Körper$
$P_{asperity} = Kontaktdruck$

Mithilfe dieser Formel kann jedem Punkt des EHD-Netzes ein eigener Reibkoeffizient zugewiesen werden. Dieser ist umso größer, je höher der Kontaktdruck beziehungsweise je kleiner die Drehzahl ist. Der lokal mögliche Maximalwert ist definiert durch μ_0. Dieser Wert kann durchaus auf den ersten Blick viel zu groß erscheinende Werte, teilweise sogar größer als 1 annehmen.

Um die Verteilungsfunktion und die absolute Höhe der Reibkoeffizienten zu definieren, wurde die Simulation mit der Messung verglichen.

Simulationsergebnisse der Nockenwellenlagerung

In der EHD Simulation der Nockenwellenlagerung ist jedes Lager abgebildet durch 21 Elemente in axialer und 200 Elemente in Umfangsrichtung. Dies ergibt pro Lager 4200 EHD-Elemente, wie ausschnittsweise im rechten Teil von Figur 10 zu sehen. Für jedes einzelne wird der Kontaktdruck sowie der hydrodynamische Druck berechnet, und aus diesen Größen für jedes Element ein lokal gültiger Reibkoeffizient bestimmt.

Die Messergebnisse wurden nicht aufgelöst nach Kurbelwellenwinkel aufgezeichnet, sondern über mehrere Umdrehungen gemittelt. Deshalb wurden in der Simulation zwei Umdrehungen berechnet, das Reibmoment aller 12 Lager über 720° Kurbelwinkel addiert und durch die Anzahl der Punkte, an denen die Ergebnisse ausgewertet wurden, geteilt.

Weiterhin sind die Messergebnisse nicht für jedes Lager einzeln oder sogar lokal innerhalb eines Lagers aufgelöst messbar. Dies ist die zweite Größe, welche in der Simulation exakter aufgelöst vorhanden ist, und zum Abgleich mit der Messung integriert werden muss.

Somit wurden die Simulationsergebnisse über die Zeit und über die gesamten Gleitlagerflächen integriert, um eine der Messung vergleichbare Größe zu erhalten.

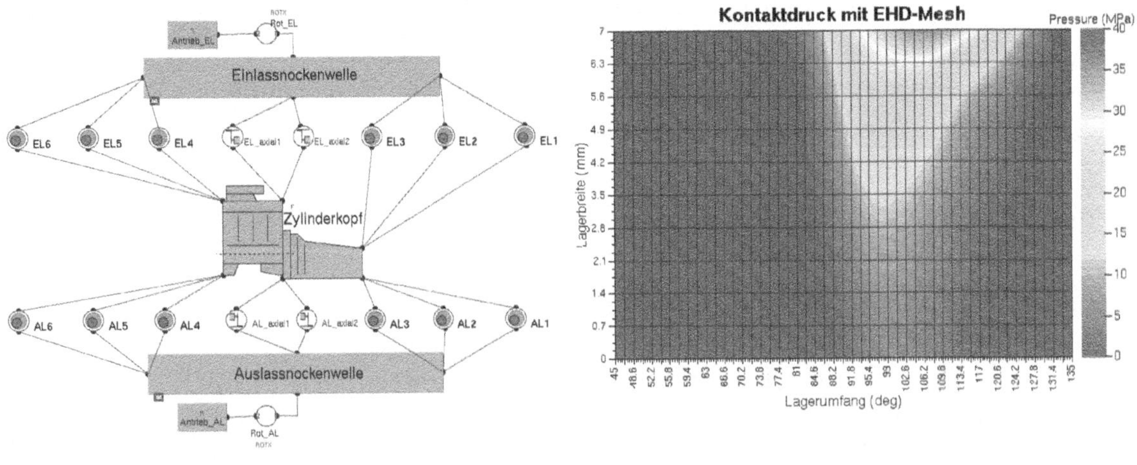

Fig. 10: Modell in AVL Excite und ein Ausschnitt der Kontaktdruckverteilung mit EHD-Mesh

Nachdem nun vergleichbare Größen vorliegen, konnte mit der Optimierung der Verteilungsfunktion des lokal variablen Reibkoeffizienten begonnen werden. Freiheitsgrade in Gleichung 3 sind der Festkörperreibkoeffizient μ_0 und die Variable B. Ziel ist, die Simulationsergebnisse möglichst exakt auf die Messergebnisse anzupassen.

Zu sehen ist das Ergebnis dieser Optimierung in Figur 11. Dargestellt sind wiederum Ergebnisse für das 3. Lager der Auslassnockenwelle zum Zeitpunkt der höchsten Belastung und zum Zeitpunkt einer geringen Belastung.

Auf dieser Abbildung ist zu erkennen, dass der Reibkoeffizient einerseits lokal über die Gleitlagerfläche variabel ist, andererseits auch über die Zeit, was in diesem Fall durch die zeitlich nicht konstante Last begründet ist. Weiterhin fällt auf, dass der Reibkoeffizient an den hochbelasteten Stellen des Kantenträgers sehr hohe Werte annimmt, wohingegen in Bereichen geringen Kontaktdrucks kaum mehr Reibung entsteht.

Durch die Einführung dieses Freiheitsgrads konnte die Simulation gut an die Messung angepasst werden, wie im nächsten Abschnitt beschrieben wird.

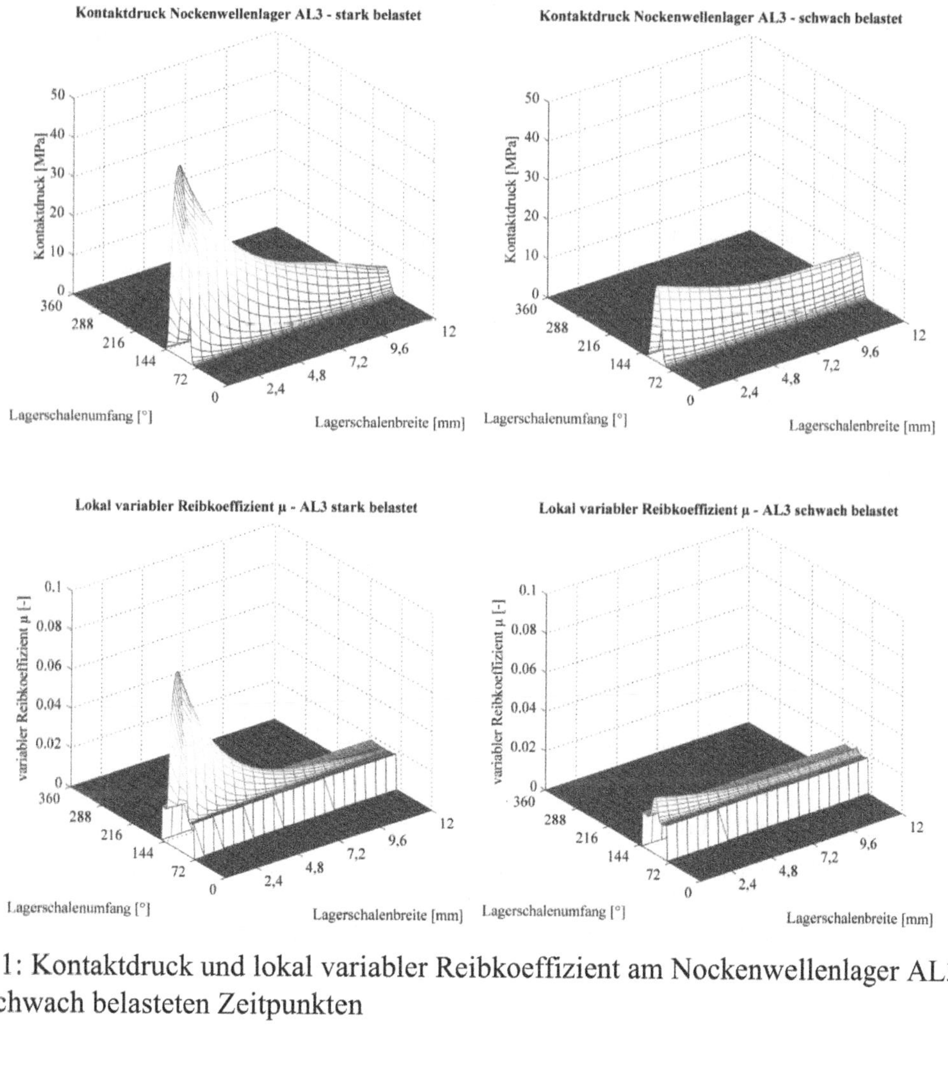

Fig. 11: Kontaktdruck und lokal variabler Reibkoeffizient am Nockenwellenlager AL3 zu stark und schwach belasteten Zeitpunkten

Vergleich Simulationsergebnisse mit globalem / lokalem Reibkoeffizienten

In Figur 4 war bereits dargestellt, dass die Simulation den Anstieg der Gleitlagerreibung für niedrige Drehzahlen nicht richtig wiederspiegelt. Durch die Einführung des lokalen Reibkoeffizienten und der Abstimmung der beiden Variablen μ_0 und B auf die Messung konnte das Ergebnis in Figur 12 erzielt werden.

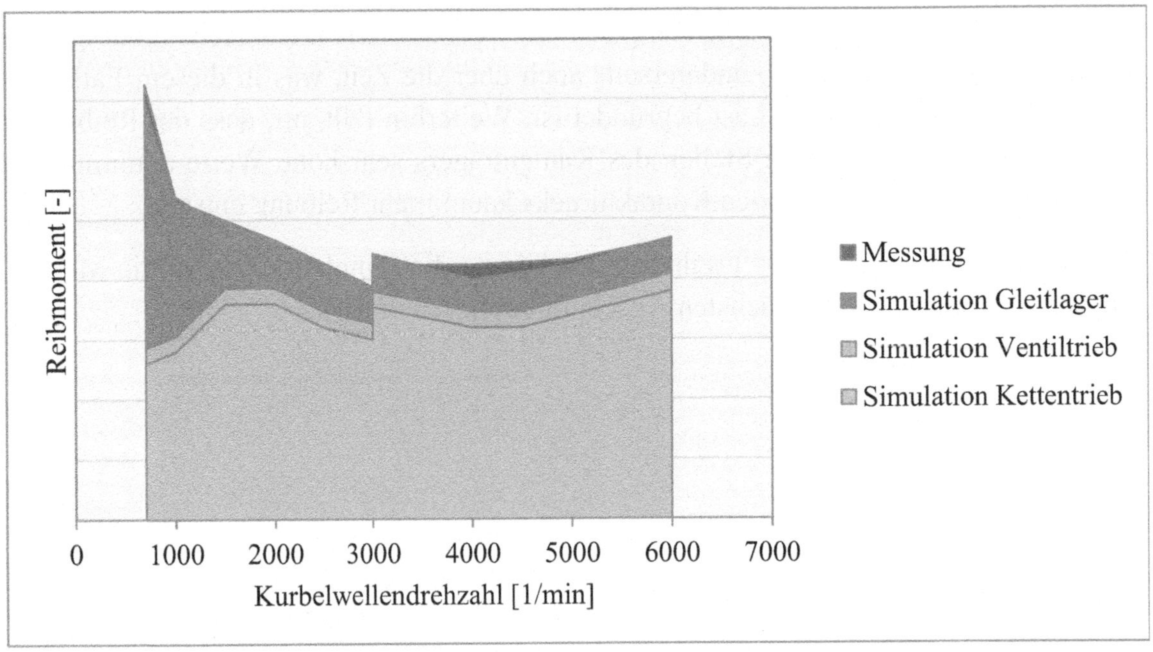

Fig. 12: Messergebnisse des Nockenwellenprüfstand bei 90°C Öltemperatur und qualitativer Verlauf der Simulationsergebnisse der einzelnen Komponenten

Der aus der Messung bekannte Anstieg des Reibmoments bei niedrigen Drehzahlen wird nun fast vollständig in der Simulation erreicht.

Dies hat nicht nur große Vorteile zur Beurteilung der Reibverluste und damit des Wirkungsgrads des Motors, sondern weiterhin zur Beurteilung der Haltbarkeit der Lager. Der Wärmeeintrag in das Lager, was häufig eine Ursache für Lagerschäden ist, berechnet sich als Produkt des Reibkoeffizienten, des Kontaktdrucks und der Geschwindigkeit. Wie gezeigt wurde ist in bisherigen Simulationen mit konstantem Reibkoeffizienten dieser exakt an den Stellen hohen Kontaktdrucks stark unterschätzt worden. Da das Produkt aus diesen beiden Größen in die Wärmeberechnung mit eingeht, wurde diese ebenfalls zu niedrig berechnet.

Diese Methode ermöglicht eine genauere Vorhersage der lokalen Temperaturen im Lager, sowie eine bessere Bestimmung des Verschleißes und der Reibmomente.

Literatur

[1] „Der 2,5 TFSI im Audi RS Q3“, Audi Technology Portal, Audi AG, 2015. [Online].http://www.audi-technology-portal.de/de/antrieb/fsi-tfsi-motoren/2.5-tfsi

[2] J. Greenwood und J. Tripp: „The contact oft wo nominally flat rough surfaces“, Archive: Proceedings of the Institution of Mechanical Engineers 1847-1982, vol. 185, no. 1970, S. 625-634, 1970

[3] AVL Advanced Simulation Technologies: Power Unit Theory guide for version 2014, AVL 2014

[4] K. Schier: „Finite Elemente Modelle der Statik und Festigkeitslehre”, Springer Berlin Heidelberg, S.181-183, 2011

[5] M.D. Hersey: „The laws of lubrication of horizontal journal bearings“, Journal of the Washington Academy of Sciences, vol. 4, S. 542-552, 1914

Virtuelle Flottenverbrauchsoptimierung unter Kostenbetrachtung

Sinkende Grenzwerte für CO_2-Emissionen und die steigende Anzahl an Fahrzeugvarianten erhöhen den Aufwand, den Flottenverbrauch zu optimieren. Maßnahmen zur Kraftstoffverbrauchsreduktion müssen für jede Fahrzeugkonfiguration separat betrachtet werden. In Zusammenarbeit zwischen der TU Graz und Magna Steyr wurde eine flexible, effiziente und aussagekräftige Simulationsumgebung hierfür entwickelt. Unter zusätzlicher Berücksichtigung von Kosten und Wechselwirkungen der einzelnen Maßnahmen kann das Kostenoptimum zur Zielerreichung der CO_2-Emissionen eines Fahrzeugs oder einer kompletten Fahrzeugflotte bestimmt werden.

DAS GÜTESIEGEL FÜR WISSENSCHAFTLICHE BEITRÄGE IN DER ATZ | VON EXPERTEN AUS FORSCHUNG UND INDUSTRIE BEGUTACHTET
ATZ PEER REVIEW
EINGEGANGEN 29.08.2014
GEPRÜFT 15.11.2014
ANGENOMMEN 22.01.2015

AUTOREN

Dipl.-Ing. Michael Martin
ist Entwicklungsingenieur für Energiemanagement Gesamtfahrzeugsimulation bei der Magna Steyr Engineering AG & Co KG in Graz (Österreich).

Dipl.-Ing. Robert Premstaller
ist Abteilungsleiter Energiemanagement und Fahrbarkeit bei der Magna Steyr Engineering AG & Co KG in Graz (Österreich).

Univ.-Doz. Dipl.-Ing. Dr. techn. Arno Eichberger
ist Bereichsleiter Fahrerassistenz und Fahrbarkeit am Institut für Fahrzeugtechnik an der Technischen Universität Graz (Österreich).

J. Liebl und C. Beidl (Hrsg.), *VPC – Simulation und Test 2015*, Proceedings, https://doi.org/10.1007/978-3-658-20736-6_18

1 MOTIVATION

Die globale Durchschnittstemperatur ist seit Beginn des 20. Jahrhunderts um rund 0,6 °C gestiegen, unter anderem verursacht durch die Verbrennung fossiler Ressourcen und den daraus resultierenden CO_2-Emissionen. Im Jahr 1997 wurde das Kyoto-Protokoll verabschiedet, mit dem Ziel, die Treibhausgase von 2008 bis 2012 um rund 5 % im Vergleich zu 1990 zu reduzieren [1]. Die europäische Automobilvereinigung ACEA leistete zunächst ihren Beitrag zur Reduktion durch eine freiwillige Vereinbarung mit der Europäischen Kommission. Diese wurde im Jahr 2009 verpflichtend mit einem Flottenzielwert von 130 g/km CO_2 für 2012 [2]. In zweiter Stufe sieht der aktuelle Vorschlag für 2020 einen geringeren Durchschnitts-Flottenwert von 95 g/km CO_2 vor. Der Flottenzielwert ist abhängig vom durchschnittlichen Flottengewicht, **BILD 1**, und für jeden Fahrzeughersteller individuell. Um die Einhaltung der CO_2-Emissionszielwerte für die Hersteller zu forcieren, wurden Sanktionen in Form von Strafzahlungen eingeführt. Die Strafzahlung multipliziert sich aus der Anzahl der in der EU verkauften Fahrzeuge und der Differenz zwischen Ist- und Ziel-Wert der CO_2-Flottenemissionen. Die Höhe der Strafe ist gemäß **TABELLE 1** gestaffelt. Ab 2019 werden generell pro Gramm Überschreitung 95 € fällig [3].

2 NOTWENDIGKEIT EXAKTER VERBRAUCHSSIMULATION

Die sinkenden Grenzwerte für die Flottenemissionen sowohl in Europa als auch in anderen Märkten weltweit steigern die Herausforderung, mit konventionellen Fahrzeugen deren Einhaltung zu erreichen, beträchtlich. In Zukunft ist es die Aufgabe des Energiemanagementteams, den aktuellen Status der CO_2-Emissionen während einer Fahrzeugentwicklung zu ermitteln und Maßnahmen zur Reduktion zu definieren. Dies geschieht in der virtuellen Entwicklungsphase mittels 1D-Simulation.

Um die Bedeutung der sinkenden CO_2-Grenzwerte für eine Fahrzeugentwicklung darzustellen, wurde eine Parameterstudie an einem Beispielfahrzeug mittels eines Längsdynamikmodells durchgeführt, **TABELLE 2**. Dieses Modell wird im Folgenden näher beschrieben. Ausgangspunkt ist der aktuelle Statuswert ohne Verbesserungen. Darauf aufbauend wurden verschiedene Maßnahmen zur CO_2-Reduktion definiert und bewertet. Das Ergebnis der Untersuchung beschreibt, welche Schritte notwendig sind, um den gewichtsabhängigen Zielwert für 2015 zu erreichen, **BILD 2** (links). Die Darstellung zeigt, dass der Zielwert für 2015 mit relativ einfachen Maßnahmen, wie rollwiderstandsarmen Reifen oder Start/Stopp-Automatik, erreicht werden kann. Ein Punkt, der in dieser Betrachtung aber nicht vergessen werden darf, ist die wirtschaftliche Bewertung der notwendigen Kosten zur Implementierung der definierten Technologien. Kosten können durch zusätzliche Bauteile oder Entwicklungsaufwand resultieren [4]. Die summierten Kosten der verschiedenen Verbesserungsschritte sind in **BILD 2** als rot gestrichelte Linie dargestellt. Für eine kostenoptimale Zusammenstellung von Maßnahmen muss die Kombination von Strafzahlungen und Technologiekosten betrachtet werden.

Eine Erweiterung für die Zielerreichung des Grenzwerts von 2020 des betrachteten Fahrzeugs ist im rechten Teil von **BILD 2** dargestellt. Um den um 35 g reduzierten Zielwert zu erreichen, müssen weitere Schritte in der Aerodynamik, am Verbrennungsmotor bis hin zu Hybridsystemen untersucht werden. Nicht betrachtet in dieser Analyse ist der Einfluss von Credits für hybrid- oder emissionsfreie Fahrzeuge auf dem Flottenzielwert. Unter Betrachtung der Kosten ist die Reduktion von 126 auf 91 g/km CO_2 verhältnismäßig teurer als der erste Reduktionsschritt von 155 auf 126 g/km CO_2, da die kos-

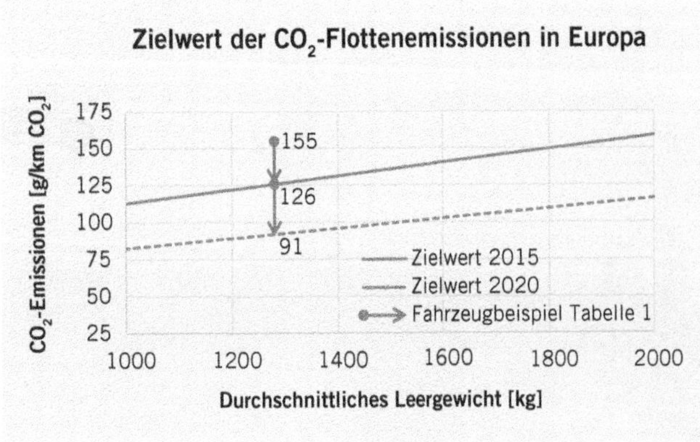

BILD 1 EU-Flottenemissionsziel abhängig vom Flottengewicht

	1. Gramm	2. Gramm	3. Gramm	4. Gramm	5. Gramm
Bis 2018	5 €	+ 15 €	+ 25 €	+ 95 €	+ 95 €
Ab 2019	95 €	+ 95 €	+ 95 €	+ 95 €	+ 95 €

TABELLE 1 Strafzahlungen in der EU in Euro pro Fahrzeug [3]

Fahrzeugkategorie	C-Segment-Limousine
Motor/Getriebe	1,6 l Otto/6 MT
Leergewicht	1280 kg
Ausgangswert	155 g/km CO_2
EU-Zielwert für 2015	126 g/km CO_2
EU-Zielwert für 2020	91 g/km CO_2

TABELLE 2 Beispielfahrzeug

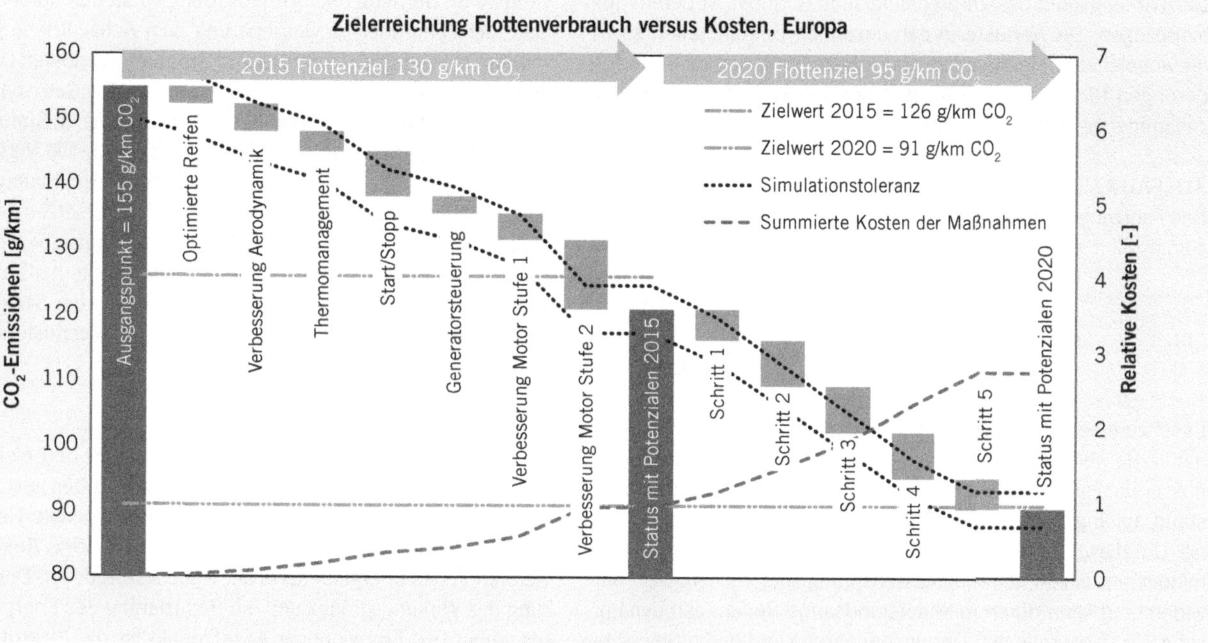

BILD 2 Stufendiagramm zur Erreichung der Zielvorgaben 2020

tengünstigen Verbesserungen bereits integriert wurden. Der im zweiten Schritt zunehmende Einfluss der Wechselwirkungen der verschiedenen Technologien verstärkt zudem diese Tendenz, wurde hier in erster Näherung aber vernachlässigt.

Die Exaktheit der Simulationsergebnisse ist wichtig, um einerseits Zusatzkosten durch unnötige Maßnahmen und andererseits Strafzahlungen zu vermeiden. Eine beispielhafte Simulationstoleranz von ± 3 % ist in **BILD 2** als gepunktete Linie dargestellt. Wird ein Beispielwert von 100 g/km CO_2 angenommen, bedeuten 3 % Toleranz eine Abweichung von 3 g/km CO_2 und damit eine Strafzahlung von 285 € pro verkauftem Fahrzeug. Um dieses Risiko zu minimieren, muss das Simulationsmodell für jedes betrachtete Fahrzeug möglichst exakte Werte liefern.

Aufgrund dieser Anforderung ist es eine der Hauptaufgaben des Energiemanagementteams bei Magna Steyr, die Simulationsumgebung entsprechend zu optimieren. Erster Ansatzpunkt, um möglichst genaue Ergebnisse zu bekommen, ist, den Einfluss der verschiedenen verbrauchsverbessernden Maßnahmen, wie Aerodynamik oder Start/Stopp, an jeder einzelnen zu betrachtenden Fahrzeugkonfiguration individuell zu bewerten. Die Abschätzung des Einflusses von Maßnahmen kann damit nicht auf globaler Flotten-Ebene bewertet werden.

Eine Potenzialabschätzung von Start/Stopp ergibt nach Literaturrecherche Potenziale zwischen 1 und 4 % im NEFZ [5, 6]. Allein diese Spannweite würde die Simulationstoleranz um 3 % erhöhen. Es ist schwierig, den Start/Stopp-Einfluss als globalen prozentualen Wert zu verwenden, da der Wert von Fahrzeug zu Fahrzeug verschieden ist, abhängig von Motor, Technologie und Getriebe. Der Einfluss einer Start/Stopp-Funktion sollte daher für jedes Fahrzeug mittels einer Gesamtfahrzeugsimulation individuell betrachtet werden. Die Start/Stopp-Funktion ist dabei nur ein Beispiel von vielen Möglichkeiten die CO_2-Emissionen zu reduzieren, verdeutlicht aber die zu lösende Problemstellung.

3 VERLUSTANALYSE UND TECHNISCHE VERBESSERUNGSPOTENZIALE

Um den Einfluss verschiedener verbrauchsverbessernder Maßnahmen zu verstehen, wurde auf Basis des in **TABELLE 1** definierten Fahrzeugs eine Verlustanalyse mithilfe des Simulationsmodells im NEFZ erstellt. Die Verluste können dabei in folgende verschiedene Gruppen des Fahrzeugs unterteilt werden:

- Fahrwiderstand (Rollwiderstand, Aerodynamik, Beschleunigungswiderstand)
- Verluste und Wirkungsgrad im Antriebsstrang
- Energiebedarf von Nebenverbrauchern
- Verluste des Verbrennungsmotors
- Betrieb des Verbrennungsmotors ohne Antriebsbedarf
- Verluste aufgrund der Umgebungsbedingungen.

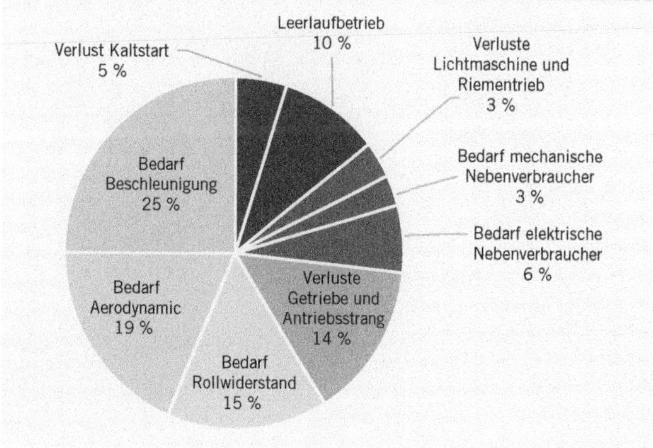

BILD 3 Verlustanalyse NEFZ

Die prozentuale Aufteilung der Verlustanalyse ist in **BILD 3** gezeigt. Der Wirkungsgrad des Verbrennungsmotors selbst ist bereits mit einbezogen. Die Verluste in den einzelnen Bestandteilen sowie die abgeleiteten Maßnahmen zur Verbesserung und deren Anforderungen für ein Gesamtfahrzeugsimulationsmodell leiten sich zusammengefasst wie folgt ab.

3.1 FAHRZEUG

Das Fahrzeugmodell beschreibt die summierten Fahrwiderstände gemäß Gl. 1 und den Reifen-Straße-Kontakt.

Gl. 1

$$F_Z = (m_{TWC} \cdot a) + (\frac{1}{2} \cdot \rho_{Air} \cdot c_{xw} \cdot A \cdot v^2) + (m(_{CVW+100}) \cdot g \cdot f_r)$$

Es ist zu erkennen, dass die Fahrzeugmasse $m_{cvw+100}$, der Aerodynamik-Beiwert c_W und der Rollreibungskoeffizient f_r die Haupteinflussgrößen sind. Angemerkt sei, dass der Beschleunigungswiderstand abhängig von den diskreten Schwungmassenklassen m_{TWC} ist. Um diesen Anteil zu reduzieren, muss die Gewichtsreduktion mindestens einem Schwungmassensprung entsprechen. Der Fahrwiderstand kann durch rollwiderstandsarme Reifen, aerodynamische Zusatzbauteile und Designoptimierung und durch Gewichtsreduktion mittels leichterer Werkstoffe und Optimierung beeinflusst werden [2, 7].

3.2 ANTRIEBSSTRANG

Verluste im Getriebe und Antriebsstrang entstehen durch die Verluste der Zahnräder im Getriebe und dem Achsgetriebe in Form von Planschverlusten, Reibung und Strömungsverlusten [8] sowie durch Ölversorgung und Drehmomentwandler. Die Getriebeverluste sind zudem abhängig von der Temperatur, sodass im Simulationsmodell ein thermisches Modell betrachtet wird. Die Verluste im Antriebsstrang können durch intelligentes Thermomanagement, dem Leistungsbedarf der Ölpumpe und mittels Ersetzen des Drehmomentwandlers durch ein Doppelkupplungsgetriebe, reduziert werden. Die absoluten Getriebeverluste sind größtenteils abhängig vom Leistungsfluss durch das Getriebe, sodass bei Senkung der Fahrwiderstände ebenfalls die absoluten Getriebeverluste reduziert werden.

3.3 NEBENVERBRAUCHER

Die Nebenverbraucher können in mechanische und elektrische Nebenverbraucher eingeteilt werden. Aufgrund der gesetzlichen Rahmenbedingungen müssen im NEFZ nur minimale Nebenverbraucher berücksichtigt werden. Es existieren zwei Ansätze zur Reduktion des Energiebedarfs der Nebenverbraucher: Die Steigerung des Wirkungsgrades und die Reduzierung des Energiebedarfes selbst [9]. Ein wichtiger Ansatzpunkt ist die Elektrifizierung der Nebenverbraucher, wie im Fall elektrischer und bedarfsgesteuerter Lenkungs- oder Wasserpumpen. Die Elektrifizierung bietet

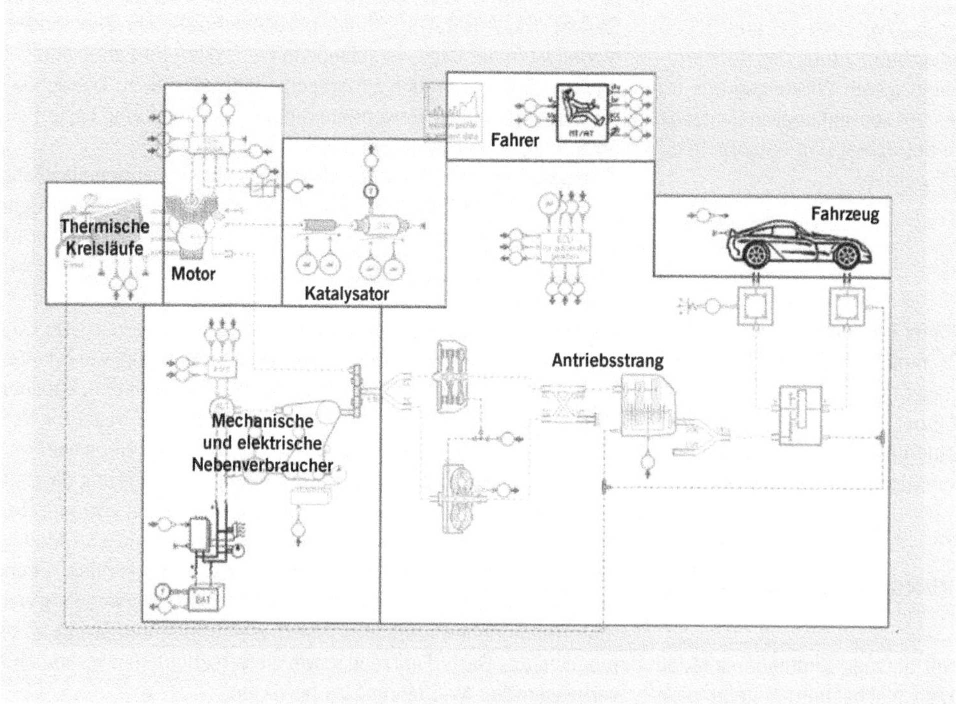

BILD 4 Simulationsmodell

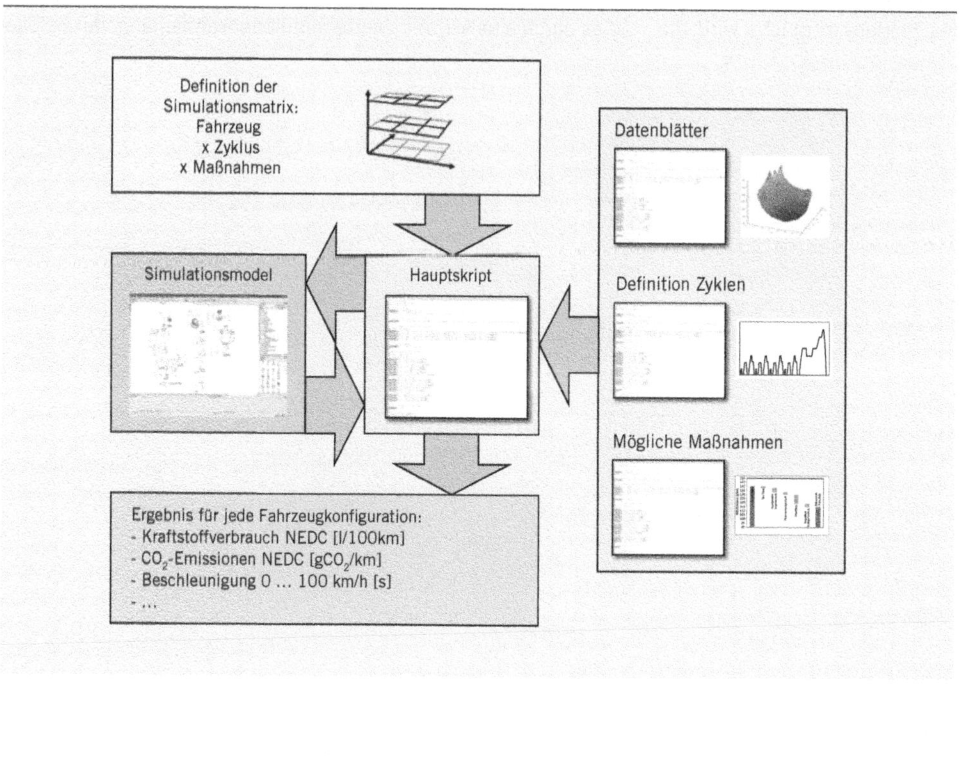

BILD 5 Automatisierte Simulationsumgebung

weiterhin den Vorteil, dass durch regenerativ erzeugte Energie die elektrischen Nebenverbraucher ohne zusätzlichen Kraftstoffbedarf versorgt werden können.

3.4 VERBRENNUNGSMOTOR

Die Effizienz eines Verbrennungsmotors ist begrenzt durch den thermodynamischen Wirkungsgrad, Pumpverluste und mechanische Reibung [4]. Basierend auf dieser Analyse existieren verschiedene Maßnahmen, um den Wirkungsgrad des Verbrennungsmotors zu verbessern. Dabei spielen Direkteinspritzung, variabler Ventiltrieb, Turboaufladung, Downsizing, Zylinderdeaktivierung, variable Kompression und Reduzierung der inneren Reibung eine Rolle [3]. Die Wirkungsgradverbesserung durch den Verbrennungsvorgang ist dabei aber limitiert. Während die Wärmeverluste in Kühlwasser und Motoröl aufgrund des relativ niedrigen Temperaturniveaus nicht effektiv zurückgewonnen werden können, besteht aufgrund des höheren Temperaturniveaus im Abgas diese Möglichkeit, zum Beispiel durch Einsatz des Seebeck-Effekts [10].

3.5 THERMISCHES SYSTEM

Der NEFZ wird mit Vorkonditionierung zwischen 20 und 30 °C durchfahren. Daher muss in der Verlustbetrachtung das Aufwärmverhalten und der Einfluss eines niedrigeren Wirkungsgrads im kalten Zustand berücksichtigt werden. Im konventionellen Fahrzeug müssen dafür folgende Teilsysteme betrachtet und entsprechend der Systemkonfiguration angewandt werden:

- Motor-Kühlkreislauf
- Motor-Ölkreislauf
- Getriebe-Ölkreislauf
- Katalysator und Abgassystem.

Kaltstartverluste im Verbrennungsmotor können durch schnelleres Aufwärmen von Kühlwasser und Öl minimiert werden. Dies kann durch ein intelligentes Thermomanagement, bestehend aus elektrischem Thermostat und Wasserpumpe, geschehen. Auch können Wärmetauscher zwischen den einzelnen Kreisläufen das Aufwärmverhalten verbessern [9]. Diese Interaktionen sind im Simulationsmodell vorgesehen.

4 ABLEITUNG DER ANFORDERUNGEN AN DAS SIMULATIONSMODELL

Die Herausforderung für ein Gesamtfahrzeug-Simulationsmodell besteht nun darin, die verschiedenen in Abschnitt 3 genannten Technologien zur Reduktion der CO_2-Emissionen im Modell abzubilden und für jede einzelne Fahrzeugkonfiguration zu bewerten. Zur Bewertung und Ermittlung des Flottenverbrauchs wird die gesamte Flotte, definiert durch eine Matrix aus Motor, Getriebe, Derivat und Ausstattungslinie, berücksichtigt. Das Simulationsmodell ist in der Lage, verschiedene Fahrzyklen für Fahrleistungen und Kraftstoffverbrauch für verschiedene Märkte zu betrachten. Die bei Magna Steyr verwendete Simulationsumgebung basiert auf LMS Imagine.Lab AMESim.

Das verwendete Simulationsmodell für ein konventionelles Fahrzeug ist in **BILD 4** dargestellt und wird in verschiedene Teilmodelle (Motor, Nebenverbraucher, Getriebe, Fahrzeug, Fahrer, thermisches System) unterteilt. Durch diese Unterteilung kann ein Modell modular für verschiedene Konfigurationen flexibel angewandt werden. Der Verbrennungsmotor beziehungsweise die ECU sollten so verschiedene Maßnahmen zur CO_2-Erhöhung, wie Zylinderdeaktivierung, OverBoost oder eine Start/Stopp-Funktion, abbilden können. Ein Verteilergetriebe kann je nach Parametrisierung Vorder-, Hinter- oder Allradantrieb darstellen. Auch die Nebenverbraucher sind flexibel aufgebaut, sodass eine Elektrifizierung darstellbar ist. Das Fahrzeugmodell ist ein 2D-Modell mit dynamischer Achslastverteilung sowie einem einfachen Reifen- und ESP-Modell, um hohe Beschleunigungsvorgänge darstellen zu können. Ebenfalls sind Hybrid- und Elektrofahrzeuge durch die Verwendung weiterer Teilmodelle darstellbar. Mit dieser Implementierung ist es möglich, das Basis-Fahrzeug sowie die verschiedenen verbrauchsverbessernden Maßnahmen zu bewerten.

Ebenfalls kann mit der modularen und flexiblen Modellierung die komplette Fahrzeugflotte abgedeckt werden. Gehandhabt wird dies durch eine skript-basierte Simulationsumgebung, mit welcher

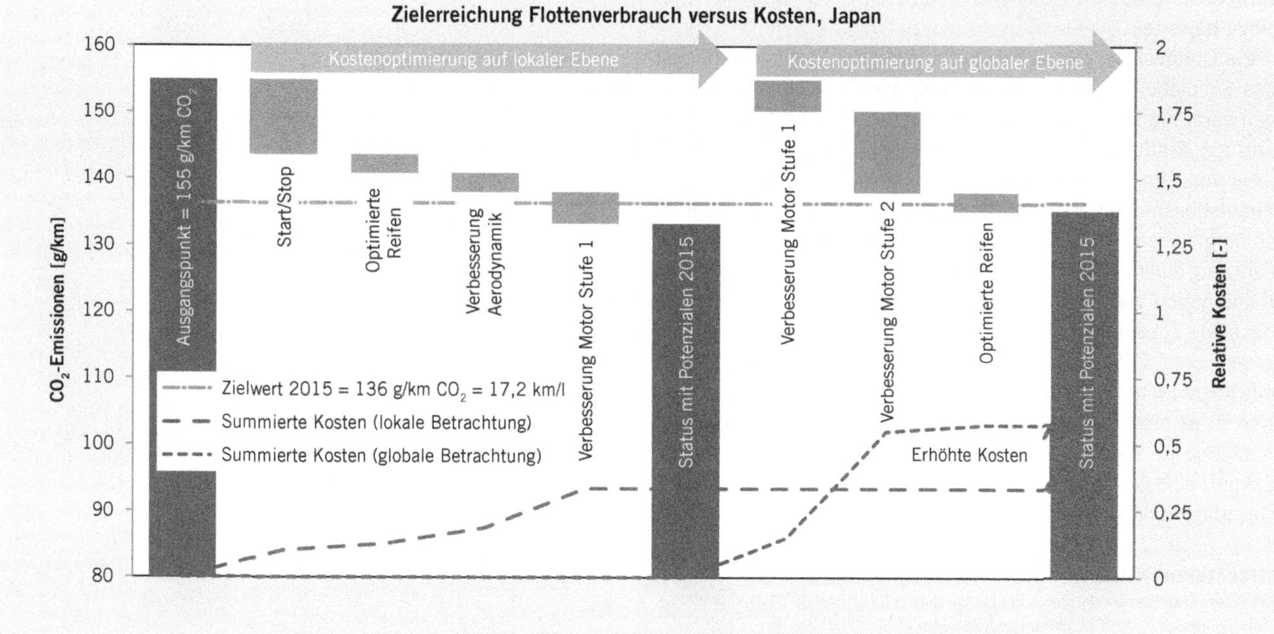

BILD 6 Stufendiagramm zur Erreichung der Zielvorgabe 2015 für Japan

die Simulationen automatisiert durchgeführt werden können. In [11] wurde bereits eine ähnliche Umgebung beschrieben. Dieser Ansatzpunkt wurde aufgegriffen und weiterentwickelt. Der Aufbau der Automatisierung ist in **BILD 5** dargestellt. Die zu betrachtenden Basis-Fahrzeuge der Flotte werden durch die Simulationsmatrix definiert. Die einzelnen Komponenten sind mit Datenblättern hinterlegt. Weiterhin sind Umgebungsbedingungen und Geschwindigkeitsprofile für verschiedene Fahrzyklen definiert, welche berechnet werden sollen. Das Skript bietet die Möglichkeit, jede definierte Verbesserungsmaßnahme für jede Fahrzeugkonfiguration und jeden Zyklus automatisch nacheinander zu bewerten. So kann für jedes Fahrzeug ein Stufendiagramm gemäß **BILD 2** automatisch generiert werden.

5 KOPPELUNG VON SIMULATION UND KOSTEN-OPTIMIERTEM LAYOUT

Wie erläutert, stellen die Kostenfaktoren den Haupttreiber zur Entscheidungsfindung von verbrauchsreduzierenden Maßnahmen dar. Daher wurde auch diese Betrachtung mit in die Simulationsumgebung integriert, **BILD 5**. Diese Integration bietet die Möglichkeit der Verknüpfung eines Optimierungsprozesses aus Kostensicht. Wird der linke Abschnitt von **BILD 2** aus Kostensicht betrachtet, zeigt sich, dass der errechnete Ist-Wert mit den verschiedenen Maßnahmen unter dem eigentlichen Zielwert von 2015 liegt. Potenzial für eine optimierte Auswahl liegt so zum Beispiel durch Entfall des Thermomanagements. Der Zielwert wird bei geringeren Kosten dennoch erreicht.

Komplexer und daher umso notwendiger zeigt sich die Kostenbetrachtung einer größeren Fahrzeugflotte. So können verschiedene Fahrzeugkombinationen und verschiedene Märkte (zum Beispiel EU, Japan, China, USA) untersucht werden. Dieser Zusammenhang wird mit dem bereits beschriebenen Beispielfahrzeug in einem anderen Fahrzyklus, JC08 für Japan, deutlich. In diesem Beispiel sind Ist Wert und Zielwert der CO_2-Emissionen aufgrund der verschiedenen Zyklen und länderspezifischen Gesetzgebungen unterschiedlich. In **BILD 6** (links) ist zu erkennen, dass mit dem gleichen Fahrzeug weniger Maßnahmen zur Erreichung des Zielwerts notwendig sind. Werden die Fahrzeuge einzeln betrachtet, sind **BILD 2** und **BILD 6** für sich optimal. Wird das Fahrzeug allerdings global betrachtet, müssen die Wechselwirkungen beider Konfigurationen berücksichtigt werden. Soll zum Beispiel in allen Märkten die identische Motorvariante eingesetzt werden, müssen die Technologien in beiden Märkten gleich sein. Wird zur Zielerreichung der europäischen Variante der Verbrennungsmotor mit beiden Ausbaustufen benötigt, so müssen zwangsweise diese Maßnahmen auch in der japanischen Variante berücksichtigt und eingesetzt werden. Somit ergibt sich ein Stufendiagramm gemäß rechtem Abschnitt von **BILD 6** für Japan, wo nur noch drei Schritte zur Erreichung des japanischen Zielwerts benötigt werden. Der Vergleich innerhalb von **BILD 6** zeigt allerdings, dass durch die Integration beider Motorverbesserungen die japanische Fahrzeugvariante teurer werden würde.

Der Einsatz gleicher Motorvarianten ist dabei nur ein Beispiel von vielen. Weitere wären unter anderem die Auswahl von Nebenverbrauchern oder ein Baukastensystem von Hybridkomponenten. Dieses einfache Beispiel zeigt aber die Notwendigkeit der Betrachtung von Einzelmaßnahmen und Kostenoptimierung in Hinblick auf die Fahrzeugflotte und damit auf globaler Ebene.

6 ZUSAMMENFASSUNG UND AUSBLICK

Durch die sinkenden gesetzlichen Grenzwerte für CO_2-Flottenemissionen muss sich das Energiemanagement in einer Fahrzeugentwicklung auf die Definition von Maßnahmen zur Reduktion und Zielerreichung der CO_2-Emissionen konzentrieren. Das wichtigste Werkzeug dabei ist die Gesamtfahrzeugsimulation. Das Simulationsmodell wird genutzt, um das Basisfahrzeug und verschiedene verbrauchsverbessernde Maßnahmen für jedes Fahrzeug individuell zu bewerten.

Zur Optimierung dieses Entwicklungsprozesses wurde zunächst das Simulationsmodell angepasst und detailliert, um alle wichtigen verbrauchsverbessernden Maßnahmen abbilden zu können und die Einflüsse für jedes einzelne Fahrzeug einer Flotte zu bewerten. Um die Effizienz und Flexibilität zu steigern, wurde das Simulationsmodell über ein Skript automatisiert. Mit diesem ist es vergleichsweise einfach möglich, die Maßnahmen für jedes Fahrzeug einer Flotte automatisiert zu analysieren und die richtige Kombination von Maßnahmen zur Zielerreichung zu finden. Um die beste Zusammenstellung von Maßnahmen im Hinblick auf die gesetzlichen CO_2-Grenzwerte zu finden, wurden die Maßnahmen mit Kosten hinterlegt. Basierend auf dieser kostenbasierten Analyse ist es möglich, die richtige Kombination an Maßnahmen auf Kostenebene für die Fahrzeugflotte zu optimieren. Dafür wird in Zukunft eine geeignete mathematische Optimierungsroutine in die Gesamtsimulation integriert.

LITERATURHINWEISE

[1] N. N.: Das Kyoto-Protokoll – Ein Meilenstein für den Schutz des Weltklimas. Bundesministerium für Umwelt, Naturschutz und Reaktorsicherheit, 2005

[2] N. N.: CO_2-Reduzierungspotentiale bei PKW bis 2020. Bundesministerium für Wirtschaft und Technologie, 2012

[3] Wallentowitz, H.; Freialdenhoven, A.; Olschewski, I.: Strategien zur Elektrifizierung des Antriebsstranges – Technologien, Märkte und Implikationen. Wiesbaden: Vieweg+Teubner, 2010

[4] N. N.: Technologies to improve light-duty vehicle fuel economy. Energy and Environmental Analysis, 2007

[5] Gamsjäger, C.; Hager, J.; Kordesch, V.; Öller, W.: Intelligent heat management – a chance for further reduction of emissions and fuel consumption. Aachen Colloquium – Automobile and Engine Technology (2012), S. 871-888

[6] Fleckner, M.; Göhring, M.; Spiegel, L.: Neue Strategien zur verbrauchsoptimalen Auslegung der Betriebsführung von Hybridfahrzeugen. Aachen Colloquium – Automobile and Engine Technology (2009), S. 681-708

[7] Atabani, A. E.; Badruddin, I. A.; Mekhilef, S.; Silitonga, A. S.: A review on global fuel economy standards, labels and technologies in the transportation sector. In: Elsevier – Renewable and Sustainable Energy Reviews 15 (2011), S. 4586-4610

[8] Zhang, X.; Mi, C.: Vehicle Power Management – Modeling, Control and Optimization. London: Springer, 2011

[9] Lunanova, M.: Optimierung von Nebenaggregaten – Maßnahmen zur Senkung der CO_2-Emissionen von Kraftfahrzeugen. Wiesbaden: Vieweg+Teubner, 2009

[10] N. N.: Advanced automotive technology – visions of a super-efficient family car. United States. Congress. Office of Technology Assessment, 1995

[11] Grundherr, J. v.; Misch, R.; Wigermo, H.: Verbrauchssimulation für die Fahrzeugflotte. In: ATZ 111 (2009), Nr. 3, S. 168-173

DANKE

Die Autoren danken für die Förderung der vorliegenden Arbeit im Rahmen des Schwerpunktes Talente des österreichischen BMVIF.

Strömungsmodelle zur Analyse und Optimierung von komplexen Systemen in transienten Zuständen

M. Grill; B. Kaal; D. Rether (alle FKFS)
M. Keskin (IVK, Universität Stuttgart)

J. Liebl und C. Beidl (Hrsg.), *VPC – Simulation und Test 2015*,
Proceedings, https://doi.org/10.1007/978-3-658-20736-6_19

Einleitung

Das größte Optimierungspotential von Verbrennungsmotoren ist zu Beginn der Entwicklungsphase vorhanden. Zu diesem Zeitpunkt erfolgen die grundlegenden Konzeptentscheidungen zum zukünftigen Serienmotor.

Klassisches Ziel der Motorenentwicklung stellt die Optimierung der Hauptbewertungskriterien des Motors dar, vergleiche **Abbildung 1** [1]:

1. ***Fahrleistung***
2. ***Emissionen***
3. ***Verbrauch***

Das Gesamtentwicklungsresultat kann hierbei entscheidend verbessert werden, wenn Simulationsmodelle in diesem Prozess genutzt werden. Durch so bereits früh verfügbare Informationen über die Hauptcharakteristika des Systemverhaltens ist eine Fokussierung auf besondere Problemstellungen möglich und verfügbare Entwicklungsmittel können noch gezielter eingesetzt werden. Allerdings stehen in dieser Entwicklungsphase, aufgrund von in der Regel noch nicht verfügbaren Messdaten und Bauteilen, nur unscharfe Randbedingungen für die Simulationsaufgabe zur Verfügung. Dies ist eine Herausforderung und macht den Einsatz von Simulationsmodellen mit sehr guten Vorhersageeigenschaften zwingend notwendig.

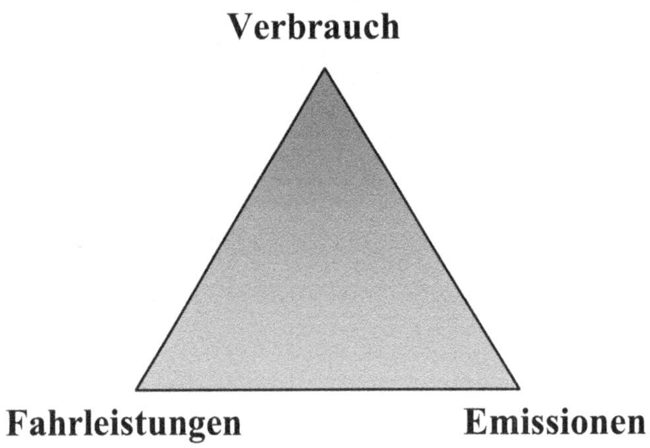

Abbildung 1: Optimierungsschwerpunkte bei der Motorenentwicklung [1]

Der allgemein bekannte, klassische Zusammenhang zunehmender Kosten für Änderungen und eingeschränkter Änderungsmöglichkeiten im fortschreitenden Entwicklungsprozess zeigt **Abbildung 2**. Ebenfalls gezeigt wird dort die Zunahme der „Erfahrung“ mit und ohne Simulation über den Entwicklungsprozess.

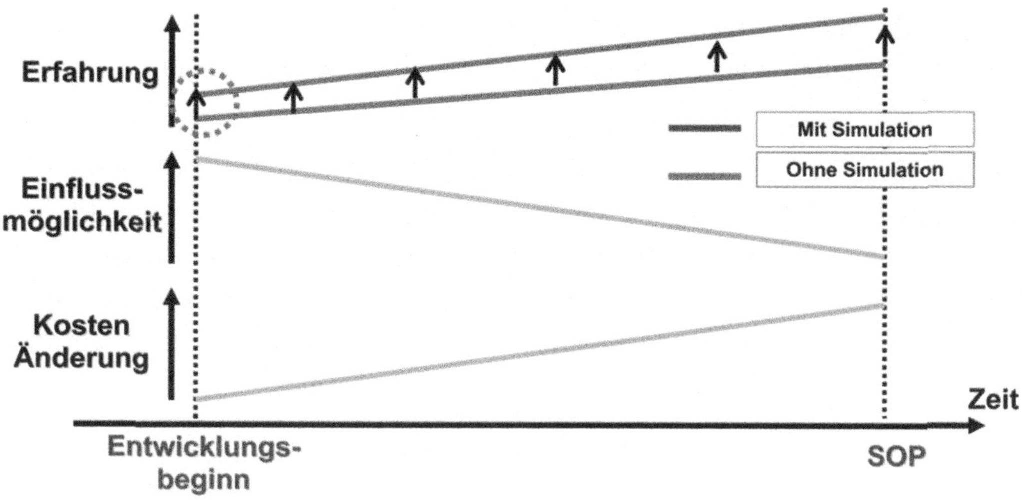

Abbildung 2: Änderungskosten im Entwicklungsprozess [1]

Diese „kontinuierliche" Wissenszunahme gilt zwar weiterhin, wird aber verstärkt durch Prozesse überlagert, die eher „sprunghaft" wirken: Bei der heutigen Motoren- und Antriebsstrangentwicklung ist inzwischen ein sehr hoher Optimierungsgrad der Untersysteme erreicht worden, gleichzeitig müssen diese weiter verbessert werden um Verbrauchsziele erreichen zu können. Das Zusammenwirken der optimierten Untersysteme kann jedoch an Prototypen oft erst sehr spät im Entwicklungsprozess getestet werden. Sollten sich dann Inkompatibilitäten zwischen den Optimierungen der Untersysteme zeigen, so sind Änderungen entweder mit sehr hohen Kosten verbunden oder nicht mehr möglich. Letzteres kann bedeuten, dass Technologien im Antriebsstrang verbaut werden, die durch Inkompatibilitäten mit anderen Optimierungen gar nicht die erhofften Verbrauchseinsparungen erbringen können.

Ein Beispiel für solch eine Inkompatibilität kann die Absenkungen des Leistungsbedarfs der Ölpumpe (geregelte Ölpumpe, abgesenkter Öldruck) auf der einen Seite und die Optimierung von Brennverfahren und Ladungswechsel über einen Phasensteller und eine Schaltnocke bei einem Downsizing-Ottomotor auf der anderen Seite sein. Im Stationären wird es hier im Allgemeinen keine Probleme geben. Im Transienten kann es sich hingegen zeigen, dass bei reduziertem Öldruck die Verstellgeschwindigkeit des Phasenstellers nicht mehr ausreicht. Hieraus kann sich dann eine inakzeptable Verschlechterung des Beschleunigungsverhaltens des Motors ergeben. Wenn konstruktive Änderungen nicht mehr möglich sind, bleibt oft nur noch eine Anpassung der Applikation, die dann zu Verbrauchsnachteilen in der Teillast führen wird und die Vorteile der verbauten Technologien nur noch teilweise ausnutzen kann. Im genannten Beispiel verschärfen sich die Anforderungen noch, wenn bei einer plötzlichen Beschleunigung aus der Teillast heraus bei abgesenktem Öldruck gleichzeitig eine Nockenkontur umgeschaltet und ein Phasensteller betätigt werden müssen. In der Praxis ist dies jedoch eine häufige

Konfiguration. Ebenso wird im Allgemeinen bei einem höheren Downsizinggrad die Ladungswechselsimulation höhere Verstellgeschwindigkeiten des Phasenstellers einfordern.

Es sollte zukünftig das Ziel sein, auf Basis von Simulationsmodellen frühzeitig Hinweise auf Konflikte zu erhalten, die sich aus gegenläufigen Optimierungen von Einzelsystemen ergeben. Dies ist eine Herausforderung für die Simulation, da hierfür Modelle des komplexen Gesamtsystems von Fahrzeug und Antriebsstrang notwendig sind, die gleichzeitig das Gesamtsystem und kleine Details in Untermodellen in hinreichender Güte abbilden, um potentielle Konflikte identifizieren zu können.

Die 1D-Simulation ist im Allgemeinen das sinnvollste Werkzeug für solche Betrachtungen, da sie im Unterschied zur 3D-CFD umfangreiche transiente Simulationen erlaubt und im Vergleich zu Modellansätzen mit noch stärkerer Vereinfachungen oft die notwendigen Detaileffekte auflösen kann. Bedingt durch die notwendigen Vereinfachungen von der dreidimensionalen Realität in ein 1D-Modell hinein, hängt die Güte einer 1D-Simulation sehr stark von der Güte der genutzten Untermodelle ab. Im Ölkreislauf wäre dies beispielsweise die Modellierung der Lager, auf der Gasseite dagegen die Modellierung der Vorgänge im Brennraum. Auf letztere soll im Folgenden etwas genauer eingegangen werden.

Untermodelle im Brennraum

Beim Einsatz einer 1D-Simulation für diese und viele andere Fragestellungen ist es zwingend notwendig, Verbrennung und Emissionsbildung im Brennraum physikalisch sinnvoll abzubilden, um belastbare Aussagen zu ermöglichen. Die Modellierung dieser Vorgänge wird von uns am FKFS als Schlüsseltechnologie gesehen, um eine wirklich vorhersagefähige 1D-Simulation des Gesamtmotors im Transientverhalten zu ermöglichen. Aus diesem Grund hat das FKFS in den vergangenen zehn Jahren sehr viel in die Entwicklung besserer Modelle zur Beschreibung der Vorgänge im Brennraum investiert, was unter anderem zu dem Plug-In „FkfsUserCylinder" für das Softwarepaket GT-Suite führte.

Brennverlaufsmodellierung Dieselmotor

Abbildung 3 zeigt die Vorhersagegüte des Brennverlaufsmodells [2] an einem modernen Pkw-Dieselmotor für vier Validierungspunkte. Aus Raildruck und Einspritzzeitpunkten und -dauern berechnet ein Injektormodell den Einspritzverlauf. Auf Basis dieses Einspritzverlaufs modelliert das Brennverlaufsmodell unter Berücksichtigung der übrigen Randbedingungen (Füllung, Zusammensetzung der Zylinderladung, ...) den Ablauf der Verbrennung. Zur Abstimmung dieses Modells benötigt man zwischen fünf und 15 Betriebspunkten. Die Abstimmungsparameter werden anschließend konstant gehalten und es können beliebige andere Betriebspunkte mit geänderten Randbedingungen vorhergesagt werden. In [3] wird gezeigt, wie gut die Übertragung einer solchen Modellabstimmung auf andere Motoren und Hubvolumina möglich ist. Solche vorhersagefähigen Modelle sind für transiente Simulationen zwingend erforderlich, da sich hier sowohl die Randbedingungen der Verbrennung als auch die Einspritzungen von Arbeitsspiel zu Arbeitsspiel ändern.

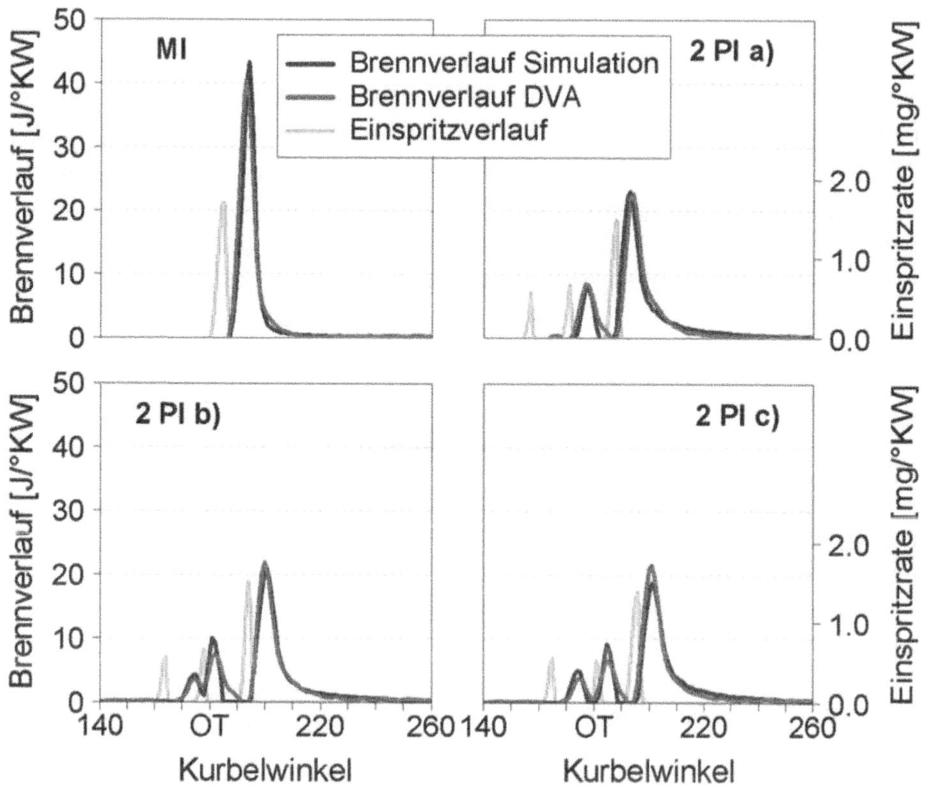

Abbildung 3: Vorhersagegüte des Diesel-Brennverlaufmodells [2] an vier Betriebspunkten mit unterschiedlichen Einspritzmustern

Besonders wichtig für die Entwicklung von Dieselmotoren ist auch die Verfügbarkeit von phänomenologischen Emissionsmodellen, die speziell unter transienten Randbedingungen belastbare Aussagen ermöglichen. Dies trifft insbesondere auf folgende exemplarische Anwendungsfälle zu, die in Zukunft vermehrt in den Fokus der Motorentwicklung rücken werden:

- Bei Lastsprüngen können je nach Applikationsstrategie transient sehr hohe Stickoxidemissionen auftreten, die im realen Fahrbetrieb einen spürbaren Einfluss auf die Gesamtemissionen haben [4], [5], [6]. Eine genaue Vorhersage der Emissionen in solchen Betriebszuständen ist in Hinblick auf RDE („real driving emissions“) für die Zukunft von entscheidender Bedeutung.

- Bei Diesel-Hybridfahrzeugen können die Emissionen in transienten Fahrzuständen mittels Phlegmatisierung – Betreiben des Verbrennungsmotors bei reduzierter Dynamik – deutlich verringert werden [7]. Für die Entwicklung entsprechender Betriebsstrategien ist die 1D-Simulation prädestiniert.
- Neben der Warmlaufphase können bei Hybridfahrzeugen aufgrund von Start-Stop- oder Segel-Betrieb, vermehrt Betriebszustände mit kalten Brennraumwänden auftreten, mit entsprechenden Auswirkungen auf die Stickoxidemissionen. Für die Entwicklung solcher Betriebsmodi ist es daher essenziel, diesen Effekt abbilden zu können.

Abbildung 4 zeigt exemplarisch anhand eines Lastsprungs, wie gut das am FKFS verwendete phänomenologische Emissionsmodell [8] auch im Transienten das Emissionsverhalten vorhersagen kann. Damit stellt es in Verbindung mit dem Brennverlaufsmodell ein wertvolles Entwicklungswerkzeug dar.

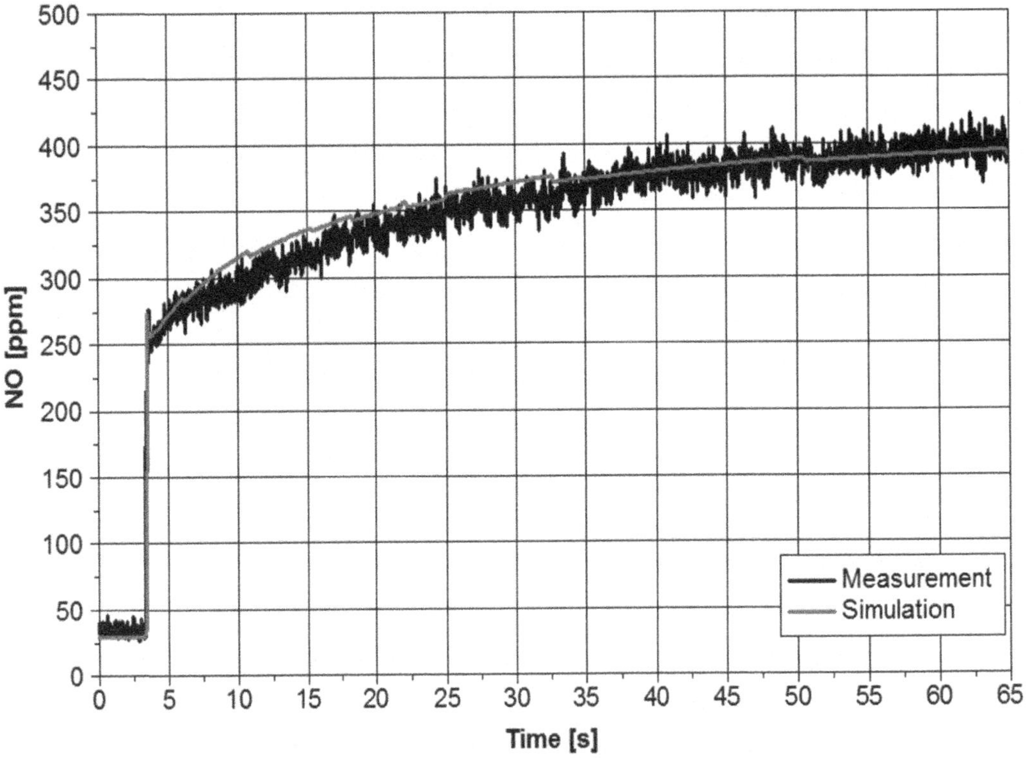

Abbildung 4: Transiente Simulation der NO-Emissionen an einem Lastsprung

Ein etwas exotischerer Anwendungsfall, der aber sehr gut die heute erreichbaren Vorhersagequalitäten einer quasidimensionalen Brennverlaufsmodellierung aufzeigen kann, ist in **Abbildung 5** dargestellt. Dort werden mit dem in [9] entwickelten Modell unterschiedliche Einspritzstrategien für HCCI-Brennverfahren simuliert. Auch hier wurde das Modell einmal abgestimmt, anschließend können die Brennverläufe für eine perfekt homogenisierte Einbringung des Kraftstoffs in das Saugrohr mittels Atomizer gleichermaßen gut vorhergesagt werden, wie die Einspritzung mit HCLI- und HPLI-Betriebsstrategien. Ferner ist es beeindruckend, wie gut selbst eine Cool-Flame hinsichtlich der Wärmefreisetzung mit dieser Modellklasse abgebildet werden kann.

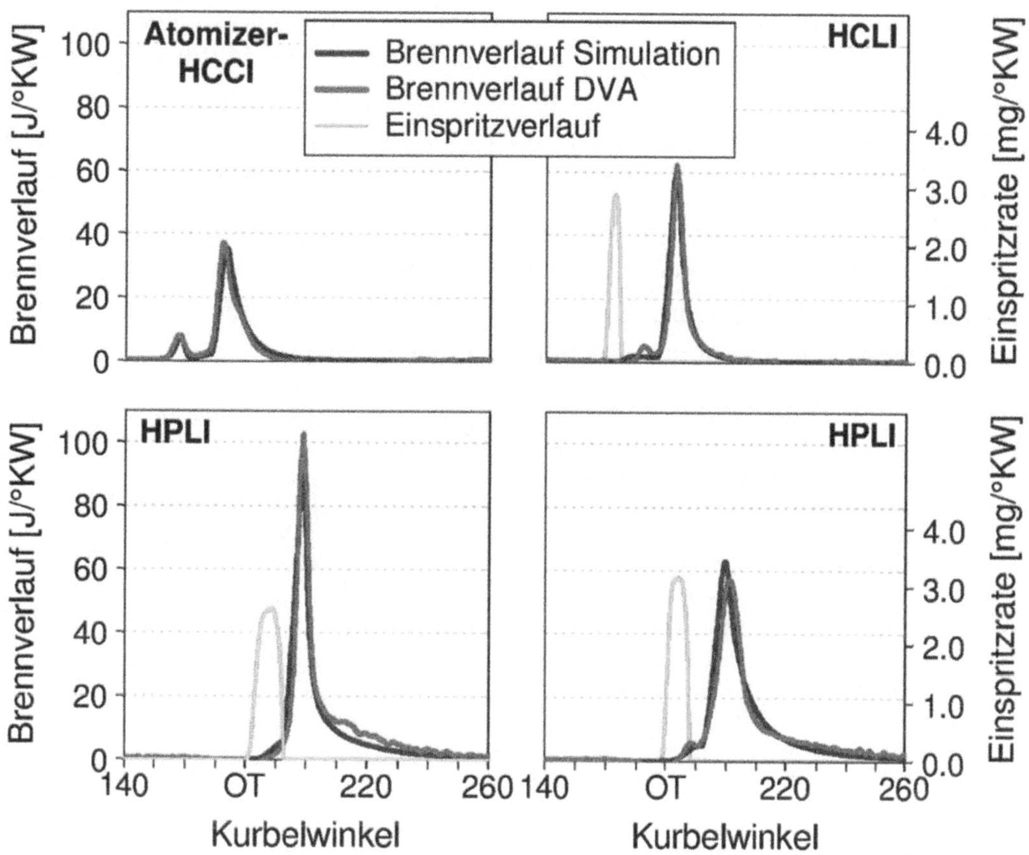

Abbildung 5: Vorhersagegüte des Modells [9] an vier HCCI-Betriebspunkten.

Modellierung der Zyklenschwankung am Ottomotor

Die Brennverlaufsmodellierung ist beim Ottomotor durch die relativ homogene Gemischverteilung deutlich einfacher als beim Dieselmotor. Mit „Entrainment"-Ansätzen lassen sich hier sehr gute Vorhersageeigenschaften erreichen, die Einflüsse wie Restgas, Ladungsverdünnung, Ladungsbewegung und Turbulenz aus Ventiltriebsvariabilitäten sehr gut abbilden können.

Schwierig war lange Zeit eine Vorhersage der zyklischen Schwankungen beim Ottomotor. Es konnten zwar in der Simulation für Teillastbetriebspunkte die Ventilsteuerzeiten optimalen Kraftstoffverbrauchs ermittelt werden, es konnte jedoch nicht vorhergesagt werden, ob diese Steuerzeiten am realen Motor aufgrund zu hoher zyklischer Schwankungen möglicherweise gar nicht mehr fahrbar sind. Abhilfe schafft hier das im Rahmen eines FVV-Forschungsvorhabens [10] entwickelte Zyklenschwankungsmodell. Es basiert auf einem klassischen Entrainment-Brennverlaufsmodell, prägt jedoch der Turbulenz und der Gemischverteilung ein stochastisches Rauschen mit konstanter Bandbreite auf. Je nach Randbedingungen wie Ladungsverdünnung, Motordrehzahl, Turbulenz und Temperatur des Betriebspunkts führen diese Schwankungen der Untermodelle zu mehr oder weniger starken Schwankungen des indizierten Mitteldrucks. Hierüber wird dann eine Vorhersage der statistischen p_{mi}-Schwankungen möglich. **Abbildung 6** zeigt einen Vergleich zwischen gemessener und simulierter Zyklenschwankung für einen Downsizingmotor. Man erkennt, dass der Anstieg der Zyklenschwankung bei niedrigen Lasten durch hohe Restgasgehalte und der Anstieg bei hohen Lasten durch späte Zündzeitpunkte gleichermaßen gut abgebildet werden können.

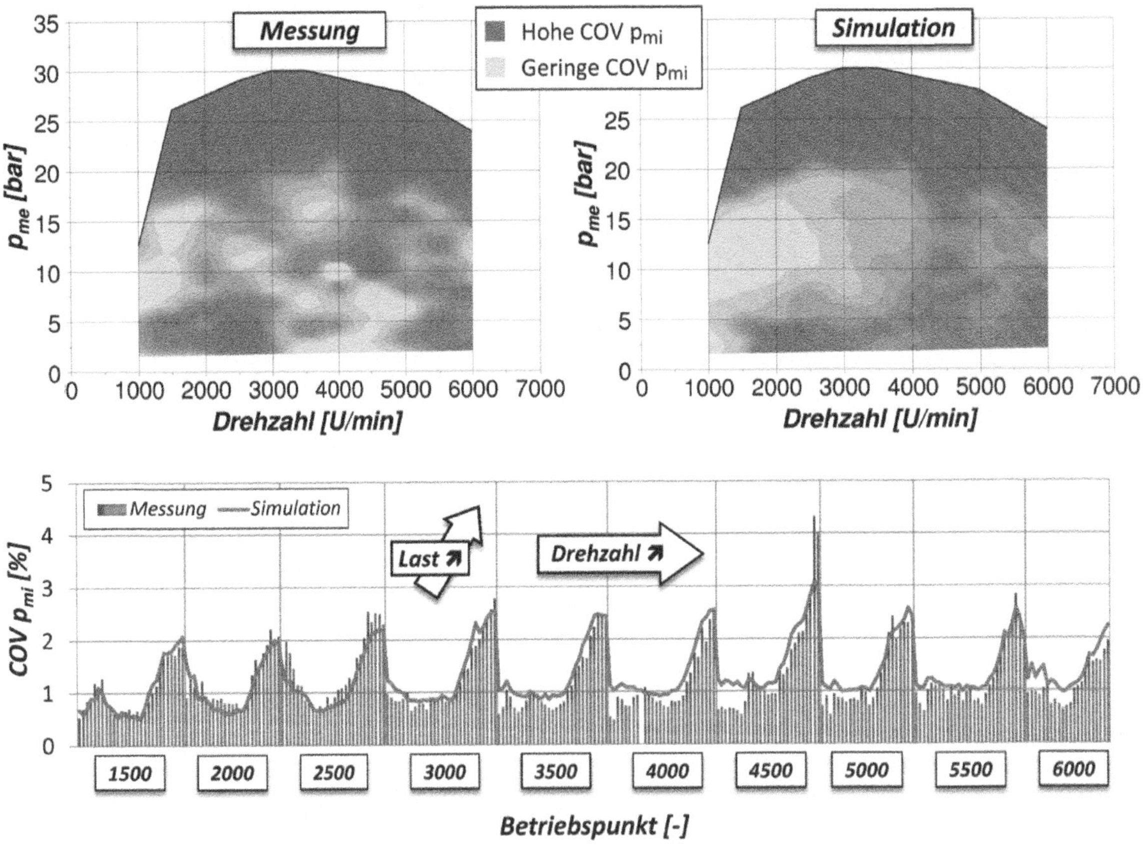

Abbildung 6: Simulation der Zyklenschwankung an einem Otto-Downsizingmotor [10].

Abbildung 7 zeigt einen Vergleich zwischen gemessener und simulierter Zyklenschwankung in der Teillast für Steuerzeit-Variationen an drei unterschiedlichen Betriebspunkten. Sehr gut kann hier der Einfluss von Steuerzeiten, Ladungsverdünnung und Turbulenzniveau auf die Zyklenschwankung vorhergesagt werden.

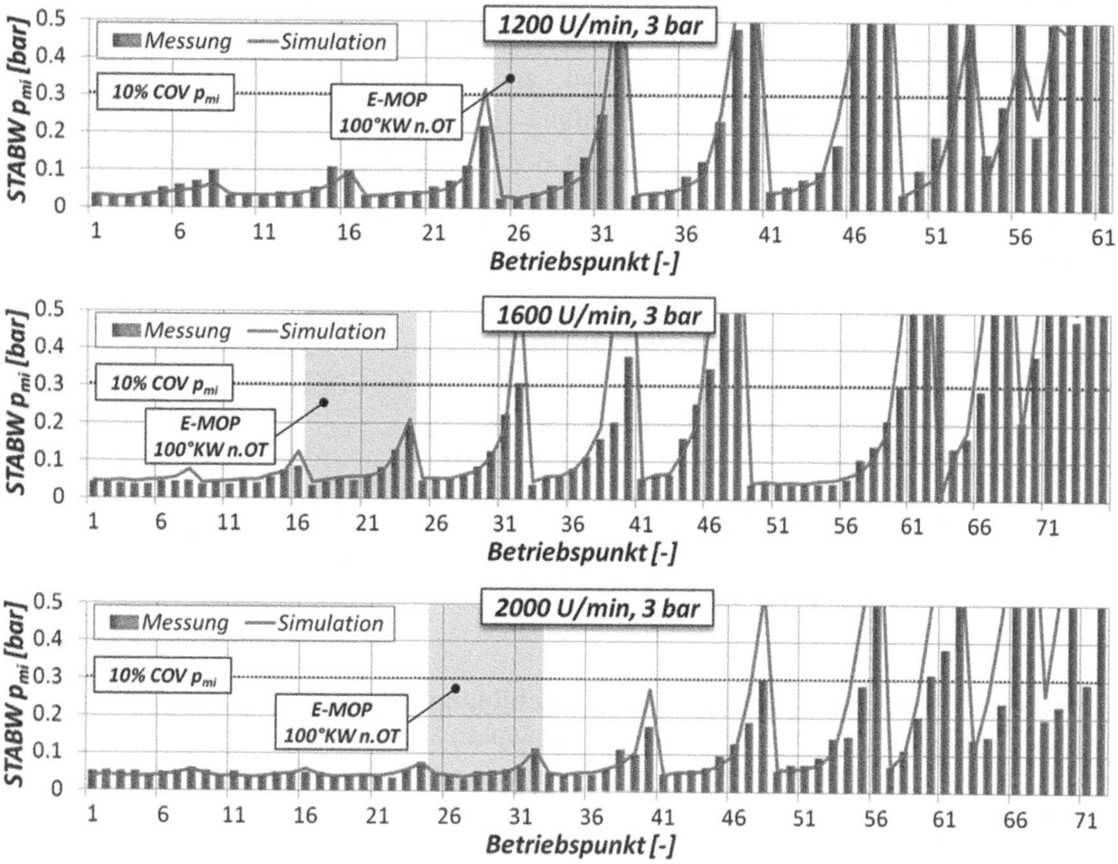

Abbildung 7: Vorhersage der Zyklenschwankung für unterschiedliche Steuerzeiten und Nockenkonturen in der Teillast [10].

Simulation des Beschleunigungsverhaltens

Zur Untersuchung des Ansprechverhaltens der Aufladesysteme werden mit solchen Untermodellen oft „Elastizitätssimulationen“ durchgeführt [1]. Bei diesen Simulationen erfolgt für ein Fahrzeug eine Volllastbeschleunigung in einer festen Gangstufe von einer Startgeschwindigkeit aus.

Die Beschleunigungsfähigkeit in der dritten Gangstufe von 30 km/h auf 50 km/h ist in **Abbildung 8** für ein einstufiges und ein zweistufiges Aufladekonzept eines 3-Zylindermotors mit 1,2 Liter Hubraum und 130 kW dargestellt. Es ist deutlich zu erkennen, dass das Motormoment des einfach aufgeladenen Motors über weite Teile des

Beschleunigungsvorgangs niedriger ausfällt als das der zweistufigen Aufladung. Um trotzdem eine nahezu identische Beschleunigungsfähigkeit zu erzielen, wurden sowohl die Getriebe- als auch die Achsübersetzung beim einfach aufgeladenen Motor kürzer gewählt. Wie aus **Abbildung 9** hervorgeht, wird der Motor dadurch bei höheren Drehzahlen betreiben, was zu vergleichbaren Motorleistungen führt. Das niedrigere Moment des einstufigen Konzeptes kann über den während des gesamten Beschleunigungsvorgangs durchgängig niedrigeren Ladedruck erklärt werden. Anhand des Fanggrads (Trapping Ratio) kann die Güte der Spülung („Scavenging") bewertet werden. Aufgrund der schnellen Drehzahlzunahme über der Zeit während dieses Beschleunigungsvorgangs sind beim zweifach aufgeladenen Motor nur leichte Spüleffekte vorhanden.

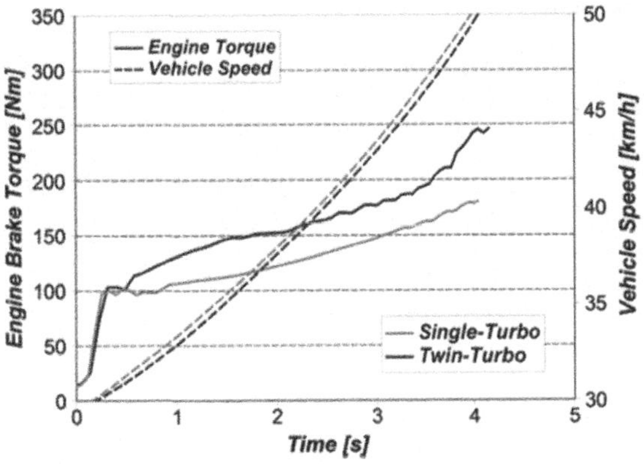

Abbildung 8: Motordrehmoment und Fahrzeuggeschwindigkeit im Vergleich bei einer Beschleunigung von 30 – 50 km/h im 4. Gang [1].

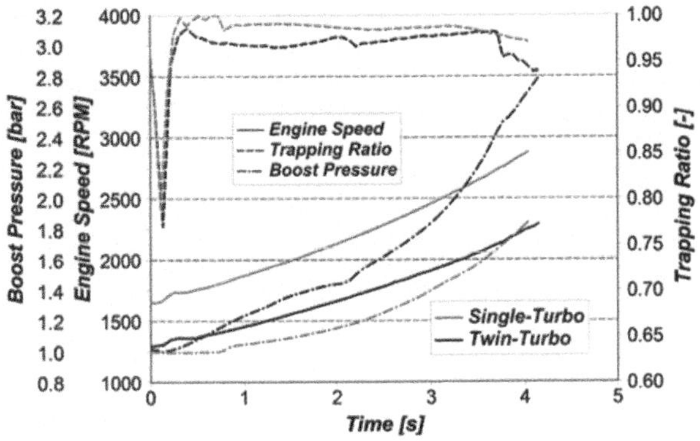

Abbildung 9: Ladedruck, Motordrehzahl und Fanggrad im Vergleich bei einer Beschleunigung von 30 – 50 km/h im 4. Gang [1].

In **Abbildung 10** und **11** sind vergleichbare Darstellungen für den Beschleunigungsfall in der sechsten Gangstufe von 80 km/h auf 120 km/h aufgetragen. Anders als beim dritten Gang ist die Übersetzung der sechsten Gangstufe bei beiden Varianten identisch. Mit der beim zweifach aufgeladenen Motor verwendeten Achsübersetzung ergibt sich daraus hinsichtlich der Höchstgeschwindigkeit eine unterdrehende Auslegung. Um die beiden Motorkonzepte fair zu vergleichen, soll das Fahrzeug in beiden Fällen jedoch die gleiche Höchstgeschwindigkeit erreichen. Die kürzere Achsübersetzung des einfach aufgeladenen Motors wurde daher so gewählt, dass sich eine passende überdrehende Auslegung ergibt, womit das maximale Potenzial hinsichtlich einer Beschleunigungsoptimierung ausgereizt wurde. Aus **Abbildung 10** ist die schlechtere Beschleunigungsfähigkeit des Konzeptes mit einfacher Aufladung dennoch klar ersichtlich.

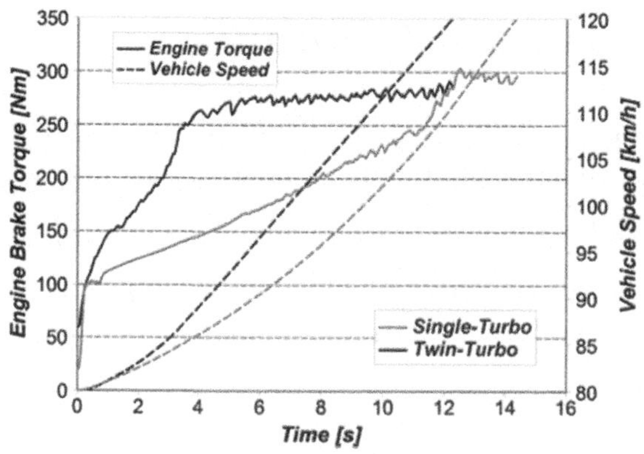

Abbildung 10: Motordrehmoment und Fahrzeuggeschwindigkeit im Vergleich bei einer Beschleunigung von 80 – 120 km/h im 6. Gang [1].

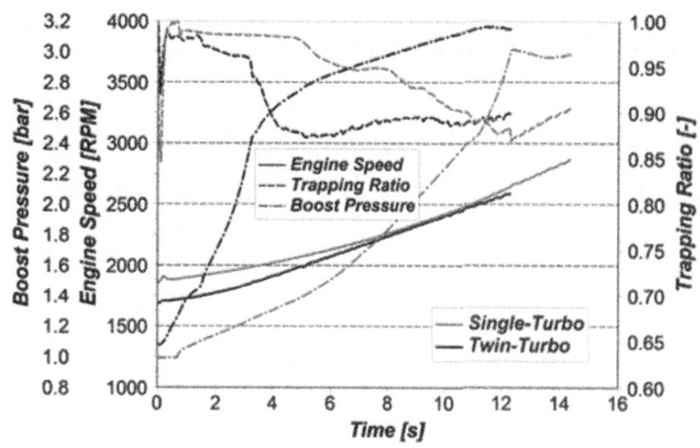

Abbildung 11: Ladedruck, Motordrehzahl und Fanggrad im Vergleich bei einer Beschleunigung von 80 – 120 km/h im 6. Gang [1].

Die deutlichen Spüleffekte beider betrachteter Varianten sind anschaulich in **Abbildung 11** demonstriert. Man erkennt, dass das zweistufige Konzept sehr schnell in den Bereich der Luftspülung hineinfährt, was zu einem entsprechend schnellen Drehmomentaufbau führt. Für diese Rechnungen muss eine Verstellgeschwindigkeit des Phasenstellers angenommen werden. Diese kann z. B. aus einer dynamischen Simulation des Ölkreislaufes ermittelt werden. Wird dort eine geregelte Ölpumpe eingesetzt, so können mehrere Rechnungen mit unterschiedlichen Startöldrücken in der Teillast durchgeführt werden, aus denen sich dann entsprechend unterschiedliche Verstellgeschwindigkeiten des Phasenstellers ergeben. Mit diesen können dann wiederum Rechnungen des Beschleunigungsverhaltens auf der Ladungswechsel- und Verbrennungsseite ähnlich zu **Abbildung 10** und **11** durchgeführt werden. Hier kann sich dann beispielsweise zeigen, dass das Motorkonzept mit der zweistufigen Aufladung empfindlich auf eine stärkere Reduktion der maximalen Verstellgeschwindigkeit reagiert, während sich das einstufige Konzept deutlich robuster verhält. Hierüber können dann unterschiedliche Kombinationen von Technologien im Gesamtsystem beurteilt werden.

In den oben dargestellten Beschleunigungszyklen wird auch eine Antiklopfregelung berücksichtigt, wie sie in [11] dargestellt ist. Damit erfolgt eine realistische Rückkopplung der Motorklopfneigung. In **Abbildung 10** erkennt man deutlich das Einsetzen der Antiklopfregelung ab etwa 250 Nm. Die Antiklopfregelung kann sowohl Auswirkung auf den weiteren Antriebsstrang haben, als auch den Betriebspunkt des Turboladers verschieben. Ebenso wird der Wirkungsgrad des Turboladers beim Ottomotor im Bereich des Eckmoments durch die korrekte Berücksichtigung der zyklischen Schwankungen beeinflusst.

Betriebsartenwechsels auf Benzinselbstzündung

Als ein Szenario ist im Zeitraum bis 2025 eine Nutzung des Brennverfahrens Benzinselbstzündung gHCCI in der Teillast zu erwarten. Besonders herausfordernd ist hier der Betriebsartenwechsel zwischen Fremd- und Selbstzündung. Dies betrifft wiederum sowohl das Gesamtsystem (Auswirkung auf Öl- und Kühlkreislauf, Abgasnachbehandlung, Geräusch, ...) als auch die Vorgänge im Brennraum. Bzgl. letzterem sollen abschließend noch Simulationsergebnisse diskutiert werden.

Einen kompakten Überblick über den Verlauf des Betriebsartenwechsels von der Fremdzündung zur Selbstzündung zeigen hierzu **Abbildung 12** und **13**. Man erkennt anfangs (ASP-Nummer 4) eine durch den hohen Restgasgehalt sehr langsame, fremdgezündete Verbrennung. Diese geht dann in ASP-Nummer 7 in eine Mischform mit einem deutlichen fremdgezündeten Brennverlaufsbeginn und einem HCCI-Ausbrand über. Nach und nach stabilisiert sich die gHCCI-Verbrennung bis ASP-Nummer 16. All diese Effekte können in der Simulation mit dem Brennverlaufsmodell aus [12] qualitativ sehr gut abgebildet werden. Damit eignet sich solch ein Brennverlaufsmodell, eingebunden in eine 1D-Strömungssimulation, sehr gut, um unterschiedliche Strategien zu einem Betriebsartenwechsel im Gesamtsystem beurteilen und optimieren zu können.

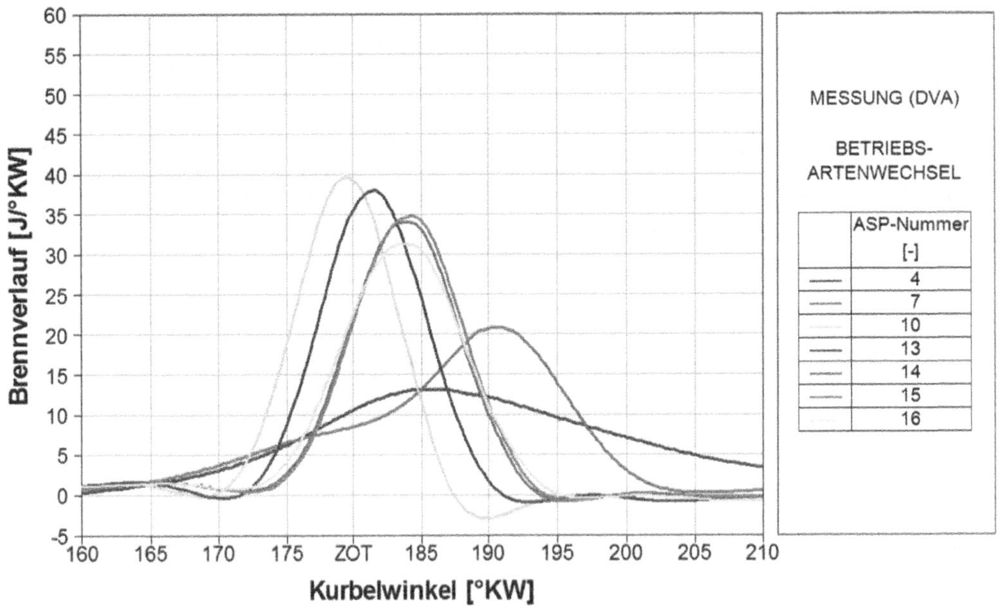

Abbildung 12: Brennverläufe aus der Druckverlaufsanalyse für den Betriebsartenwechsel

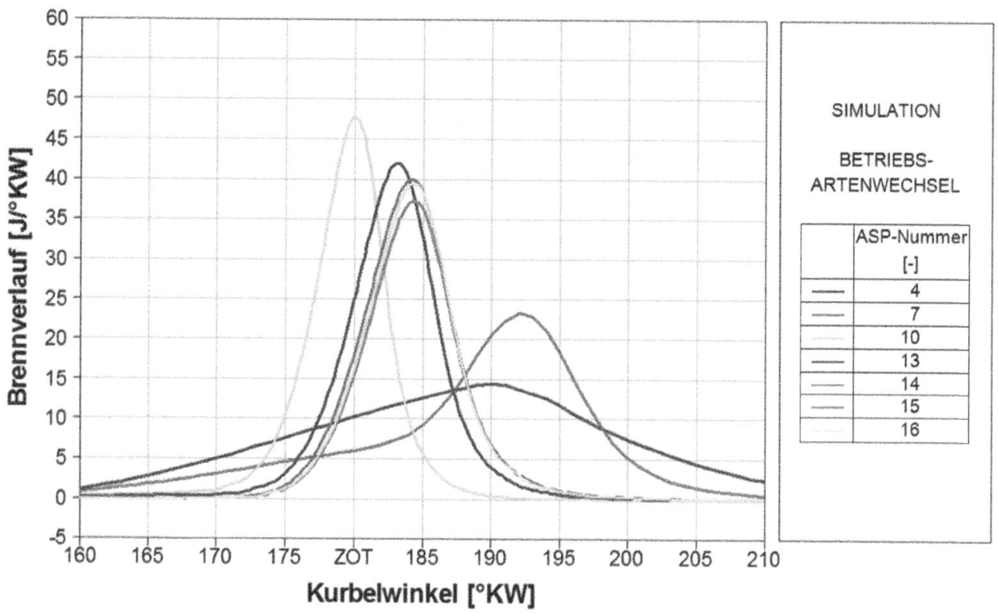

Abbildung 13: Brennverläufe aus der Simulation für den Betriebsartenwechsel

Steuergeräte-Funktionsentwicklung SiL am virtuellen Motor

In den letzten Jahren entwickelte sich eine große Nachfrage nach möglichst schnellen 1D-Gesamtmotormodellen, sogenannten Fast Running Models (FRM), um diese als virtuelle Versuchsträger zur Entwicklung von Instationärfunktionen für Steuergeräte nutzen zu können. Der Blick in Richtung RDE und Kundenverbrauch führt zwangsläufig zur Optimierung des Motors im instationären Verhalten. Es ist hier häufig sehr vorteilhaft, ein Modell als „virtuellen Versuchsträger“ zu nutzen, da hierüber oft ein besseres Gesamtsystemverständnis gewonnen werden kann. Ferner können im Modell beliebige Sensoren positioniert werden und eine eindeutige Reproduzierbarkeit von Versuchen ist möglich.

Die Anforderungen an solche 1D-FRMs sind jedoch sehr hoch: Einerseits werden sehr kurze Rechenzeiten erwartet, andererseits muss das Modell weiterhin sinnvoll auf geänderte Randbedingungen reagieren. Insbesondere muss bei der Verbrennung eine Reaktion auf geänderte Einspritzmuster beim Dieselmotor oder auf geänderte Steuerzeiten, Ventilhübe und Restgasgehalte beim Ottomotor erfolgen. Das heißt auch dort sollten vorhersagefähige Brennverlaufsmodelle eingesetzt werden. Eine Beschleunigung des Modells kann beispielsweise durch eine raffinierte Approximation von Zwischen-Arbeitsspielen in Beharrungsphasen erfolgen.

Abbildung 14 zeigt dies exemplarisch für einen Lastsprung bei einem Ottomotor. Transiente Zustände können hier relativ einfach anhand der Änderungsrate der Zylinderfüllung von einem Arbeitsspiel zum nächsten bestimmt werden. Der in schwarz dargestellte Master-Takt gibt an, wie häufig ein Arbeitsspiel vollständig über die phänomenologischen Modelle berechnet werden soll, während in den anderen Arbeitsspielen lediglich approximiert wird. Die Abschätzung dieser Zwischen-Arbeitsspiele erfolgt anhand des Polytropenexponentenverlaufs des exakt berechneten Arbeitsspiels, bei gleichzeitiger Berücksichtigung der unterschiedlichen Randbedingungen der Arbeitsspiele. Während es im stationären Zustand vor und nach dem Lastsprung ausreichend ist, lediglich jedes zehnte Arbeitsspiel vollständig zu berechnen (was einer Einsparung von etwa 90 % der Rechenzeit im Hochdruckteil entspricht), muss mit Beginn des Lastsprungs zunächst jedes Arbeitsspiel exakt simuliert werden. Sobald die Luftmassenänderung wieder abklingt, kann die Master-Taktung sukzessive erhöht werden. In rot ist der aus dieser Vorgehensweise resultierende p_{me}-Verlauf dargestellt. Zum Vergleich ist in blau der p_{me}-Verlauf zu sehen, der sich ohne Nutzung der Approximation ergibt. Durch die adaptive Master-Taktung kann in diesem Beispiel knapp 40 % der benötigten Gesamtrechenzeit eingespart werden, wobei das Potenzial vom Detaillierungsgrad des Strömungsmodells sowie der Dynamik des simulierten Motorlaufs abhängig ist.

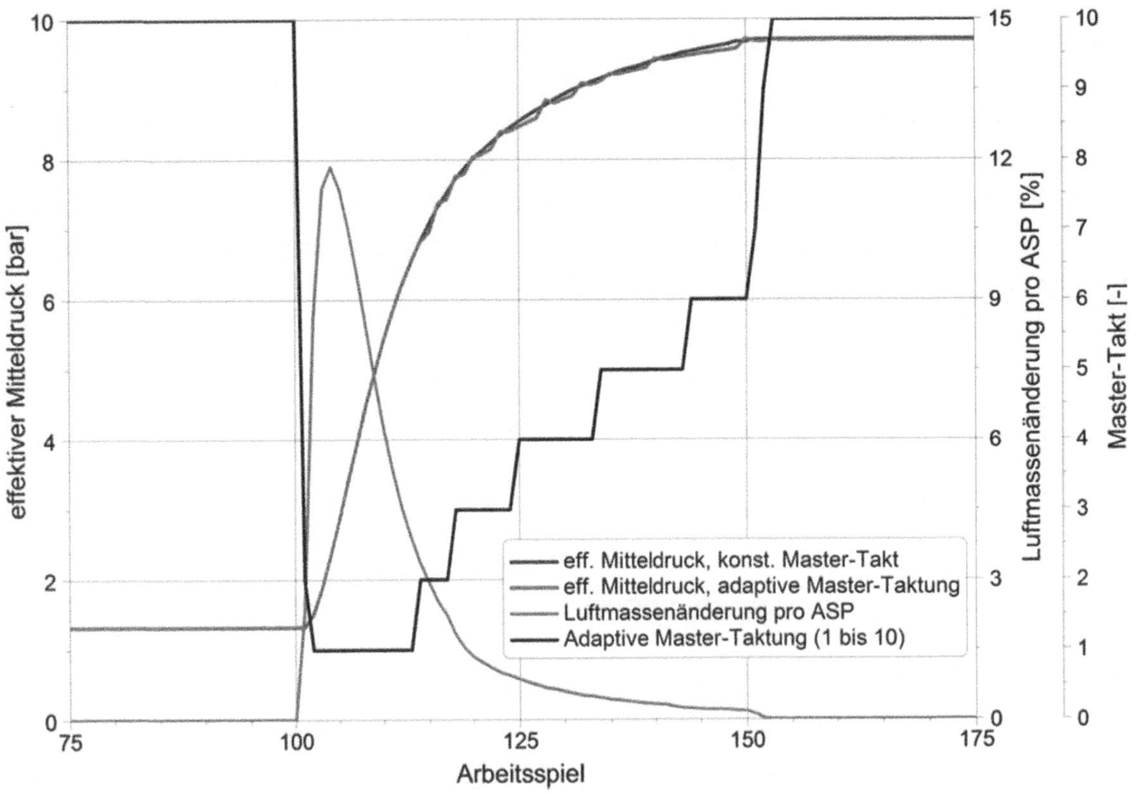

Abbildung 14: Exemplarischer Ablauf der adaptiven Master-Taktung bei einem Lastsprung

Das Thema FRM und virtueller Motor war im vergangenen Jahr ein wichtiger Entwicklungsschwerpunkt am FKFS und wird auch zukünftig ein bedeutendes Thema bleiben.

Zusammenfassung

Die Bedeutung und die Umfänge der Simulation instationärer Vorgänge werden weiter zunehmen. Vor wenigen Jahren wurden beispielsweise bei einem Vergleich eines vollvariablen Ventiltriebs versus einer Nockenkontur-Umschaltung im Wesentlichen einzelne stationäre Betriebspunkte betrachtet. Wer heute solche Motorkonzepte seriös vergleichen möchte, sollte die bei einem gestuften System im realen Fahrbetrieb auftretenden Umschaltvorgänge in der Simulation abbilden und bezüglich Verbrauch und Emissionen bewerten können. All dies sind Aufgaben, die nur eine mit sehr guten Modellen ausgestattete 1D-Simulation zu leisten vermag. Der zunehmenden Komplexität vieler Fragestellungen und dem daraus resultierenden Anstieg an zu untersuchenden Varianten kommt der aktuelle Trend zur Steigerung der Rechenleistung über eine Erhöhung der Anzahl an CPU-Kernen entgegen. Die 1D-Simulation kann dieses Potenzial vergleichsweise einfach nutzen und wird daher nach unserer Überzeugung – bei kontinuierlicher Weiterentwicklung der hier vorgestellten Modelle – auch in vielen Jahren noch einen wichtigen Beitrag zur Motorentwicklung leisten können.

Literaturverzeichnis

[1] Schmid, A.; Grill, M.; Berner, H.-J.; Bargende, M.: *Virtuelle Optimierung an einem Twin-Turbo Dreizylinder-Ottomotor im FTP75.* IAV-Tagung Motorprozessrechnung , Berlin, 2011.

[2] Rether, D.;Schmid, A.;Grill, M.;Bargende, M.: *Quasidimensionale Simulation der Dieselverbrennung mit Vor- und Nacheinspritzungen.* MTZ 10/2010, S. 742-748.

[3] Kožuch, P. et al.: *Simulation der Verbrennung und Schadstoffbildung bei schweren Nutzfahrzeugmotoren der Daimler AG*, 9. Symposium für Verbrennungsdiagnostik, Baden-Baden, 2010.

[4] Naber, D.; Motz, S.; Krüger, M.; Gerhardt, J.: *Approaches for optimising the transient behaviour of diesel engines in terms of emissions and fuel consumption.* 11. Stuttgarter Symposium, Stuttgart, 2011

[5] Wüst, M.; Krüger, M.; Naber, D.; Cross, L.; Greis, A.; Lachenmeier, S.; Stotz, I.: *Operating strategy for optimized CO2 and NOx emissions of Diesel-engine mild-hybrid vehicles.* 15. Stuttgarter Symposium, Stuttgart, 2015

[6] Holderbaum, B.; Kind, M.; Menne, C.; Wittka, T; Vagnoni, G.; Bosteels, D.; Favre, C.; May, J.: *Potenziale von Euro 6-PKW mit SCR zur Erfüllung von RDE-Anforderungen*. 36. Internationales Wiener Motorensymposium, Wien, 2015

[7] Auerbach, M.; Ruf, M.; Bargende, M.; Reuss, H.-C.; Kutschera, I: *Dieselhybrid – Vom mathematischen Modell zum Prototypen*. 12. Symposium Dieselmotorentechnik, Ostfildern/Stuttgart, 2011

[8] Kaal, B.; Sosio, M.: *Instationäre Modellierung der Partikel- und Stickstoffoxid-Emission am Dieselmotor*. Abschlussbericht zum FVV-Vorhaben 1099, Heft 1062, Frankfurt am Main: Forschungsvereinigung Verbrennungskraftmaschinen, 2015

[9] Rether, D.: *Modell zur Vorhersage der Brennrate bei homogener und teilhomogener Dieselverbrennung*. Diss., Universität Stuttgart, 2012.

[10] Wenig, M.: *Simulation der ottomotorischen Zyklenschwankungen*. Diss., Universität Stuttgart, 2013.

[11] Schmid, A.: *Virtuelle Optimierung und Applikation des Ottomotors durch 0D/1D-Simulation*. Diss., Universität Stuttgart, 2011.

[12] Keskin, M.; Grill, M.; Bargende, M.: *Development of a Fast, Predictive Burn Rate Model for Gasoline-HCCI*. 15. Tagung „Der Arbeitsprozess der Verbrennungsmotors", Graz, 2015.

Engine Control using a Real-Time 1D Engine Model

Adam Kouba[1, 2], Jiri Navratil[1], Bohumil Hnilicka[1]

Affiliation:
1 – Adam Kouba, Hybrid and Electronic Systems – Control Engineer,
Email: Adam.Kouba@ricardo.com, Direct Dial: +420 221 729 560,
Ricardo Prague s.r.o., Prague Technical Centre, Palác Karlín, Thámova 11-13, Prague 8, 186 00, Czech Republic

2 – Adam Kouba, Ph.D. student, Czech Technical University in Prague, Faculty of Mechanical Engineering, Department of Instrumentation and Control Engineering, Technická 4, Prague 6, 166 07, Czech Republic

1 – Jiri Navratil, Ricardo Software – WAVE Product Manager,
Email: jiri.navratil@ricardo.com, Direct Dial: +420 221 729 186,
Ricardo Prague s.r.o., Prague Technical Centre, Palác Karlín, Thámova 11-13, Prague 8, 186 00, Czech Republic

1 – Bohumil Hnilicka, Hybrid and Electronic Systems – Principal Engineer,
Email: Bohumil.Hnilicka@ricardo.com, Direct Dial: +420 221 729 147,
Ricardo Prague s.r.o., Prague Technical Centre, Palác Karlín, Thámova 11-13, Prague 8, 186 00, Czech Republic

J. Liebl und C. Beidl (Hrsg.), *VPC – Simulation und Test 2015*,
Proceedings, https://doi.org/10.1007/978-3-658-20736-6_20

Abstract

Emissions legislation, the increasing complexity of vehicle powertrain systems and pressures on cost reduction are governing the growing demands on future Electronic Control Units (ECUs). The currently widely-used ECU mean value modelling approach is becoming insufficient for providing the information required. The purpose of this work is to demonstrate the successful implementation of a state of the art rapid prototyping ECU system using a real time 1-D gas dynamics model in closed loop control on a real engine. The model is capable of calculating all crank resolved engine parameters such as in-cylinder pressure, intake & exhaust manifold pressures and temperatures, specific cylinder trapped AFRs, mass flow and EGR prediction, etc.

This contribution shows the latest achievements in using a real-time 1-D gas dynamics model in an engine control strategy. This approach is first demonstrated on a real-time engine model running in an ECU used for closed-loop control to reduce emissions, and secondly, on an application illustrating the real-time 1-D gas dynamics model's capabilities in sensorless control where selected major sensors are replaced by virtual sensors without any negative effects on engine performance, responses and emissions.

Ricardo has used its advanced rapid prototyping ECU, rCube2, equipped with an additional CPU where WAVE-RT (Ricardo's real-time 1-D gas dynamics model) is running faster than real time and providing all requested parameters with a slight time advance. The rCube2 embedded processing unit is a modular prototyping system intended for control strategy development in an automotive environment. Applications are developed in MATLAB®/Simulink® and integrated into the AUTOSAR (AUTomotive Open System ARchitecture) compliant base software. WAVE-RT is Ricardo's real-time, crank-angle resolved and physically-based engine modelling simulation software designed for SiL, HiL testing of engine management systems and future ECUs. The WAVE-RT model is created from a pre-existing, validated WAVE (standard 1-D gas dynamics software) model which covers, in detail, modelling of individual cylinders, real engine geometry, boosting system, etc.

Introduction

Diesel engines have long had a reputation of being “dirty”. On and off-road vehicles and engine manufacturers face the challenge of stringent fuel economy and emission standards whilst delivering on performance targets. In addition, currently, most engines rely on physical sensors to feed data to the engine controller; however, these sensors add cost and complexity to product development and manufacturing. They are also prone to failure, which in turn leads to the need for aftermarket product replacements. Eliminating physical sensors can significantly reduce manufacturing cost and also improve performance for the service life of the engine. This work demonstrates one example of successful elimination of a sensor from the engine design using WAVE-RT technology and the rCube2 advanced rapid prototyping ECU.

The Engine

A production IVECO 5.9 litre inline 6-cylinder medium-duty Diesel engine was chosen for the purposes of this study (see Table 1 for base engine specification). To increase degrees of freedom of the controlled engine, the production waste-gated turbine with fixed pneumatic feedback was replaced by an electronically controlled Variable Geometry Turbine (VGT).

Table 1: Specifications of the selected IVECO test engine

Type	IVECO F4AE0682C – turbocharged diesel with intercooler
Displaced volume	5.9 litre
Bore	102 mm
Stroke	120 mm
No. of cylinders	6, inline
Max. power	194 kW @ 2500 rpm
Max. torque	930 Nm
Fuel injection system	HPCR electronic (common rail)

Performance (torque and power) curves are shown in Figure 1.

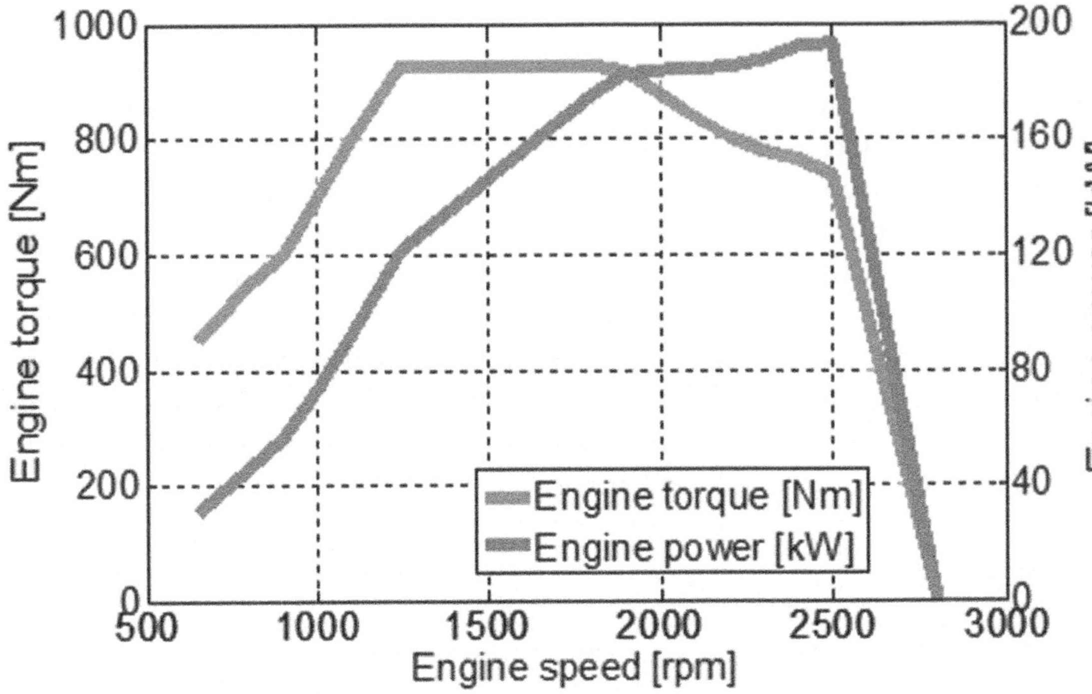

Figure 1: Full load torque and power curves of the IVECO 5.9 litre engine

Advanced Engine Models

Advanced, high accuracy, complex thermodynamic models are required to cover physical phenomena properly. Recent state of art Mean Value Engine Models including time-averaged values or significantly simplified 1-D thermodynamic models without proper air path handling (single intake/exhaust manifold volume, neural network intake, exhaust systems, etc.) are insufficient for rapid transient events, where the dynamics of the gas in the engine's air path changes dramatically during very short periods of time such as small portions of an engine cycle. For example, trapped in-cylinder air mass varies significantly from cylinder to cylinder during engine acceleration.

1-D gas thermodynamic based models, such as Ricardo Software's WAVE, GT-Power by Gamma Technologies, and BOOST from AVL, are well established in industry and can be commonly found in engine development programs providing very good accuracy of these transient events. However, distributed parameter models such as these are typically 1-5 orders of magnitude slower than real time.

The WAVE-RT 1-D real time simulation software allows both crank-angle resolution, to capture rapid transient events, as well as the ability to run 1-2 times faster than real-time on commercial HiL systems, thus was used in this project to create an advanced physical engine model suitable for the desired purposes. The flow solver is based upon the Quasi-Propagatory Model (QPM) as described by Cipollone and Sciarretta, see [1,

2], in numerous publications. Full details of the solver and workflow process can be found in [3] and previously published in [4].

The WAVE-RT model is created from a donor, validated WAVE model which covers, in detail, individual cylinders, real engine geometry, boosting system, etc. WAVE is one of the leading 1-D gas dynamics codes used by many engine manufacturers around over the world.

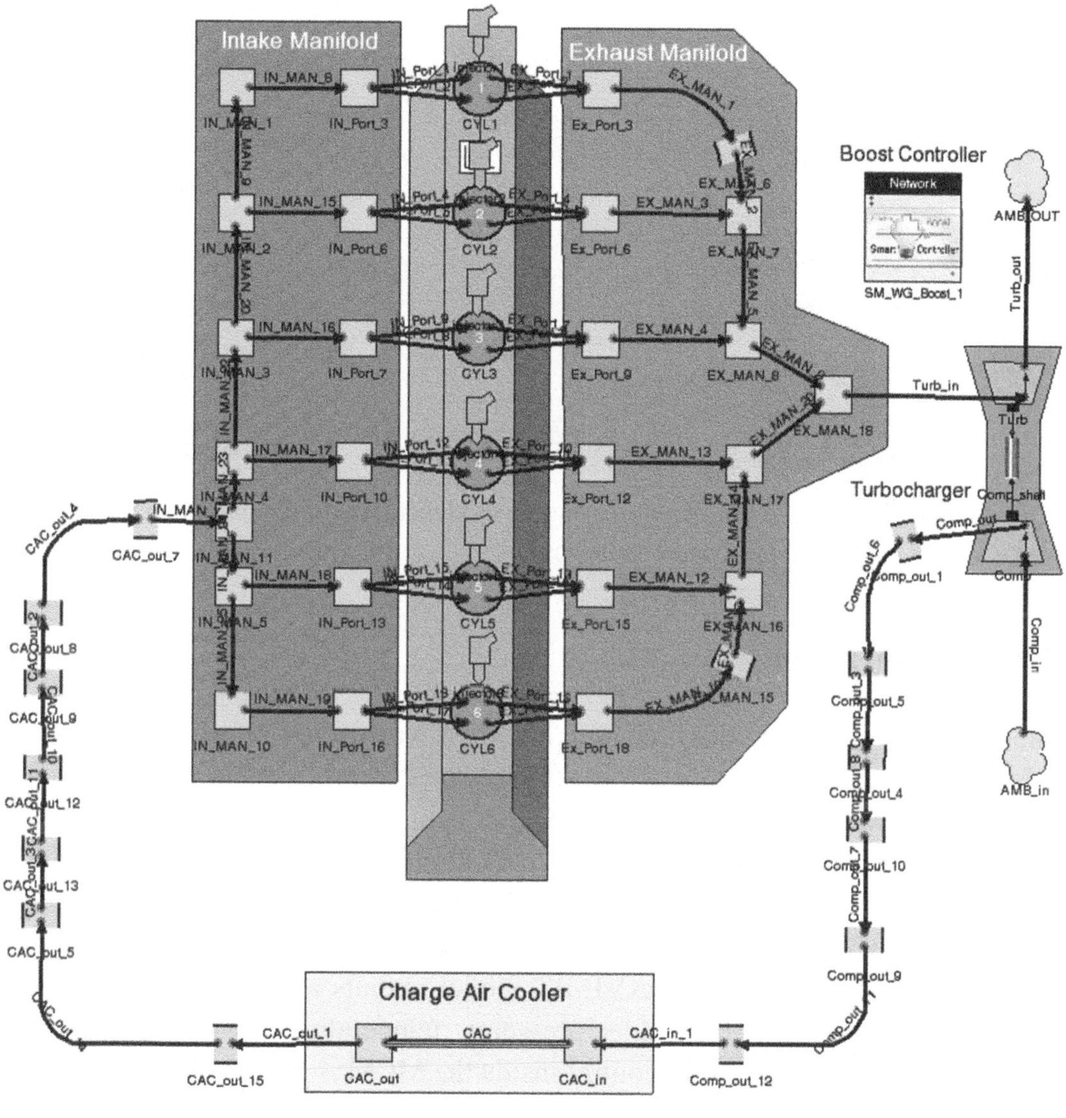

Figure 2: Schematic of the 1-D gas dynamics model (WAVE) of the IVECO engine

The WAVE-RT model was derived from the original WAVE donor model, shown in Figure 2, using an automatic translation process. The real time model required some manual fine tuning (< 1 day) in order to produce the same results as the WAVE donor model. The time savings to get a functional real time model are initially small (hours/days) but produces a model with overall higher fidelity. Additionally, any changes to the distributed parameter model during development can be quickly captured in real time 1-D gas dynamics model without any time spent re-tuning, resulting in many days of time savings in comparison to Mean Value Models. Complete engine characteristic validation of the 1-D gas dynamics engine model and real time engine model against measured test data at full and part load conditions, confirming a very good match, is shown in Figure 3; see [5, 6] for more details.

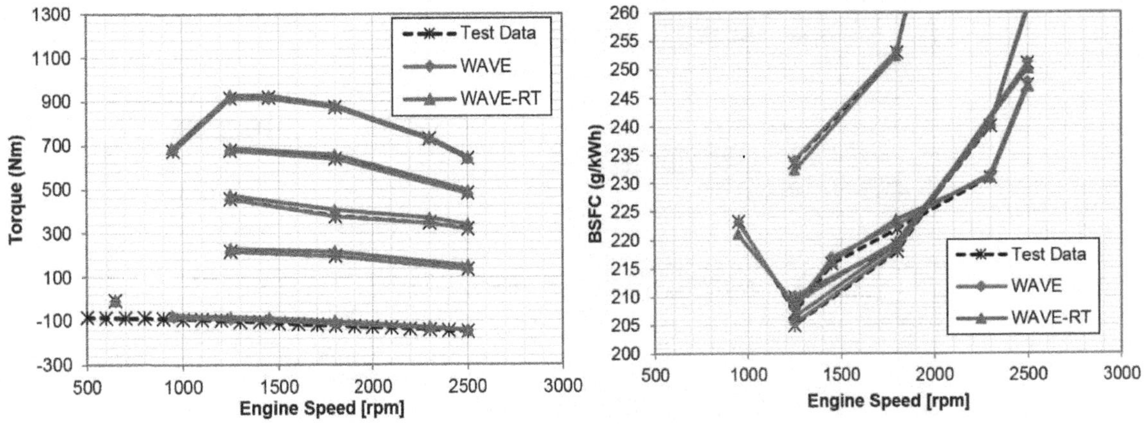

Figure 3: Validation of the 1-D gas dynamics engine model and real time engine model against measured test data at full and part load conditions

Sensorless Controller

With the advanced engine model prepared, attention was turned to controller development. Hardware composition of the entire sophisticated control system is shown in Figure 4. The engine was controlled with the rCube2 unit – VARIANT III where the MicroController Module (MCM) together with an additional Solenoid I/O Module (SIOM) was used to actuate the engine. The MCM also communicates with the WAVE-RT module to feed it with inputs (actuator signals) and to obtain outputs (sensor signals) from the WAVE-RT model. The WAVE-RT model outputs a large variety of signals such as manifold pressures, in-cylinder pressures, temperatures and air flow, which could potentially be used for further control inside the MCM.

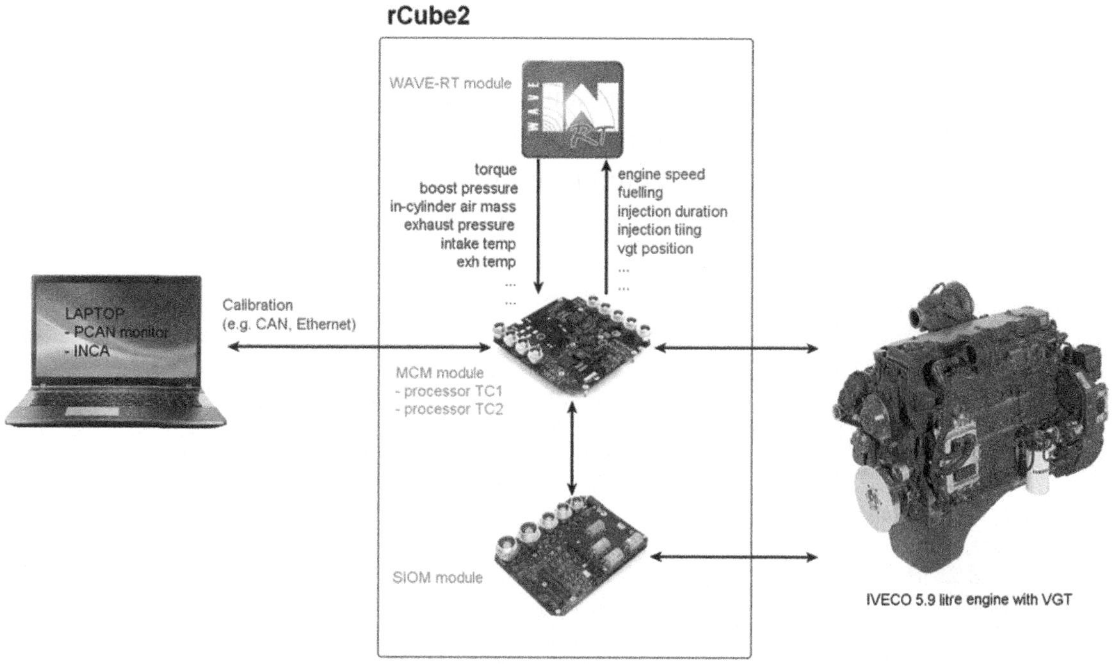

Figure 4: rCube2 and IVECO engine configuration on the testbed

The controller in this paper demonstrates the capabilities of modern 1-D engine models and ECUs. Negligibly small errors of 1-D engine models allow us to replace most of the engine sensors, especially those in the air path. In this case one of the most important engine sensors used for boost control was replaced by a virtual sensor from the WAVE-RT engine model in the MCM. A special part of the engine controller was developed to compare results from the standard engine control and the sensorless control. Figure 5 illustrates the developed control loop and switching between the branches of conventional boost control and sensorless boost control.

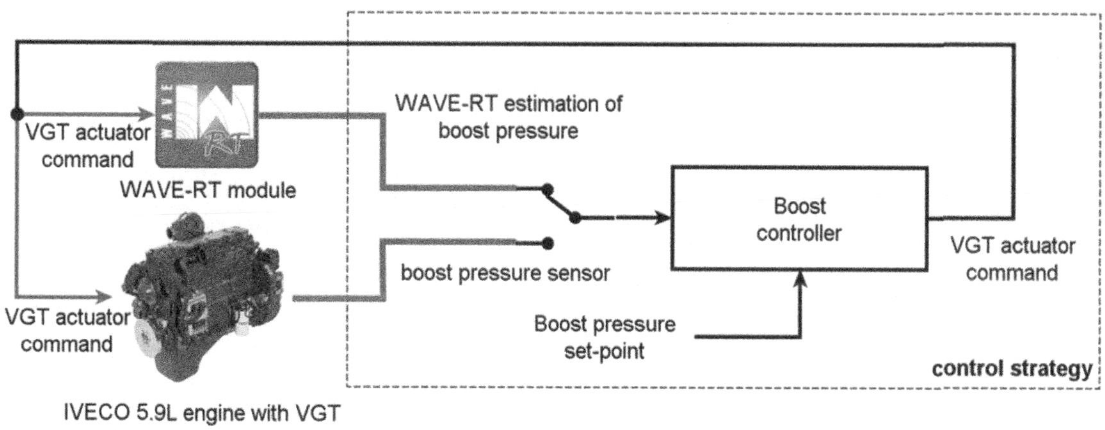

Figure 5: Schematic of boost pressure sensor replaced by WAVE-RT virtual sensor

To increase the performance of the sensorless controller in transient events where smoke limitation is activated, the standard method of in-cylinder air mass estimation from the boost pressure sensor and temperature was replaced by the air mass as directly calculated in the WAVE-RT model (presented in more detail in [6]). This approach, illustrated in Figure 6, was applied to eliminate multiplying of errors from conventional air mass estimation and the minor error in the boost air pressure as calculated in WAVE-RT.

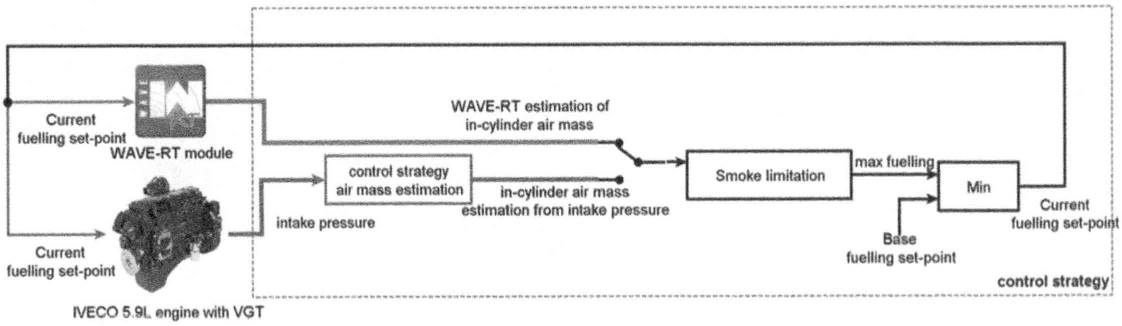

Figure 6: Schematic of the airflow estimator using the real-time engine model, bypassing the traditional estimation using the pressure sensor [6]

Rapid Prototyping ECU

For the advanced engine control strategy, an AUTOSAR based rapid prototyping control unit, called rCube2, was used. The rCube2 is produced by Ricardo and is described in detail in [7, 8]. Two independent Infineon TC1797 processors with specification in Table 2 are used in the ECU. The communication capabilities of the ECU are shown in Table 3. There are additional peripheral coprocessors to control drivers such as ignition and injection to retain more computational power for the main CPU.

Table 2: rCube2 CPU performance

	Performance	Memory (per processor)	
		Volatile	Non-volatile
Processors (internal)	150 MHz clock	192 kB	4 MB
External (no-board)	75 MHz clock	4 MB	4 MB

Table 3: The input, output and communication capability of rCube2

Processor 1		Processor 2		Shared resources	
CAN	4	CAN	4	Analog inputs	18
FlexRay	2	FlexRay	2	Analog inputs (thermistors)	8
Ethernet	1	Ethernet	1	Digital inputs (8 configurable I/O)	16
rCube2 interlink	2	rCube2 interlink	2	Low side power outputs (2 A)	4
LIN	1	LIN	1	Relay power outputs (≤ 250 mA)	8
RS232	1	RS232	1		

Three variants of the rapid prototyping ECU are available to add specific I/O ports or CPU power. Figure 7 illustrates VARIANT III as used in this work, where the MCM was extended by the SIOM to run high pressure injectors and also by the High-Performance Computing Unit (HPCU) in order to provide enough computational power to run the 1-D real time engine model with a slight advance. Internal communication between the HPCU and MCM processor(s) running the engine control strategy provides high enough data transfer rates to share huge amounts of variables including crank resolved data for every cylinder.

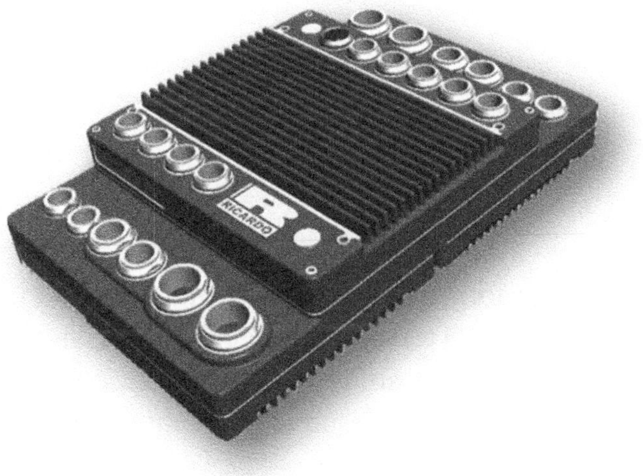

Figure 7: rCube2 – advanced rapid prototyping ECU – VARIANT III

While this configuration is not yet practical for mass production in consumer vehicles, a simplified version could be used to focus on engine control and diagnostics of large engines, perhaps initially for a "Condition Based Maintenance" application.

One of the challenges when developing the AUTOSAR-based rapid prototyping control system was providing the tools required to configure the AUTOSAR software and integrate with the Simulink application models. AUTOSAR is a highly complex system and requires significant levels of expertise to setup. However, most users of rapid prototyping control systems desire a "plug-and-play" system that is simple to use.

Ricardo therefore developed a set of software tools that enables system configuration directly from the Simulink environment using the interface with which the majority of users are already familiar. This approach, called OneClickBuild, shown in Figure 8, automatically sets up the XML configuration files for the AUTOSAR build process in a manner that is completely transparent to the user. See [7] for more details.

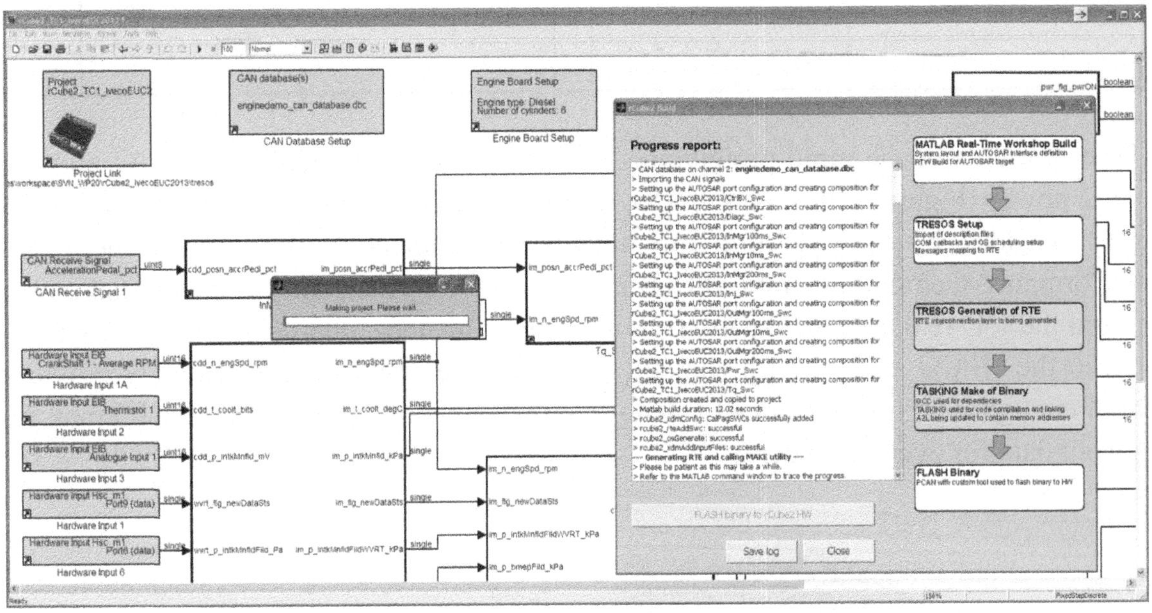

Figure 8: High level of Simulink model with running OneClickBuild

Results

On the engine testbed, a test compared the performance of the two engines while running the World Harmonized Transient Cycle (WHTC), an 1800 second transient cycle that is representative of real-world driving. During testing of both engine configurations, standard metrics such as power, torque, speed, pressures, temperatures, and engine out emissions were recorded.

Validated results shown in Figures 9 –14 prove that sensorless control using WAVE-RT resulted in equivalent performance across the entire test cycle. Figures 9 and 10 show that in both cases the same drive cycle was used and achieved a good match of torque responses.

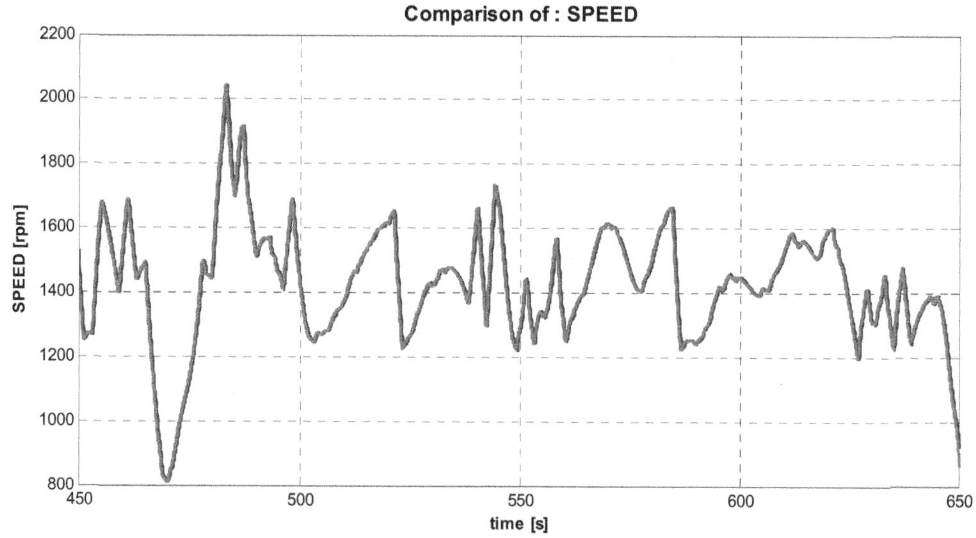

Figure 9: Comparison of measured engine speed responses applying – conventional way with boost pressure sensor (blue) vs. WAVE-RT sensorless control (magenta)

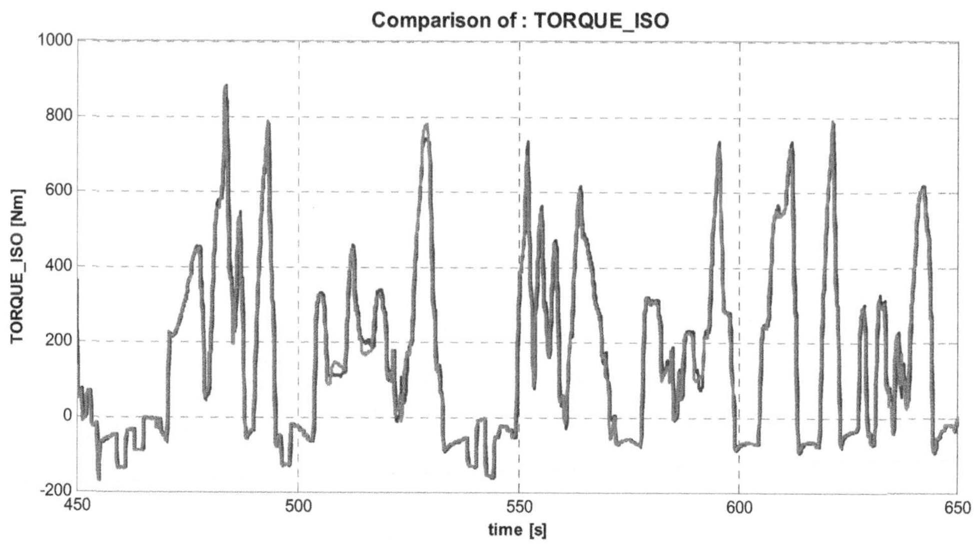

Figure 10: Comparison of measured engine torque responses applying – conventional way with boost pressure sensor (blue) vs. WAVE-RT sensorless control (magenta)

Figure 11 and 12 show that similar boost pressure was achieved when the boost pressure sensor was replaced by the virtual WAVE-RT sensor. In addition, WAVE-RT boost pressure estimation is also illustrated in Figures 11 and 12.

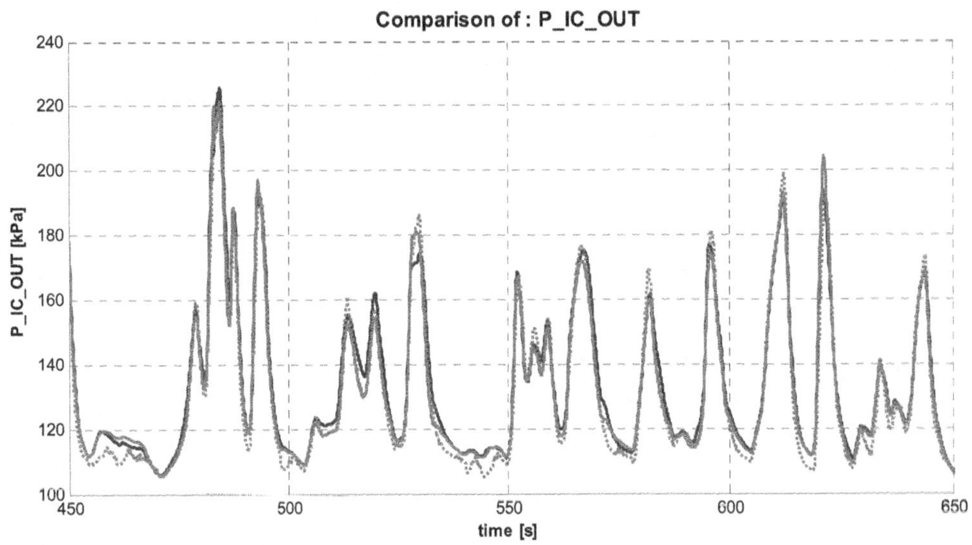

Figure 11: Comparison of measured absolute boost pressure responses applying – conventional way with boost pressure sensor (blue) vs. WAVE-RT sensorless control (magenta). In addition, the estimated boost pressure by WAVE-RT is shown for the case of sensorless control case (dotted magenta).

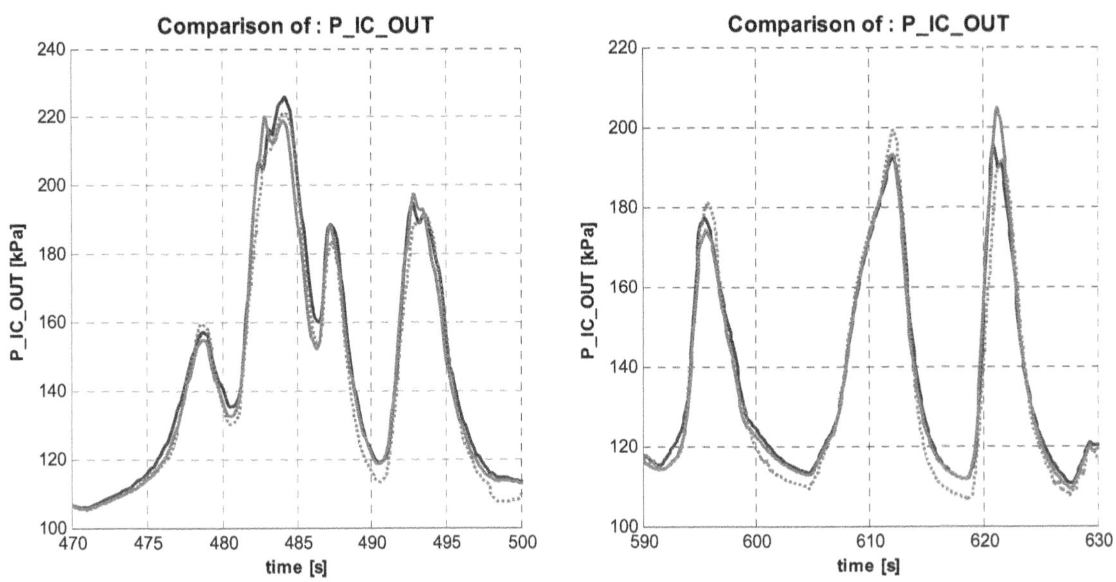

Figure 12: Zoom in – Comparison of measured absolute boost pressure responses applying – conventional way with boost pressure sensor (blue) vs. WAVE-RT sensorless control (magenta). In addition, the estimated boost pressure by WAVE-RT is shown for the case of sensorless control case (dotted magenta).

When boost pressure is used to estimate the in-cylinder air mass, the errors from both air mass estimation and WAVE-RT boost pressure estimation are included. This causes a higher amount of engine out emissions. To eliminate multiplying of these two estimation errors, the air mass calculated in WAVE-RT was used as shown in Figure 6. This approach improves engine out emissions when running sensorless control. In such a configuration, similar smoke emission results were achieved. Visible improvements were achieved in transient events where smoke limitation is active as shown in Figures 13 and 14.

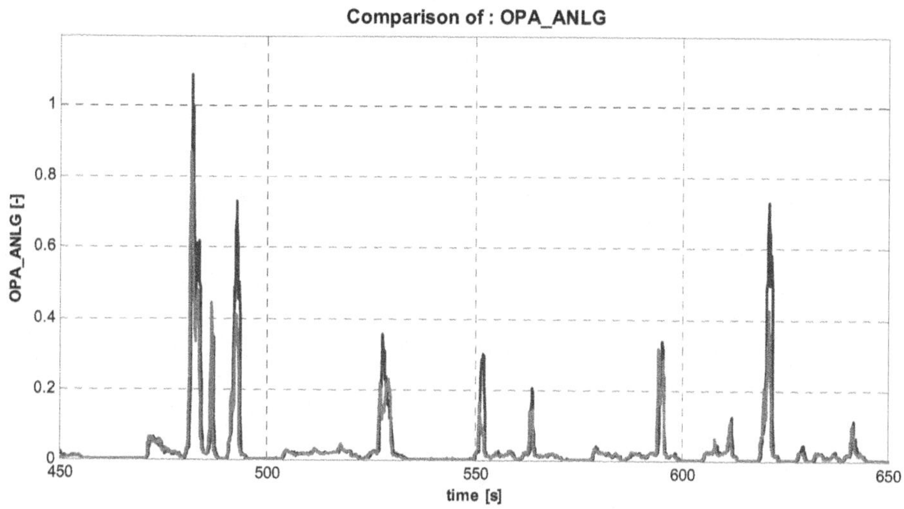

Figure 13: Improved measured smoke responses applying – conventional way with boost pressure sensor (blue) vs. WAVE-RT sensorless control (magenta)

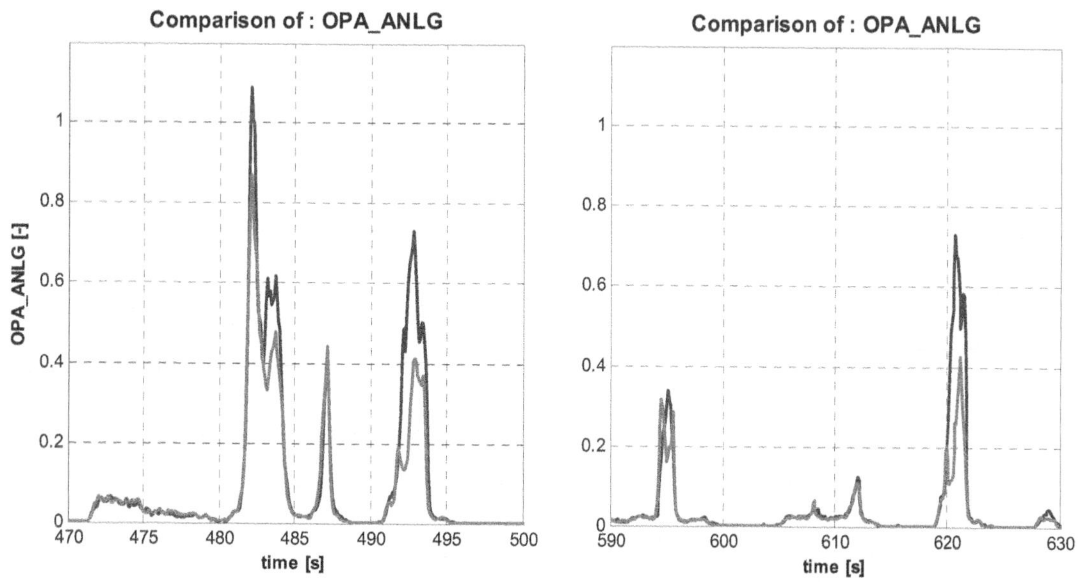

Figure 14: Zoom in – Improved measured smoke responses applying – conventional way with boost pressure sensor (blue) vs. WAVE-RT sensorless control (magenta)

Summary

For engine and vehicle manufacturers, there is a new opportunity to eliminate physical sensors and replace them with models providing a less expensive solution.

While the presented configuration is not yet applicable for mass production in passenger vehicles due to on-board computational limitations, this approach could be applied today on stationary and small series engines. With continued improvements to on-board computing for future passenger vehicles and advances in real time 1-D gas dynamics engine models to accurately simulate transient performance, the potential to eliminate sensors in mass production engines is on the horizon. This will lead to lower manufacturing costs and more reliable performance through the life of the engine.

Another potential future application for this concept is the ability to enhance engine reliability when sensor failure occurs. Advanced on-board diagnostics, in combination with fault tolerance using an on-board real time 1-D gas dynamics engine model, could enable an engine and vehicle to continue operating despite a physical sensor failure.

Moreover, using a high fidelity real time 1-D gas dynamics engine model running on an ECU as a part the engine control strategy allows developers to create more advanced control strategies. For example, smoke improvements in transients can be obtained if in-cylinder air mass calculated in the engine model is used instead of air mass estimation from boost pressure. Exhaust gas recirculation mass flow control, variable valve actuation control and multivariable air path control are more examples of high potential applications.

References

1. Cipollone, R. and Sciarretta A. "A New Modeling for the Air and Gas Dynamics in ICE Manifold Oriented to Air-Fuel Ratio Control", ASME Paper 99-ICE-170, 1999.
2. Cipollone, R. and Sciarretta A. "The Quasi-Propagatory Model: A New Approach for Describing Transient Phenomena in Engine Manifolds", SAE Paper 2001-01-0579, 2001.
3. WAVE Help System, RS 2015.1 release, Ricardo Software, 2015.
4. Pacitti, G., Amphlett, S., Miller, P., Norris, R. et al., "Real-Time Crank-Resolved Engine Simulation for Testing New Engine Management Systems," SAE Int. J. Passeng. Cars – Mech. Syst. 1(1):801-809, 2009, SAE Paper 2008-01-1006.
5. T. Fickenscher, B. Hnilicka and J. Navratil: "Advanced rapid prototyping control electronic control unit with real-time 1-D gas dynamics model", 15th MTC conference Virtual Powertrain Creation, Mainz/Germany, September 2013.

6. A. Kouba, J. Navratil, B. Hnilicka and P.C. Niven: “Sensorless control strategy enabled by a sophisticated tool chain”, SAE 2015 Commercial Vehicle Engineering Congress, accepted – to be published in October 2015, SAE Paper 2015-01-2847.

7. B. Hnilicka, M. Dulaj, A. Beaumont, M. Dusterhoft “AUTOSAR-based Rapid Prototyping Control System”, ATZ extra Paper – 10 Years AUTOSAR – The Worldwide Automotive Standard for E/E Systems, Springer Vieweg, October 2013, p. 54-56.

8. www.ricardo.com

Acknowledgments

This research has been partially realized using the support of Technological Agency, Czech Republic, programme Centres of Competence, project # TE01020020 Josef Bozek Competence Centre for Automotive Industry. This support is gratefully acknowledged.

Virtuelle Steuergeräte für die Antriebsentwicklung

Jakob Mauss

QTronic GmbH, Alt-Moabit 92, 10559 Berlin

J. Liebl und C. Beidl (Hrsg.), *VPC – Simulation und Test 2015*, Proceedings, https://doi.org/10.1007/978-3-658-20736-6_21

Abstract

Virtuelle Steuergeräte ermöglichen es, Funktionssoftware und Applikationsdaten in der Schleife mit Simulationsmodellen des Antriebstrangs auf Windows PC auszuführen. Dies eröffnet die Möglichkeit, bestimmte Entwicklungsschritte von Straße, Prüfstand und HiL in eine preiswerte und hoch verfügbare PC Umgebung zu verlagern, wo sie schneller, preiswerter oder besser ausgeführt werden können. Dieser Artikel beschreibt heute eingesetzte Ansätze zur Virtualisierung von Steuergeräten, den dazu nötigen Aufwand sowie den erwartbaren Nutzen. Wir nennen Punkte, die unserer Erfahrung nach bei der Einführung von virtuellen Steuergeräten bedacht werden sollten und berichten von aktuellen Anwendungen virtueller Steuergeräte bei OEMs und ihren Zulieferern.

1 Einführung

Die Funktionssoftware für Steuergeräte des Antriebs (Motor, Getriebe, Hybrid) wird oft vom OEM gemeinsam mit Zulieferern entwickelt wie in Bild 1 dargestellt.

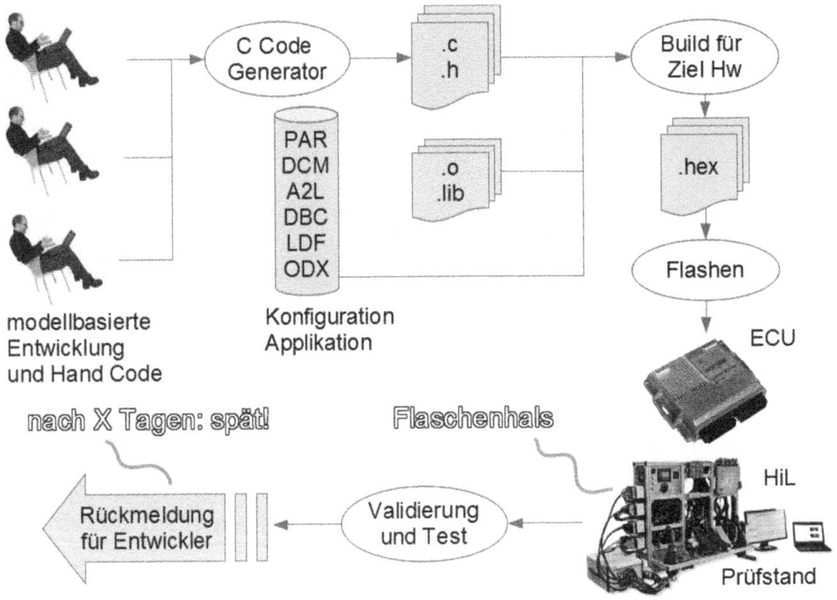

Bild 1: Typischer Entwicklungsprozeß für Steuergeräte im Antrieb

Ein Team von Funktionsentwicklern erstellt modell-basiert oder per Handcodierung den Programmcode des Steuergeräts. Der resultierende C Code wird zusammen mit Applikations- und Konfigurationsdaten (z. B. für Kommunikation und Diagnose) von Softwareintegratoren in ein Hex File (binary) kompiliert, das auf das Steuergerät geladen wird. Das Steuergerät wird dann im Fahrversuch, auf Prüfständen und am HiL getestet und validiert. Die Ergebnisse fließen zurück an die Entwickler.

Dieser Prozess funktioniert im Prinzip, stützt sich aber für Validierung und Test auf Fahrversuche, Prüfstände und HiLs. Dies hat folgende Nachteile

- Jede Runde des Entwicklungszyklusses dauert Tage oder Wochen, manchmal Monate. Die Rückmeldung erreicht die Entwickler entsprechend spät.
- Die benötigten Versuchsfahrzeuge, Prüfstände und HiLs sind eine teure und knappe Resource. Ihre begrenzte Verfügbarkeit führt zu zusätzlichen Verzögerungen.
- Die Ausführung von Tests kann nur genau in Echtzeit erfolgen, nicht schneller und auch nicht langsamer. Dies begrenzt den Testdurchsatz und verhindert den Einsatz bestimmter Simulationsmodelle.

Dieser Artikel beschreibt eine Verbesserung des Entwicklungsprozeßes, die die unerwünschte Abhängigkeit von Versuchsfahrzeugen, Prüfständen, HiLs und Echtzeit im Prinzip beliebig reduziert.

2 Virtuelle Steuergeräte

Die vorgeschlagene Prozeßverbesserung besteht darin, jeden Funktionsentwickler und Applikateur mit einem virtuellen Steuergerät auszustatten, auch vECU genannt, mit 'v' wie 'virtual'.

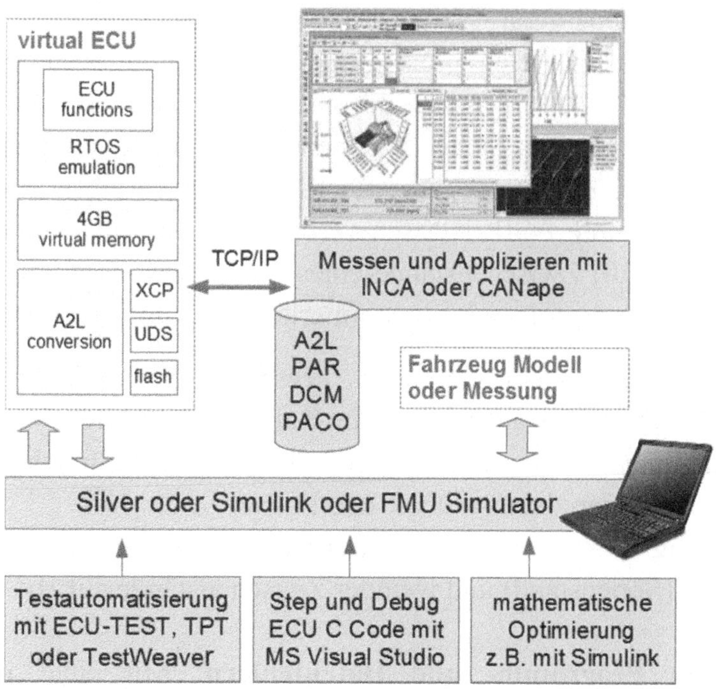

Bild 2: Anwendungsfälle für ein virtuelles Steuergerät

Die folgenden Ausführungen zu Aufbau und Funktionalität von vECUs beziehen sich auf virtuelle Steuergeräte wie mit dem vECU Werkzeug Silver [6] von QTronic entwickelt. Es gibt inzwischen ähnliche Werkzeuge anderer Anbieter.

Eine Silver vECU verhält sich in vielerlei Hinsicht wie ein 'echtes' Steuergerät, ist aber weder an Echtzeit noch an reale Steuergerätehardware gebunden. Der Entwickler kann damit Arbeitsschritte auf seinen PC verlagern, die er andernfalls im Versuchsfahrzeug, am Motor- oder Getriebeprüfstand oder am HiL durchführen müßte (Bild 2).

Messen und Applizieren: Silver vECUs bieten eine Schnittstelle (XCP über TCP/IP), über die der Entwickler sich mit INCA oder CANape zur vECU verbinden kann. Dies erlaubt die gleichzeitige Messung aller A2L dokumentierten Signale des Steuergeräts (ohne die Bandbreitenbeschränkung echter Hardware) und das Applizieren aller A2L dokumentierten Steuergeräteparameter. Die vECU läuft dabei auf einem PC, z. B. in Silver, MATLAB/Simulink (als Sfunction) oder in einem FMI fähigen Simulationswerkzeug, wie z. B. IPG CarMaker (als FMU, siehe [7]). Für einfache Aufgabcn (z.B. Applikation bestimmter Diagnosen) reicht hierzu eine open loop Simulation. Für aufwändigere Anwendungen wird die vECU während der Applikation in der Schleife mit einem Fahrzeugmodell ausgeführt (SiL, software in the loop).

Testautomatisierung: Eine häufige Anwendung virtueller Steuergeräte ist die Verlagerungen der Testautomatisierung auf PC. Für den open-loop Modultest kann man hier ausnutzen, daß Module in einer vECU viel schneller (z.B. Faktor 50) ablaufen, als auf einem echten Steuergerät. Dies ermöglicht gründlicheres Testen (höhere Testabdeckung) in einer zugleich preisgünstigeren Ausführungsumgebung. Für den closed-loop Test ist der Geschwindigkeitsvorteil wegen des Streckenmodells in der Regel weniger stark ausgeprägt. Siehe [2] für einen Vergleich von Testautomatisierung auf HiL und PC. Entwicklungsprozesse wie ISO26262 schreiben einen Test auf der Zielhardware für bestimmte ASIL Klassen verbindlich vor. Dies heißt aber nicht, daß deshalb alle (z.B. alle 20) Zwischenstände eines Steuergeräts auf HiL getestet werden müssen. Vorteilhaft ist z. B. folgendes kombinierte Vorgehen:

- Gründliches entwicklungsbegleitendes Testen (höhere Abdeckung) aller Zwischenstände mit vECUs auf PC, z.B. im Rahmen eines 'nightly build' Prozeßes.
- Lokalisieren und Beheben der gefundenen Fehler in der dafür sehr viel effektiveren PC Umgebung: stop/step/debug auf C Code Ebene.
- Zur Befriedigung des geforderten Testprozeßes: Zusätzlich Test des finalen Softwarestandes (Serienstand) und weniger Zwischenstände auf HiL oder Prüfstand.

Lokalisierung von Programm- und Datenfehlern: Mit einer gut aufgesetzten Testautomatisierung findet man in der Regel Fehler in Applikationsdaten und Funktionssoftware. In einer Echtzeitumgebung (HiL oder Prüfstand) ist das

Lokalisieren der Fehlerursache im Steuergerät jedoch technisch schwierig, weil man in einer solchen Umgebung die Zeit nicht einfach 'anhalten' kann und weil Szenarien in der Regel nicht exakt reproduzierbar sind. Eine vECU läuft dagegen unabhängig von der Realzeit und absolut deterministisch. Man kann Szenarien auf PC so oft wie nötig exakt wiederholen, die Simulation problemlos stoppen (z.B. per Breakpoint im C Code), sich mit einem Debugger am PC alle Variablenwerte und den Call Stack des Steuergeräts ansehen und Programmcode schrittweise ausführen. Die Erfahrung zeigt, daß allein die bei der Fehlersuche gewonnene Arbeitszeit den Aufwand für den Aufbau einer vECU rechtfertigen kann.

Mathematische Optimierung: Neben Applikation und Test kreist eine dritte Anwendung von vEUCs um das Thema Optimierung von Funktionen des Steuergeräts. Hier nutzt man aus, daß vECUs beliebig schneller als Echtzeit laufen dürfen. Damit werden mathematische Optimierungsmethoden anwendbar, die auf Prüfständen wegen der damit verbundenen wochenlangen Laufzeiten nicht praktikabel sind. Ein Beispiel ist das automatisierte Kalibrieren eines Zustandschätzers, z. B. eines virtuellen Sensors für eine bestimmte Temperaturvariable T. Man messe T und alle Inputs des virtuellen Sensors am Prüfstand, treibe mit dem Messfile den virtuellen Sensor der vECU, und variiere die Applikationsdaten des Sensors mit einem mathematischen Optimierungsverfahren, bis die Differenz zwischen dem gemessenen und dem vom Sensor geschätzten Temperaturwert verschwindet. Siehe dazu [4] und [5].

Frühe Fehlererkennung: Ein wichtiger und nicht ganz offensichtlicher Effekt beim Einsatz von vECUs im Entwicklungsprozeß ist folgender: Funktionsentwickler können in einer entsprechend konfigurierten vECU Umgebung Änderungen an ihrem Modul fast verzögerungsfrei im Systemkontext per Simulation ausprobieren (auf PC 'probefahren'). Weil dies bequemer ist, als erst die Testergebnisse des nächsten Integrationsstandes abzuwarten (alle Module auf echtem Steuergerät integriert und getestet), nutzen die Funktionsentwickler diese Möglichkeit auch gerne. Dies führt dazu, daß sie eigene Fehler früher erkennen und gar nicht erst in den Entwicklung-sprozeß freigeben. Da Fehlerbeseitigung bekanntlich teurer und zeitaufwändiger ist, je später ein Fehler erkannt wird, liefert dieser Effekt den möglicherweise größten Beitrag von vECUs zur Verkürzung der Entwicklungszyklen für die Steuergerätesoftware.

Parallelisierung des Entwicklungsprozeßes: Virtuelle Steuergeräte können die Entwicklungszeit für ein Steuergeräteprojekt verkürzen, wenn man die Entwicklung damit auf mehr Entwickler verteilt. Dies ist auf Basis realer Steuergeräte schwieriger, weil die Abhängigkeit von knappen und ortsgebundenen Resourcen (Versuchs-fahrzeuge, Prüfstände, Steuergerätehardware) dann größer ist. Das Einbinden zusätzlicher Entwickler schließt solche bei Zulieferern und Engineering Dienstleistern mit ein: Virtuelle Steuergeräte werden heute auch als 'virtuelle Integrationsplattform' zwischen Zulieferer und OEM eingesetzt, siehe dazu [1].

3 Implementierung virtueller Steuergeräte

Wie in Kapitel 2 gezeigt sind virtuelle Steuergeräte auf vielerlei Weise nützlich im Entwicklungsprozeß. Welche technischen Optionen gibt es nun, in einem Entwicklungsprojekt eine vECU konkret darzustellen? Dies hängt vor allem von der Ausgangslage beim Entwickler ab. Wir unterscheiden hier drei Szenarien:

- **vECU auf Basis Hex-file**: Der Entwickler bekommt die Steuergerätesoftware nur als Binary (Hex-File, für Ziel Hardware kompiliert, nicht für Windows PC) zugeliefert und appliziert und testet die Software dann auf dem realen Steuergerät. Der Zulieferer zeigt kein Interesse, bei der Darstellung der Software als vECU mitzuwirken.
- **vECU auf Basis C-Code:** Der Entwickler entwickelt die Steuergeätesoftware selber oder arbeitsteilig mit Partnern. Jeder Entwicklungspartner will die Quellen seiner Modelle und des daraus abgeleiteten C Codes gegenüber den anderen Partnern geheim halten. Alle Partner wollen aber jeden gemeinsam erarbeiteten Softwarestand als virtual ECU darstellen, um damit wie in Kapitel 2. gezeigt bestimmte Arbeitsschritte auf PC zu virtualisieren.
- **vECU auf Basis Simulink Modell**: Der Entwickler hat ein Gesamtmodell der Steuergeräte Software in MATLAB/Simulink erstellt, kann es dort aber wegen der Größe des Modells performant nur Modulweise, aber nicht als ganzes ausführen.

Silver [6] bietet für jedes dieser drei Szenarios eine spezifische Methodik und einen Buildprozeß zur weitgehend automatisierten Erstellung einer Silver vECU aus den gegebenen Ausgangsdateien. Szenario 1 setzt Silver mit Hilfe von Chip Simulatoren um, die den Programmcode des gegebenen Hex Files auf Windows PC ausführen [5]. Szenario 2 wird durch Kompilieren des C Codes für Windows unterstützt [1,10]. Szenario 3 nutzt zusätzlich Simulink Coder, um zuvor C Code zu generieren. Die detaillierte Beschreibung würde den Rahmen dieses Artikels sprengen.

Die Silver Methodik zur Virtualisierung von Steuergeräten verfolgt dabei zwei Ziele:

- minimaler initialer Aufwand zur Erstellung einer vECU: durch Einsatz von Codegeneratoren und Interpretern. Diese verwenden die typischerweise verfügbaren Projektdateien (wie z.B. a2l, dbc, ldf), um daraus die benötigten Adapter z. B. zu Can, Lin und Streckensimulationsmodellen automatisch zu erzeugen. Z.B sind mit Hilfe der ASAP2/A2L Datei alle Umrechnungen zwischen Steuergeräte-internen Variablen (Integer Raw Werte) und physikalischen Größen des Streckenmodells automatisiert.

- minimaler Aufwand zum Upgrade der vECU auf einen neuen Softwarestand: durch Bereitstellung eines Skriptes zum Neubauen der vECU für einen neuen Softwarestand. So läßt sich ein tagesaktueller Buildprozess für vECUs realisieren.

Der Aufwand für die Erstellung einer vECU mit Silver beträgt je nach Umfang der Virtualisierung zwischen einer Stunde für das Freischneiden einer einzelnen Steuergerätefunktion und wenigen Wochen oder Monaten, z.B. für die Virtualisierung der Anwendungssoftware und Teilen der Basissoftware eines ganzen Steuergeräts.

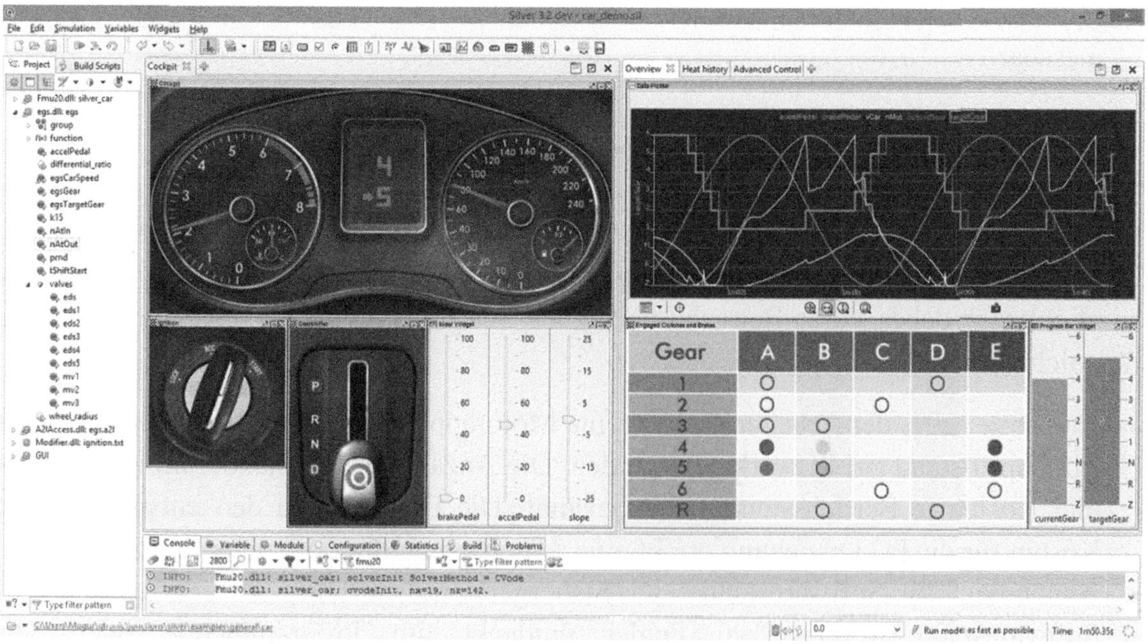

Bild 3: Virtuelle Getriebesteuerung in Silver

3.1 Unterschiede zwischen realem und virtuellen Steuergerät

Ein virtuelles Steuergerät ist ein Modell des realen Steuergeräts. Wie bei Modellen üblich sind bestimmte, für bestimmte Aufgaben als entbehrlich erachtete Aspekte des realen Steuergeräts nicht abgebildet. Alle mit Silver erstellten vECUs weisen folgende Unterschiede zum realen Steuergerät auf:

- Die virtuelle ECU führt nur die Tasks (Anwendungssoftware und Teile der Basissoftware) des Steuergeräts aus, nicht das Echtzeitbetriebssystem (RTOS) und nicht die Gerätetreiber (z. B. Autosar MCAL) der Basissoftware. Silver vECUs können also nicht für Entwicklung und Test der Gerätetreiber eingesetzt werden. Zur Ausführung der Tasks (initial, zyklisch, Interrupt getriggert) verwendet Silver sein eigenes RTOS.

- Die virtuelle ECU führt einen Task 'unendlich schnell' aus, d. h. die Simulationszeit läuft während einer Taskausführung nicht weiter. Silver versucht also nicht vorherzusagen, wie lange eine Taskausführung auf der realen Zielhardware dauern würde und nimmt stattdessen eine unendlich schnell rechnende Zielhardware an. Die Konsequenz ist, daß ein Task der virtuellen ECU nicht wie auf der realen Hardware von einem anderen Task unterbrochen werden kann. Dies vereinfacht bestimmte Arbeitsschritt, z. B. die Fehlersuche.
- Die Silver vECU verfügt über fast unbegrenzt viel Speicher (voller 32 bit Adressraum, also 4 Gigabyte) und unterliegt für Messaufgaben keinerlei Bandbreitenbeschränkung: Alle Variablen des Steuergeräts sind gleichzeitig messbar.

4 Einführung virtueller Steuergeräte

Die Einführung von virtuellen Steuergeräten für Funktionsentwicklung und Applikation ist mit Investitionen und Veränderungen des Entwicklungsprozeßes verbunden. Es empfiehlt sich daher, vorab Betrachtungen zum "return on invest" anzustellen. Beispiele für solche ROI Betrachtungen

- Annahme: 20% der Arbeiten zum Thema Motorapplikation können vom Motor- und Rollenprüfstand auf PC verlagert werden. Die Anzahl der Prüfstände, initialer Invest und Kosten je Betriebsstunde sind bekannt. Die Differenz zu den entsprechenden Kosten für die PC Umgebung ergibt eine Abschätzung des erwarteten Nutzens.
- Annahme: 20 Softwarestände je Steuergeräteprojekt bis zur Serienreife. Je Softwarestand werden 100 Fehler entdeckt, im Programmcode oder den Applikationsdaten lokalisiert und berichtigt. Die Arbeitskosten für die Behebung eines Fehlers sinken in der vECU Umgebung um 50%. Dies ergibt einen quantifizierbaren Nutzen. Außerdem sinkt wegen der insgesamt höheren Testabdeckung das Risiko, daß Fehler bis zum Serienanlauf unentdeckt bleiben.
- Annahme: 19 von 20 Softwareständen können komplett auf PC getestet werden. Nur der letzte Freigabetest erfolgt zusätzlich auf HiL. Die Einsparung von Invest und Betriebskosten für HiL ergibt einen quantifzierbaren Nutzen.

Eine zweite wichtige Überlegung betrifft den Entwicklungsprozeß. Die Erfahrung zeigt, das virtuelle Steuergeräte wenn möglich begleitend zur Entwicklung der Steuergerätesoftware entstehen sollten, weil dabei das für die Virtualisierung nötige Wissen anfällt und entsprechende Dateien zur Verfügung stehen. Es macht z. B. in der Regel wenig Sinn, wenn eine nachgelagerte Systemtestabteilung nach Abschluß der Entwicklung anfängt, die zu testenden Steuergeräte nachträglich zu virtualisieren. Erstens fehlt es dort in der Regel am Detailwissen für eine solche Aufgabe. Zweitens bleibt der Nutzen dann auf die Testaufgabe beschränkt. Die vorgelagerte Funktionsentwicklung kann aus der erst dann entstehenden vECU keinen Nutzen mehr ziehen.

Ein sinnvoller nächster Schritt nach Anstellen derartiger Überlegungen ist das Durchführen eines Pilotprojekts oder einer Machbarkeitsstudie zum Thema Virtualisierung von Steuergeräten. Dies soll experimentell absichern, daß die angestellten Überlegungen zu Kosten und Nutzen der Virtualisierung im speziellen Anwendungsfall richtig sind. Ein solches Experiment dauert im Kontext Antriebsentwicklung zwischen 3 Wochen und 3 Monaten. Dies sollte reichen, um mit einem Werkzeug wie Silver [6] ausgewählte Funktionen eines Steuergerätes auf PC zu portieren, um so z. B. Applikations- und Testaufgaben versuchsweise auf PC zu verlagern.

Ist die Einführung von virtuellen Steuergeräten in den Entwicklungsprozess eines OEMs an gleich mehreren Stellen gelungen, z. B. für Motor und Getriebe, dann ergibt sich nach einiger Zeit fast von selbst die Möglichkeit, das Netzwerk kommunizierender Steuergeräte auf PC zu virtualisieren. Da die beteiligten Steuergeräte bereits virtualisiert sind, ist der Aufwand hierzu relativ klein, der Nutzen aber groß. Zum Beispiel läßt sich dann die Kommunikation zwischen Motor und Getriebe auf PC analysieren und optimieren.

5 Anwendungen virtueller Steuergeräte

Das Entwickeln mit virtuellen Steuergeräten hat sich trotz des erkennbaren Potentials noch nicht breit durchgesetzt. Es gibt jedoch eine Reihe von Anwendungen, die wir hier kurz beschreiben, um einen Eindruck von der aktuellen Verbreitung und Leistungsfähigkeit dieses Ansatzes zu vermitteln.

- BMW und ZF nutzen seit 2014 virtuelle Steuergeräte auf Basis C Code für die gemeinsame Entwicklung der Steuergerätsoftware für das 8-Gang Getriebe 8HP von BMW. Der Virtualisierungsprozeß ist so organisiert, daß keine der beiden Seiten Programmcode offenlegen muß und dennoch beide Seiten mit der resultierenden vECU arbeiten können. Das virtuelle Steuergerät wird hier in der Schleife mit einem Simulationsmodell der 8HP Getriebemechanik und Hydraulik betrieben. Siehe [1].
- Die Mercedes-Benz Automatikgetriebe Entwicklung setzt seit 2006 das vECU Werkzeug Silver [6] für die Virtualisierung von Getriebesteuerungen ein, z. B. für die Getriebefamilien 7G-Tronic und 7G-DCT. In 2013 waren dort 120 Silver Installationen im Einsatz [8]. Eine Hauptanwendung ist die Verlagerung von Testprozessen auf PC, wie z. B. in [2] beschrieben.
- Der Sportwagenhersteller AMG setzt seit 2010 virtuelle Steuergeräte für seine Getriebeentwicklungsprojekte ein. Siehe z. B. [10].
- Daimler setzt in der Motorsteuerungsentwicklung seit 2010 virtuelle Steuergeräte auf Basis Chip Simulation ein. Dabei werden einzelne Funktionen der zugelieferten

Motorsteurung auf Basis des Hex Files auf PC ausgeführt, appliziert und optimiert. Siehe dazu [4, 5].

- Volvo Car setzt seit 2014 virtuelle Steuergeräte auf Basis C Code in der Motorenentwicklung ein [3].
- IAV setzt virtuelle Steuergeräte auf Basis Chip Simulation für die Motorapplikation ein [4]. Für die Funktionsentwicklung im Getriebebereich werden von IAV virtuelle Steuergeräte auf Basis C Code genutzt [10].

6 Zusammenfassung

Virtuelle Steuergeräte helfen, Entwicklungsschritte für Steuerungssysteme im Antrieb auf PC zu verlagern. Dies reduziert die Abhängigkeit von Versuchsfahrzeugen, Prüfständen, realer Steuergerätehardware und HiL Testsystemen. Wir gezeigt ist die Verwendung einer virtuellen ECU keine 'Notlösung', auf die man in Ermangelung echter Steuergeräte zurückgreift. Vielmehr bietet der PC als Ausführungsplattform spezifische Vorteile, die ihn für bestimmte Aufgaben zur besseren Lösung machen. Vorteile sind zum Beispiel die Unabhängigkeit der Funktionsausführung von der Realzeit, die effektivere Debug Umgebung für Programmcode die einfachere Duplizierbarkeit der vECU Umgebung und nicht zuletzt die gegenüber Prüfständen viel niedrigeren Invest- und Betriebskosten.

Das Entwickeln mit virtuellen Steuergeräten hat sich trotz des erkennbaren Potentials noch nicht breit durchgesetzt. Leistungsfähige Werkzeuge für das Entwickeln mit virtuellen Steuergeräten sind seit einigen Jahren kommerziell verfügbar, z. B. [6]. Wir erwarten daher für die nächsten Jahre verstärkte Anstrengungen seitens OEMs und Zulieferern, dieses lohnende aber auch technisch und organisatorisch anspruchsvolle Feld zu erschließen.

Referenzen

[1] R. Gaspar, B. Wiesner, G. Bauer: Virtualizing the TCU of BMW's 8 speed transmission. 10th Symposium Automotive Powertrain Control Systems, Berlin, September 2014. http://qtronic.de/doc/VirtualTCU_BMW_QTronic_ZF_2014.pdf

[2] S. Gloss, M. Slezák, A. Patzer: Systematic validation of over 200 transmission variants. ATZ elektronik 4/2013. http://qtronic.de/doc/ATZe_04_2013_en.pdf

[3] E. Drenth et al.: Consistent simulation environment with FMI-based tool chain. 10th International Modelica conference, Lund, Sweden, 2014.

[4] D. Rimmelspacher, W. Baumann, P. Klein, R. Linssen: Transient Calibration Process using Chip Simulation and Dynamic Modeling. In: K. Röpke (Hrsg.):

Design of Experiments (DoE) in Engine Development, expert Verlag Renningen 2013.

[5] M. Simons, M. Feier, J. Mauss: Using Chip Simulation to optimize Engine Control. Design of Experiments (DoE) in Engine Development, expert Verlag Renningen 2013. http://qtronic.de/doc/doe2013_chip_simulation.pdf

[6] Produktinformation zu Silver: http://qtronic.de/de/silver.html

[7] FMI - Functional Mock-up Interface, https://fmi-standard.org/

[8] E. Chrisofakis, A. Junghanns: Faster development of automotive control software with Modelica and FMI. In: Design of Complex Dynamic Systems: Modelica & FMI. Dassault Systems Campus, Paris 19.09.2013. http://qtronic.de/doc/DaimlerQTronic_ModelicaFMI_2013.pdf

[9] M. Hart, R. Schaich, T. Breitinger, M. Tatar: Automated test of the AMG DCT Speedshift control software, 9th International CTI Symposium Innovative Automotive Transmissions, Berlin, 2010. http://qtronic.de/doc/TestWeaver_CTI_2010_paper.pdf

[10] A. Junghanns, R. Serway, T. Liebezeit, M. Bonin: Building Virtual ECUs Quickly and Economically, ATZ elektronik, 03/2012. http://qtronic.de/doc/ATZe_2012_en.pdf

The manufacturer's authorised representative in the EU is Springer Nature Customer Service Centre GmbH, Europaplatz 3, 69115 Heidelberg, Germany. If you have any concerns regarding our products, please contact ProductSafety@springernature.com

Printed and bound by CPI Group (UK) Ltd, Croydon, CR0 4YY

19/08/2026

02200214-0001